U0226910

d Applications of Half-Discrete Hardy-Hilbert's Inequality

散Hardy-Hilbert不等式的拓展性应用

杨必成 著

哈尔滨工业大学出版社

HARBIN INSTITUTE OF TECHNOLOGY PRESS

内 容 简 介

本书系统介绍一类含中间变量的半离散 Hardy-Hilbert 不等式的拓展性应用. 全书分十章四个部分, 第 1 章为第一部分, 论述以 Hardy-Hilbert 不等式为中心的 Hilbert 型不等式的理论背景及思想方法; 第 2 章为第二部分, 论述一类含两个中间变量的半离散 Hardy-Hilbert 不等式的理论内容, 为下面的拓展应用奠定基础; 第 3 章至第 6 章为第三部分, 按中间变量个数展开论述半离散 Hardy-Hilbert 不等式如何拓展到涉及多重可变上限函数及高阶导函数中; 第 7 章至第 10 章为第四部分, 论述了添加涉及部分和后的新一轮拓展性应用. 本书各章内容相对独立且又互相联系, 形成一个相对严密的理论应用体系.

本书主要应用实分析、不等式及特殊函数的理论方法, 辅以近代发展起来的权函数及参量化思想技巧. 书中多数内容引用了作者及其科研团队成员的最新研究成果, 具有较高的学习研究及理论应用价值.

图书在版编目(CIP)数据

半离散 Hardy－Hilbert 不等式的拓展性应用/杨必成著. —哈尔滨:哈尔滨工业大学出版社,2025.1.
ISBN 978－7－5767－1868－3

Ⅰ.O158

中国国家版本馆 CIP 数据核字第 2025SE3659 号

BANLISAN HARDY－HILBERT BUDENGSHI DE TUOZHANXING YINGYONG

策划编辑　刘培杰　张永芹
责任编辑　刘春雷
封面设计　孙茵艾
出版发行　哈尔滨工业大学出版社
社　　址　哈尔滨市南岗区复华四道街 10 号　邮编 150006
传　　真　0451－86414749
网　　址　http://hitpress.hit.edu.cn
印　　刷　哈尔滨市石桥印务有限公司
开　　本　787 mm×1 092 mm　1/16　印张 16　字数 258 千字
版　　次　2025 年 1 月第 1 版　2025 年 1 月第 1 次印刷
书　　号　ISBN 978－7－5767－1868－3
定　　价　88.00 元

(如因印装质量问题影响阅读,我社负责调换)

作者简介

　　杨必成　男,1946年8月出生于广东汕尾市城区,数学教授,现任广东第二师范学院应用数学研究所所长,兼马来西亚北方大学博士生导师。长期从事可和性、算子理论与解析不等式的基础应用研究。三十多年来,他致力于建立并完善 Yang-Hilbert 型不等式理论体系,改进及推广了1934年创立的经典的-1齐次核 Hardy-Hilbert 不等式理论;应用上,他创建了大量 Hilbert 型不等式,使其最佳常数因子与 Reimann-Zeta 函数等特殊函数产生联系;他还应用改进的 Euler-Maclaurin 求和公式,建立了多类涉及部分和的 Hardy-Hilbert 不等式,并拓展到涉及高阶导函数、多重可变上限函数并联系部分和的半离散与积分型不等式中。业已在国内外发表数学研究论文600多篇(其中 SCI 收录220多篇,国家权威刊物18篇),在施普林格出版社及科学出版社等出版专著16部,参编施普林格出版社等出版的专著18部(含22章内容)。

　　他于2015年获科学中国人(2014)年度人物荣誉称号;2021年记录他科研业绩的视频《执于探微,不负数学一生》获准在"学习强国"学习平台展播;2022年10月,入选美国斯坦福大学发布的"全球前2‰顶尖科学家榜单"的"终身科学影响力排行榜(1960-2021)"。2023年12月,被选为英国皇家学会工艺院终身院士(RSA FELLOW 编号:8288660)。2024年8月,接受中央广播电视总台《见证非凡》栏目采访并在央视频播出;同年10月,再次入选美国斯坦福大学及爱斯维尔出版社联合发布的"全球前2‰顶尖科学家榜单"的"终身科学影响力排行榜"及"年度科学影响力排行榜"。

卅年前,1994 年,47 岁的我在广东教育学院刚评上数学副教授,其时正值脑伤痊愈,我踌躇满志,萌生了评教授及继续开拓进取的念头.于是,我到学院及附近大学的图书馆查阅过刊杂志,寻找适合自己的数学研究课题.偶然的机会,我阅读了我国著名数学家徐利治教授的 2 篇关于改进 Hilbert 不等式的论文,徐教授在论文中提出了建立加强型 Hilbert 不等式的权系数方法.我试着用此法辅以改进的 Euler-Maclaurin 求和公式,解决了他在论文中提出的公开问题,并把这一成果写成论文,寄给时在大连理工大学任教的徐教授.不久,徐教授来信了,他说我的论文与一位湖南作者发表的论文"撞了车".他鼓励我继续努力,并介绍该论文的作者高明哲教授与我认识.后来,我与高教授合作,于 1997 年在《数学进展》(第 4 期)上发表了论文,解决了徐教授的另一个公开问题,求出了加强型 Hardy-Hilbert 不等式的最佳内常数.徐教授还介绍胡克、匡继昌等不等式研究专家与我认识,使我的科研方向更加明确.于是,我进一步阅读了 Hardy 等的专著,夜以继日,锐意破解 Hilbert 不等式.经过我不懈的努力,终于在国际权威期刊上发表了我的研究成果,首次引入独立参量,推广了 Hilbert 积分不等式.1998 年,我顺利评上了数学教授.

Hilbert 不等式创立至今才一百多年. 1908 年,德国著名数学家 D. Hilbert 发表了以他的名字命名的 Hilbert 不等式,该不等式不含参量,结构简洁、形式优美且理论内涵丰富. 1925 年,英国数学家 G. H. Hardy 及 M. Riesz 引入一对共轭指数 (p,q),推广了 Hilbert 不等式,史称 Hardy-Hilbert 不等式. 1934 年,Hardy 等出版专著 *Inequalities*,系统介绍了几类 -1 齐次核 Hardy-Hilbert 型不等式的理论形态,但此书大部分定理都没给出证明. 此后 60 多年,到 1997 年,Hardy 等的这一不等式理论思想却未能进一步发展.

1998 年,我在美国 SCI 数学期刊 (*Journal of Mathematical Analysis and Applications*, JMAA) 上发表的论文,引入了独立参量及 Beta 函数,推广了 Hilbert 积分不等式. 2004 年至 2006 年,我引入另一对共轭指数,辅以独立参数,成功推广了 Hardy-Hilbert 不等式,并用算子理论刻画了多类 Hilbert 型不等式及其最佳常数因子,解决了最佳推广式的科学表示及抽象化刻画问题,这就是参量化思想. 2009 年,科学出版社出版了我的理论专著《算子范数与 Hilbert 型不等式》,该书系统介绍了我及我的研究团队成员十年来关于实数齐次核 Hardy-Hilbert 不等式的理论成果及参量化思想方法. 随着研究的不断深入,含 12 个门类的 Hilbert 型不等式理论得到了进一步的发展. 2013 年,《科技日报》发文,称我及我的团队的这一创新成果为 Yang-Hilbert 型不等式理论,以区别于 1934 年创立的 -1 齐次核 Hardy-Hilbert 型不等式理论. 2016—2017 年,我的科研同仁洪勇教授发表多篇论文,解决了 Hilbert 型不等式的逆问题,即 Hilbert 型不等式联系最佳常数因子与多参量的等价描述及 Hilbert 型积分不等式的存在联系多参数的等价问题,从而使 Hilbert 型不等式的理论研究跃升到一个新的高度. 2023 年,洪勇、和炳两位教授的专著《Hilbert 型不等式的理论与应用》(上、下册) 在科学出版社出版,我应邀作了序.

关于 Hardy-Hilbert 不等式的拓展性应用这一课题,源于我发表的一篇论文. 2001 年,我在国内核心期刊上发表论文,引入较宽范围的独立参数,应用改进的 Euler-Maclaurin 求和公式,推广了 Hilbert 不等式. 2006 年,克罗地亚数学家 M. Krnic 等在 JMAA 上发表论文,把我的工作推广到含一对共轭指数 (p,q) 上面. 2019 年,蒙古数学家 V. Adiyasuren 等在 *Journal of Inequalities and Applications* 上发表论文,引入部分和,对 2006 年 Krnic 在 JMAA 上发表的工作做了拓展性应用 (详见本书第 1 章 1.3 节). 2021 年,我与我的团队成员分工合作,在 *Journal of Mathematical Inequalities* 等 SCI 期刊上发表了多篇涉及部分和的研究论文,开始了对这一课题的系统研究. 至今,我们已把这一课题延伸到积分与半离散 Hardy-Hilbert 不等式中去,创立了涉及多重可变上限函数、高阶导函数及部分和的多类新型不等式,取得了可喜的科研成果.

  本书是作者在多年的科研成果与思想方法的基础上写成的,它考虑了一类含中间变量的半离散 Hardy-Hilbert 不等式的全方位、多角度拓展性应用,巧用了实分析、不等式、算子理论及特殊函数的方法,并辅以权函数及参量化的思想.本书深入浅出、一气呵成、可读性较强.阅读本书需要掌握实分析与不等式的基础知识.

杨必成

2024 年 7 月 1 日

于广东第二师范学院

E-mail:bcyang@gdei.edu.cn

目录

1

引　言

本章将介绍以 Hardy-Hilbert(哈代－希尔伯特) 不等式为特例的 Hilbert 型不等式的理论概况及其思想方法的由来、演变及发展,它涉及国内外大量的研究成果.特别应强调的是,近代关于 Hilbert 型不等式的参量化表示、Hilbert 型算子的范数刻画及不等式中多参数与最佳常数因子的等价联系等工作成果,更推动了对这一领域的深入探索.本章作为引子,将为阅读、理解后面各章节的内容做好准备.

1.1　Hilbert 型不等式的百年回顾

1908 年,德国数学家 D. Hilbert 证明了如下著名不等式[1]:若 $\{a_m\}$, $\{b_n\}$ 为实数列,满足 $0 < \sum_{m=1}^{\infty} a_m^2 < \infty$ 及 $0 < \sum_{n=1}^{\infty} b_n^2 < \infty$,则有

$$\sum_{n=1}^{\infty} \sum_{m=1}^{\infty} \frac{a_m b_n}{m+n} < \pi \left(\sum_{m=1}^{\infty} a_m^2 \sum_{n=1}^{\infty} b_n^2\right)^{\frac{1}{2}}, \qquad (1.1.1)$$

这里,常数因子 π 为最佳值.史称式(1.1.1)为 Hilbert 不等式.其常数因子 π 的最佳性是由 Schur(舒尔)[2] 于 1911 年证明的,他同时还给出了式(1.1.1)的如下积分类似形式:若 $f(x)$, $g(y)$ 为可测函数,满足 $0 < \int_0^{\infty} f^2(x)\mathrm{d}x < \infty$ 及 $0 < \int_0^{\infty} g^2(y)\mathrm{d}y < \infty$,则有

$$\int_0^{\infty} \int_0^{\infty} \frac{f(x)g(y)}{x+y}\mathrm{d}x\mathrm{d}y < \pi \left(\int_0^{\infty} f^2(x)\mathrm{d}x \int_0^{\infty} g^2(y)\mathrm{d}y\right)^{\frac{1}{2}},$$

$$(1.1.2)$$

第 1 章

1

这里,常数因子 π 仍为最佳值.式(1.1.2)称为 Hilbert 积分不等式.式(1.1.1)与式(1.1.2)是分析学中的重要不等式,它们的改进、推广及应用可见于各类数学文献及不等式专著[3—6].

若令级数的下标从 0 开始,则式(1.1.1)可等价地表示成如下形式:

$$\sum_{n=0}^{\infty}\sum_{m=0}^{\infty}\frac{a_m b_n}{m+n+2} < \pi \Big(\sum_{m=0}^{\infty}a_m^2 \sum_{n=0}^{\infty}b_n^2\Big)^{\frac{1}{2}}, \qquad (1.1.3)$$

这里,常数因子 π 仍为最佳值.现提出问题:在使式(1.1.3)成立的前提下,其核 $\dfrac{1}{m+n+2}$ 中的常数 2 能否取较小的值? Hardy 等[3] 证明这是可以的.它就是如下较为精确的 Hilbert 不等式:

$$\sum_{n=0}^{\infty}\sum_{m=0}^{\infty}\frac{a_m b_n}{m+n+1} < \pi \Big(\sum_{m=0}^{\infty}a_m^2 \sum_{n=0}^{\infty}b_n^2\Big)^{\frac{1}{2}}, \qquad (1.1.4)$$

这里,常数因子 π 仍为最佳值.

1925 年,Hardy 与 Riesz(里斯)[7] 等引入一对共轭指数 (p,q) $\Big(\dfrac{1}{p}+\dfrac{1}{q}=1\Big)$,

将式(1.1.1)推广为如下形式:若 $p>1,a_n,b_n \geqslant 0$,满足 $0 < \sum\limits_{m=1}^{\infty}a_m^p < \infty$,

$0 < \sum\limits_{n=1}^{\infty}b_n^q < \infty$,则有

$$\sum_{n=1}^{\infty}\sum_{m=1}^{\infty}\frac{a_m b_n}{m+n} < \frac{\pi}{\sin(\pi/p)} \Big(\sum_{m=1}^{\infty}a_m^p\Big)^{\frac{1}{p}} \Big(\sum_{n=1}^{\infty}b_n^q\Big)^{\frac{1}{q}}, \qquad (1.1.5)$$

这里,常数因子 $\dfrac{\pi}{\sin(\pi/p)}$ 为最佳值.还可将式(1.1.5)推广为如下较为精确的形式[3]:

$$\sum_{n=0}^{\infty}\sum_{m=0}^{\infty}\frac{a_m b_n}{m+n+1} < \frac{\pi}{\sin(\pi/p)} \Big(\sum_{m=0}^{\infty}a_m^p\Big)^{\frac{1}{p}} \Big(\sum_{n=0}^{\infty}b_n^q\Big)^{\frac{1}{q}}; \qquad (1.1.6)$$

这里,常数因子 $\dfrac{\pi}{\sin(\pi/p)}$ 仍为最佳值.相应的积分形式(1.1.2)也得到如下具有最佳常数因子的推广:

$$\int_0^{\infty}\int_0^{\infty}\frac{f(x)g(y)}{x+y}\mathrm{d}x\mathrm{d}y < \frac{\pi}{\sin(\pi/p)} \Big(\int_0^{\infty}f^p(x)\mathrm{d}x\Big)^{\frac{1}{p}} \Big(\int_0^{\infty}g^q(y)\mathrm{d}y\Big)^{\frac{1}{q}},$$

$$(1.1.7)$$

称式(1.1.7)为 Hardy-Hilbert 积分不等式.

设 $\lambda \in \mathbf{R}$,$k_\lambda(x,y)$ 为 $(0,\infty)\times(0,\infty)$ 的可测函数,使对任意 $x,y,u \in (0,\infty)$,有关系式 $k_\lambda(ux,uy)=u^{-\lambda}k_\lambda(x,y)$ 成立,则称 $k_\lambda(x,y)$ 为 $(0,\infty)\times(0,\infty)$ 上的 $-\lambda$ 齐次函数.

1934 年，Hardy 等在专著[3]（定理 318，定理 319）中指出：设(p,q)为一对共轭指数，$p>1$，$k_1(x,y)\geqslant 0$ 为 -1 齐次函数. 若 $k=\displaystyle\int_0^\infty k_1(u,1)u^{-1/p}\mathrm{d}u<\infty$，则有如下不等式：

$$\int_0^\infty\int_0^\infty k_1(x,y)f(x)g(y)\mathrm{d}x\mathrm{d}y\leqslant k\left(\int_0^\infty f^p(x)\mathrm{d}x\right)^{\frac{1}{p}}\left(\int_0^\infty g^q(y)\mathrm{d}y\right)^{\frac{1}{q}};$$

$$(1.1.8)$$

这里，常数因子 k 为最佳值. 当 $k(u,1)u^{-1/p}(k(1,v)v^{-1/q})$ 是 $u(v)$ 的递减函数时，有

$$\sum_{n=1}^\infty\sum_{m=1}^\infty k(m,n)a_mb_n\leqslant k\left(\sum_{m=1}^\infty a_m^p\right)^{\frac{1}{p}}\left(\sum_{n=1}^\infty b_n^q\right)^{\frac{1}{q}};\qquad(1.1.9)$$

当 $0<p<1$ 时，式(1.1.8)出现逆向情形（注：上述不等式当右边级数收敛于正数时取"$<$"）.

称 $k(x,y)$ 为不等式(1.1.8)及式(1.1.9)的核. 文[3]还导出下列经典的特殊核不等式：

(1) 当 $k(x,y)=\dfrac{1}{x+y}$ 时，式(1.1.8)，式(1.1.9)分别变为式(1.1.7)及式(1.1.5)；

(2) 当 $k(x,y)=\dfrac{1}{\max\{x,y\}}$ 时，式(1.1.8)及式(1.1.9)分别变为如下不等式：

$$\int_0^\infty\int_0^\infty\frac{f(x)g(y)}{\max\{x,y\}}\mathrm{d}x\mathrm{d}y<pq\left(\int_0^\infty f^p(x)\mathrm{d}x\right)^{\frac{1}{p}}\left(\int_0^\infty g^q(y)\mathrm{d}y\right)^{\frac{1}{q}},$$

$$(1.1.10)$$

$$\sum_{n=1}^\infty\sum_{m=1}^\infty\frac{a_mb_n}{\max\{m,n\}}<pq\left(\sum_{m=1}^\infty a_m^p\right)^{\frac{1}{p}}\left(\sum_{n=1}^\infty b_n^q\right)^{\frac{1}{q}};\qquad(1.1.11)$$

(3) 当 $k(x,y)=\dfrac{\ln(x/y)}{x-y}$ 时，式(1.1.8)及式(1.1.9)分别变为如下不等式：

$$\int_0^\infty\int_0^\infty\frac{\ln(x/y)}{x-y}f(x)g(y)\mathrm{d}x\mathrm{d}y<\left(\frac{\pi}{\sin(\pi/p)}\right)^2\left(\int_0^\infty f^p(x)\mathrm{d}x\right)^{\frac{1}{p}}\left(\int_0^\infty g^q(y)\mathrm{d}y\right)^{\frac{1}{q}},$$

$$(1.1.12)$$

$$\sum_{n=1}^\infty\sum_{m=1}^\infty\frac{\ln(m/n)a_mb_n}{m-n}<\left(\frac{\pi}{\sin(\pi/p)}\right)^2\left(\sum_{m=1}^\infty a_m^p\right)^{\frac{1}{p}}\left(\sum_{n=1}^\infty b_n^q\right)^{\frac{1}{q}},\quad(1.1.13)$$

以上 Hilbert 型不等式的常数因子都是最佳值.

此外，文[3]（定理 350）还建立了如下非齐次核的积分不等式：若 $p>1$，$\dfrac{1}{p}+$

$$\frac{1}{q}=1, K(x)>0, 0<\int_0^\infty K(x)x^{s-1}\mathrm{d}x=\varphi(s)<\infty, 则$$

$$\int_0^\infty \int_0^\infty K(xy)f(x)g(y)\mathrm{d}x\mathrm{d}y<\varphi(\frac{1}{p})\left(\int_0^\infty x^{p-2}f^p(x)\mathrm{d}x\right)^{\frac{1}{p}}\left(\int_0^\infty g^q(y)\mathrm{d}y\right)^{\frac{1}{q}}.$$

$$(1.1.14)$$

文[3](定理 351)又建立了如下非齐次核半离散 Hilbert 型不等式:设 $K(t)(t>0)$ 为递减函数，$p>1, \frac{1}{p}+\frac{1}{q}=1, 0<\varphi(s)=\int_0^\infty K(t)t^{s-1}\mathrm{d}t<\infty$，$a_n\geq 0$，使 $0<\sum_{n=1}^\infty a_n^p<\infty$，则有

$$\int_0^\infty x^{p-2}\left(\sum_{n=1}^\infty K(nx)a_n\right)^p\mathrm{d}x<\varphi^p(\frac{1}{q})\sum_{n=1}^\infty a_n^p. \qquad (1.1.15)$$

可以认为 Hardy 等在文[3]中大致建立了 -1 齐次核 Hilbert 型不等式理论. 可令人费解的是,此后近 60 年,文[3]的基本成果及思想方法并没有得到实质性的改进及进一步推广.

1.2 Hilbert 型不等式的近代发展

下面以积分为例,略述近代关于 Hilbert 不等式的研究概况.

(1)1979 年,我国学者胡克[8] 改进了 Hölder(赫尔德) 不等式,得出如下式 (1.1.2) 的一个改进式:

$$\int_0^\infty \int_0^\infty \frac{f(x)f(y)}{x+y}\mathrm{d}x\mathrm{d}y<\pi\left(\left(\int_0^\infty f^2(x)\mathrm{d}x\right)^2-\frac{1}{4}\left(\int_0^\infty f^2(y)\cos\sqrt{y}\mathrm{d}y\right)^2\right)^{\frac{1}{2}}.$$

$$(1.2.1)$$

随后,他还得出一系列有趣的研究成果[6].

(2)1998 年,印度数学家 B. G. Pachpatte 得出式(1.1.2) 的一个类似形式[9]:

$$\int_0^a \int_0^b \frac{f(x)g(y)}{x+y}\mathrm{d}x\mathrm{d}y<\frac{1}{2}\sqrt{ab}\left(\int_0^a(a-x)f'^2(x)\mathrm{d}x\int_0^b(b-y)g'^2(y)\mathrm{d}y\right)^{\frac{1}{2}},$$

$$(1.2.2)$$

其中 $a,b>0$. 由此引出一系列的改进及推广应用.

(3)1998 年,杨必成[10] 引入参数 $\lambda\in(0,1)$ 及 $0<a<b<\infty$,得出式(1.1.2) 的推广式:

$$\int_a^b \int_a^b \frac{f(x)g(y)}{(x+y)^\lambda}\mathrm{d}x\mathrm{d}y<\mathrm{B}(\frac{\lambda}{2},\frac{\lambda}{2})(1-(\frac{a}{b})^{\frac{\lambda}{4}})\left(\int_a^b x^{1-\lambda}f^2(x)\mathrm{d}x\int_a^b y^{1-\lambda}g^2(y)\mathrm{d}y\right)^{\frac{1}{2}},$$

$$(1.2.3)$$

这里，$B(u,v) = \int_0^\infty \dfrac{t^{u-1}}{(1+t)^{u+v}} dt$ 为 Beta 函数.

(4)1999 年,高明哲[11] 应用分析及代数的方法,得出式(1.1.2) 的一个改进式:

$$\int_0^\infty \int_0^\infty \frac{f(x)g(y)}{x+y} dx dy < \pi \sqrt{1-R} \ (\int_0^\infty f^2(x)dx \int_0^\infty g^2(y)dy)^{\frac{1}{2}},$$

$$(1.2.4)$$

这里，$R = \dfrac{1}{\pi} \ (\dfrac{u}{\parallel g \parallel} - \dfrac{v}{\parallel f \parallel})^2, u = \sqrt{\dfrac{2}{\pi}} \ (g,e), v = \sqrt{2\pi} \ (f, e^{-s}), e(y) = \int_0^\infty \dfrac{e^s}{s+y} ds.$

(5)2002 年,文献[12] 中应用算子理论,得出式(1.1.2) 的改进式:

$$\int_0^\infty \int_0^\infty \frac{f(x)g(y)}{x+y} dx dy \leqslant \frac{\pi}{\sqrt{2}} \ (\int_0^\infty f^2(x)dx \int_0^\infty g^2(y)dy + (\int_0^\infty f(x)g(x)dx)^2)^{\frac{1}{2}}.$$

$$(1.2.5)$$

以上列举的近代研究成果及研究思想,以及下面提到的权系数方法,极大地推动了对 Hilbert 型不等式的进一步研究.

1991 年,我国数学家徐利治等[13] 提出了旨在改进 Hilbert 不等式(1.1.1) 的权系数方法.首先,徐利治教授对式(1.1.1) 的左边配方,并应用 Cauchy(柯西) 不等式得出:

$$\sum_{n=1}^\infty \sum_{m=1}^\infty \frac{a_m b_n}{m+n} = \sum_{n=1}^\infty \sum_{m=1}^\infty (\frac{1}{(m+n)^{1/2}} \ (\frac{m}{n})^{\frac{1}{4}} a_m)(\frac{1}{(m+n)^{1/2}} \ (\frac{n}{m})^{\frac{1}{4}} b_n)$$

$$\leqslant (\sum_{m=1}^\infty (\sum_{n=1}^\infty \frac{1}{m+n} \ (\frac{m}{n})^{\frac{1}{2}}) a_m^2 \sum_{n=1}^\infty (\sum_{m=1}^\infty \frac{1}{m+n} \ (\frac{n}{m})^{\frac{1}{2}}) b_n^2)^{\frac{1}{2}}.$$

$$(1.2.6)$$

徐利治教授定义如下权系数

$$\omega(n) := \sum_{m=1}^\infty \frac{1}{m+n} \ (\frac{n}{m})^{\frac{1}{2}}, n \in \mathbf{N},$$

$$(1.2.7)$$

并将式(1.2.1) 改写成如下带权的不等式:

$$\sum_{n=1}^\infty \sum_{m=1}^\infty \frac{a_m b_n}{m+n} \leqslant (\sum_{n=1}^\infty \omega(n) a_n^2 \sum_{n=1}^\infty \omega(n) b_n^2)^{\frac{1}{2}}.$$

$$(1.2.8)$$

接下来,徐巧置分解式:

$$\omega(n) = \pi - \frac{\theta(n)}{n^{1/2}}, n \in \mathbf{N}_+,$$

$$(1.2.9)$$

这里，$\theta(n) := (\pi - \omega(n)) n^{1/2}$.并用初等的方法求得

$$\theta(n) = (\pi - \sum_{m=1}^{\infty} \frac{1}{m+n} (\frac{n}{m})^{1/2}) n^{1/2} > \theta, \theta := 1.121\ 3\cdots, n \in \mathbf{N}_+,$$

$$(1.2.10)$$

代回式(1.2.9),得出权系数(1.2.7)的如下不等式:

$$\omega(n) < \pi - \frac{\theta}{n^{1/2}}, n \in \mathbf{N}_+, \theta = 1.121\ 3\cdots \qquad (1.2.11)$$

最后,代回式(1.2.8),得出式(1.1.1)的如下加强式:

$$\sum_{n=1}^{\infty} \sum_{m=1}^{\infty} \frac{a_m b_n}{m+n} \leqslant (\sum_{m=1}^{\infty} (\pi - \frac{\theta}{m^{1/2}}) a_m^2 \sum_{n=1}^{\infty} (\pi - \frac{\theta}{n^{1/2}}) b_n^2)^{\frac{1}{2}}. \quad (1.2.12)$$

徐在文后还提出公开问题,征求使式(1.2.12)成立的 θ 的最大值. 后来,高明哲[14]解决了此问题,他把式(1.2.12)中的常数 θ 改成最大值 $\theta_0 :=$ 1. 281 669$\cdots$,从而改进了式(1.2.12).

1997 — 1998 年,杨必成、高明哲等[15-16]优化了徐的权系数的方法,应用改进的 Euler-Maclaurin(欧拉—麦克劳林)求和公式,给出了式(1.1.5)的如下加强式:

$$\sum_{n=1}^{\infty} \sum_{m=1}^{\infty} \frac{a_m b_n}{m+n} < (\sum_{n=1}^{\infty} (\frac{\pi}{\sin(\pi/p)} - \frac{1-\gamma}{n^{\frac{1}{p}}}) a_n^p)^{\frac{1}{p}} (\sum_{n=1}^{\infty} (\frac{\pi}{\sin(\pi/p)} - \frac{1-\gamma}{n^{1/q}}) b_n^q)^{\frac{1}{q}},$$

$$(1.2.13)$$

这里,$1-\gamma = 0.422\ 784\ 33\cdots$($\gamma$ 为 Euler 常数)为最佳值.

通过配方及应用不等式的方法产生权系数,并适当配置分解式及进行估值,产生权系数的不等式,从而建立 Hilbert 不等式的加强式,这就是徐利治的权系数方法. 通过优化此法,我国学者经过三十年的不懈努力,终于拓展了对 Hilbert 型不等式的理论应用研究.

1998 年,杨必成[10,17]引入独立参数 $\lambda > 0$ 与 Beta 函数,改进权系数的方法,得出式(1.1.2)的如下推广:若 $\lambda > 0, 0 < \int_0^{\infty} x^{1-\lambda} f^2(x) \mathrm{d}x < \infty$ 及 $0 < \int_0^{\infty} y^{1-\lambda} g^2(y) \mathrm{d}y < \infty$,则有

$$\int_0^{\infty} \int_0^{\infty} \frac{f(x)g(y)}{(x+y)^{\lambda}} \mathrm{d}x \mathrm{d}y < \mathrm{B}(\frac{\lambda}{2}, \frac{\lambda}{2}) (\int_0^{\infty} x^{1-\lambda} f^2(x) \mathrm{d}x \int_0^{\infty} y^{1-\lambda} g^2(y) \mathrm{d}y)^{1/2},$$

$$(1.2.14)$$

这里,常数因子 $\mathrm{B}(\frac{\lambda}{2}, \frac{\lambda}{2})$ 为最佳值. 2004 年,杨必成[18]发现了式(1.1.5)的对偶不等式:

$$\sum_{n=1}^{\infty}\sum_{m=1}^{\infty}\frac{a_m b_n}{m+n} < \frac{\pi}{\sin(\pi/p)}\left(\sum_{n=1}^{\infty}n^{p-2}a_n^p\right)^{\frac{1}{p}}\left(\sum_{n=1}^{\infty}n^{q-2}b_n^q\right)^{\frac{1}{q}}, \quad (1.2.15)$$

当 $p=q=2$ 时, 式(1.2.15)与式(1.1.5)都变为式(1.1.1).

2003 年及以后, 杨必成等[19-20]总结了引入独立参数的思想成果及权系数的方法, 通过引进独立参数配合一对共轭指数 (p,q), 推动了对 Hilbert 型不等式的系统研究. 多年来, 国外学者如 W. T. Sulaiman, I. Brnetic, J. Pecaric, M. Krnić, S. R. Salem, L. Debnath, T. M. Rassias 及 Laith Emil Azar 等参与了对这一课题的研究. 国内学者如贾维剑、高明哲、吕中学、谢洪政、贺立平、高秀梅、王卫宏、孙保矩及徐景实等亦进行了有益的讨论. 然而, 如何有效处理诸如式(1.2.15)的对偶性问题, 直到 2004 年才有了解决思路.

2004 年, 杨必成[21]引入独立参数 $\lambda>0$ 与两对共轭指数 $(p,q),(r,s)$ ($\frac{1}{p}+\frac{1}{q}=1,\frac{1}{r}+\frac{1}{s}=1$), 将式(1.1.2)推广为如下形式: 若 $p,r>1$, 且右边积分收敛于正数, 则

$$\int_0^{\infty}\int_0^{\infty}\frac{f(x)g(y)}{x^{\lambda}+y^{\lambda}}\mathrm{d}x\mathrm{d}y < \frac{\pi}{\lambda\sin(\pi/r)}\left(\int_0^{\infty}x^{p(1-\frac{\lambda}{r})-1}f^p(x)\mathrm{d}x\right)^{\frac{1}{p}}\left(\int_0^{\infty}y^{q(1-\frac{\lambda}{s})-1}g^q(y)\mathrm{d}y\right)^{\frac{1}{q}},$$

$$(1.2.16)$$

这里, 常数因子 $\frac{\pi}{\lambda\sin(\pi/r)}$ 是最佳值. 当 $\lambda=1,r=q,s=p$ 时, 式(1.2.16)即变为式(1.1.7); 当 $\lambda=1,r=p,s=q$ 时, 式(1.2.16)变为式(1.1.7)的如下对偶不等式:

$$\int_0^{\infty}\int_0^{\infty}\frac{f(x)g(y)}{x+y}\mathrm{d}x\mathrm{d}y < \frac{\pi}{\sin(\pi/p)}\left(\int_0^{\infty}x^{p-2}f^p(x)\mathrm{d}x\right)^{\frac{1}{p}}\left(\int_0^{\infty}y^{q-2}g^q(y)\mathrm{d}y\right)^{\frac{1}{q}}.$$

$$(1.2.17)$$

此外, 还有如下参量化的 Hardy-Hilbert 不等式[22]: 设 $0<\lambda\leqslant\min\{r,s\}$, 有

$$\sum_{n=1}^{\infty}\sum_{m=1}^{\infty}\frac{a_m b_n}{(m+n)^{\lambda}} < \mathrm{B}\left(\frac{\lambda}{r},\frac{\lambda}{s}\right)\left(\sum_{m=1}^{\infty}m^{p(1-\frac{\lambda}{r})-1}a_m^p\right)^{\frac{1}{p}}\left(\sum_{n=1}^{\infty}n^{q(1-\frac{\lambda}{s})-1}b_n^q\right)^{\frac{1}{q}},$$

$$(1.2.18)$$

这里, 常数因子 $\mathrm{B}\left(\frac{\lambda}{r},\frac{\lambda}{s}\right)$ 为最佳值, $0<\frac{\lambda}{r},\frac{\lambda}{s}<\lambda\leqslant 2$. 当 $\lambda=1,r=q$ 时, 式(1.2.18)变为式(1.1.5); 当 $\lambda=1,r=p$ 时, 式(1.2.18)变为式(1.2.15).

所谓参量化的思想方法, 是指在建立 Hilbert 型不等式时引入了独立参数及两对共轭指数, 并通过缜密配方及应用权函数与不等式的方法, 演绎成具有最佳常数因子的新不等式. 把参量化思想方法应用于创建 Hilbert 型不等式, 产生了大批新的成果. 如辛冬梅[23]得出式(1.1.12)的如下推广式:

$$\int_0^\infty \int_0^\infty \frac{\ln(\frac{x}{y})f(x)g(y)}{x^\lambda - y^\lambda}\mathrm{d}x\mathrm{d}y$$
$$< (\frac{\pi}{\lambda \sin(\pi/r)})^2 (\int_0^\infty x^{p(1-\frac{\lambda}{r})-1}f^p(x)\mathrm{d}x)^{\frac{1}{p}} (\int_0^\infty y^{q(1-\frac{\lambda}{s})-1}g^q(y)\mathrm{d}y)^{\frac{1}{q}};$$

$$(1.2.19)$$

钟五一等[24] 得到式(1.1.13) 的如下推广式：

$$\int_0^\infty \int_0^\infty \frac{f(x)g(y)}{(\max\{x,y\})^\lambda}\mathrm{d}x\mathrm{d}y < \frac{rs}{\lambda} (\int_0^\infty x^{p(1-\frac{\lambda}{r})-1}f^p(x)\mathrm{d}x)^{\frac{1}{p}} (\int_0^\infty x^{q(1-\frac{\lambda}{s})-1}g^q(x)\mathrm{d}x)^{\frac{1}{q}}.$$

$$(1.2.20)$$

2006－2007 年,文[25－26]用线性算子刻画了 Hilbert 型不等式及其等价形式. 此后,不少作者从不同角度探讨了 Hilbert 型不等式的各种性态. 2009 年,为纪念 Hilbert 不等式发表 100 周年,文[27] 综述了负数齐次核参量化 Hilbert 型不等式的研究成果. 随后,一些作者开始了对实齐次核及非齐次核的 Hilbert 型积分不等式的研究. 2007 年,文[28] 得到如下具有最佳常数因子的 $\lambda-1$ 齐次核 Hilbert 型积分不等式($\lambda > -1$):

$$\int_0^\infty \int_0^\infty \frac{(\min\{x,y\})^\lambda}{\max\{x,y\}}f(x)g(y)\mathrm{d}x\mathrm{d}y < \frac{pq}{1+\lambda} (\int_0^\infty x^\lambda f^2(x)\mathrm{d}x \int_0^\infty y^\lambda g^2(y)\mathrm{d}y)^{\frac{1}{2}}.$$

$$(1.2.21)$$

2009 年,文[29] 得到如下具有最佳常数因子的非齐次核 Hilbert 积分不等式：

$$\int_0^\infty \int_0^\infty \frac{f(x)g(y)}{1+(xy)^\lambda}\mathrm{d}x\mathrm{d}y < \frac{\pi}{\lambda} (\int_0^\infty x^{p(1-\frac{\lambda}{2})-1}f^p(x)\mathrm{d}x)^{\frac{1}{p}} (\int_0^\infty y^{q(1-\frac{\lambda}{2})-1}g^q(y)\mathrm{d}y)^{\frac{1}{q}},$$

$$(1.2.22)$$

显然,式(1.2.22) 的结构对称,且常数因子为最佳值,它优于式(1.1.14).

2009－2012 年,杨必成在专著[29－33] 中论述了一般实数齐次核 Hilbert 型不等式及其算子表示的理论,且建立了 Hilbert 型积分算子的范数合成公式. 2013 年,文[34] 应用权函数的方法及实分析理论,建立了齐次与非齐次核 Hilbert 型积分不等式的等价联系.

2016 年,应用实分析技巧,洪勇等在文[35] 中给出式(1.2.18)的一般形式中最佳常数因子联系多参数的一个等价陈述. 2017 年,文[36] 给出式(1.2.16)的一般形式的存在联系参数的一个等价条件. 其他类似的工作可见文[37－50]. 最近,文[51－52] 给出了逆向半离散 Hilbert 型不等式的一些创新结果. 相关的研究成果还可参阅文[53－63].

8

1.3　Hilbert 型不等式的近期应用

（1）构建最佳常数因子，联系 Riemann(黎曼)Zeta 函数及其推广的 Hilbert 型不等式.

设 $\beta,\lambda,\sigma > 0, k_1(\sigma) := \int_0^1 \frac{|\ln u|^\beta}{|u^\lambda - 1|} u^{\sigma-1} du = \frac{\Gamma(\beta+1)}{\lambda^{\beta+1}} \zeta(\beta+1, \frac{\sigma}{\lambda}) \in \mathbf{R}^+.$

有如下非齐次核 Hardy 型积分不等式:若 $p > 1, \frac{1}{p} + \frac{1}{q} = 1, f(x) \geqslant 0, 0 < \int_0^\infty x^{p(1-\sigma)-1} f^p(x) dx < \infty$,则有

$$\left(\int_0^\infty y^{p\beta-1} \left(\int_0^{\frac{1}{y}} \frac{|\ln xy|^\beta f(x)}{|(xy)^\lambda - 1|} dx\right) dy\right)^{\frac{1}{p}} < k_1(\sigma) \left(\int_0^\infty x^{p(1-\sigma)-1} f^p(x) dx\right)^{\frac{1}{p}},$$

$$(1.3.1)$$

这里,常数因子 $k_1(\sigma)$ 为最佳值,其表达式联系着推广的 Riemann Zeta 函数 $\zeta(s,a)(\zeta(s,1)$ 为 Riemann Zeta 函数). 不等式(1.3.1)发表于 2017 年的文[64].类似的工作亦出现在一些离散型及半离散型的不等式中(参考文[65 — 70]).

（2）非单调核离散或半离散 Hilbert 型不等式的创立.

2006 年,通过引入参数 $\lambda_i \in (0,2](i=1,2), \lambda_1 + \lambda_2 = \lambda \in (0,4]$,应用 Euler-Maclaurin 求和公式及实分析技巧,克罗地亚数学家 M. Krnić 等[71]建立了式(1.2.18)的如下改进式:

$$\sum_{m=1}^\infty \sum_{n=1}^\infty \frac{a_m b_n}{(m+n)^\lambda} < B(\lambda_1, \lambda_2) \left(\sum_{m=1}^\infty m^{p(1-\lambda_1)-1} a_m^p\right)^{\frac{1}{p}} \left(\sum_{n=1}^\infty n^{q(1-\lambda_2)-1} b_n^q\right)^{\frac{1}{q}},$$

$$(1.3.2)$$

这里常数因子 $B(\lambda_1, \lambda_2)$ 是最佳值,当 $\lambda=1, \lambda_1 = \frac{1}{q}, \lambda_2 = \frac{1}{p}$ 时,式(1.3.2)可导出式(1.1.1);当 $p=q=2, \lambda_1 = \lambda_2 = \frac{\lambda}{2}$ 时,式(1.3.2)可导出杨必成的一个早期结果[72].该文拓宽了式(1.2.18)的参数范围(如 $0 < \lambda \leqslant 4$),其主要思路是在建立类似于式(1.2.8)的带权不等式的情况下,应用 Euler-Maclaurin 求和公式估算非递减的权系数,从而建立起较大参数范围的新不等式.类似的方法亦可应用到半离散的情形中去(参阅文[73 — 84]).

（3）Hardy-Hilbert 不等式的拓展性应用.

2019 年，应用式(1.3.2)的结果、指数函数转换公式及 Abel(阿贝尔)部分求和公式，蒙古数学家 V. Adiyasuren 等[85]给出核为 $\dfrac{1}{(m+n)^\lambda}$ 的涉及两个部分和的如下 Hardy-Hilbert 不等式：

$$\sum_{m=1}^{\infty}\sum_{n=1}^{\infty}\frac{a_m b_n}{(m+n)^\lambda} < \lambda_1\lambda_2 B(\lambda_1,\lambda_2)\left(\sum_{m=1}^{\infty}m^{-p\lambda_1-1}A_m^p\right)^{\frac{1}{p}}\left(\sum_{n=1}^{\infty}n^{-q\lambda_2-1}B_n^q\right)^{\frac{1}{q}},$$

(1.3.3)

这里，常数因子 $\lambda_1\lambda_2 B(\lambda_1,\lambda_2)$ 是最佳值，部分和定义为

$$A_m = \sum_{k=1}^{m}a_k, B_n = \sum_{k=1}^{n}b_k, m,n \in \mathbf{N}_+.$$

可提出如下问题：（1）若把核中自变量 m,n 换成递增的中间变量，式(1.3.3)可能推广吗？（2）在式(1.3.3)中仅考虑一个部分和的情形可行吗？（3）把式(1.3.3)的结果及思想方法迁移到半离散的不等式中去可行吗？进一步还问：若在积分与半离散型不等式中，把涉及的部分和添上多重可变上限函数或高阶导函数可行吗？这些问题都涉及 Hardy-Hilbert 不等式的拓展性应用．从这几年的研究实践来看，它们是可行的，且发表成果相当丰硕（参阅文[86 − 118]），前途可观．

本书将注重成果的分类描述与思想方法的逐渐展开．通过算子的范数刻画描绘正向不等式的最佳常数因子及等价不等式；用实分析、参量化的方法技巧建立引理及各种构造形态的定理，并用大量引例说明其实际应用．第 1 章为引言，介绍本研究领域思想方法的由来及发展；第 2 章为基础，介绍一类含两个中间变量半离散 Hardy-Hilbert 不等式的基本理论，为下面各章的研究做好准备；第 3 章至第 6 章介绍可变上限函数及导函数的一类不等式的拓展性应用问题；第 7 章至第 10 章谈添加部分和的一系列应用变化情形．全书深入浅出、结构严谨，自成一个完备的理论应用体系．

具有两个中间变量的半离散 Hardy-Hilbert 不等式

本章应用权函数方法及参量化思想，求出一个新的含两个中间变量的半离散 Hardy-Hilbert 不等式，导出了不等式中多参数联系最佳常数因子的等价条件，还建立了其等价形式、特殊中间变量不等式及算子表达式，并考虑了两类逆式的情形.

2.1 若 干 引 理

为避免重复陈述，如无特别声明，本书设 $p \neq 0, 1, \frac{1}{p} + \frac{1}{q} = 1, \lambda > 0, \lambda_i \in (0, \lambda), k_\lambda(\lambda_i) := \mathrm{B}(\lambda_i, \lambda - \lambda_i)(i = 1, 2), \hat{\lambda}_1 := \frac{\lambda - \lambda_2}{p} + \frac{\lambda_1}{q}, \hat{\lambda}_2 := \frac{\lambda - \lambda_1}{q} + \frac{\lambda_2}{p}, n_0 \in \mathbf{N}_+ = \{1, 2, \cdots\}, \mathbf{N}_{n_0} = \{n_0, n_0 + 1, \cdots\}, \mathbf{N} = \mathbf{N}_+ \bigcup \{0\}, \mathbf{R} = (-\infty, \infty), \mathbf{R}^+ = (0, \infty)$. 设 $b \in \mathbf{R} \bigcup \{-\infty\}, v(x) > 0, v'(x) > 0 (x \in (b, \infty)), v(b^+) = 0, v(\infty) = \infty$.

定义 2.1 设 I 为区间，函数 $u(t) > 0, u'(t) > 0 (t \in I), u(\infty) = \infty$，定义下面两种情形：

情形 (1). $I \supset (n_0 - 1, \infty)$，当 $t \in (n_0 - 1, \infty)$ 时，$(u(t))^{s_2 - 1} u'(t)$ 递减；

情形 (2). $I \supset (n_0 - \frac{1}{2}, \infty)$，当 $t \in (n_0 - \frac{1}{2}, \infty)$，$u''(t) \leqslant 0, (u(t))^{s_2 - 1} u'(t)$ 递减且凸.

注 这里，设 $s_2 \in \mathbf{R}$，情形 (1) 并不要求 $u''(t) \leqslant 0$.

第

2

章

例 2.1 （1）设 $u_1(t) = t^\alpha (\alpha > 0; t \in I = (0, \infty))$，取 $n_0 = 1, u_1(0^+) = 0$.

当 $\lambda_2 \leqslant \frac{1}{\alpha}$ 时，$(u_1(t))^{\lambda_2-1} u_1'(t) = \alpha t^{\alpha\lambda_2-1}$ 递减 $(t \in (0, \infty))$，易见定义 2.1 情形

（1）对 $s_2 = \lambda_2$ 满足（但 $u_1''(t) = \alpha(\alpha-1)t^{\alpha-2}$ 仅当 $0 < \alpha \leqslant 1$ 时才是非正的）. 又

设 $u_2(t) = \ln^\alpha t (\alpha > 0; t \in I = (1, \infty))$，取 $n_0 = 2, u_2(1^+) = 0$. 当 $\lambda_2 \leqslant \frac{1}{\alpha}$ 时，

$(u_2(t))^{\lambda_2-1} u_2'(t) = \frac{\alpha}{t} \ln^{\alpha\lambda_2-1} t$ 递减 $(t \in (1, \infty))$，易见定义 2.1 情形（1）对 $s_2 = $

λ_2 亦满足.

（2）设 $u_3(t) = (t-\xi)^\alpha (\alpha \in (0,1], \xi \in [0, \frac{1}{2}]; t \in I = (\xi, \infty))$，取 $n_0 = 1$,

$u_3(\xi^+) = 0$. 当 $\lambda_2 \leqslant \frac{1}{\alpha}$ 时，$(u_3(t))^{\lambda_2-1} u_3'(t) = \alpha (t-\xi)^{\alpha\lambda_2-1}$ 递减且凸，$u_3''(t) = $

$\alpha(\alpha-1)t^{\alpha-2} \leqslant 0 (t \in (\frac{1}{2}, \infty))$，定义 2.1 情形（2）对 $s_2 = \lambda_2$ 满足. 又设 $u_4(t) = $

$\ln^\alpha(t-\xi) (\alpha \in (0,1], \xi \in [0, \frac{1}{2}]; t \in I = (1+\xi, \infty))$，取 $n_0 = 2, u_4((1+\xi)^+) = $

0. 当 $\lambda_2 \leqslant \frac{1}{\alpha}$ 时，$(u_4(t))^{\lambda_2-1} u_4'(t) = \frac{\alpha}{t-\xi} \ln^{\alpha\lambda_2-1}(t-\xi)$ 递减且凸 $(t \in (\frac{3}{2}, \infty))$，

$u_4''(t) \leqslant 0$，易见定义 2.1 情形（2）对 $s_2 = \lambda_2$ 亦满足.

本章以下设，当 $x \in (b, \infty), n \in \mathbf{N}_{n_0}, a_n \geqslant 0$ 时，$f(x)$ 满足如下条件：

$$0 < \int_b^\infty \frac{(v(x))^{p(1-\hat{\lambda}_1)-1}}{(v'(x))^{p-1}} f^p(x) \mathrm{d}x < \infty, \text{及 } 0 < \sum_{n=n_0}^\infty \frac{(u(n))^{q(1-\hat{\lambda}_2)-1}}{(u'(n))^{q-1}} a_n^q < \infty.$$

$$(2.1.1)$$

引理 2.1 设对于 $s > 0, s_2 \in (0, s)$，定义 2.1 情形（1）（或情形（2））成立.

定义如下权函数：

$$\bar{\omega}_s(s_2, x) := (v(x))^{s-s_2} \sum_{n=n_0}^\infty \frac{(u(n))^{s_2-1} u'(n)}{(v(x)+u(n))^s}, x \in (b, \infty). \quad (2.1.2)$$

则有如下不等式：

$$0 < k_s(s_2)(1 - O_s(\frac{1}{(v(x))^{s_2}})) < \bar{\omega}_s(s_2, x)$$

$$< k_s(s_2) = \mathrm{B}(s-s_2, s_2), x \in (b, \infty), \quad (2.1.3)$$

这里，$O_s(\frac{1}{(v(x))^{s_2}}) := \frac{1}{k_s(s_2)} \int_0^{\frac{u(n_0)}{v(x)}} \frac{t^{\lambda_2-1}}{(1+t)^\lambda} \mathrm{d}t > 0$.

证明 （1）在定义 2.1 情形（1）的假设下. 对于固定的 $x \in (b, \infty)$,

$\dfrac{(u(t))^{s_2-1}u'(t)}{(v(x)+u(t))^s}$ 在 (n_0-1,∞) 严格递减. 由级数的递减性质, 有不等式

$$\int_{n_0}^{\infty}\frac{(u(t))^{s_2-1}u'(t)}{(v(x)+u(t))^s}\mathrm{d}t<\sum_{n=n_0}^{\infty}\frac{(u(n))^{s_2-1}u'(n)}{(v(x)+u(n))^s}<\int_{n_0-1}^{\infty}\frac{(u(t))^{s_2-1}u'(t)}{(v(x)+u(t))^s}\mathrm{d}t.$$

$$(2.1.4)$$

作变换 $y=\dfrac{u(t)}{v(x)}(u'(t)\mathrm{d}t=v(x)\mathrm{d}y)$, 因 $u(\infty)=\infty$ 及 $u((n_0-1)^+)\geqslant 0$,
我们有

$$\int_{n_0-1}^{\infty}\frac{(u(t))^{s_2-1}u'(t)}{(v(x)+u(t))^s}\mathrm{d}t=\frac{1}{(v(x))^s}\int_{\frac{u((n_0-1)^+)}{v(x)}}^{\infty}\frac{(v(x)y)^{s_2-1}}{(1+y)^s}v(x)\mathrm{d}y$$

$$\leqslant\frac{1}{(v(x))^{s-s_2}}\int_0^{\infty}\frac{y^{s_2-1}}{(1+y)^s}\mathrm{d}y$$

$$=\frac{1}{(v(x))^{s-s_2}}k_s(s_2).$$

(2) 在定义 2.1 情形 (2) 的假设下, 因 $u''(t)\leqslant 0$, 由条件

$$\frac{\partial}{\partial t}(v(x)+u(t))^{-s}=-s(v(x)+u(t))^{-s-1}u'(t)<0,$$

及

$$\frac{\partial^2}{\partial t^2}(v(x)+u(t))^{-s}$$

$$=s(s+1)(v(x)+u(t))^{-s-2}(u'(t))^2-s(v(x)+u(t))^{-s-1}u''(t)>0.$$

显然, 对于固定的 $x\in(b,\infty)$, $\dfrac{(u(t))^{s_2-1}u'(t)}{(v(x)+u(t))^s}$ 在 $(n_0-\frac{1}{2},\infty)$ 严格递减且
严格凸. 由 Hermite-Hadamard(埃尔米特－阿达玛)不等式(见文[5]),作变换
$y=\dfrac{u(t)}{v(x)}$, 因 $u(\infty)=\infty$ 及 $u((n_0-\frac{1}{2})^+)\geqslant 0$, 有如下不等式

$$\sum_{n=n_0}^{\infty}\frac{(u(n))^{s_2-1}u'(n)}{(v(x)+u(n))^s}<\int_{n_0-\frac{1}{2}}^{\infty}\frac{(u(t))^{s_2-1}u'(t)}{(v(x)+u(t))^s}\mathrm{d}t$$

$$=\frac{1}{(v(x))^s}\int_{\frac{u((n_0-\frac{1}{2})^+)}{v(x)}}^{\infty}\frac{(v(x)y)^{s_2-1}}{(1+y)^s}v(x)\mathrm{d}y$$

$$\leqslant\frac{1}{(v(x))^{s-s_2}}\int_0^{\infty}\frac{y^{s_2-1}\mathrm{d}y}{(1+y)^s}$$

$$=\frac{1}{(v(x))^{s-s_2}}k_s(s_2).$$

依上面的结果, 由式 (2.1.2), 有

$$\bar{\omega}_s(s_2,x)<(v(x))^{s-s_2}\frac{1}{(v(x))^{s-s_2}}k_s(s_2)=k_s(s_2).$$

在定义 2.1 情形(1)(或情形(2))的假设下,因

$$\int_{n_0}^{\infty} \frac{(u(t))^{s_2-1}u'(t)}{(v(x)+u(t))^s}\mathrm{d}t = \frac{1}{(v(x))^s}\int_{\frac{u(n_0)}{v(x)}}^{\infty}\frac{(v(x)y)^{s_2-1}}{(1+y)^s}v(x)\mathrm{d}y$$

$$= \frac{1}{(v(x))^{s-s_2}}\left(\int_0^{\infty}\frac{y^{s_2-1}\mathrm{d}y}{(1+y)^{\lambda}}-\int_0^{\frac{u(n_0)}{v(x)}}\frac{y^{s_2-1}\mathrm{d}y}{(1+y)^s}\right)$$

$$= \frac{1}{(v(x))^{s-s_2}}k_s(s_2)\left(1-O_s\left(\frac{1}{(v(x))^{s_2}}\right)\right)>0,$$

再由式(2.1.2)及式(2.1.4),有

$$\bar{\omega}_s(s_2,x)>k_s(s_2)\left(1-O_s\left(\frac{1}{(v(x))^{s_2}}\right)\right)>0,x\in(b,\infty),$$

满足如下不等式:

$$0<O_s\left(\frac{1}{(v(x))^{s_2}}\right)<\frac{1}{k_s(s_2)}\int_0^{\frac{u(n_0)}{v(x)}}y^{s_2-1}\mathrm{d}y=\frac{1}{s_2k_s(s_2)}\left(\frac{u(n_0)}{v(x)}\right)^{s_2},$$

故式(2.1.3)成立. 证毕.

注 作变换 $y=\frac{v(x)}{u(n)}$,对于 $s_1\in(0,s)$,还可求得另一权函数表达式:

$$\omega_s(s_1,n):=(u(n))^{s-s_1}\int_b^{\infty}\frac{(v(x))^{s_1-1}v'(x)}{(v(x)+u(n))^s}\mathrm{d}x=\int_0^{\infty}\frac{y^{s_1-1}}{(y+1)^s}\mathrm{d}y$$

$$=k_s(s_1)=\mathrm{B}(s_1,s-s_1),n\in\mathbf{N}_{n_0}. \tag{2.1.5}$$

引理 2.2 在引理 2.1 的条件下,又设 $s_1\in(0,s),\hat{s_1}:=\frac{s-s_2}{p}+\frac{s_1}{q},\hat{s_2}:=$

$\frac{s-s_1}{q}+\frac{s_2}{p}$,及

$$0<\int_b^{\infty}\frac{(v(x))^{p(1-\hat{s_1})-1}}{(v'(x))^{p-1}}f^p(x)\mathrm{d}x<\infty,0<\sum_{n=n_0}^{\infty}\frac{(u(n))^{q(1-\hat{s_2})-1}}{(u'(n))^{q-1}}a_n^q<\infty.$$

(1)若 $p>1,q>1$,则有如下含 2 个中间变量的半离散 Hardy-Hilbert 不等式:

$$I_s:=\int_b^{\infty}\sum_{n=n_0}^{\infty}\frac{a_nf(x)}{(v(x)+u(n))^s}\mathrm{d}x<(k_s(s_2))^{\frac{1}{p}}(k_s(s_1))^{\frac{1}{q}}\left(\int_b^{\infty}\frac{(v(x))^{p(1-\hat{s_1})-1}}{(v'(x))^{p-1}}f^p(x)\mathrm{d}x\right)^{\frac{1}{p}}\cdot$$

$$\left(\sum_{n=n_0}^{\infty}\frac{(u(n))^{q(1-\hat{s_2})-1}}{(u'(n))^{q-1}}a_n^q\right)^{\frac{1}{q}}; \tag{2.1.6}$$

(2)若 $p<0,0<q<1$,则有如下式(2.1.6)的第一类逆向不等式:

$$I_s>(k_s(s_2))^{\frac{1}{p}}(k_s(s_1))^{\frac{1}{q}}\left(\int_b^{\infty}\frac{(v(x))^{p(1-\hat{s_1})-1}}{(v'(x))^{p-1}}f^p(x)\mathrm{d}x\right)^{\frac{1}{p}}\left(\sum_{n=n_0}^{\infty}\frac{(u(n))^{q(1-\hat{s_2})-1}}{(u'(n))^{q-1}}a_n^q\right)^{\frac{1}{q}};$$

$$\tag{2.1.7}$$

14

（3）若 $0 < p < 1, q < 0$，则有如下式（2.1.6）的第二类逆向不等式：

$$I_s > (k_s(s_2))^{\frac{1}{p}} (k_s(s_1))^{\frac{1}{q}} (\int_b^\infty (1 - O_s(\frac{1}{(v(x))^{s_2}})) \frac{(v(x))^{p(1-\hat{s_1})-1}}{(v'(x))^{p-1}} f^p(x) \mathrm{d}x)^{\frac{1}{p}} \cdot$$

$$(\sum_{n=n_0}^\infty \frac{(u(n))^{q(1-\hat{s_2})-1}}{(u'(n))^{q-1}} a_n^q)^{\frac{1}{q}}. \tag{2.1.8}$$

证明　（1）由 Hölder 不等式（参阅文[5]）及式（2.1.2）和式（2.1.5），有

$$I_s = \int_b^\infty \sum_{n=n_0}^\infty \frac{1}{(v(x)+u(n))^s} (\frac{(v(x))^{(1-s_1)/q} (u'(n))^{\frac{1}{p}}}{(u(n))^{(1-s_2)/p} (v'(x))^{1/q}} f(x)) \cdot$$

$$(\frac{(u(n))^{(1-s_2)/p} (v'(x))^{1/q}}{(v(x))^{(1-s_1)/q} (u'(n))^{\frac{1}{p}}} a_n) \mathrm{d}x$$

$$\leqslant (\int_b^\infty \sum_{n=n_0}^\infty \frac{(f'(x))^p}{(v(x)+u(n))^s} \frac{(v(x))^{(1-s_1)(p-1)} u'(n)}{(u(n))^{1-s_2} (v'(x))^{p-1}} \mathrm{d}x)^{\frac{1}{p}} \cdot$$

$$(\sum_{n=n_0}^\infty \int_b^\infty \frac{a_n^q}{(v(x)+u(n))^s} \frac{(u(n))^{(1-s_2)(q-1)} v'(x)}{(v(x))^{1-s_1} (u'(n))^{q-1}} \mathrm{d}x)^{\frac{1}{q}}$$

$$= (\int_b^\infty \bar\omega_s(s_2,x) \frac{(v(x))^{p(1-\hat{s_1})-1}}{(v'(x))^{p-1}} f^p(x) \mathrm{d}x)^{\frac{1}{p}} \cdot$$

$$(\sum_{n=n_0}^\infty \omega_s(s_1,n) \frac{(u(n))^{q(1-\hat{s_2})-1}}{(u'(n))^{q-1}})^{\frac{1}{q}}.$$

故代入式（2.1.3）及式（2.1.5），有式（2.1.6）.

对于（2）和（3），用同样的方法，由逆向的 Hölder 不等式，应用式（2.1.2）、式（2.1.3）及式（2.1.5），易得式（2.1.6）的两类逆式（2.1.7）或（2.1.8）.证毕.

2.2　正向不等式的主要结果

在第 2.2 节及第 2.3 节中，我们设 $p > 1, q > 1$，且定义 2.1 情形（1）（或情形（2））满足 $s_2 = \lambda_2$.

令 $s = \lambda, s_i = \lambda_i (i = 1, 2)$，由式（2.1.6）及条件（2.1.1），有如下不等式：

$$I := \int_b^\infty \sum_{n=n_0}^\infty \frac{a_n f(x)}{(v(x)+u(n))^\lambda} \mathrm{d}x < (k_\lambda(\lambda_2))^{\frac{1}{p}} (k_\lambda(\lambda_1))^{\frac{1}{q}} \cdot$$

$$(\int_b^\infty \frac{(v(x))^{p(1-\hat{\lambda_1})-1}}{(v'(x))^{p-1}} f^p(x) \mathrm{d}x)^{\frac{1}{p}} (\sum_{n=n_0}^\infty \frac{(u(n))^{q(1-\hat{\lambda_2})-1}}{(u'(n))^{q-1}} a_n^q)^{\frac{1}{q}}.$$

$$\tag{2.2.1}$$

定理 2.1　若 $\lambda_1 + \lambda_2 = \lambda$，则式（2.2.1）的常数因子 $(k_\lambda(\lambda_2))^{\frac{1}{p}} (k_\lambda(\lambda_1))^{\frac{1}{q}}$（$=$

$B(\lambda_1,\lambda_2))$ 必为最佳值,此时,我们有条件式

$$0 < \int_b^\infty \frac{(v(x))^{p(1-\lambda_1)-1}}{(v'(x))^{p-1}} f^p(x)\mathrm{d}x < \infty, 0 < \sum_{n=n_0}^\infty \frac{(u(n))^{q(1-\lambda_2)-1}}{(u'(n))^{q-1}} a_n^q < \infty,$$

及如下一个含两个中间变量的半离散 Hardy-Hilbert 不等式:

$$\int_b^\infty \sum_{n=n_0}^\infty \frac{a_n f(x)}{(v(x)+u(n))^\lambda}\mathrm{d}x$$

$$< B(\lambda_1,\lambda_2)\left(\int_b^\infty \frac{(v(x))^{p(1-\lambda_1)-1}}{(v'(x))^{p-1}} f^p(x)\mathrm{d}x\right)^{\frac{1}{p}} \left(\sum_{n=n_0}^\infty \frac{(u(n))^{q(1-\lambda_2)-1}}{(u'(n))^{q-1}} a_n^q\right)^{\frac{1}{q}}.$$

$$(2.2.2)$$

证明 下证式(2.2.2)的常数因子 $B(\lambda_1,\lambda_2)$ 为最佳值. 任给 $0 < \varepsilon < p\lambda_1$,置

$$\widetilde{f}(x) := \begin{cases} 0, b < x < v^{-1}(1) \\ (v(x))^{\lambda_1-\frac{\varepsilon}{p}-1} v'(x), x \geqslant v^{-1}(1) \end{cases},$$

$$\widetilde{a}_n := (u(n))^{\lambda_2-\frac{\varepsilon}{q}-1} u'(n), n \in \mathbf{N}_{n_0}.$$

若有正常数 $M \leqslant B(\lambda_1,\lambda_2)$,使其取代式(2.2.2)的常数因子 $B(\lambda_1,\lambda_2)$ 后原式仍成立,则特别还有

$$\widetilde{I} := \int_b^\infty \sum_{n=n_0}^\infty \frac{\widetilde{a}_n \widetilde{f}(x)}{(v(x)+u(n))^\lambda}\mathrm{d}x$$

$$< M \left(\int_b^\infty \frac{(v(x))^{p(1-\lambda_1)-1}}{(v'(x))^{p-1}} \widetilde{f}^p(x)\mathrm{d}x\right)^{\frac{1}{p}} \left(\sum_{n=n_0}^\infty \frac{(u(n))^{q(1-\lambda_2)-1}}{(u'(n))^{q-1}} \widetilde{a}_n^q\right)^{\frac{1}{q}}.$$

$$(2.2.3)$$

显然,不论定义 2.1 情形(1)(或情形(2)),因 $\lambda_2 \in (0,\lambda)$,故函数

$$(u(t))^{-\varepsilon-1} u'(t) = (u(t))^{-\varepsilon-\lambda_2}((u(t))^{\lambda_2-1} u'(t)), t \in (n_0,\infty)$$

仍具有递减性.由式(2.2.3)及级数的递减性质,可得

$$\widetilde{I} < M\left(\int_{v^{-1}(1)}^\infty \frac{(v(x))^{p(1-\lambda_1)-1}}{(v'(x))^{p-1}}(v(x))^{p(\lambda_1-1)-\varepsilon}(v'(x))^p\mathrm{d}x\right)^{\frac{1}{p}} \cdot$$

$$\left(\sum_{n=n_0}^\infty \frac{(u(n))^{q(1-\lambda_2)-1}}{(u'(n))^{q-1}}(u(n))^{q(\lambda_2-1)-\varepsilon}(u'(n))q\right)^{\frac{1}{q}}$$

$$= M\left(\int_{v^{-1}(1)}^\infty (v(x))^{-\varepsilon-1} v'(x)\mathrm{d}x\right)^{\frac{1}{p}} \cdot$$

$$\left((u(n_0))^{-\varepsilon-1} u'(n_0) + \sum_{n=n_0+1}^\infty (u(n))^{-\varepsilon-1} u'(n)\right)^{\frac{1}{q}}$$

$$\leqslant M\left(\int_{v^{-1}(1)}^\infty (v(x))^{-\varepsilon-1}\mathrm{d}v(x)\right)^{\frac{1}{p}} \cdot$$

$$((u(n_0))^{-\varepsilon-1}u'(n_0) + \int_{n_0}^{\infty}(u(t))^{-\varepsilon-1}\mathrm{d}u(t))^{\frac{1}{q}}$$

$$=\frac{M}{\varepsilon}(\varepsilon(u(n_0))^{-\varepsilon-1}u'(n_0) + (u(n_0))^{-\varepsilon})^{\frac{1}{q}}.$$

由式(2.1.5)，令 $s = \lambda > 0, s_1 = \tilde{\lambda}_1 := \lambda_1 - \dfrac{\varepsilon}{p} \in (0,\lambda)$，我们有

$$\tilde{I} = \sum_{n=n_0}^{\infty}((u(n))^{(\lambda_2+\frac{\varepsilon}{p})}\int_{v^{-1}(1)}^{\infty}\frac{(v(x))^{(\lambda_1-\frac{\varepsilon}{p})-1}v'(x)}{(v(x)+u(n))^{\lambda}}\mathrm{d}x)(u(n))^{-\varepsilon-1}u'(n)$$

$$=\sum_{n=n_0}^{\infty}\omega_{\lambda}(\tilde{\lambda}_1,n)\frac{u'(n)}{(u(n))^{\varepsilon+1}} - \sum_{n=n_0}^{\infty}(u(n))^{\lambda_2-\frac{\varepsilon}{q}-1}u'(n)\int_{b}^{v^{-1}(1)}\frac{(v(x))^{\tilde{\lambda}_1-1}v'(x)}{(v(x)+u(n))^{\lambda}}\mathrm{d}x$$

$$>k_{\lambda}(\tilde{\lambda}_1)\sum_{n=n_0}^{\infty}\frac{u'(n)}{(u(n))^{\varepsilon+1}} - \sum_{n=n_0}^{\infty}(u(n))^{\lambda_2-\frac{\varepsilon}{q}-1}u'(n)\int_{b}^{v^{-1}(1)}\frac{(v(x))^{\tilde{\lambda}_1-1}v'(x)}{(u(n))^{\lambda}}\mathrm{d}x$$

$$=k_{\lambda}(\tilde{\lambda}_1)\sum_{n=n_0}^{\infty}(u(n))^{-\varepsilon-1}u'(n) - \frac{1}{\tilde{\lambda}_1}\sum_{n=n_0}^{\infty}(u(n))^{-(\lambda_1+\frac{\varepsilon}{q})-1}u'(n)$$

$$\geqslant k_{\lambda}(\tilde{\lambda}_1)\int_{n_0}^{\infty}(u(y))^{-\varepsilon-1}u'(y)\mathrm{d}y - O(1)$$

$$=\frac{1}{\varepsilon}(\mathrm{B}(\lambda_1-\frac{\varepsilon}{p},\lambda_2+\frac{\varepsilon}{p})(u(n_0))^{-\varepsilon} - \varepsilon O(1)).$$

基于上面的结果，有

$$\mathrm{B}(\lambda_1-\frac{\varepsilon}{p},\lambda_2+\frac{\varepsilon}{p})(u(n_0))^{-\varepsilon} - \varepsilon O(1)$$

$$<\varepsilon\tilde{I} < M(\varepsilon(u(n_0))^{-\varepsilon-1}u'(n_0) + (u(n_0))^{-\varepsilon})^{\frac{1}{q}}.$$

令 $\varepsilon \to 0^+$，由 Beta 函数的连续性，有 $\mathrm{B}(\lambda_1,\lambda_2) \leqslant M$.

故 $M = \mathrm{B}(\lambda_1,\lambda_2)$ 为式(2.2.2)的最佳值. 证毕.

定理 2.2　若式(2.2.1)的常数因子 $(k_{\lambda}(\lambda_2))^{\frac{1}{p}}(k_{\lambda}(\lambda_1))^{\frac{1}{q}}$ 为最佳值，则当 $\lambda - \lambda_1 - \lambda_2 \leqslant 0$ 时，必有 $\lambda_1 + \lambda_2 = \lambda$.

证明　因 $\hat{\lambda}_1 = \dfrac{\lambda-\lambda_2}{p} + \dfrac{\lambda_1}{q}, \hat{\lambda}_2 = \dfrac{\lambda-\lambda_1}{q} + \dfrac{\lambda_2}{p}, 0 < \lambda_1, \lambda_2 < \lambda$，有 $\hat{\lambda}_1 + \hat{\lambda}_2 = \lambda, 0 < \hat{\lambda}_1, \hat{\lambda}_2 < \lambda$，及 $\mathrm{B}(\hat{\lambda}_1, \hat{\lambda}_2) \in \mathbf{R}^+$. 因 $\lambda - \lambda_1 - \lambda_2 \leqslant 0, q > 1$，对于 $\rho = 1$(或 $\rho = \dfrac{1}{2}$)，函数

$$(u(t))^{\hat{\lambda}_2-1}u'(t) = (u(t))^{\hat{\lambda}_2-\lambda_2}((u(t))^{\lambda_2-1}u'(t))$$

$$=(u(t))^{(\lambda-\lambda_1-\lambda_2)/q}((u(t))^{\lambda_2-1}u'(t)), t \in (n_0-\rho,\infty)$$

仍具递减性. 因 $u''(t) \leqslant 0$，及 $(u(t))^{\lambda_2-1}u'(t)$ 凸，显然，上式仍具有凸性($\rho = $

17

$\frac{1}{2}$).故定义 2.1 情形(1)(或情形(2)) 对 $s_2 = \hat{\lambda}_2$ 仍满足.由式(2.2.2),代之以

$\hat{\lambda}_i = \lambda_i$ $(i=1,2)$,成立如下不等式:

$$\int_b^\infty \sum_{n=n_0}^\infty \frac{a_n f(x)}{(v(x)+u(n))^\lambda} \mathrm{d}x < \mathrm{B}(\hat{\lambda}_1,\hat{\lambda}_2) \cdot$$

$$\left(\int_b^\infty \frac{(v(x))^{p(1-\hat{\lambda}_1)-1}}{(v'(x))^{p-1}} f^p(x)\mathrm{d}x\right)^{\frac{1}{p}} \left(\sum_{n=n_0}^\infty \frac{(u(n))^{q(1-\hat{\lambda}_2)-1}}{(u'(n))^{q-1}} a_n^q\right)^{\frac{1}{q}}. \quad (2.2.4)$$

由 Hölder 不等式(参考文[5]),我们还有

$$\mathrm{B}(\hat{\lambda}_1,\hat{\lambda}_1) = k_\lambda\left(\frac{\lambda-\lambda_2}{p}+\frac{\lambda_1}{q}\right)$$

$$= \int_0^\infty \frac{1}{(1+u)^\lambda} u^{\frac{\lambda-\lambda_2}{p}+\frac{\lambda_1}{q}-1} \mathrm{d}u = \int_0^\infty \frac{1}{(1+u)^\lambda}(u^{\frac{\lambda-\lambda_2-1}{p}})(u^{\frac{\lambda_1-1}{q}})\mathrm{d}u$$

$$\leqslant \left(\int_0^\infty \frac{1}{(1+u)^\lambda} u^{\lambda-\lambda_2-1}\mathrm{d}u\right)^{\frac{1}{p}} \left(\int_0^\infty \frac{1}{(1+u)^\lambda} u^{\lambda_1-1}\mathrm{d}u\right)^{\frac{1}{q}}$$

$$= \left(\int_0^\infty \frac{1}{(1+v)^\lambda} v^{\lambda_2-1}\mathrm{d}v\right)^{\frac{1}{p}} \left(\int_0^\infty \frac{1}{(1+u)^\lambda} u^{\lambda_1-1}\mathrm{d}u\right)^{\frac{1}{q}}$$

$$= (k_\lambda(\lambda_2))^{\frac{1}{p}} (k_\lambda(\lambda_1))^{\frac{1}{q}}. \quad (2.2.5)$$

由假设,常数因子 $(k_\lambda(\lambda_2))^{\frac{1}{p}} (k_\lambda(\lambda_1))^{\frac{1}{q}}$ 为式(2.2.1) 的最佳值,故比较式(2.2.1) 与式(2.2.4) 的常数因子,我们有如下不等式:

$$(k_\lambda(\lambda_2))^{\frac{1}{p}} (k_\lambda(\lambda_1))^{\frac{1}{q}} \leqslant \mathrm{B}(\hat{\lambda}_1,\hat{\lambda}_2)(\in \mathbf{R}^+),$$

即有不等式 $\mathrm{B}(\hat{\lambda}_1,\hat{\lambda}_2) \geqslant (k_\lambda(\lambda_2))^{\frac{1}{p}} (k_\lambda(\lambda_1))^{\frac{1}{q}}$,因而式(2.2.5) 取等号.式(2.2.5) 取等号的充分必要条件是存在不全为 0 的常数 A 和 B,使(参阅文[5])$Au^{\lambda-\lambda_2-1} = Bu^{\lambda_1-1}$ a.e. 于 $\mathbf{R}^+$.不妨设 $A \neq 0$,则有 $u^{\lambda-\lambda_2-\lambda_1} = \frac{B}{A}$ a.e. 于 $\mathbf{R}^+$,及 $\lambda-\lambda_1-\lambda_2 = 0$.因而有 $\lambda_1+\lambda_2 = \lambda$.证毕.

2.3　等价式、特殊不等式及算子表示

定理 2.3　我们有与式(2.2.1) 等价的半离散 Hardy-Hilbert 不等式:

$$J_1 := \left(\sum_{n=n_0}^\infty (u(n))^{p\hat{\lambda}_2-1} u'(n)\left(\int_b^\infty \frac{f(x)}{(v(x)+u(n))^\lambda}\mathrm{d}x\right)^p\right)^{\frac{1}{p}}$$

$$< (k_\lambda(\lambda_2))^{\frac{1}{p}} (k_\lambda(\lambda_1))^{\frac{1}{q}} \left(\int_b^\infty \frac{(v(x))^{p(1-\hat{\lambda}_1)-1}}{(v'(x))^{p-1}} f^p(x)\mathrm{d}x\right)^{\frac{1}{p}}, \quad (2.3.1)$$

18

$$J_2 := \left(\int_b^\infty (v(x))^{q\hat{\lambda}_1 - 1} v'(x) \left(\sum_{n=n_0}^\infty \frac{a_n}{(v(x)+u(n))^\lambda}\right)^q dx\right)^{\frac{1}{q}}$$

$$< (k_\lambda(\lambda_2))^{\frac{1}{p}} (k_\lambda(\lambda_1))^{\frac{1}{q}} \left(\sum_{n=n_0}^\infty \frac{(u(n))^{q(1-\hat{\lambda}_2)-1}}{(u'(n))^{q-1}} a_n^q\right)^{\frac{1}{q}}. \qquad (2.3.2)$$

特别当 $\lambda_1 + \lambda_2 = \lambda$ 时,有如下式(2.2.2)的等价式:

$$\left(\sum_{n=n_0}^\infty (u(n))^{p\lambda_2 - 1} u'(n) \left(\int_b^\infty \frac{f(x)}{(v(x)+u(n))^\lambda} dx\right)^p\right)^{\frac{1}{p}}$$

$$< B(\lambda_1, \lambda_2) \left(\int_b^\infty \frac{(v(x))^{p(1-\lambda_1)-1}}{(v'(x))^{p-1}} f^p(x) dx\right)^{\frac{1}{p}}, \qquad (2.3.3)$$

$$\left(\int_b^\infty (v(x))^{q\lambda_1 - 1} v'(x) \left(\sum_{n=n_0}^\infty \frac{a_n}{(v(x)+u(n))^\lambda}\right)^q dx\right)^{\frac{1}{q}}$$

$$< B(\lambda_1, \lambda_2) \left(\sum_{n=n_0}^\infty \frac{(u(n))^{q(1-\lambda_2)-1}}{(u'(n))^{q-1}} a_n^q\right)^{\frac{1}{q}}. \qquad (2.3.4)$$

证明　设式(2.3.1)为真.由 Hölder 不等式,有

$$I = \sum_{n=n_0}^\infty \left((u(n))^{\hat{\lambda}_2 - \frac{1}{p}} (u'(n))^{\frac{1}{p}} \int_b^\infty \frac{f(x)}{(v(x)+u(n))^\lambda} dx\right) \left(\frac{(u(n))^{-\hat{\lambda}_2 + \frac{1}{p}}}{(u'(n))^{\frac{1}{p}}} a_n\right)$$

$$\leqslant J_1 \left(\sum_{n=n_0}^\infty \frac{(u(n))^{q(1-\hat{\lambda}_2)-1}}{(u'(n))^{q-1}} a_n^q\right)^{\frac{1}{q}}. \qquad (2.3.5)$$

则由式(2.3.1),我们有式(2.2.1).反之,设式(2.2.1)成立,置

$$a_n := (u(n))^{p\hat{\lambda}_2 - 1} u'(n) \left(\int_b^\infty \frac{f(x)}{(v(x)+u(n))^\lambda} dx\right)^{p-1}, n \in \mathbf{N}_{n_0}.$$

若 $J_1 = 0$,则式(2.3.1)自然成立;若 $J_1 = \infty$,式(2.3.1)不可能成立,即 $J_1 < \infty$.下设 $0 < J_1 < \infty$.由式(2.2.1),有

$$0 < \sum_{n=n_0}^\infty \frac{(u(n))^{q(1-\hat{\lambda}_2)-1}}{(u'(n))^{q-1}} a_n^q = J_1^p = I$$

$$< (k_\lambda(\lambda_2))^{\frac{1}{p}} (k_\lambda(\lambda_1))^{\frac{1}{q}} \left(\int_b^\infty \frac{(v(x))^{p(1-\hat{\lambda}_1)-1}}{(v'(x))^{p-1}} f^p(x) dx\right)^{\frac{1}{p}} J_1^{p-1} < \infty,$$

$$J_1 = \left(\sum_{n=n_0}^\infty \frac{(u(n))^{q(1-\hat{\lambda}_2)-1}}{(u'(n))^{q-1}} a_n^q\right)^{\frac{1}{p}}$$

$$< (k_\lambda(\lambda_2))^{\frac{1}{p}} (k_\lambda(\lambda_1))^{\frac{1}{q}} \left(\int_b^\infty \frac{(v(x))^{p(1-\hat{\lambda}_1)-1}}{(v'(x))^{p-1}} f^p(x) dx\right)^{\frac{1}{p}},$$

即式(2.3.1)成立,且它等价于式(2.2.1).

设式(2.3.2)为真.由 Hölder 不等式,有

$$I = \int_b^\infty \Big(\frac{(v(x))^{-\hat{\lambda}_1 + \frac{1}{q}}}{(v'(x))^{1/q}} f(x) \Big) \Big((v(x))^{\hat{\lambda}_1 - \frac{1}{q}} (v'(x))^{\frac{1}{q}} \sum_{n=n_0}^\infty \frac{a_n}{(v(x) + u(n))^\lambda} \Big) \mathrm{d}x$$

$$\leqslant \Big(\int_b^\infty \frac{(v(x))^{p(1-\hat{\lambda}_1)-1}}{(v'(x))^{p-1}} f^p(x) \mathrm{d}x \Big)^{\frac{1}{p}} J_2. \tag{2.3.6}$$

则由式(2.3.2),我们有式(2.2.1).反之,设式(2.2.1)成立,置

$$f(x) := (v(x))^{q\hat{\lambda}_1 - 1} v'(x) \Big(\sum_{n=n_0}^\infty \frac{a_n}{(v(x) + u(n))^\lambda} \Big)^{q-1}, x \in (b, \infty).$$

若 $J_2 = 0$,则式(2.3.2)自然成立;若 $J_2 = \infty$,则式(2.3.2)不可能成立,即 $J_2 < \infty$.下设 $0 < J_2 < \infty$,由式(2.2.1),有

$$0 < \int_b^\infty \frac{(v(x))^{p(1-\hat{\lambda}_1)-1}}{(v'(x))^{p-1}} f^p(x) \mathrm{d}x = J_2^q = I$$

$$< (k_\lambda(\lambda_2))^{\frac{1}{p}} (k_\lambda(\lambda_1))^{\frac{1}{q}} J_2^{q-1} \Big(\sum_{n=n_0}^\infty \frac{(u(n))^{q(1-\hat{\lambda}_2)-1}}{(u'(n))^{q-1}} a_n^q \Big)^{\frac{1}{q}} < \infty,$$

$$J_2 = \Big(\int_b^\infty \frac{(v(x))^{p(1-\hat{\lambda}_1)-1}}{(v'(x))^{p-1}} f^p(x) \mathrm{d}x \Big)^{\frac{1}{q}}$$

$$< (k_\lambda(\lambda_2))^{\frac{1}{p}} (k_\lambda(\lambda_1))^{\frac{1}{q}} \Big(\sum_{n=n_0}^\infty \frac{(u(n))^{q(1-\hat{\lambda}_2)-1}}{(u'(n))^{q-1}} a_n^q \Big)^{\frac{1}{q}},$$

即式(2.3.2)成立,且它等价于式(2.2.1).

故式(2.2.1),式(2.3.1)与式(2.3.2)齐等价.证毕.

定理 2.4 若 $\lambda_1 + \lambda_2 = \lambda$,则式(2.3.1)及式(2.3.2)的常数因子 $(k_\lambda(\lambda_2))^{\frac{1}{p}} \cdot (k_\lambda(\lambda_1))^{\frac{1}{q}}$ 必为最佳值.反之,若 $\lambda - \lambda_1 - \lambda_2 \leqslant 0$,且式(2.3.1)或式(2.3.2)的相同常数因子为最佳值,则有 $\lambda_1 + \lambda_2 = \lambda$.

证明 若 $\lambda_1 + \lambda_2 = \lambda$,则由定理 2.2,式(2.2.1)的常数因子 $(k_\lambda(\lambda_2))^{\frac{1}{p}} \cdot (k_\lambda(\lambda_1))^{\frac{1}{q}}$ 是最佳值,知式(2.3.1)的常数因子也必为最佳值.不然,由式(2.3.5),将得出式(2.2.1)的常数因子也不是最佳值的矛盾.反之,若式(2.2.1)的常数因子是最佳值,则由式(2.3.1)与式(2.2.1)的等价性,及 $J_1^p = I$(参考定理 2.3 的证明),能证得式(2.2.1)的相同常数因子也是最佳值.由条件及定理 2.3,有 $\lambda_1 + \lambda_2 = \lambda$.同理可证,式(2.3.2)的类似情形.证毕.

例 2.2 在式(2.2.2),式(2.3.3)与式(2.3.4)中,分别代之以 $v(x) = x^\alpha (x \in (0, \infty))$,$v(x) = \ln^\alpha x (x \in (1, \infty))$,及例 2.1(2)的中间变量,当 $\alpha \in (0, 1], \xi \in [0, \frac{1}{2}], \lambda_2 \leqslant \frac{1}{\alpha}$ 时,有如下 2 组具有最佳常数因子 $\frac{1}{\alpha} \mathrm{B}(\lambda_1, \lambda_2)$ 的较为精确的等价不等式:

$$\int_0^\infty \sum_{n=1}^\infty \frac{a_n f(x)}{(x^a + (n-\xi)^a)^\lambda} dx$$

$$< \frac{1}{\alpha} B(\lambda_1, \lambda_2) \left(\int_0^\infty x^{p(1-a\lambda_1)-1} f^p(x) dx\right)^{\frac{1}{p}} \left(\sum_{n=1}^\infty (n-\xi)^{q(1-a\lambda_2)-1} a_n^q\right)^{\frac{1}{q}},$$

$$(2.3.7)$$

$$\left(\sum_{n=1}^\infty (n-\xi)^{pa\lambda_2-1} \left(\int_0^\infty \frac{f(x)}{(x^a + (n-\xi)^a)^\lambda} dx\right)^p\right)^{\frac{1}{p}}$$

$$< \frac{1}{\alpha} B(\lambda_1, \lambda_2) \left(\int_0^\infty x^{p(1-a\lambda_1)-1} f^p(x) dx\right)^{\frac{1}{p}},$$

$$(2.3.8)$$

$$\left(\int_0^\infty x^{qa\lambda_1-1} \left(\sum_{n=1}^\infty \frac{a_n}{(x^a + (n-\xi)^a)^\lambda}\right)^q dx\right)^{\frac{1}{q}}$$

$$< \frac{1}{\alpha} B(\lambda_1, \lambda_2) \left(\sum_{n=1}^\infty (n-\xi)^{q(1-a\lambda_2)-1} a_n^q\right)^{\frac{1}{q}};$$

$$(2.3.9)$$

$$\int_1^\infty \sum_{n=2}^\infty \frac{a_n f(x)}{(\ln^a x + \ln^a (n-\xi))^\lambda} dx$$

$$< \frac{1}{\alpha} B(\lambda_1, \lambda_2) \left(\int_1^\infty \frac{\ln^{p(1-a\lambda_1)-1} x}{x^{1-p}} f^p(x) dx\right)^{\frac{1}{p}} \left(\sum_{n=2}^\infty \frac{\ln^{q(1-a\lambda_2)-1}(n-\xi)}{(n-\xi)^{1-q}} a_n^q\right)^{\frac{1}{q}},$$

$$(2.3.10)$$

$$\left(\sum_{n=2}^\infty \frac{1}{n-\xi} \ln^{pa\lambda_2-1}(n-\xi) \left(\int_1^\infty \frac{f(x)}{(\ln^a x + \ln^a (n-\xi))^\lambda} dx\right)^p\right)^{\frac{1}{p}}$$

$$< \frac{1}{\alpha} B(\lambda_1, \lambda_2) \left(\int_1^\infty \frac{\ln^{p(1-a\lambda_1)-1} x}{x^{1-p}} f^p(x) dx\right)^{\frac{1}{p}},$$

$$(2.3.11)$$

$$\left(\int_1^\infty \frac{1}{x} \ln^{qa\lambda_1-1} x \left(\sum_{n=2}^\infty \frac{a_n}{(\ln^a x + \ln^a (n-\xi))^\lambda}\right)^q dx\right)^{\frac{1}{q}}$$

$$< \frac{1}{\alpha} B(\lambda_1, \lambda_2) \left(\sum_{n=2}^\infty \frac{\ln^{q(1-a\lambda_2)-1}(n-\xi)}{(n-\xi)^{1-q}} a_n^q\right)^{\frac{1}{q}}.$$

$$(2.3.12)$$

若在前式中取 $v(x) = \mathrm{e}^{ax}$ $(\alpha \in (0,1]; x \in (-\infty, \infty))$，其他照旧，则有如下 2 组具有最佳常数因子 $\frac{1}{\alpha} B(\lambda_1, \lambda_2)$ 的较为精确的半平面半离散等价不等式：

$$\int_{-\infty}^\infty \sum_{n=1}^\infty \frac{a_n f(x)}{(\mathrm{e}^{ax} + (n-\xi)^a)^\lambda} dx$$

$$< \frac{1}{\alpha} B(\lambda_1, \lambda_2) \left(\int_{-\infty}^\infty \mathrm{e}^{-pa\lambda_1 x} f^p(x) dx\right)^{\frac{1}{p}} \left(\sum_{n=1}^\infty (n-\xi)^{q(1-a\lambda_2)-1} a_n^q\right)^{\frac{1}{q}},$$

$$(2.3.13)$$

$$\left(\sum_{n=1}^\infty (n-\xi)^{pa\lambda_2-1} \left(\int_{-\infty}^\infty \frac{f(x)}{(\mathrm{e}^{ax} + (n-\xi)^a)^\lambda} dx\right)^p\right)^{\frac{1}{p}}$$

$$< \frac{1}{\alpha}\mathrm{B}(\lambda_1,\lambda_2)\left(\int_{-\infty}^{\infty}\mathrm{e}^{-p\alpha\lambda_1 x}f^p(x)\mathrm{d}x\right)^{\frac{1}{p}}, \tag{2.3.14}$$

$$\left(\int_{-\infty}^{\infty}\mathrm{e}^{q\alpha\lambda_1 x}\left(\sum_{n=1}^{\infty}\frac{a_n}{(\mathrm{e}^{ax}+(n-\xi)^a)^{\lambda}}\right)^q\mathrm{d}x\right)^{\frac{1}{q}}$$

$$< \frac{1}{\alpha}\mathrm{B}(\lambda_1,\lambda_2)\left(\sum_{n=1}^{\infty}(n-\xi)^{q(1-a\lambda_2)-1}a_n^q\right)^{\frac{1}{q}}; \tag{2.3.15}$$

$$\int_{-\infty}^{\infty}\sum_{n=2}^{\infty}\frac{a_n f(x)}{(\mathrm{e}^{ax}+\ln^a(n-\xi))^{\lambda}}\mathrm{d}x$$

$$< \frac{1}{\alpha}\mathrm{B}(\lambda_1,\lambda_2)\left(\int_{-\infty}^{\infty}\mathrm{e}^{-p\alpha\lambda_1 x}f^p(x)\mathrm{d}x\right)^{\frac{1}{p}}\left(\sum_{n=2}^{\infty}\frac{\ln^{q(1-a\lambda_2)-1}(n-\xi)}{(n-\xi)^{1-q}}a_n^q\right)^{\frac{1}{q}},$$
$$\tag{2.3.16}$$

$$\left(\sum_{n=2}^{\infty}\frac{1}{n-\xi}\ln^{p\alpha\lambda_2-1}(n-\xi)\left(\int_{-\infty}^{\infty}\frac{f(x)}{(\mathrm{e}^{ax}+\ln^a(n-\xi))^{\lambda}}\mathrm{d}x\right)^p\right)^{\frac{1}{p}}$$

$$< \frac{1}{\alpha}\mathrm{B}(\lambda_1,\lambda_2)\left(\int_{-\infty}^{\infty}\mathrm{e}^{-p\alpha\lambda_1 x}f^p(x)\mathrm{d}x\right)^{\frac{1}{p}}, \tag{2.3.17}$$

$$\left(\int_{-\infty}^{\infty}\mathrm{e}^{q\alpha\lambda_1 x}\left(\sum_{n=2}^{\infty}\frac{a_n}{(\mathrm{e}^{ax}+\ln^a(n-\xi))^{\lambda}}\right)^q\mathrm{d}x\right)^{\frac{1}{q}}$$

$$< \frac{1}{\alpha}\mathrm{B}(\lambda_1,\lambda_2)\left(\sum_{n=2}^{\infty}\frac{\ln^{q(1-a\lambda_2)-1}(n-\xi)}{(n-\xi)^{1-q}}a_n^q\right)^{\frac{1}{q}}. \tag{2.3.18}$$

当 $\xi=0$ 时, 上式为取例 2.1(1) 的中间变量的情形, 此时, 由于不要求相关凸性及 $u''(t)\leqslant 0$ 的条件, 还可放宽参数 $\alpha\in(0,1]$ 为 $\alpha\in(0,\infty)$.

下面建立算子表达式. 置函数

$$\varphi(x):=\frac{(v(x))^{p(1-\hat{\lambda}_1)-1}}{(v'(x))^{p-1}}, \psi(n):=\frac{(u(n))^{q(1-\hat{\lambda}_2)-1}}{(u'(n))^{q-1}}, \varphi^{1-q}(x)=(v(x))^{q\hat{\lambda}_1-1}v'(x),$$

及

$$\psi^{1-p}(n)=(u(n))^{p\hat{\lambda}_2-1}u'(n), x\in(b,\infty), n\in\mathbf{N}_{n_0}.$$

定义如下实赋范线性空间:

$$L_{p,\varphi}((b,\infty)):=\left\{f=f(x); \|f\|_{p,\varphi}:=\left(\int_b^{\infty}\varphi(x)\,|\,f(x)\,|^p\mathrm{d}x\right)^{\frac{1}{p}}<\infty\right\},$$

$$l_{q,\psi}:=\left\{a=\{a_n\}_{n=n_0}^{\infty}; \|a\|_{q,\psi}:=\left(\sum_{n=n_0}^{\infty}\psi(n)\,|\,a_n\,|^q\right)^{\frac{1}{q}}<\infty\right\},$$

$$L_{q,\varphi^{1-q}}((b,\infty)):=\left\{g=g(x); \|g\|_{q,\varphi^{1-q}}:=\left(\int_b^{\infty}\varphi^{1-q}(x)\,|\,g(x)\,|^q\mathrm{d}x\right)^{\frac{1}{q}}<\infty\right\},$$

$$l_{p,\psi^{1-p}}:=\left\{c=\{c_n\}_{n=n_0}^{\infty}; \|c\|_{p,\psi^{1-p}}:=\left(\sum_{n=n_0}^{\infty}\psi^{1-p}(n)\,|\,c_n\,|^p\right)^{\frac{1}{p}}<\infty\right\}.$$

(1) 设 $f \in L_{p,\varphi}((b,\infty))$，$c = \{c_n\}_{n=n_0}^{\infty}$，$c_n := \int_b^{\infty} \dfrac{f(x)}{(v(x)+u(n))^{\lambda}} \mathrm{d}x$，则可将式 (2.3.1) 改写为

$$\| c \|_{p,\psi^{1-p}} < (k_{\lambda}(\lambda_2))^{\frac{1}{p}} (k_{\lambda}(\lambda_1))^{\frac{1}{q}} \| f \|_{p,\varphi} < \infty,$$

即有 $c \in l_{p,\psi^{1-p}}$.

定义 2.2　定义如下半离散 Hardy-Hilbert 算子 $T: L_{p,\varphi}((b,\infty)) \to l_{p,\psi^{1-p}}$ 为，对任意 $f \in L_{p,\varphi}((b,\infty))$，存在唯一的 $c = Tf \in l_{p,\psi^{1-p}}$，使对任意 $n \in \mathbf{N}_{n_0}$，$Tf(n) = c_n$. 定义 Tf 与 $a \in l_{q,\psi}$ 的形式内积及 T 的范数如下：

$$(Tf,a) := \sum_{n=n_0}^{\infty} a_n \int_b^{\infty} \frac{f(x)}{(v(x)+u(n))^{\lambda}} \mathrm{d}x = I,$$

$$\| T \| := \sup_{f(\neq 0) \in L_{p,\varphi}((b,\infty))} \frac{\| Tf \|_{p,\psi^{1-p}}}{\| f \|_{p,\varphi}}.$$

由定理 2.2，定理 2.3 及定理 2.4，有如下定理.

定理 2.5　若 $f(\geqslant 0) \in L_{p,\varphi}((b,\infty))$，$f(\geqslant 0) \in L_{p,\varphi}((b,\infty))$，$a(\geqslant 0) \in l_{q,\psi}$，$\| f \|_{p,\varphi} > 0$，$\| a \|_{q,\psi} > 0$，则有如下等价的算子不等式：

$$(Tf,a) < (k_{\lambda}(\lambda_2))^{\frac{1}{p}} (k_{\lambda}(\lambda_1))^{\frac{1}{q}} \| f \|_{p,\varphi} \| a \|_{q,\psi}, \qquad (2.3.19)$$

$$\| Tf \|_{p,\psi^{1-p}} < (k_{\lambda}(\lambda_2))^{\frac{1}{p}} (k_{\lambda}(\lambda_1))^{\frac{1}{q}} \| f \|_{p,\varphi}. \qquad (2.3.20)$$

当 $\lambda_1 + \lambda_2 = \lambda$ 时，式 (2.3.19) 及式 (2.3.20) 的常数因子 $(k_{\lambda}(\lambda_2))^{\frac{1}{p}} (k_{\lambda}(\lambda_1))^{\frac{1}{q}}$ 必为最佳值，即 $\| T \| = \mathrm{B}(\lambda_1,\lambda_2)$. 反之，若式 (2.3.19) 或式 (2.3.20) 的常数因子 $(k_{\lambda}(\lambda_2))^{\frac{1}{p}} (k_{\lambda}(\lambda_1))^{\frac{1}{q}}$ 为最佳值，则当 $\lambda - \lambda_1 - \lambda_2 \leqslant 0$ 时，有 $\lambda_1 + \lambda_2 = \lambda$.

(2) 设 $a = \{a_n\}_{n_0}^{\infty} \in l_{q,\psi}$，$g = g(x) := \sum_{n=n_0}^{\infty} \dfrac{a_n}{(v(x)+u(n))^{\lambda}}$，则可将式 (2.3.2) 改写如下：

$$\| g \|_{q,\varphi^{1-q}} < (k_{\lambda}(\lambda_2))^{\frac{1}{p}} (k_{\lambda}(\lambda_1))^{\frac{1}{q}} \| a \|_{q,\psi} < \infty,$$

即有 $g \in L_{q,\varphi^{1-q}}((b,\infty))$.

定义 2.3　定义如下半离散 Hardy-Hilbert 算子 $\widetilde{T}: l_{q,\psi} \to L_{q,\varphi^{1-q}}((b,\infty))$ 为，对任意 $a \in l_{q,\psi}$，存在唯一的 $g = \widetilde{T}a \in L_{q,\varphi^{1-q}}((b,\infty))$，使对任意 $x \in (b,\infty)$，$\widetilde{T}a(x) = g(x)$. 定义 $\widetilde{T}a$ 与 $f \in L_{p,\varphi}((b,\infty))$ 的形式内积及 $\widetilde{T}$ 的范数如下：

$$(\widetilde{T}a,f) := \int_b^{\infty} f(x) \sum_{n=n_0}^{\infty} \frac{a_n}{(v(x)+u(n))^{\lambda}} \mathrm{d}x = I,$$

$$\| \widetilde{T} \| := \sup_{a(\neq 0) \in l_{q,\psi}} \frac{\| \widetilde{T}a \|_{q,\varphi^{1-q}}}{\| a \|_{q,\psi}}.$$

23

由定理 2.2,定理 2.3 及定理 2.4,有如下定理.

定理 2.6 若 $f(\geqslant 0) \in L_{p,\varphi}((b,\infty)), a(\geqslant 0) \in l_{q,\psi}, \| f \|_{p,\varphi} > 0,$ $\| a \|_{q,\psi} > 0,$则有如下等价的算子不等式:

$$(\tilde{T}a, f) < (k_\lambda(\lambda_2))^{\frac{1}{p}} (k_\lambda(\lambda_1))^{\frac{1}{q}} \| f \|_{p,\varphi} \| a \|_{q,\psi}, \qquad (2.3.21)$$

$$\| \tilde{T}a \|_{q,\varphi^{1-q}} < (k_\lambda(\lambda_2))^{\frac{1}{p}} (k_\lambda(\lambda_1))^{\frac{1}{q}} \| a \|_{q,\psi}. \qquad (2.3.22)$$

当 $\lambda_1 + \lambda_2 = \lambda$ 时,式(2.3.21)及式(2.3.22)的常数因子 $(k_\lambda(\lambda_2))^{\frac{1}{p}} (k_\lambda(\lambda_1))^{\frac{1}{q}}$ 必为最佳值,即 $\| \tilde{T} \| = B(\lambda_1, \lambda_2).$反之,若式(2.3.21)或式(2.3.22)的常数因子 $(k_\lambda(\lambda_2))^{\frac{1}{p}} (k_\lambda(\lambda_1))^{\frac{1}{q}}$ 为最佳值,则当 $\lambda - \lambda_1 - \lambda_2 \leqslant 0$ 时,有 $\lambda_1 + \lambda_2 = \lambda.$

2.4 第一类逆式的情形

本节设 $p < 0, 0 < q < 1,$定义 2.1 情形(1)(或情形(2))满足 $s_2 = \lambda_2.$

令 $s = \lambda, s_i = \lambda_i (i=1,2),$由式(2.1.7)及条件式(2.1.1),有如下半离散逆向不等式:

$$I = \int_b^\infty \sum_{n=n_0}^\infty \frac{a_n f(x)}{(v(x) + u(n))^\lambda} \mathrm{d}x > (k_\lambda(\lambda_2))^{\frac{1}{p}} (k_\lambda(\lambda_1))^{\frac{1}{q}} \cdot$$

$$(\int_b^\infty \frac{(v(x))^{p(1-\hat{\lambda}_1)-1}}{(v'(x))^{p-1}} f^p(x) \mathrm{d}x)^{\frac{1}{p}} (\sum_{n=n_0}^\infty \frac{(u(n))^{q(1-\hat{\lambda}_2)-1}}{(u'(n))^{q-1}} a_n^q)^{\frac{1}{q}}. \quad (2.4.1)$$

定理 2.7 若 $\lambda_1 + \lambda_2 = \lambda,$则式(2.4.1)的常数因子 $(k_\lambda(\lambda_2))^{\frac{1}{p}} (k_\lambda(\lambda_1))^{\frac{1}{q}} (= B(\lambda_1, \lambda_2))$ 必为最佳值.此时,我们有条件式

$$0 < \int_b^\infty \frac{(v(x))^{p(1-\lambda_1)-1}}{(v'(x))^{p-1}} f^p(x) \mathrm{d}x < \infty, 0 < \sum_{n=n_0}^\infty \frac{(u(n))^{q(1-\lambda_2)-1}}{(u'(n))^{q-1}} a_n^q < \infty,$$

及如下一个第一类半离散逆向的 Hardy-Hilbert 不等式:

$$\int_b^\infty \sum_{n=n_0}^\infty \frac{a_n f(x)}{(v(x) + u(n))^\lambda} \mathrm{d}x > B(\lambda_1, \lambda_2) \cdot$$

$$(\int_b^\infty \frac{(v(x))^{p(1-\lambda_1)-1}}{(v'(x))^{p-1}} f^p(x) \mathrm{d}x)^{\frac{1}{p}} (\sum_{n=n_0}^\infty \frac{(u(n))^{q(1-\lambda_2)-1}}{(u'(n))^{q-1}} a_n^q)^{\frac{1}{q}}.$$

$$(2.4.2)$$

证明 下证式(2.4.2)的常数因子 $B(\lambda_1, \lambda_2)$ 为最佳值.任给 $0 < \varepsilon < | p | \lambda_2,$置

$$\tilde{f}(x) := \begin{cases} 0, b < x < v^{-1}(1) \\ (v(x))^{\lambda_1 - \frac{\varepsilon}{p} - 1} v'(x), x \geqslant v^{-1}(1) \end{cases},$$

$$\widetilde{a}_n := (u(n))^{\lambda_2 - \frac{\varepsilon}{q} - 1} u'(n), n \in \mathbf{N}_{n_0}.$$

若有正数 $M \geqslant \mathrm{B}(\lambda_1, \lambda_2)$，使取代式 (2.4.2) 的常数因子 $\mathrm{B}(\lambda_1, \lambda_2)$ 后仍成立，则特别有

$$\widetilde{I} = \int_b^\infty \sum_{n=n_0}^\infty \frac{\widetilde{a}_n \widetilde{f}(x)}{(v(x) + u(n))^\lambda} \mathrm{d}x$$

$$> M \left(\int_b^\infty \frac{(v(x))^{p(1-\lambda_1)-1}}{(v'(x))^{p-1}} \widetilde{f}^p(x) \mathrm{d}x \right)^{\frac{1}{p}} \left(\sum_{n=n_0}^\infty \frac{(u(n))^{q(1-\lambda_2)-1}}{(u'(n))^{q-1}} \widetilde{a}_n^q \right)^{\frac{1}{q}}. \quad (2.4.3)$$

显然，因 $\lambda_2 \in (0, \lambda)$，函数 $(u(t))^{-\varepsilon-1} u'(t) \, (t \in (n_0, \infty))$ 仍具有递减性. 由式 (2.4.3) 及级数的递减性质，可得

$$\widetilde{I} > M \left(\int_{v^{-1}(1)}^\infty \frac{(v(x))^{p(1-\lambda_1)-1}}{(v'(x))^{p-1}} (v(x))^{p(\lambda_1-1)-\varepsilon} (v'(x))^p \mathrm{d}x \right)^{\frac{1}{p}} \cdot$$

$$\left(\sum_{n=n_0}^\infty \frac{(u(n))^{q(1-\lambda_2)-1}}{(u'(n))^{q-1}} (u(n))^{q(\lambda_2-1)-\varepsilon} (u'(n))^q \right)^{\frac{1}{q}}$$

$$= M \left(\int_{v^{-1}(1)}^\infty (v(x))^{-\varepsilon-1} v'(x) \mathrm{d}x \right)^{\frac{1}{p}} \left(\sum_{n=n_0}^\infty (u(n))^{-\varepsilon-1} u'(n) \right)^{\frac{1}{q}}$$

$$\geqslant M \left(\int_{v^{-1}(1)}^\infty (v(x))^{-\varepsilon-1} \mathrm{d}v(x) \right)^{\frac{1}{p}} \left(\int_{n_0}^\infty (u(t))^{-\varepsilon-1} u'(t) \mathrm{d}t \right)^{\frac{1}{q}}$$

$$= \frac{M}{\varepsilon} (u(n_0))^{\frac{-\varepsilon}{q}}.$$

由式 (2.1.5)，令 $s = \lambda > 0, s_1 = \widetilde{\lambda}_1 = \lambda_1 - \frac{\varepsilon}{p} \in (0, \lambda)$，我们有

$$\widetilde{I} = \sum_{n=n_0}^\infty \left((u(n))^{(\lambda_2+\frac{\varepsilon}{p})} \int_{v^{-1}(1)}^\infty \frac{(v(x))^{(\lambda_1-\frac{\varepsilon}{p})-1} v'(x)}{(v(x) + u(n))^\lambda} \mathrm{d}x \right) (u(n))^{-\varepsilon-1} u'(n)$$

$$\leqslant \sum_{n=n_0}^\infty \omega_\lambda(\widetilde{\lambda}_1, n) (u(n))^{-\varepsilon-1} u'(n)$$

$$= k_\lambda(\widetilde{\lambda}_1) \left((u(n_0))^{-\varepsilon-1} u'(n_0) + \sum_{n=n_0+1}^\infty (u(n))^{-\varepsilon-1} u'(n) \right)$$

$$< k_\lambda(\widetilde{\lambda}_1) \left((u(n_0))^{-\varepsilon-1} u'(n_0) + \int_{n_0}^\infty (u(y))^{-\varepsilon-1} u'(y) \mathrm{d}y \right)$$

$$= \frac{1}{\varepsilon} \mathrm{B} \left(\lambda_1 - \frac{\varepsilon}{p}, \lambda_2 + \frac{\varepsilon}{p} \right) \left(\varepsilon (u(n_0))^{-\varepsilon-1} u'(n_0) + (u(n_0))^{-\varepsilon} \right)$$

基于上面的结果，有

$$\mathrm{B} \left(\lambda_1 - \frac{\varepsilon}{p}, \lambda_2 + \frac{\varepsilon}{p} \right) \left(\varepsilon (u(n_0))^{-\varepsilon-1} u'(n_0) + (u(n_0))^{-\varepsilon} \right) > \varepsilon \widetilde{I} > M (u(n_0))^{\frac{-\varepsilon}{q}}.$$

令 $\varepsilon \to 0^+$，由 Beta 函数的连续性，有 $\mathrm{B}(\lambda_1, \lambda_2) \geqslant M$.

故 $M=\mathrm{B}(\lambda_1,\lambda_2)$ 为式(2.4.2)的最佳值. 证毕.

定理 2.8 若式(2.4.1)的常数因子 $(k_\lambda(\lambda_2))^{\frac{1}{p}}(k_\lambda(\lambda_1))^{\frac{1}{q}}$ 为最佳值,则当
$$\lambda-\lambda_1-\lambda_2\in(-q\lambda_2,0],$$
必有 $\lambda_1+\lambda_2=\lambda$.

证明 当 $\hat{\lambda}_1=\dfrac{\lambda-\lambda_2}{p}+\dfrac{\lambda_1}{q}$, $\hat{\lambda}_2=\dfrac{\lambda-\lambda_1-\lambda_2}{q}+\lambda_2$,有 $\hat{\lambda}_1+\hat{\lambda}_2=\lambda$. 当
$$\lambda-\lambda_1-\lambda_2\in(-q\lambda_2,0](\subset(-q\lambda,q(\lambda-\lambda_2))),$$
有 $0<\hat{\lambda}_2<\lambda,0<\hat{\lambda}_1=\lambda-\hat{\lambda}_2<\lambda$ 及 $\mathrm{B}(\hat{\lambda}_1,\hat{\lambda}_2)\in\mathbf{R}^+$. 因 $\lambda-\lambda_1-\lambda_2\leqslant0,0<q<1$,对于 $\rho=1$(或 $\rho=\dfrac{1}{2}$),函数

$$(u(t))^{\hat{\lambda}_2-1}u'(t)=(u(t))^{\hat{\lambda}_2-\lambda_2}((u(t))^{\lambda_2-1}u'(t))$$
$$=(u(t))^{(\lambda-\lambda_1-\lambda_2)/q}((u(t))^{\lambda_2-1}u'(t)),t\in(n_0-\rho,\infty)$$

仍具有递减性. 因 $u''(t)\leqslant0$,及 $(u(t))^{\lambda_2-1}u'(t)$ 凸,显然上式仍具有凸性($\rho=\dfrac{1}{2}$). 故定义 2.1 情形(1)(或情形(2))对 $s_2=\hat{\lambda}_2$ 仍满足. 由式(2.4.2),可代之以 $\hat{\lambda}_i=\lambda_i(i=1,2)$,成立如下不等式:

$$\int_b^\infty\sum_{n=n_0}^\infty\frac{a_nf(x)}{(v(x)+u(n))^\lambda}\mathrm{d}x$$
$$>\mathrm{B}(\hat{\lambda}_1,\hat{\lambda}_2)(\int_b^\infty\frac{(v(x))^{p(1-\hat{\lambda}_1)-1}}{(v'(x))^{p-1}}f^p(x)\mathrm{d}x)^{\frac{1}{p}}(\sum_{n=n_0}^\infty\frac{(u(n))^{q(1-\hat{\lambda}_2)-1}}{(u'(n))^{q-1}}a_n^q)^{\frac{1}{q}}.$$

$$(2.4.4)$$

由逆向的 Hölder 不等式(参考文[5]),我们还有

$$\mathrm{B}(\hat{\lambda}_1,\hat{\lambda}_2)=k_\lambda(\hat{\lambda}_1)=k_\lambda(\frac{\lambda-\lambda_2}{p}+\frac{\lambda_1}{q})$$
$$=\int_0^\infty\frac{1}{(1+u)^\lambda}u^{\frac{\lambda-\lambda_2}{p}+\frac{\lambda_1}{q}-1}\mathrm{d}u$$
$$=\int_0^\infty\frac{1}{(1+u)^\lambda}(u^{\frac{\lambda-\lambda_2-1}{p}})(u^{\frac{\lambda_1-1}{q}})\mathrm{d}u$$
$$\geqslant(\int_0^\infty\frac{1}{(1+u)^\lambda}u^{\lambda-\lambda_2-1}\mathrm{d}u)^{\frac{1}{p}}(\int_0^\infty\frac{1}{(1+u)^\lambda}u^{\lambda_1-1}\mathrm{d}u)^{\frac{1}{q}}$$
$$=(\int_0^\infty\frac{1}{(1+v)^\lambda}v^{\lambda_2-1}\mathrm{d}v)^{\frac{1}{p}}(\int_0^\infty\frac{1}{(1+u)^\lambda}u^{\lambda_1-1}\mathrm{d}u)^{\frac{1}{q}}$$
$$=(k_\lambda(\lambda_2))^{\frac{1}{p}}(k_\lambda(\lambda_1))^{\frac{1}{q}}.\qquad(2.4.5)$$

因由假设,常数因子 $(k_\lambda(\lambda_2))^{\frac{1}{p}}(k_\lambda(\lambda_1))^{\frac{1}{q}}$ 为式(2.4.1)的最佳值,故比较

式(2.4.1)与式(2.4.4)的常数因子,我们有如下不等式:

$$(k_\lambda(\lambda_2))^{\frac{1}{p}}(k_\lambda(\lambda_1))^{\frac{1}{q}} \geqslant B(\hat{\lambda}_1, \hat{\lambda}_2)(\in \mathbf{R}^+).$$

因而式(2.4.5)取等号.式(2.4.5)取等号的充分必要条件是存在不全为0的常数 A 和 B,使(参阅文[5]) $Au^{\lambda-\lambda_2-1} = Bu^{\lambda_1-1}$ a.e. 于 $\mathbf{R}^+$. 不妨设 $A \neq 0$,则有 $u^{\lambda-\lambda_2-\lambda_1} = \dfrac{B}{A}$ a.e. 于 $\mathbf{R}^+$,及 $\lambda-\lambda_1-\lambda_2=0$.因而有 $\lambda_1+\lambda_2=\lambda$.证毕.

定理 2.9　我们有如下与式(2.4.1)等价的第一类半离散逆向的 Hardy-Hilbert 不等式:

$$J_1 = \left(\sum_{n=n_0}^{\infty} (u(n))^{p\hat{\lambda}_2-1} u'(n) \left(\int_b^{\infty} \frac{f(x)}{(v(x)+u(n))^\lambda} \mathrm{d}x\right)^p\right)^{\frac{1}{p}}$$

$$> (k_\lambda(\lambda_2))^{\frac{1}{p}} (k_\lambda(\lambda_1))^{\frac{1}{q}} \left(\int_b^{\infty} \frac{(v(x))^{p(1-\hat{\lambda}_1)-1}}{(v'(x))^{p-1}} f^p(x) \mathrm{d}x\right)^{\frac{1}{p}}, \quad (2.4.6)$$

$$J_2 = \left(\int_b^{\infty} (v(x))^{q\hat{\lambda}_1-1} v'(x) \left(\sum_{n=n_0}^{\infty} \frac{a_n}{(v(x)+u(n))^\lambda}\right)^q \mathrm{d}x\right)^{\frac{1}{q}}$$

$$> (k_\lambda(\lambda_2))^{\frac{1}{p}} (k_\lambda(\lambda_1))^{\frac{1}{q}} \left(\sum_{n=n_0}^{\infty} \frac{(u(n))^{q(1-\hat{\lambda}_2)-1}}{(u'(n))^{q-1}} a_n^q\right)^{\frac{1}{q}}. \quad (2.4.7)$$

特别当 $\lambda_1+\lambda_2=\lambda$ 时,我们有如下式(2.4.2)的等价式:

$$\left(\sum_{n=n_0}^{\infty} (u(n))^{p\lambda_2-1} u'(n) \left(\int_b^{\infty} \frac{f(x)}{(v(x)+u(n))^\lambda} \mathrm{d}x\right)^p\right)^{\frac{1}{p}}$$

$$> B(\lambda_1, \lambda_2) \left(\int_b^{\infty} \frac{(v(x))^{p(1-\lambda_1)-1}}{(v'(x))^{p-1}} f^p(x) \mathrm{d}x\right)^{\frac{1}{p}}, \quad (2.4.8)$$

$$\left(\int_b^{\infty} (v(x))^{q\lambda_1-1} v'(x) \left(\sum_{n=n_0}^{\infty} \frac{a_n}{(v(x)+u(n))^\lambda}\right)^q \mathrm{d}x\right)^{\frac{1}{q}}$$

$$> B(\lambda_1, \lambda_2) \left(\sum_{n=n_0}^{\infty} \frac{(u(n))^{q(1-\lambda_2)-1}}{(u'(n))^{q-1}} a_n^q\right)^{\frac{1}{q}}. \quad (2.4.9)$$

证明　设式(2.4.6)为真.由逆向的 Hölder 不等式,有

$$I = \sum_{n=n_0}^{\infty} \left((u(n))^{\hat{\lambda}_2-\frac{1}{p}} (u'(n))^{\frac{1}{p}} \int_b^{\infty} \frac{f(x)}{(v(x)+u(n))^\lambda} \mathrm{d}x\right) \left(\frac{(u(n))^{-\hat{\lambda}_2+\frac{1}{p}}}{(u'(n))^{\frac{1}{p}}} a_n\right)$$

$$\geqslant J_1 \left(\sum_{n=n_0}^{\infty} \frac{(u(n))^{q(1-\hat{\lambda}_2)-1}}{(u'(n))^{q-1}} a_n^q\right)^{\frac{1}{q}}. \quad (2.4.10)$$

则由式(2.4.6),我们有式(2.4.1).反之,设式(2.4.1)成立,置

$$a_n := (u(n))^{p\hat{\lambda}_2-1} u'(n) \left(\int_b^{\infty} \frac{f(x)}{(v(x)+u(n))^\lambda} \mathrm{d}x\right)^{p-1}, n \in \mathbf{N}_{n_0}.$$

若 $J_1=\infty$,则式(2.4.6)自然成立;若 $J_1=0$,则式(2.4.6)不可能成立,即 $J_1>$

27

0. 下面设 $0 < J_1 < \infty$. 由式 (2.4.1),有

$$\infty > \sum_{n=n_0}^{\infty} \frac{(u(n))^{q(1-\hat{\lambda}_2)-1}}{(u'(n))^{q-1}} a_n^q = J_1^p = I$$

$$> (k_\lambda(\lambda_2))^{\frac{1}{p}} (k_\lambda(\lambda_1))^{\frac{1}{q}} \left(\int_b^{\infty} \frac{(v(x))^{p(1-\hat{\lambda}_1)-1}}{(v'(x))^{p-1}} f^p(x) \mathrm{d}x \right)^{\frac{1}{p}} J_1^{p-1} > 0,$$

$$J_1 = \left(\sum_{n=n_0}^{\infty} \frac{(u(n))^{q(1-\hat{\lambda}_2)-1}}{(u'(n))^{q-1}} a_n^q \right)^{\frac{1}{p}}$$

$$> (k_\lambda(\lambda_2))^{\frac{1}{p}} (k_\lambda(\lambda_1))^{\frac{1}{q}} \left(\int_b^{\infty} \frac{(v(x))^{p(1-\hat{\lambda}_1)-1}}{(v'(x))^{p-1}} f^p(x) \mathrm{d}x \right)^{\frac{1}{p}},$$

即式 (2.4.6) 成立,且它等价于式 (2.4.1).

同理,式 (2.4.7) 成立,它等价于式 (2.4.1),故式 (2.4.1)、式 (2.4.6) 与式 (2.4.7) 均等价. 证毕.

定理 2.10　若 $\lambda_1 + \lambda_2 = \lambda$,则式 (2.4.6) 及式 (2.4.7) 的常数因子 $(k_\lambda(\lambda_2))^{\frac{1}{p}} (k_\lambda(\lambda_1))^{\frac{1}{q}}$ 必为最佳值. 反之,若 $\lambda - \lambda_1 - \lambda_2 \in (-q\lambda_2, 0]$,且式 (2.4.6)(或式 (2.4.7)) 的相同常数因子为最佳值,则有 $\lambda_1 + \lambda_2 = \lambda$.

证明　若 $\lambda_1 + \lambda_2 = \lambda$,则由定理 2.7,式 (2.4.1) 的常数因子 $(k_\lambda(\lambda_2))^{\frac{1}{p}} \cdot (k_\lambda(\lambda_1))^{\frac{1}{q}}$ 是最佳值. 由式 (2.4.10),知式 (2.4.6) 的常数因子也必为最佳值. 不然,将得出式 (2.4.1) 的常数因子也不是最佳值的矛盾. 反之,若式 (2.4.6) 的常数因子是最佳值,则由式 (2.4.6) 与式 (2.4.1) 的等价性,及 $J_1^p = I$(参考定理 2.9 的证明),能证得式 (2.4.1) 的相同常数因子也是最佳值. 由条件及定理 2.8,有 $\lambda_1 + \lambda_2 = \lambda$. 同理可证式 (2.4.7) 的类似情形. 证毕.

例 2.3　在式 (2.4.2),式 (2.4.8) 与式 (2.4.9) 中,分别代以 $v(x) = x^a$ $(x \in (0, \infty))$,$v(x) = \ln^a x$ $(x \in (1, \infty))$,以及例 2.1(2) 的中间变量,当 $\alpha \in (0, 1]$,$\xi \in [0, \frac{1}{2}]$,$\lambda_2 \leqslant \frac{1}{\alpha}$ 时,有如下 2 组具有最佳常数因子 $\frac{1}{\alpha} B(\lambda_1, \lambda_2)$ 的较为精确的等价逆式:

$$\int_0^{\infty} \sum_{n=1}^{\infty} \frac{a_n f(x)}{(x^a + (n-\xi)^a)^\lambda} \mathrm{d}x$$

$$> \frac{1}{\alpha} B(\lambda_1, \lambda_2) \left(\int_0^{\infty} x^{p(1-a\lambda_1)-1} f^p(x) \mathrm{d}x \right)^{\frac{1}{p}} \left(\sum_{n=1}^{\infty} (n-\xi)^{q(1-a\lambda_2)-1} a_n^q \right)^{\frac{1}{q}},$$

$$(2.4.11)$$

$$\left(\sum_{n=1}^{\infty} (n-\xi)^{pa\lambda_2-1} \left(\int_0^{\infty} \frac{f(x)}{(x^a + (n-\xi)^a)^\lambda} \mathrm{d}x \right)^p \right)^{\frac{1}{p}}$$

$$> \frac{1}{\alpha} B(\lambda_1, \lambda_2) \left(\int_0^\infty x^{p(1-\alpha\lambda_1)-1} f^p(x) dx \right)^{\frac{1}{p}}, \qquad (2.4.12)$$

$$\left(\int_0^\infty x^{q\alpha\lambda_1-1} \left(\sum_{n=1}^\infty \frac{a_n}{(x^\alpha + (n-\xi)^\alpha)^\lambda} \right)^q dx \right)^{\frac{1}{q}}$$

$$> \frac{1}{\alpha} B(\lambda_1, \lambda_2) \left(\sum_{n=1}^\infty (n-\xi)^{q(1-\alpha\lambda_2)-1} a_n^q \right)^{\frac{1}{q}}; \qquad (2.4.13)$$

$$\int_1^\infty \sum_{n=2}^\infty \frac{a_n f(x)}{(\ln^\alpha x + \ln^\alpha(n-\xi))^\lambda} dx$$

$$> \frac{1}{\alpha} B(\lambda_1, \lambda_2) \left(\int_1^\infty \frac{\ln^{p(1-\alpha\lambda_1)-1} x}{x^{1-p}} f^p(x) dx \right)^{\frac{1}{p}} \left(\sum_{n=2}^\infty \frac{\ln^{q(1-\alpha\lambda_2)-1}(n-\xi)}{(n-\xi)^{1-q}} a_n^q \right)^{\frac{1}{q}},$$

$$\qquad (2.4.14)$$

$$\left(\sum_{n=2}^\infty \frac{1}{n-\xi} \ln^{p\alpha\lambda_2-1}(n-\xi) \left(\int_1^\infty \frac{f(x)}{(\ln^\alpha x + \ln^\alpha(n-\xi))^\lambda} dx \right)^p \right)^{\frac{1}{p}}$$

$$> \frac{1}{\alpha} B(\lambda_1, \lambda_2) \left(\int_1^\infty \frac{\ln^{p(1-\alpha\lambda_1)-1} x}{x^{1-p}} f^p(x) dx \right)^{\frac{1}{p}}, \qquad (2.4.15)$$

$$\left(\int_1^\infty \frac{1}{x} \ln^{q\alpha\lambda_1-1} x \left(\sum_{n=2}^\infty \frac{a_n}{(\ln^\alpha x + \ln^\alpha(n-\xi))^\lambda} \right)^q dx \right)^{\frac{1}{q}}$$

$$> \frac{1}{\alpha} B(\lambda_1, \lambda_2) \left(\sum_{n=2}^\infty \frac{\ln^{q(1-\alpha\lambda_2)-1}(n-\xi)}{(n-\xi)^{1-q}} a_n^q \right)^{\frac{1}{q}}. \qquad (2.4.16)$$

若前式中取 $v(x) = e^{\alpha x}$ $(\alpha \in (0,1]; x \in (-\infty, \infty))$，其他依前设，则有如下 2 组具有最佳常数因子 $\frac{1}{\alpha} B(\lambda_1, \lambda_2)$ 的较为精确的半平面第一类半离散逆向的等价不等式：

$$\int_{-\infty}^\infty \sum_{n=1}^\infty \frac{a_n f(x)}{(e^{\alpha x} + (n-\xi)^\alpha)^\lambda} dx$$

$$> \frac{1}{\alpha} B(\lambda_1, \lambda_2) \left(\int_{-\infty}^\infty e^{-p\alpha\lambda_1 x} f^p(x) dx \right)^{\frac{1}{p}} \left(\sum_{n=1}^\infty (n-\xi)^{q(1-\alpha\lambda_2)-1} a_n^q \right)^{\frac{1}{q}},$$

$$\qquad (2.4.17)$$

$$\left(\sum_{n=1}^\infty (n-\xi)^{p\alpha\lambda_2-1} \left(\int_{-\infty}^\infty \frac{f(x)}{(e^{\alpha x} + (n-\xi)^\alpha)^\lambda} dx \right)^p \right)^{\frac{1}{p}}$$

$$> \frac{1}{\alpha} B(\lambda_1, \lambda_2) \left(\int_{-\infty}^\infty e^{-p\alpha\lambda_1 x} f^p(x) dx \right)^{\frac{1}{p}}, \qquad (2.4.18)$$

$$\left(\int_{-\infty}^\infty e^{q\alpha\lambda_1 x} \left(\sum_{n=1}^\infty \frac{a_n}{(e^{\alpha x} + (n-\xi)^\alpha)^\lambda} \right)^q dx \right)^{\frac{1}{q}}$$

$$> \frac{1}{\alpha} B(\lambda_1, \lambda_2) \left(\sum_{n=1}^\infty (n-\xi)^{q(1-\alpha\lambda_2)-1} a_n^q \right)^{\frac{1}{q}}; \qquad (2.4.19)$$

$$\int_{-\infty}^{\infty} \sum_{n=2}^{\infty} \frac{a_n f(x)}{(e^{ax} + \ln^{\alpha}(n-\xi))^{\lambda}} dx$$

$$> \frac{1}{\alpha} B(\lambda_1, \lambda_2) \left(\int_{-\infty}^{\infty} e^{-p\alpha\lambda_1 x} f^p(x) dx\right)^{\frac{1}{p}} \left(\sum_{n=2}^{\infty} \frac{\ln^{q(1-\alpha\lambda_2)-1}(n-\xi)}{(n-\xi)^{1-q}} a_n^q\right)^{\frac{1}{q}},$$

$$(2.4.20)$$

$$\left(\sum_{n=2}^{\infty} \frac{1}{n-\xi} \ln^{p\alpha\lambda_2-1}(n-\xi) \left(\int_{-\infty}^{\infty} \frac{f(x)}{(e^{ax} + \ln^{\alpha}(n-\xi))^{\lambda}} dx\right)^p\right)^{\frac{1}{p}}$$

$$> \frac{1}{\alpha} B(\lambda_1, \lambda_2) \left(\int_{-\infty}^{\infty} e^{-p\alpha\lambda_1 x} f^p(x) dx\right)^{\frac{1}{p}},$$

$$(2.4.21)$$

$$\left(\int_{-\infty}^{\infty} e^{q\alpha\lambda_1 x} \left(\sum_{n=2}^{\infty} \frac{a_n}{(e^{ax} + \ln^{\alpha}(n-\xi))^{\lambda}}\right)^q dx\right)^{\frac{1}{q}}$$

$$> \frac{1}{\alpha} B(\lambda_1, \lambda_2) \left(\sum_{n=2}^{\infty} \frac{\ln^{q(1-\alpha\lambda_2)-1}(n-\xi)}{(n-\xi)^{1-q}} a_n^q\right)^{\frac{1}{q}}.$$

$$(2.4.22)$$

当 $\xi = 0$ 时,上式为代入例 2.1(1) 中间变量的情形,此时,由于不要求相关凸性及 $u''(t) \leqslant 0$ 的条件,还可放宽参数 $\alpha \in (0,1]$ 为 $\alpha \in (0,\infty)$.

2.5 第二类逆式的情形

本节设 $0 < p < 1, q < 0$,定义 2.1 情形(1)(或情形(2)) 满足 $s_2 = \lambda_2$. 令

$$s = \lambda > 0, s_i = \lambda_i \in (0,\lambda), i = 1,2,$$

由式(2.1.8) 及条件式(2.1.1),有如下逆向不等式:

$$I = \int_b^{\infty} \sum_{n=n_0}^{\infty} \frac{a_n f(x)}{(v(x) + u(n))^{\lambda}} dx$$

$$> (k_{\lambda}(\lambda_2))^{\frac{1}{p}} (k_{\lambda}(\lambda_1))^{\frac{1}{q}} \left(\int_b^{\infty} \left(1 - O_{\lambda}\left(\frac{1}{(v(x))^{\lambda_2}}\right)\right) \frac{(v(x))^{p(1-\hat{\lambda}_1)-1}}{(v'(x))^{p-1}} f^p(x) dx\right)^{\frac{1}{p}} \cdot$$

$$\left(\sum_{n=n_0}^{\infty} \frac{(u(n))^{q(1-\hat{\lambda}_2)-1}}{(u'(n))^{q-1}} a_n^q\right)^{\frac{1}{q}}.$$

$$(2.5.1)$$

定理 2.11 若 $\lambda_1 + \lambda_2 = \lambda$,则式(2.5.1) 的常数因子

$$(k_{\lambda}(\lambda_2))^{\frac{1}{p}} (k_{\lambda}(\lambda_1))^{\frac{1}{q}} (= B(\lambda_1, \lambda_2))$$

必为最佳值. 此时,有条件式

$$0 < \int_b^{\infty} \frac{(v(x))^{p(1-\lambda_1)-1}}{(v'(x))^{p-1}} f^p(x) dx < \infty, 0 < \sum_{n=n_0}^{\infty} \frac{(u(n))^{q(1-\lambda_2)-1}}{(u'(n))^{q-1}} a_n^q < \infty,$$

及如下一个第二类半离散逆向的 Hardy-Hilbert 不等式:

$$\int_b^{\infty} \sum_{n=n_0}^{\infty} \frac{a_n f(x)}{(v(x) + u(n))^{\lambda}} dx > B(\lambda_1, \lambda_2) \cdot$$

$$(\int_b^\infty (1-O_\lambda(\frac{1}{(v(x))^{\lambda_2}})) \frac{(v(x))^{p(1-\lambda_1)-1}}{(v'(x))^{p-1}} f^p(x)\mathrm{d}x)^{\frac{1}{p}} (\sum_{n=n_0}^\infty \frac{(u(n))^{q(1-\lambda_2)-1}}{(u'(n))^{q-1}} a_n^q)^{\frac{1}{q}}.$$

$$(2.5.2)$$

证明　　下证式(2.5.2)的常数因子 $B(\lambda_1,\lambda_2)$ 为最佳值. 任给 $0<\varepsilon<p\lambda_1$，置

$$\widetilde{f}(x):=\begin{cases} 0, & b<x<v^{-1}(1) \\ (v(x))^{\lambda_1-\frac{\varepsilon}{p}-1}v'(x), & x\geqslant v^{-1}(1) \end{cases},$$

$$\widetilde{a}_n:=(u(n))^{\lambda_2-\frac{\varepsilon}{q}-1}u'(n), n\in \mathbf{N}_{n_0}.$$

若有正数 $M\geqslant B(\lambda_1,\lambda_2)$，使取代式(2.5.2)的常数因子 $B(\lambda_1,\lambda_2)$ 后仍成立，则特别有

$$\widetilde{I}:=\int_b^\infty \sum_{n=n_0}^\infty \frac{\widetilde{a}_n\widetilde{f}(x)}{(v(x)+u(n))^\lambda}\mathrm{d}x$$

$$> M(\int_b^\infty (1-O_\lambda(\frac{1}{(v(x))^{\lambda_2}})) \frac{(v(x))^{p(1-\lambda_1)-1}}{(v'(x))^{p-1}} \widetilde{f}^p(x)\mathrm{d}x)^{\frac{1}{p}} \cdot$$

$$(\sum_{n=n_0}^\infty \frac{(u(n))^{q(1-\lambda_2)-1}}{(u'(n))^{q-1}} \widetilde{a}_n^q)^{\frac{1}{q}}.$$

$$(2.5.3)$$

显然，因 $u'(t)>0,\lambda_2\in(0,\lambda)$，函数

$$(u(t))^{-\varepsilon-1}u'(t)=(u(t))^{-\varepsilon-\lambda_2}((u(t))^{\lambda_2-1}u'(t)), t\in(n_0,\infty)$$

仍具有递减性. 由式(2.5.3)及级数的递减性质，可得

$$\widetilde{I}>M(\int_{v^{-1}(1)}^\infty (1-O_\lambda(\frac{1}{(v(x))^{\lambda_2}})) \frac{(v(x))^{p(1-\lambda_1)-1}}{(v'(x))^{p-1}} (v(x))^{p(\lambda_1-1)-\varepsilon}(v'(x))p\mathrm{d}x)^{\frac{1}{p}} \cdot$$

$$(\sum_{n=n_0}^\infty \frac{(u(n))^{q(1-\lambda_2)-1}}{(u'(n))^{q-1}} (u(n))^{q\lambda_2-\varepsilon-q}(u'(n))q)^{\frac{1}{q}}$$

$$= M(\int_{v^{-1}(1)}^\infty (v(x))^{-\varepsilon-1}\mathrm{d}v(x) - \int_{v^{-1}(1)}^\infty O_\lambda(\frac{1}{(v(x))^{\lambda_2}})(v(x))^{-\varepsilon-1}\mathrm{d}v(x))^{\frac{1}{p}} \cdot$$

$$((u(n_0))^{-\varepsilon-1}u'(n_0) + \sum_{n=n_0+1}^\infty (u(n))^{-\varepsilon-1}u'(n))^{\frac{1}{q}}$$

$$\geqslant M(\int_{v^{-1}(1)}^\infty (v(x))^{-\varepsilon-1}\mathrm{d}v(x) - O(1))^{\frac{1}{p}} \cdot$$

$$((u(n_0))^{-\varepsilon-1}u'(n_0) + \int_{n_0}^\infty (u(t))^{-\varepsilon-1}u'(t)\mathrm{d}t)^{\frac{1}{q}}$$

$$= \frac{M}{\varepsilon}(1-\varepsilon O(1))^{\frac{1}{p}}(\varepsilon(u(n_0))^{-\varepsilon-1}u'(n_0) + (u(n_0))^{-\varepsilon})^{\frac{1}{q}}.$$

由式(2.1.5)，令 $s=\lambda>0,s_1=\widetilde{\lambda}_1=\lambda_1-\frac{\varepsilon}{p}\in(0,\lambda)$，我们有

$$\widetilde{I} = \sum_{n=n_0}^{\infty} ((u(n))^{(\lambda_2 + \frac{\varepsilon}{p})} \int_{v^{-1}(1)}^{\infty} \frac{(v(x))^{(\lambda_1 - \frac{\varepsilon}{p})-1} v'(x)}{(v(x) + u(n))^{\lambda}} dx)(u(n))^{-\varepsilon-1} u'(n)$$

$$< \sum_{n=n_0}^{\infty} ((u(n))^{(\lambda_2 + \frac{\varepsilon}{p})} \int_b^{\infty} \frac{(v(x))^{(\lambda_1 - \frac{\varepsilon}{p})-1} v'(x)}{(v(x) + u(n))^{\lambda}} dx)(u(n))^{-\varepsilon-1} u'(n)$$

$$= \sum_{n=n_0}^{\infty} \omega_{\lambda}(\widetilde{\lambda}_1, n)(u(n))^{-\varepsilon-1} u'(n)$$

$$= k_{\lambda}(\widetilde{\lambda}_1)((u(n_0))^{-\varepsilon-1} u'(n_0) + \sum_{n=n_0+1}^{\infty} (u(n))^{-\varepsilon-1} u'(n))$$

$$\leqslant k_{\lambda}(\widetilde{\lambda}_1)((u(n_0))^{-\varepsilon-1} u'(n_0) + \int_{n_0}^{\infty} (u(y))^{-\varepsilon-1} u'(y) dy)$$

$$= \frac{1}{\varepsilon} \mathrm{B}(\lambda_1 - \frac{\varepsilon}{p}, \lambda_2 + \frac{\varepsilon}{p})(\varepsilon(u(n_0))^{-\varepsilon-1} u'(n_0) + (u(n_0))^{-\varepsilon}).$$

基于上面的结果,有

$$\mathrm{B}(\lambda_1 - \frac{\varepsilon}{p}, \lambda_2 + \frac{\varepsilon}{p})(\varepsilon(u(n_0))^{-\varepsilon-1} u'(n_0) + (u(n_0))^{-\varepsilon})$$

$$> \varepsilon \widetilde{I} > M(1 - \varepsilon O(1))^{\frac{1}{p}}(\varepsilon(u(n_0))^{-\varepsilon-1} u'(n_0) + (u(n_0))^{-\varepsilon})^{\frac{1}{q}}.$$

令 $\varepsilon \to 0^+$,由 Beta 函数的连续性,有 $\mathrm{B}(\lambda_1, \lambda_2) \geqslant M$.

故 $M = \mathrm{B}(\lambda_1, \lambda_2)$ 为式(2.5.2)的最佳值. 证毕.

定理2.12 若式(2.5.1)的常数因子$(k_{\lambda}(\lambda_2))^{\frac{1}{p}}(k_{\lambda}(\lambda_1))^{\frac{1}{q}}$为最佳值,则当$\lambda - \lambda_1 - \lambda_2 \in [0, -q\lambda_2)$时,必有$\lambda_1 + \lambda_2 = \lambda$.

证明 因$\hat{\lambda}_1 = \frac{\lambda - \lambda_2}{p} + \frac{\lambda_1}{q}, \hat{\lambda}_2 = \frac{\lambda - \lambda_1 - \lambda_2}{q} + \lambda_2$,有$\hat{\lambda}_1 + \hat{\lambda}_2 = \lambda$. 当

$$\lambda - \lambda_1 - \lambda_2 \in [0, -q\lambda_2)(\subset (q(\lambda_1 - \lambda_2), -q\lambda_2)),$$

有$0 < \hat{\lambda}_2 < \lambda, 0 < \hat{\lambda}_1 = \lambda - \hat{\lambda}_2 < \lambda$及$\mathrm{B}(\hat{\lambda}_1, \hat{\lambda}_2) \in \mathbf{R}^+$. 因$\lambda - \lambda_1 - \lambda_2 \geqslant 0, q < 0$,对于$\rho = 1$(或$\rho = \frac{1}{2}$),函数

$$(u(t))^{\hat{\lambda}_2 - 1} u'(t) = (u(t))^{\hat{\lambda}_2 - \lambda_2}((u(t))^{\lambda_2 - 1} u'(t))$$

$$= (u(t))^{(\lambda - \lambda_1 - \lambda_2)/q}((u(t))^{\lambda_2 - 1} u'(t)), t \in (n_0 - \rho, \infty)$$

仍具递减性. 因$u''(t) \leqslant 0$,及$(u(t))^{\lambda_2 - 1} u'(t)$凸,显然上式仍具有凸性($\rho = \frac{1}{2}$).

故定义 2.1 情形(1)(或情形(2))对$s_2 = \hat{\lambda}_2$仍满足. 由式(2.5.2)可代之以$\hat{\lambda}_i = \lambda_i (i = 1, 2)$,成立如下不等式:

$$\int_b^{\infty} \sum_{n=n_0}^{\infty} \frac{a_n f(x)}{(v(x) + u(n))^{\lambda}} dx > \mathrm{B}(\hat{\lambda}_1, \hat{\lambda}_2) \cdot$$

$$(\int_b^\infty (1 - O_\lambda(\frac{1}{(v(x))^{\hat{\lambda}_2}})) \frac{(v(x))^{p(1-\hat{\lambda}_1)-1}}{(v'(x))^{p-1}} f^p(x)\mathrm{d}x)^{\frac{1}{p}} (\sum_{n=n_0}^\infty \frac{(u(n))^{q(1-\hat{\lambda}_2)-1}}{(u'(n))^{q-1}} a_n^q)^{\frac{1}{q}}.$$

$$(2.5.4)$$

由逆向的 Hölder 不等式(参考文[5]),我们还有

$$B(\hat{\lambda}_1, \hat{\lambda}_2) = k_\lambda(\hat{\lambda}_1) = k_\lambda(\frac{\lambda - \lambda_2}{p} + \frac{\lambda_1}{q})$$

$$= \int_0^\infty \frac{1}{(1+u)^\lambda} u^{\frac{\lambda-\lambda_2}{p} + \frac{\lambda_1}{q} - 1} \mathrm{d}u = \int_0^\infty \frac{1}{(1+u)^\lambda} (u^{\frac{\lambda-\lambda_2-1}{p}})(u^{\frac{\lambda_1-1}{q}})\mathrm{d}u$$

$$\geqslant (\int_0^\infty \frac{1}{(1+u)^\lambda} u^{\lambda-\lambda_2-1} \mathrm{d}u)^{\frac{1}{p}} (\int_0^\infty \frac{1}{(1+u)^\lambda} u^{\lambda_1-1} \mathrm{d}u)^{\frac{1}{q}}$$

$$= (\int_0^\infty \frac{1}{(1+v)^\lambda} v^{\lambda_2-1} \mathrm{d}v)^{\frac{1}{p}} (\int_0^\infty \frac{1}{(1+u)^\lambda} u^{\lambda_1-1} \mathrm{d}u)^{\frac{1}{q}}$$

$$= (k_\lambda(\lambda_2))^{\frac{1}{p}} (k_\lambda(\lambda_1))^{\frac{1}{q}}.$$

$$(2.5.5)$$

因由假设,常数因子 $(k_\lambda(\lambda_2))^{\frac{1}{p}} (k_\lambda(\lambda_1))^{\frac{1}{q}}$ 为式(2.5.1)的最佳值,故比较式(2.5.1)与式(2.5.4)的常数因子,我们有不等式:

$$(k_\lambda(\lambda_2))^{\frac{1}{p}} (k_\lambda(\lambda_1))^{\frac{1}{q}} \geqslant B(\hat{\lambda}_1, \hat{\lambda}_2)(\in \mathbf{R}^+).$$

因而式(2.5.5)取等号.式(2.5.5)取等号的等价条件是存在不全为0的常数 A 和 B,使(参阅文[5]) $Au^{\lambda-\lambda_2-1} = Bu^{\lambda_1-1}$ a.e. 于 $\mathbf{R}^+$.不妨设 $A \neq 0$,有 $u^{\lambda-\lambda_2-\lambda_1} = \frac{B}{A}$ a.e. 于 $\mathbf{R}^+$,及 $\lambda - \lambda_1 - \lambda_2 = 0$.因而有 $\lambda_1 + \lambda_2 = \lambda$.证毕.

定理 2.13　我们有与式(2.5.1)等价的第二类半离散逆向的 Hardy-Hilbert 不等式:

$$J_1 := (\sum_{n=n_0}^\infty (u(n))^{p\hat{\lambda}_2-1} u'(n) (\int_b^\infty \frac{f(x)}{(v(x)+u(n))^\lambda} \mathrm{d}x)^p)^{\frac{1}{p}}$$

$$> (k_\lambda(\lambda_2))^{\frac{1}{p}} (k_\lambda(\lambda_1))^{\frac{1}{q}} \cdot$$

$$(\int_b^\infty (1 - O_\lambda(\frac{1}{(v(x))^{\hat{\lambda}_2}})) \frac{(v(x))^{p(1-\hat{\lambda}_1)-1}}{(v'(x))^{p-1}} f^p(x)\mathrm{d}x)^{\frac{1}{p}}, \quad (2.5.6)$$

$$J_2 := (\int_b^\infty \frac{(v(x))^{q\hat{\lambda}_1-1} v'(x)}{(1 - O_\lambda((v(x))^{-\lambda_2}))^{q-1}} (\sum_{n=n_0}^\infty \frac{a_n}{(v(x)+u(n))^\lambda})^q \mathrm{d}x)^{\frac{1}{q}}$$

$$> (k_\lambda(\lambda_2))^{\frac{1}{p}} (k_\lambda(\lambda_1))^{\frac{1}{q}} (\sum_{n=n_0}^\infty \frac{(u(n))^{q(1-\hat{\lambda}_2)-1}}{(u'(n))^{q-1}} a_n^q)^{\frac{1}{q}}. \quad (2.5.7)$$

特别,当 $\lambda_1 + \lambda_2 = \lambda$ 时,我们有如下式(2.5.2)的等价式:

$$(\sum_{n=n_0}^\infty (u(n))^{p\lambda_2-1} u'(n) (\int_b^\infty \frac{f(x)}{(v(x)+u(n))^\lambda} \mathrm{d}x)^p)^{\frac{1}{p}}$$

$$> B(\lambda_1, \lambda_2) \left(\int_b^\infty \left(1 - O_\lambda\left(\frac{1}{(v(x))^{\lambda_2}}\right)\right) \frac{(v(x))^{p(1-\lambda_1)-1}}{(v'(x))^{p-1}} f^p(x) \mathrm{d}x \right)^{\frac{1}{p}},$$

$$(2.5.8)$$

$$\left(\int_b^\infty \frac{(v(x))^{q\lambda_1-1} v'(x)}{(1 - O_\lambda((v(x))^{-\lambda_2}))^{q-1}} \left(\sum_{n=n_0}^\infty \frac{a_n}{(v(x)+u(n))^\lambda} \right)^q \mathrm{d}x \right)^{\frac{1}{q}}$$

$$> B(\lambda_1, \lambda_2) \left(\sum_{n=n_0}^\infty (u(n))^{q(1-\lambda_2)-1} (u'(n))^{1-q} a_n^q \right)^{\frac{1}{q}}. \qquad (2.5.9)$$

证明　设式(2.5.6)为真,由逆向的 Hölder 不等式,有

$$I = \sum_{n=n_0}^\infty \left((u(n))^{\hat{\lambda}_2 - \frac{1}{p}} (u'(n))^{\frac{1}{p}} \int_b^\infty \frac{f(x)}{(v(x)+u(n))^\lambda} \mathrm{d}x \right) \left(\frac{(u(n))^{-\hat{\lambda}_2 + \frac{1}{p}}}{(u'(n))^{\frac{1}{p}}} a_n \right)$$

$$\geqslant J_1 \left(\sum_{n=n_0}^\infty \frac{(u(n))^{q(1-\hat{\lambda}_2)-1}}{(u'(n))^{q-1}} a_n^q \right)^{\frac{1}{q}}. \qquad (2.5.10)$$

则由式(2.5.6),我们有式(2.5.1).反之,设式(2.5.1)成立,置

$$a_n := (u(n))^{p\hat{\lambda}_2 - 1} u'(n) \left(\int_b^\infty \frac{f(x)}{(v(x)+u(n))^\lambda} \mathrm{d}x \right)^{p-1}, n \in \mathbf{N}_{n_0}.$$

若 $J_1 = \infty$,则式(2.5.6)自然成立;若 $J_1 = 0$,则式(2.5.6)不可能成立,即 $J_1 > 0$.下设 $0 < J_1 < \infty$.由式(2.5.1),有

$$\infty > \sum_{n=n_0}^\infty \frac{(u(n))^{q(1-\hat{\lambda}_2)-1}}{(u'(n))^{q-1}} a_n^q = J_1^p = I$$

$$> (k_\lambda(\lambda_2))^{\frac{1}{p}} (k_\lambda(\lambda_1))^{\frac{1}{q}} \left(\int_b^\infty \left(1 - O_\lambda\left(\frac{1}{(v(x))^{\lambda_2}}\right)\right) \frac{(v(x))^{p(1-\hat{\lambda}_1)-1}}{(v'(x))^{p-1}} f^p(x) \mathrm{d}x \right)^{\frac{1}{p}} J_1^{p-1}$$

$$> 0,$$

$$J_1 = \left(\sum_{n=n_0}^\infty \frac{(u(n))^{q(1-\hat{\lambda}_2)-1}}{(u'(n))^{q-1}} a_n^q \right)^{\frac{1}{p}}$$

$$> (k_\lambda(\lambda_2))^{\frac{1}{p}} (k_\lambda(\lambda_1))^{\frac{1}{q}} \left(\int_b^\infty \left(1 - O_\lambda\left(\frac{1}{(v(x))^{\lambda_2}}\right)\right) \frac{(v(x))^{p(1-\hat{\lambda}_1)-1}}{(v'(x))^{p-1}} f^p(x) \mathrm{d}x \right)^{\frac{1}{p}},$$

即式(2.5.6)成立,且它等价于式(2.5.1).

同理,式(2.5.7)成立,且它等价于式(2.5.1),故式(2.5.6),式(2.5.7)与式(2.5.1)均等价.证毕.

定理 2.14　若 $\lambda_1 + \lambda_2 = \lambda$,则式(2.5.6)与式(2.5.7)的常数因子 $(k_\lambda(\lambda_2))^{\frac{1}{p}} (k_\lambda(\lambda_1))^{\frac{1}{q}}$ 必为最佳值.反之,若 $\lambda - \lambda_1 - \lambda_2 \in [0, -q\lambda_2)$,且式(2.5.6)或式(2.5.7)的相同常数因子为最佳值,则有 $\lambda_1 + \lambda_2 = \lambda$.

证明　若 $\lambda_1 + \lambda_2 = \lambda$,则由定理 2.11,式(2.5.1)的常数因子 $(k_\lambda(\lambda_2))^{\frac{1}{p}} \cdot$

$(k_\lambda(\lambda_1))^{\frac{1}{q}}$ 是最佳值. 由式 (2.5.10), 知式 (2.5.6) 的常数因子也必为最佳值. 不然, 将得出式 (2.5.1) 的常数因子也不是最佳值的矛盾. 反之, 若式 (2.5.6) 的常数因子是最佳值, 则由式 (2.5.6) 与式 (2.5.1) 的等价性, 及 $J_1^p = I$ (参考定理 2.13 的证明), 能证得式 (2.5.1) 的相同常数因子也是最佳值. 由条件及定理 2.13, 有 $\lambda_1 + \lambda_2 = \lambda$. 同理可证式 (2.5.7) 的类似情形. 证毕.

例 2.4　在式 (2.5.2), 式 (2.5.8) 与式 (2.5.9) 中, 分别代以 $v(x) = x^\alpha$ $(x \in (0,\infty))$, $v(x) = \ln^\alpha x (x \in (1,\infty))$, 以及例 2.1(2) 的中间变量, 当 $\alpha \in (0,1], \xi \in [0, \frac{1}{2}], \lambda_2 \leqslant \frac{1}{\alpha}$ 时, 有如下 2 组具有最佳常数因子 $\frac{1}{\alpha} \mathrm{B}(\lambda_1, \lambda_2)$ 的较为精确的等价逆式:

$$\int_0^\infty \sum_{n=1}^\infty \frac{a_n f(x)}{(x^\alpha + (n-\xi)^\alpha)^\lambda} \mathrm{d}x > \frac{1}{\alpha} \mathrm{B}(\lambda_1, \lambda_2) \cdot$$

$$\left(\int_0^\infty (1 - O_\lambda(\frac{1}{x^{\alpha\lambda_2}})) x^{p(1-\alpha\lambda_1)-1} f^p(x) \mathrm{d}x \right)^{\frac{1}{p}} \left(\sum_{n=1}^\infty (n-\xi)^{q(1-\alpha\lambda_2)-1} a_n^q \right)^{\frac{1}{q}},$$

$$(2.5.11)$$

$$\left(\sum_{n=1}^\infty (n-\xi)^{p\alpha\lambda_2-1} \left(\int_0^\infty \frac{f(x)}{(x^\alpha + (n-\xi)^\alpha)^\lambda} \mathrm{d}x \right)^p \right)^{\frac{1}{p}}$$

$$> \frac{1}{\alpha} \mathrm{B}(\lambda_1, \lambda_2) \left(\int_0^\infty (1 - O_\lambda(\frac{1}{x^{\alpha\lambda_2}})) x^{p(1-\alpha\lambda_1)-1} f^p(x) \mathrm{d}x \right)^{\frac{1}{p}}, \qquad (2.5.12)$$

$$\left(\int_0^\infty \frac{x^{q\alpha\lambda_1-1}}{(1 - O_\lambda(x^{-\alpha\lambda_2}))^{q-1}} \left(\sum_{n=1}^\infty \frac{a_n}{(x^\alpha + (n-\xi)^\alpha)^\lambda} \right)^q \mathrm{d}x \right)^{\frac{1}{q}}$$

$$> \frac{1}{\alpha} \mathrm{B}(\lambda_1, \lambda_2) \left(\sum_{n=1}^\infty (n-\xi)^{q(1-\alpha\lambda_2)-1} a_n^q \right)^{\frac{1}{q}}; \qquad (2.5.13)$$

$$\int_1^\infty \sum_{n=2}^\infty \frac{a_n f(x)}{(\ln^\alpha x + \ln^\alpha(n-\xi))^\lambda} \mathrm{d}x$$

$$> \frac{1}{\alpha} \mathrm{B}(\lambda_1, \lambda_2) \left(\int_1^\infty (1 - O_\lambda(\frac{1}{\ln^{\alpha\lambda_2} x})) \frac{\ln^{p(1-\alpha\lambda_1)-1} x}{x^{1-p}} f^p(x) \mathrm{d}x \right)^{\frac{1}{p}} \cdot$$

$$\left(\sum_{n=2}^\infty \frac{\ln^{q(1-\alpha\lambda_2)-1}(n-\xi)}{(n-\xi)^{1-q}} a_n^q \right)^{\frac{1}{q}}, \qquad (2.5.14)$$

$$\left(\sum_{n=2}^\infty \frac{1}{n-\xi} \ln^{p\alpha\lambda_2-1}(n-\xi) \left(\int_1^\infty \frac{f(x)}{(\ln^\alpha x + \ln^\alpha(n-\xi))^\lambda} \mathrm{d}x \right)^p \right)^{\frac{1}{p}}$$

$$> \frac{1}{\alpha} \mathrm{B}(\lambda_1, \lambda_2) \left(\int_1^\infty (1 - O_\lambda(\frac{1}{\ln^{\alpha\lambda_2} x})) \frac{\ln^{p(1-\alpha\lambda_1)-1} x}{x^{1-p}} f^p(x) \mathrm{d}x \right)^{\frac{1}{p}},$$

$$(2.5.15)$$

$$(\int_1^\infty \frac{\ln^{q\lambda_1-1}x}{x\,(1-O_\lambda(\ln^{-\alpha\lambda_2}x))^{q-1}}(\sum_{n=2}^\infty \frac{a_n}{(\ln^\alpha x + \ln^\alpha(n-\xi))^\lambda})^q \mathrm{d}x)^{\frac{1}{q}}$$

$$> \frac{1}{\alpha}\mathrm{B}(\lambda_1,\lambda_2)(\sum_{n=2}^\infty \frac{\ln^{q(1-\alpha\lambda_2)-1}(n-\xi)}{(n-\xi)^{1-q}}a_n^q)^{\frac{1}{q}}. \qquad (2.5.16)$$

若在前式中取 $v(x)=\mathrm{e}^{\alpha x}$ ($\alpha \in (0,1]$; $x \in (-\infty,\infty)$),其他依前设,则有如下 2 组具有最佳常数因子 $\frac{1}{\alpha}\mathrm{B}(\lambda_1,\lambda_2)$ 的较为精确的半平面第二类半离散逆向的等价不等式:

$$\int_{-\infty}^\infty \sum_{n=1}^\infty \frac{a_n f(x)}{(\mathrm{e}^{\alpha x}+(n-\xi)^\alpha)^\lambda}\mathrm{d}x > \frac{1}{\alpha}\mathrm{B}(\lambda_1,\lambda_2) \cdot$$

$$(\int_{-\infty}^\infty (1-O_\lambda(\mathrm{e}^{-\alpha\lambda_2 x}))\mathrm{e}^{-p\alpha\lambda_1 x}f^p(x)\mathrm{d}x)^{\frac{1}{p}}(\sum_{n=1}^\infty (n-\xi)^{q(1-\alpha\lambda_2)-1}a_n^q)^{\frac{1}{q}}, \qquad (2.5.17)$$

$$(\sum_{n=1}^\infty (n-\xi)^{p\alpha\lambda_2-1}(\int_{-\infty}^\infty \frac{f(x)}{(\mathrm{e}^{\alpha x}+(n-\xi)^\alpha)^\lambda}\mathrm{d}x)^p)^{\frac{1}{p}}$$

$$> \frac{1}{\alpha}\mathrm{B}(\lambda_1,\lambda_2)(\int_{-\infty}^\infty (1-O_\lambda(\mathrm{e}^{-\alpha\lambda_2 x}))\mathrm{e}^{-p\alpha\lambda_1 x}f^p(x)\mathrm{d}x)^{\frac{1}{p}}, \qquad (2.5.18)$$

$$(\int_{-\infty}^\infty \frac{\mathrm{e}^{q\alpha\lambda_1 x}}{(1-O_\lambda(\mathrm{e}^{-\alpha\lambda_2 x}))^{q-1}}(\sum_{n=1}^\infty \frac{a_n}{(\mathrm{e}^{\alpha x}+(n-\xi)^\alpha)^\lambda})^q \mathrm{d}x)^{\frac{1}{q}}$$

$$> \frac{1}{\alpha}\mathrm{B}(\lambda_1,\lambda_2)(\sum_{n=1}^\infty (n-\xi)^{q(1-\alpha\lambda_2)-1}a_n^q)^{\frac{1}{q}}; \qquad (2.5.19)$$

$$\int_{-\infty}^\infty \sum_{n=2}^\infty \frac{a_n f(x)}{(\mathrm{e}^{\alpha x}+\ln^\alpha(n-\xi))^\lambda}\mathrm{d}x > \frac{1}{\alpha}\mathrm{B}(\lambda_1,\lambda_2) \cdot$$

$$(\int_{-\infty}^\infty (1-O_\lambda(\mathrm{e}^{-\alpha\lambda_2 x}))\mathrm{e}^{-p\alpha\lambda_1 x}f^p(x)\mathrm{d}x)^{\frac{1}{p}}(\sum_{n=2}^\infty \frac{\ln^{q(1-\alpha\lambda_2)-1}(n-\xi)}{(n-\xi)^{1-q}}a_n^q)^{\frac{1}{q}}, \qquad (2.5.20)$$

$$(\sum_{n=2}^\infty \frac{1}{n-\xi}\ln^{p\alpha\lambda_2-1}(n-\xi)(\int_{-\infty}^\infty \frac{f(x)}{(\mathrm{e}^{\alpha x}+\ln^\alpha(n-\xi))^\lambda}\mathrm{d}x)^p)^{\frac{1}{p}}$$

$$> \frac{1}{\alpha}\mathrm{B}(\lambda_1,\lambda_2)(\int_{-\infty}^\infty (1-O_\lambda(\mathrm{e}^{-\alpha\lambda_2 x}))\mathrm{e}^{-p\alpha\lambda_1 x}f^p(x)\mathrm{d}x)^{\frac{1}{p}}, \qquad (2.5.21)$$

$$(\int_{-\infty}^\infty \frac{\mathrm{e}^{q\alpha\lambda_1 x}}{(1-O_\lambda(\mathrm{e}^{-\alpha\lambda_2 x}))^{q-1}}(\sum_{n=2}^\infty \frac{a_n}{(\mathrm{e}^{\alpha x}+\ln^\alpha(n-\xi))^\lambda})^q \mathrm{d}x)^{\frac{1}{q}}$$

$$> \frac{1}{\alpha}\mathrm{B}(\lambda_1,\lambda_2)(\sum_{n=2}^\infty \frac{\ln^{q(1-\alpha\lambda_2)-1}(n-\xi)}{(n-\xi)^{1-q}}a_n^q)^{\frac{1}{q}}. \qquad (2.5.22)$$

当 $\xi=0$ 时,上式为代入例 2.1(1) 中间变量的情形,此时,由于依定义 2.1 情形(1),不要求相关凸性及 $u''(t) \leqslant 0$ 的条件,还可放宽参数 $\alpha \in (0,1]$ 为 $\alpha \in (0,\infty)$.

涉及可变上限函数的半离散 Hardy-Hilbert 不等式

本章应用第 2 章权函数方法及参量化的思想,求出了一个新的涉及可变上限函数的半离散 Hardy-Hilbert 不等式,导出了不等式中多参数联系最佳常数因子的等价条件,还建立了其等价形式、特殊中间变量不等式及算子表达式,并考虑了两类逆式的情形.

3.1 若干引理

设函数 $f(x)$ 在 (b,∞) 除有限点外非负连续,定义可变上限函数:

$$F(x) := \int_b^x f(t)\mathrm{d}t, x > b,$$

满足条件 $F(x) = o(\mathrm{e}^{tv(x)})(t > 0; x \to \infty)$,当 $x \in (b,\infty), n \in \mathbf{N}_{n_0}, F(x), a_n \geqslant 0$,有

$$0 < \int_b^\infty \frac{v'(x)}{(v(x))^{p\hat{\lambda}_1+1}} F^p(x)\mathrm{d}x < \infty,$$

及

$$0 < \sum_{n=n_0}^\infty \frac{(u(n))^{q(1-\hat{\lambda}_2)-1}}{(u'(n))^{q-1}} a_n^q < \infty. \tag{3.1.1}$$

引理 3.1 对于 $t > 0$,我们有等式:

$$\int_b^\infty \mathrm{e}^{-tv(x)} f(x)\mathrm{d}x = t\int_b^\infty \mathrm{e}^{-tv(x)} v'(x)F(x)\mathrm{d}x. \tag{3.1.2}$$

证明 由分部积分法及条件 $F(b^+) = v(b^+) = 0, F(x) = o(\mathrm{e}^{tv(x)})(t > 0; x \to \infty)$,可得 $\mathrm{e}^{-tv(x)}F(x)\Big|_b^\infty = 0$ 及

37

$$\int_b^\infty \mathrm{e}^{-tv(x)} f(x) \mathrm{d}x = \int_b^\infty \mathrm{e}^{-tv(x)} \mathrm{d}F(x)$$

$$= \mathrm{e}^{-tv(x)} F(x) \Big|_b^\infty - \int_b^\infty F(x) \mathrm{d}\mathrm{e}^{-tv(x)}$$

$$= t \int_b^\infty \mathrm{e}^{-tv(x)} v'(x) F(x) \mathrm{d}x.$$

故式(3.1.2)成立. 证毕.

引理 3.2 我们有如下表达式:

$$I := \int_b^\infty \sum_{n=n_0}^\infty \frac{a_n f(x)}{(v(x)+u(n))^\lambda} \mathrm{d}x = \lambda \int_b^\infty \sum_{n=n_0}^\infty \frac{a_n v'(x) F(x)}{(v(x)+u(n))^{\lambda+1}} \mathrm{d}x.$$

$$(3.1.3)$$

证明 因有 Gamma 函数的如下表达式(参阅文[119])

$$\Gamma(\lambda) := \int_0^\infty t^{\lambda-1} \mathrm{e}^{-t} \mathrm{d}t, \lambda > 0, \qquad (3.1.4)$$

我们有

$$\frac{1}{(v(x)+u(n))^\lambda} = \frac{1}{\Gamma(\lambda)} \int_0^\infty t^{\lambda-1} \mathrm{e}^{-(v(x)+u(n))t} \mathrm{d}t,$$

再由 L 逐项积分定理(参阅文[120])及式(3.1.2),有

$$I = \frac{1}{\Gamma(\lambda)} \int_b^\infty \sum_{n=n_0}^\infty a_n f(x) \int_0^\infty t^{\lambda-1} \mathrm{e}^{-(v(x)+u(n))t} \mathrm{d}t \mathrm{d}x$$

$$= \frac{1}{\Gamma(\lambda)} \int_0^\infty t^{\lambda-1} \left(\int_b^\infty \mathrm{e}^{-v(x)t} f(x) \mathrm{d}x \right) \sum_{n=n_0}^\infty \mathrm{e}^{-u(n)t} a_n \mathrm{d}t$$

$$= \frac{1}{\Gamma(\lambda)} \int_0^\infty t^{\lambda-1} \left(t \int_b^\infty \mathrm{e}^{-v(x)t} v'(x) F(x) \mathrm{d}x \right) \sum_{n=n_0}^\infty \mathrm{e}^{-u(n)t} a_n \mathrm{d}t$$

$$= \frac{1}{\Gamma(\lambda)} \int_b^\infty \sum_{n=n_0}^\infty a_n v'(x) F(x) \int_0^\infty t^{(\lambda+1)-1} \mathrm{e}^{-(v(x)+u(n))t} \mathrm{d}t \mathrm{d}x$$

$$= \frac{\Gamma(\lambda+1)}{\Gamma(\lambda)} \int_b^\infty \sum_{n=n_0}^\infty \frac{a_n v'(x) F(x)}{(v(x)+u(n))^{\lambda+1}} \mathrm{d}x.$$

注意到 $\Gamma(\lambda+1) = \lambda\Gamma(\lambda)$,因而有式(3.1.3). 证毕.

3.2　正向不等式的一些结果

第 3.2 节及第 3.3 节,我们设 $p > 1, q > 1$,定义 2.1 情形(1)(或情形(2))对 $s_2 = \lambda_2$ 满足.

在式(2.1.6)中,令

$$s = \lambda + 1, s_1 = \lambda_1 + 1, s_2 = \lambda_2, f(x) = v'(x)F(x),$$

由条件(3.1.1),我们有不等式:

$$\int_b^\infty \sum_{n=n_0}^\infty \frac{a_n v'(x)F(x)}{(v(x) + u(n))^{\lambda+1}} dx < (k_{\lambda+1}(\lambda_2))^{\frac{1}{p}} (k_{\lambda+1}(\lambda_1 + 1))^{\frac{1}{q}} \cdot$$

$$\left(\int_b^\infty \frac{v'(x)}{(v(x))^{p\hat{\lambda}_1 + 1}} F^p(x) dx\right)^{\frac{1}{p}} \left(\sum_{n=n_0}^\infty \frac{(u(n))^{q(1-\hat{\lambda}_2)-1}}{(u'(n))^{q-1}} a_n^q\right)^{\frac{1}{q}}. \tag{3.2.1}$$

由式(3.1.3),可得如下涉及可变上限函数的半离散 Hardy-Hilbert 不等式:

$$I = \int_b^\infty \sum_{n=n_0}^\infty \frac{a_n f(x)}{(v(x) + u(n))^\lambda} dx < \lambda (k_{\lambda+1}(\lambda_2))^{\frac{1}{p}} (k_{\lambda+1}(\lambda_1 + 1))^{\frac{1}{q}} \cdot$$

$$\left(\int_b^\infty \frac{v'(x)}{(v(x))^{p\hat{\lambda}_1 + 1}} F^p(x) dx\right)^{\frac{1}{p}} \left(\sum_{n=n_0}^\infty \frac{(u(n))^{q(1-\hat{\lambda}_2)-1}}{(u'(n))^{q-1}} a_n^q\right)^{\frac{1}{q}}. \tag{3.2.2}$$

特别当 $\lambda_1 + \lambda_2 = \lambda$ 时,有不等式:

$$\int_b^\infty \sum_{n=n_0}^\infty \frac{a_n f(x)}{(v(x) + u(n))^\lambda} dx$$

$$< \lambda B(\lambda_1 + 1, \lambda_2) \left(\int_b^\infty \frac{v'(x)}{(v(x))^{p\lambda_1 + 1}} F^p(x) dx\right)^{\frac{1}{p}} \left(\sum_{n=n_0}^\infty \frac{(u(n))^{q(1-\lambda_2)-1}}{(u'(n))^{q-1}} a_n^q\right)^{\frac{1}{q}}. \tag{3.2.3}$$

定理 3.1　若 $\lambda_1 + \lambda_2 = \lambda$,则式(3.2.2) 的常数因子

$$\lambda (k_{\lambda+1}(\lambda_2))^{\frac{1}{p}} (k_{\lambda+1}(\lambda_1 + 1))^{\frac{1}{q}} (= \lambda B(\lambda_1 + 1, \lambda_2))$$

必为最佳值.

证明　若 $\lambda_1 + \lambda_2 = \lambda$,则式(3.2.2) 变为式(3.2.3). 任给 $0 < \varepsilon < p\lambda_1$,置

$$\tilde{f}(x) := \begin{cases} 0, b < x < v^{-1}(1) \\ (v(x))^{\lambda_1 - \frac{\varepsilon}{p} - 1} v'(x), x \geqslant v^{-1}(1) \end{cases},$$

$$\tilde{a}_n := (u(n))^{\lambda_2 - \frac{\varepsilon}{q} - 1} u'(n), n \in \mathbf{N}_{n_0},$$

$$\tilde{F}(x) := \int_b^x \tilde{f}(t) dt \leqslant \begin{cases} 0, b < x < v^{-1}(1) \\ \dfrac{1}{\lambda_1 - \dfrac{\varepsilon}{p}} (v(x))^{\lambda_1 - \frac{\varepsilon}{p}}, x \geqslant v^{-1}(1). \end{cases}$$

易见, $\tilde{F}(x) = o(e^{tv(x)}), t > 0, x \to \infty.$

若有正常数 $M \leqslant \lambda B(\lambda_1 + 1, \lambda_2)$,使其取代式(3.2.3) 的常数因子 $\lambda B(\lambda_1 + 1, \lambda_2)$ 后原式仍成立,则特别还有

39

$$\widetilde{I} := \int_b^\infty \sum_{n=n_0}^\infty \frac{\widetilde{a}_n \widetilde{f}(x)}{(v(x)+u(n))^\lambda} \mathrm{d}x$$

$$< M \left(\int_b^\infty \frac{v'(x)}{(v(x))^{p\lambda_1+1}} \widetilde{F}^p(x)\mathrm{d}x \right)^{\frac{1}{p}} \left(\sum_{n=n_0}^\infty \frac{(u(n))^{q(1-\lambda_2)-1}}{(u'(n))^{q-1}} \widetilde{a}_n^q \right)^{\frac{1}{q}}.$$

$$(3.2.4)$$

由式(3.2.4) 及级数的递减性质,可得

$$\widetilde{I} < \frac{M}{\lambda_1-\frac{\varepsilon}{p}} \left(\int_{v^{-1}(1)}^\infty \frac{v'(x)}{(v(x))^{p\lambda_1+1}} (v(x))^{p\lambda_1-\varepsilon}\mathrm{d}x \right)^{\frac{1}{p}} \cdot$$

$$\left(\sum_{n=n_0}^\infty \frac{(u(n))^{q(1-\lambda_2)-1}}{(u'(n))^{q-1}} (u'(n))^q (u(n))^{q\lambda_2-\varepsilon-q} \right)^{\frac{1}{q}}$$

$$= \frac{M}{\lambda_1-\frac{\varepsilon}{p}} \left(\int_{v^{-1}(1)}^\infty (v(x))^{-\varepsilon-1} v'(x)\mathrm{d}x \right)^{\frac{1}{p}} \cdot$$

$$\left((u(n_0))^{-\varepsilon-1} u'(n_0) + \sum_{n=n_0+1}^\infty (u(n))^{-\varepsilon-1} u'(n) \right)^{\frac{1}{q}}$$

$$< \frac{M}{\lambda_1-\frac{\varepsilon}{p}} \left(\int_{v^{-1}(1)}^\infty \frac{\mathrm{d}v(x)}{(v(x))^{\varepsilon+1}} \right)^{\frac{1}{p}} \left((u(n_0))^{-\varepsilon-1} u'(n_0) + \int_{n_0}^\infty (u(y))^{-\varepsilon-1} \mathrm{d}u(y) \right)^{\frac{1}{q}}$$

$$= \frac{M}{\varepsilon(\lambda_1-\frac{\varepsilon}{p})} (\varepsilon(u(n_0))^{-\varepsilon-1} u'(n_0) + (u(n_0))^{-\varepsilon})^{\frac{1}{q}}.$$

在式(2.1.5) 中,令 $s=\lambda > 0, s_1 = \widetilde{\lambda}_1 := \lambda_1 - \frac{\varepsilon}{p} \in (0,\lambda)$,我们有

$$\widetilde{I} = \sum_{n=n_0+1}^\infty ((u(n))^{\lambda_2+\frac{\varepsilon}{p}} \int_{v^{-1}(1)}^\infty \frac{(v(x))^{(\lambda_1-\frac{\varepsilon}{p})-1} v'(x)}{(v(x)+u(n))^\lambda}\mathrm{d}x)(u(n))^{-\varepsilon-1} u'(n)$$

$$= \sum_{n=n_0}^\infty ((u(n))^{\lambda_2+\frac{\varepsilon}{p}} \int_b^\infty \frac{(v(x))^{(\lambda_1-\frac{\varepsilon}{p})-1} v'(x)}{(v(x)+u(n))^\lambda}\mathrm{d}x)(u(n))^{-\varepsilon-1} u'(n) -$$

$$\sum_{n=n_0}^\infty ((u(n))^{\lambda_2+\frac{\varepsilon}{p}} \int_b^{v^{-1}(1)} \frac{(v(x))^{(\lambda_1-\frac{\varepsilon}{p})-1} v'(x)}{(v(x)x+u(n))^\lambda}\mathrm{d}x)(u(n))^{-\varepsilon-1} u'(n)$$

$$\geqslant \sum_{n=n_0}^\infty \omega_\lambda(\widetilde{\lambda}_1,n)(u(n))^{-\varepsilon-1} u'(n) -$$

$$\sum_{n=n_0}^\infty ((u(n))^{\lambda_2-\frac{\varepsilon}{q}-1} \int_b^{v^{-1}(1)} \frac{(v(x))^{(\lambda_1-\frac{\varepsilon}{p})-1} v'(x)}{(u(n))^\lambda}\mathrm{d}x)u'(n)$$

$$= k_\lambda(\widetilde{\lambda}_1) \sum_{n=n_0}^\infty (u(n))^{-\varepsilon-1} u'(n) - \frac{1}{\lambda_1-\frac{\varepsilon}{p}} \sum_{n=n_0}^\infty (u(n))^{-\lambda_1-\frac{\varepsilon}{q}-1} u'(n)$$

$$> k_\lambda(\tilde{\lambda}_1) \int_{n_0}^{\infty} (u(y))^{-\varepsilon-1} \mathrm{d}u(y) - O(1) = \frac{\mathrm{B}(\lambda_1 - \frac{\varepsilon}{p}, \lambda_2 + \frac{\varepsilon}{p})}{\varepsilon (u(n_0))^{\varepsilon}} - O(1).$$

基于上面的结果,有

$$\mathrm{B}(\lambda_1 - \frac{\varepsilon}{p}, \lambda_2 + \frac{\varepsilon}{p}) (u(n_0))^{-\varepsilon} - \varepsilon O(1) < \varepsilon \tilde{I}$$

$$< \frac{M}{\lambda_1 - \frac{\varepsilon}{p}} (\varepsilon (u(n_0))^{-\varepsilon-1} u'(n_0) + (u(n_0))^{-\varepsilon})^{\frac{1}{q}}.$$

令 $\varepsilon \to 0^+$,由 Beta 函数的连续性,有

$$\lambda \mathrm{B}(\lambda_1 + 1, \lambda_2) = \lambda_1 \mathrm{B}(\lambda_1, \lambda_2) \leqslant M.$$

故 $M = \lambda \mathrm{B}(\lambda_1 + 1, \lambda_2)$ 为式(3.2.2)(即式(3.2.1)当 $\lambda_1 + \lambda_2 = \lambda$ 时)的最佳值.
证毕.

定理 3.2　若式(3.2.1)的常数因子

$$\lambda (k_{\lambda+1}(\lambda_2))^{\frac{1}{p}} (k_{\lambda+1}(\lambda_1 + 1))^{\frac{1}{q}}$$

为最佳值,则当 $\lambda - \lambda_1 - \lambda_2 \leqslant 0$ 时,必有 $\lambda_1 + \lambda_2 = \lambda$.

证明　因 $\hat{\lambda}_1 = \frac{\lambda - \lambda_2}{p} + \frac{\lambda_1}{q}$, $\hat{\lambda}_2 = \frac{\lambda - \lambda_1}{q} + \frac{\lambda_2}{p}$,有 $\hat{\lambda}_1 + \hat{\lambda}_2 = \lambda$, $0 < \hat{\lambda}_1, \hat{\lambda}_2 <$

λ,及 $\mathrm{B}(\hat{\lambda}_1 + 1, \hat{\lambda}_2) \in \mathbf{R}^+$. 因 $\lambda - \lambda_1 - \lambda_2 \leqslant 0$, $q > 1$,对于 $\rho = 1$(或 $\rho = \frac{1}{2}$),函数

$$(u(t))^{\hat{\lambda}_2 - 1} u'(t) = (u(t))^{\hat{\lambda}_2 - \lambda_2} ((u(t))^{\lambda_2 - 1} u'(t))$$

$$= (u(t))^{(\lambda - \lambda_1 - \lambda_2)/q} ((u(t))^{\lambda_2 - 1} u'(t)), t \in (n_0 - \rho, \infty)$$

仍具有递减性. 因 $u''(t) \leqslant 0$,及 $(u(t))^{\lambda_2 - 1} u'(t)$ 凸,显然上式仍具有凸性($\rho =$

$\frac{1}{2}$).故定义 2.1 情形(1)(或情形(2))对 $s_2 = \hat{\lambda}_2$ 仍满足.由式(3.2.2),可代之以

$\hat{\lambda}_i = \lambda_i (i = 1, 2)$,成立不等式:

$$\int_b^{\infty} \sum_{n=n_0}^{\infty} \frac{a_n f(x)}{(v(x) + u(n))^{\lambda}} \mathrm{d}x$$

$$< \lambda \mathrm{B}(\hat{\lambda}_1 + 1, \hat{\lambda}_2) (\int_b^{\infty} \frac{v'(x)}{(v(x))^{p\hat{\lambda}_1 + 1}} F^p(x) \mathrm{d}x)^{\frac{1}{p}} (\sum_{n=n_0}^{\infty} \frac{(u(n))^{q(1-\hat{\lambda}_2)-1}}{(u'(n))^{q-1}} a_n^q)^{\frac{1}{q}}.$$

$$(3.2.5)$$

由 Hölder 不等式(参阅文[5]),我们还有

$$\mathrm{B}(\hat{\lambda}_1 + 1, \hat{\lambda}_2) = k_{\lambda+1}(\hat{\lambda}_2) = k_{\lambda+1}(\frac{\lambda_2}{p} + \frac{\lambda - \lambda_1}{q})$$

41

$$= \int_0^\infty \frac{1}{(1+u)^{\lambda+1}} u^{\frac{\lambda_2}{p}+\frac{\lambda-\lambda_1}{q}-1} \mathrm{d}u = \int_0^\infty \frac{1}{(1+u)^{\lambda+1}} (u^{\frac{\lambda_2-1}{p}})(u^{\frac{\lambda-\lambda_1-1}{q}}) \mathrm{d}u$$

$$\leqslant (\int_0^\infty \frac{1}{(1+u)^{\lambda+1}} u^{\lambda_2-1} \mathrm{d}u)^{\frac{1}{p}} (\int_0^\infty \frac{1}{(1+u)^{\lambda+1}} u^{\lambda-\lambda_1-1} \mathrm{d}u)^{\frac{1}{q}}$$

$$= (\int_0^\infty \frac{1}{(1+u)^{\lambda+1}} u^{\lambda_2-1} \mathrm{d}u)^{\frac{1}{p}} (\int_0^\infty \frac{1}{(1+v)^{\lambda+1}} v^{\lambda_1} \mathrm{d}v)^{\frac{1}{q}}$$

$$= (k_{\lambda+1}(\lambda_2))^{\frac{1}{p}} (k_{\lambda+1}(\lambda_1+1))^{\frac{1}{q}}. \tag{3.2.6}$$

由于常数因子 $\lambda (k_{\lambda+1}(\lambda_2))^{\frac{1}{p}} (k_{\lambda+1}(\lambda_1+1))^{\frac{1}{q}}$ 为式(3.2.2)的最佳值,故比较式(3.2.2)与式(3.2.5)的常数因子的大小,我们有如下不等式:

$$\lambda (k_{\lambda+1}(\lambda_2))^{\frac{1}{p}} (k_{\lambda+1}(\lambda_1+1))^{\frac{1}{q}} \leqslant \lambda B(\hat{\lambda}_1+1,\hat{\lambda}_2)(\in \mathbf{R}^+),$$

即有不等式 $B(\hat{\lambda}_1+1,\hat{\lambda}_2) \geqslant (k_{\lambda+1}(\lambda_2))^{\frac{1}{p}} (k_{\lambda+1}(\lambda_1+1))^{\frac{1}{q}}$,因而式(3.2.6)取等号.式(3.2.6)取等号的充分必要条件是有不全为 0 的常数 A 和 B,使(参阅文[5])$Au^{\lambda_2-1}=Bu^{\lambda-\lambda_1-1}$ a.e. 于 $\mathbf{R}^+$.不妨设 $A \neq 0$,则有 $u^{\lambda_2+\lambda_1-\lambda}=\frac{B}{A}$ a.e. 于 $\mathbf{R}^+$,及 $\lambda_2+\lambda_1-\lambda=0$.因而 $\lambda_1+\lambda_2=\lambda$.证毕.

3.3 等价式、特殊不等式及算子表示

定理 3.3 我们有与式(3.2.2)等价的半离散 Hardy-Hilbert 不等式:

$$J:=(\sum_{n=n_0}^\infty (u(n))^{p\hat{\lambda}_2-1} u'(n) (\int_b^\infty \frac{f(x)}{(v(x)+u(n))^\lambda} \mathrm{d}x)^p)^{\frac{1}{p}}$$

$$< \lambda (k_{\lambda+1}(\lambda_2))^{\frac{1}{p}} (k_{\lambda+1}(\lambda_1+1))^{\frac{1}{q}} (\int_b^\infty \frac{v'(x)}{(v(x))^{p\hat{\lambda}_1+1}} F^p(x)\mathrm{d}x)^{\frac{1}{p}}.$$

$$\tag{3.3.1}$$

特别当 $\lambda_1+\lambda_2=\lambda$ 时,我们有式(3.2.3)的等价式:

$$(\sum_{n=n_0}^\infty (u(n))^{p\lambda_2-1} u'(n) (\int_b^\infty \frac{f(x)}{(v(x)+u(n))^\lambda} \mathrm{d}x)^p)^{\frac{1}{p}}$$

$$< \lambda B(\lambda_1+1,\lambda_2) (\int_b^\infty \frac{v'(x)}{(v(x))^{p\lambda_1+1}} F^p(x)\mathrm{d}x)^{\frac{1}{p}}. \tag{3.3.2}$$

证明 设式(3.3.1)为真.由 Hölder 不等式,有

$$I = \sum_{n=n_0}^\infty ((u(n))^{\hat{\lambda}_2-\frac{1}{p}} (u'(n))^{\frac{1}{p}} \int_b^\infty \frac{f(x)}{(v(x)+u(n))^\lambda} \mathrm{d}x)(\frac{(u(n))^{-\hat{\lambda}_2+\frac{1}{p}}}{(u'(n))^{\frac{1}{p}}} a_n)$$

$$\leqslant J (\sum_{n=n_0}^\infty \frac{(u(n))^{q(1-\hat{\lambda}_2)-1}}{(u'(n))^{q-1}} a_n^q)^{\frac{1}{q}}, \tag{3.3.3}$$

42

则由式(3.3.1),我们有式(3.2.2).反之,设式(3.2.2)成立,置

$$a_n := (u(n))^{p\hat{\lambda}_2 - 1} u'(n) \left(\int_b^\infty \frac{f(x)}{(v(x) + u(n))^\lambda} dx \right)^{p-1}, n \in \mathbf{N}_{n_0}.$$

若 $J = 0$,则式(3.3.1)自然成立;若 $J = \infty$,则式(3.3.1)不可能成立,即 $J < \infty$.下设 $0 < J < \infty$.由式(3.2.2),有

$$0 < \sum_{n=n_0}^\infty \frac{(u(n))^{q(1-\hat{\lambda}_2)-1}}{(u'(n))^{q-1}} a_n^q = J^p = I$$

$$< \lambda \, (k_{\lambda+1}(\lambda_2))^{\frac{1}{p}} \, (k_{\lambda+1}(\lambda_1 + 1))^{\frac{1}{q}} \left(\int_b^\infty \frac{v'(x)}{(v(x))^{p\hat{\lambda}_1 + 1}} F^p(x) dx \right)^{\frac{1}{p}} J^{p-1} < \infty,$$

$$J = \left(\sum_{n=n_0}^\infty \frac{(u(n))^{q(1-\hat{\lambda}_2)-1}}{(u'(n))^{q-1}} a_n^q \right)^{\frac{1}{p}}$$

$$< \lambda \, (k_{\lambda+1}(\lambda_2))^{\frac{1}{p}} \, (k_{\lambda+1}(\lambda_1 + 1))^{\frac{1}{q}} \left(\int_b^\infty \frac{v'(x)}{(v(x))^{p\hat{\lambda}_1 + 1}} F^p(x) dx \right)^{\frac{1}{p}},$$

即式(3.3.1)成立,且它等价于式(3.2.2).证毕.

定理 3.4　若 $\lambda_1 + \lambda_2 = \lambda$,则式(3.3.1)的常数因子 $\lambda \, (k_{\lambda+1}(\lambda_2))^{\frac{1}{p}} \cdot (k_{\lambda+1}(\lambda_1 + 1))^{\frac{1}{q}}$ 必为最佳值.反之,若 $\lambda - \lambda_1 - \lambda_2 \leqslant 0$,且式(3.3.1)的相同常数因子为最佳值,则有 $\lambda_1 + \lambda_2 = \lambda$.

证明　若 $\lambda_1 + \lambda_2 = \lambda$,则由定理 3.1,式(3.2.2)的常数因子 $\lambda \, (k_{\lambda+1}(\lambda_2))^{\frac{1}{p}} \cdot (k_{\lambda+1}(\lambda_1 + 1))^{\frac{1}{q}}$ 是最佳值.由式(3.3.3),知式(3.3.1)的常数因子也必为最佳值.不然,将得出式(3.2.2)的常数因子也不是最佳值的矛盾.反之,若式(3.3.1)的常数因子是最佳值,则由式(3.3.1)与式(3.2.2)的等价性,及 $J^p = I$(参考定理 3.3 的证明),能证得式(3.2.2)的相同常数因子也是最佳值.由条件及定理 3.2,有 $\lambda_1 + \lambda_2 = \lambda$.证毕.

例 3.1　在式(3.2.3),式(3.3.2)中代入例 2.1(2)的中间变量,并分别代之以 $v(x) = x^\alpha \, (x \in (0, \infty))$, $v(x) = \ln^\alpha x \, (x \in (1, \infty))$,当 $\alpha \in (0, 1]$, $\xi \in [0, \frac{1}{2}]$, $\lambda_2 \leqslant \frac{1}{\alpha}$ 时,有如下具有最佳常数因子 $\frac{\lambda_1}{\alpha} B(\lambda_1, \lambda_2)$ 的 2 组等价不等式:

$$\int_0^\infty \sum_{n=1}^\infty \frac{a_n f(x)}{(x^\alpha + (n-\xi)^\alpha)^\lambda} dx$$

$$< \frac{\lambda_1}{\alpha} B(\lambda_1, \lambda_2) \left(\int_0^\infty x^{-p\alpha\lambda_1 - 1} F^p(x) dx \right)^{\frac{1}{p}} \left(\sum_{n=1}^\infty (n-\xi)^{q(1-\alpha\lambda_2)-1} a_n^q \right)^{\frac{1}{q}}, \quad (3.3.4)$$

$$\left(\sum_{n=n_0}^\infty (n-\xi)^{p\alpha\lambda_2 - 1} \left(\int_0^\infty \frac{f(x)}{(x^\alpha + (n-\xi)^\alpha)^\lambda} dx \right)^p \right)^{\frac{1}{p}}$$

$$< \frac{\lambda_1}{\alpha} B(\lambda_1,\lambda_2) \left(\int_0^\infty x^{-p\alpha\lambda_1-1} F^p(x) \mathrm{d}x \right)^{\frac{1}{p}}; \qquad (3.3.5)$$

$$\int_0^\infty \sum_{n=2}^\infty \frac{a_n f(x)}{(\ln^\alpha x + \ln^\alpha(n-\xi))^\lambda} \mathrm{d}x$$

$$< \frac{\lambda_1}{\alpha} B(\lambda_1,\lambda_2) \left(\int_0^\infty x^{-p\alpha\lambda_1-1} F^p(x) \mathrm{d}x \right)^{\frac{1}{p}} \left(\sum_{n=2}^\infty \frac{\ln^{q(1-\alpha\lambda_2)-1}(n-\xi)}{(n-\xi)^{1-q}} a_n^q \right)^{\frac{1}{q}}, (3.3.6)$$

$$\left(\sum_{n=n_0}^\infty \frac{\ln^{p\alpha\lambda_2-1}(n-\xi)}{n-\xi} \left(\int_0^\infty \frac{f(x)}{(\ln^\alpha x + \ln^\alpha(n-\xi))^\lambda} \mathrm{d}x \right)^p \right)^{\frac{1}{p}}$$

$$< \frac{\lambda_1}{\alpha} B(\lambda_1,\lambda_2) \int_0^\infty x^{-p\alpha\lambda_1-1} F^p(x) \mathrm{d}x^{\frac{1}{p}}. \qquad (3.3.7)$$

特别,在上式中取 $v(x) = e^{\alpha x}$ $(\alpha \in (0,1]; x \in (-\infty,\infty))$,有如下 2 组具有最佳常数因子 $\lambda_1 B(\lambda_1,\lambda_2)$ 的半平面半离散的等价不等式:

$$\int_{-\infty}^\infty \sum_{n=1}^\infty \frac{a_n f(x)}{(e^{\alpha x} + (n-\xi)^\alpha)^\lambda} \mathrm{d}x$$

$$< \lambda_1 B(\lambda_1,\lambda_2) \left(\int_{-\infty}^\infty e^{-p\alpha\lambda_1 x} F^p(x) \mathrm{d}x \right)^{\frac{1}{p}} \left(\sum_{n=1}^\infty (n-\xi)^{q(1-\alpha\lambda_2)-1} a_n^q \right)^{\frac{1}{q}}, \quad (3.3.8)$$

$$\left(\sum_{n=n_0}^\infty (n-\xi)^{p\alpha\lambda_2-1} \left(\int_{-\infty}^\infty \frac{f(x)}{(e^{\alpha x} + (n-\xi)^\alpha)^\lambda} \mathrm{d}x \right)^p \right)^{\frac{1}{p}}$$

$$< \lambda_1 B(\lambda_1,\lambda_2) \left(\int_{-\infty}^\infty e^{-p\alpha\lambda_1 x} F^p(x) \mathrm{d}x \right)^{\frac{1}{p}}; \qquad (3.3.9)$$

$$\int_{-\infty}^\infty \sum_{n=2}^\infty \frac{a_n f(x)}{(e^{\alpha x} + \ln^\alpha(n-\xi))^\lambda} \mathrm{d}x$$

$$< \lambda_1 B(\lambda_1,\lambda_2) \left(\int_{-\infty}^\infty e^{-p\alpha\lambda_1 x} F^p(x) \mathrm{d}x \right)^{\frac{1}{p}} \left(\sum_{n=2}^\infty \frac{\ln^{q(1-\alpha\lambda_2)-1}(n-\xi)}{(n-\xi)^{1-q}} a_n^q \right)^{\frac{1}{q}},$$

$$\qquad (3.3.10)$$

$$\left(\sum_{n=n_0}^\infty \frac{\ln^{p\alpha\lambda_2-1}(n-\xi)}{n-\xi} \left(\int_{-\infty}^\infty \frac{f(x)}{(e^{\alpha x} + \ln^\alpha(n-\xi))^\lambda} \mathrm{d}x \right)^p \right)^{\frac{1}{p}}$$

$$< \lambda_1 B(\lambda_1,\lambda_2) \left(\int_{-\infty}^\infty e^{-p\alpha\lambda_1 x} F^p(x) \mathrm{d}x \right)^{\frac{1}{p}}. \qquad (3.3.11)$$

当 $\xi = 0$ 时,则上面式子变为代入例 2.1(1) 中两类中间变量的情形. 此时,由于不要求相关凸性及 $u''(t) \leqslant 0$ 的条件,还可放宽参数 $\alpha \in (0,1]$ 为 $\alpha \in (0,\infty)$.

置函数

$$\varphi_0(x) := \frac{(v(x))^{p(1-\hat{\lambda}_1)-1}}{(v'(x))^{p-1}}$$

$$\varphi(x) := \frac{v'(x)}{(v(x))^{p\hat{\lambda}_1+1}}$$

44

$$\psi(n): = \frac{(u(n))^{q(1-\hat{\lambda}_2)-1}}{(u'(n))^{q-1}}$$

及

$$\psi^{1-p}(n) = (u(n))^{p\hat{\lambda}_2-1}u'(n), x \in (b,\infty), n \in \mathbf{N}_{n_0}.$$

定义如下实赋范空间：

$$L_{p,\varphi_0}((b,\infty)): = \left\{ f = f(x); \|f\|_{p,\varphi}: = \left(\int_b^\infty \varphi_0(x)\mid f(x)\mid^p dx\right)^{\frac{1}{p}} < \infty \right\},$$

$$L_{p,\varphi}((b,\infty)): = \left\{ F = F(x); \|F\|_{p,\varphi}: = \left(\int_b^\infty \varphi(x)\mid F(x)\mid^p dx\right)^{\frac{1}{p}} < \infty \right\},$$

$$l_{q,\psi}: = \left\{ a = \{a_n\}_{n=n_0}^\infty; \|a\|_{q,\psi}: = \left(\sum_{n=n_0}^\infty \psi(n)\mid a_n\mid^q\right)^{\frac{1}{q}} < \infty \right\},$$

$$l_{p,\psi^{1-p}}: = \left\{ c = \{c_n\}_{n=n_0}^\infty; \|c\|_{p,\psi^{1-p}}: = \left(\sum_{n=n_0}^\infty \psi^{1-p}(n)\mid c_n\mid^p\right)^{\frac{1}{p}} < \infty \right\}.$$

设 $f \in \widetilde{L}_{p,\varphi_0}((b,\infty)): = \{f:f(\in L_{p,\varphi_0}((b,\infty)))$ 在 (b,∞) 除有限点外非负连续，$F(x) = \int_b^x f(t)dt = o(e^{tx})(x > b, t > 0; x \to \infty), F \in L_{p,\varphi}((b,\infty))\}$，又设

$$c = \{c_n\}_{n=n_0}^\infty, c_n: = \int_b^\infty \frac{f(x)}{(v(x)+u(n))^\lambda} dx,$$

则可改写式(3.3.1) 如下：

$$\|c\|_{p,\psi^{1-p}} < \lambda (k_{\lambda+1}(\lambda_2))^{\frac{1}{p}} (k_{\lambda+1}(\lambda_1+1))^{\frac{1}{q}} \|F\|_{p,\varphi} < \infty,$$

即有 $c \in l_{p,\psi^{1-p}}$.

定义 3.1　定义如下半离散 Hardy-Hilbert 算子为 $T:\widetilde{L}_{p,\varphi}((b,\infty)) \to l_{p,\psi^{1-p}}$ 对任意 $f \in \widetilde{L}_{p,\varphi_0}((b,\infty))$，存在唯一的 $c = Tf \in l_{p,\psi^{1-p}}$，使对任意 $n \in \mathbf{N}_{n_0}, Tf(n) = c_n$. 定义 Tf 与 $a \in l_{q,\psi}$ 的形式内积及 T 的范数如下：

$$(Tf, a): = \sum_{n=n_0}^\infty a_n \int_b^\infty \frac{f(x)}{(v(x)+u(n))^\lambda} dx = I,$$

$$\|T\|: = \sup_{f(\neq 0) \in \widetilde{L}_{p,\varphi_0}((b,\infty))} \frac{\|Tf\|_{p,\psi^{1-p}}}{\|F\|_{p,\varphi}}.$$

由定理 3.2，定理 3.3 及定理 3.4，可得如下定理.

定理 3.5　若 $f(\geqslant 0) \in \widetilde{L}_{p,\varphi_0}((b,\infty)), a(\geqslant 0) \in l_{q,\psi}, \|F\|_{p,\varphi} > 0$，$\|a\|_{q,\psi} > 0$，则有等价的算子不等式：

$$(Tf, a) < \lambda (k_{\lambda+1}(\lambda_2))^{\frac{1}{p}} (k_{\lambda+1}(\lambda_1+1))^{\frac{1}{q}} \|F\|_{p,\varphi} \|a\|_{q,\psi},$$

$$(3.3.12)$$

45

$$\parallel Tf \parallel_{p,\psi^{1-p}} < \lambda \, (k_{\lambda+1}(\lambda_2))^{\frac{1}{p}} \, (k_{\lambda+1}(\lambda_1+1))^{\frac{1}{q}} \parallel F \parallel_{p,\varphi}. \quad (3.3.13)$$

当 $\lambda_1 + \lambda_2 = \lambda$ 时,式 (3.3.12) 及式 (3.3.13) 的常数因子 $\lambda \, (k_{\lambda+1}(\lambda_2))^{\frac{1}{p}} \cdot (k_{\lambda+1}(\lambda_1+1))^{\frac{1}{q}}$ 必为最佳值,即 $\parallel T \parallel = \lambda B(\lambda_1+1,\lambda_2)$. 反之,若 $\lambda - \lambda_1 - \lambda_2 \leqslant 0$,且式 (3.3.12) 或式 (3.3.13) 的常数因子 $\lambda \, (k_{\lambda+1}(\lambda_2))^{\frac{1}{p}} \, (k_{\lambda+1}(\lambda_1+1))^{\frac{1}{q}}$ 为最佳值,则有 $\lambda_1 + \lambda_2 = \lambda$.

3.4 第一类逆式的情形

本节设 $p < 0, 0 < q < 1$,定义 2.1 情形 (1)(或情形 (2)) 对 $s_2 = \lambda_2$ 满足. 在式 (2.1.7) 中,令
$$s = \lambda + 1, s_1 = \lambda_1 + 1, s_2 = \lambda_2, f(x) = v'(x) F(x),$$
由条件 (3.1.1),我们有逆向不等式:
$$\int_b^\infty \sum_{n=n_0}^\infty \frac{a_n v'(x) F(x)}{(v(x) + u(n))^{\lambda+1}} dx > (k_\lambda(\lambda_2))^{\frac{1}{p}} \, (k_\lambda(\lambda_1))^{\frac{1}{q}} \cdot$$
$$\left(\int_b^\infty \frac{v'(x)}{(v(x))^{\hat{p\lambda_1}+1}} F^p(x) dx \right)^{\frac{1}{p}} \left(\sum_{n=n_0}^\infty \frac{(u(n))^{q(1-\hat\lambda_2)-1}}{(u'(n))^{q-1}} a_n^q \right)^{\frac{1}{q}}. \quad (3.4.1)$$

再由式 (3.1.3),可得如下涉及可变上限函数的第一类半离散逆向的 Hardy-Hilbert 不等式:
$$I = \int_b^\infty \sum_{n=n_0}^\infty \frac{a_n f(x)}{(v(x) + u(n))^\lambda} dx > \lambda \, (k_{\lambda+1}(\lambda_2))^{\frac{1}{p}} \, (k_{\lambda+1}(\lambda_1+1))^{\frac{1}{q}} \cdot$$
$$\left(\int_b^\infty \frac{v'(x)}{(v(x))^{\hat{p\lambda_1}+1}} F^p(x) dx \right)^{\frac{1}{p}} \left(\sum_{n=n_0}^\infty \frac{(u(n))^{q(1-\hat\lambda_2)-1}}{(u'(n))^{q-1}} a_n^q \right)^{\frac{1}{q}}. \quad (3.4.2)$$

特别当 $\lambda_1 + \lambda_2 = \lambda$ 时,有逆向不等式:
$$\int_b^\infty \sum_{n=n_0}^\infty \frac{a_n f(x)}{(v(x) + u(n))^\lambda} dx > \lambda B(\lambda_1+1,\lambda_2) \cdot$$
$$\left(\int_b^\infty \frac{v'(x)}{(v(x))^{p\hat\lambda_1+1}} F^p(x) dx \right)^{\frac{1}{p}} \left(\sum_{n=n_0}^\infty \frac{(u(n))^{q(1-\hat\lambda_2)-1}}{(u'(n))^{q-1}} a_n^q \right)^{\frac{1}{q}}.$$
$$(3.4.3)$$

定理 3.6 若 $\lambda_1 + \lambda_2 = \lambda$,则式 (3.4.2) 的常数因子
$$\lambda \, (k_{\lambda+1}(\lambda_2))^{\frac{1}{p}} \, (k_{\lambda+1}(\lambda_1+1))^{\frac{1}{q}} (= \lambda B(\lambda_1+1,\lambda_2))$$
必为最佳值.

证明 若 $\lambda_1 + \lambda_2 = \lambda$,则式 (3.4.2) 变为式 (3.4.3). 任给 $0 < \varepsilon < |p| \lambda_2$,置

$$\widetilde{f}(x) := \begin{cases} 0, b < x < v^{-1}(1) \\ (v(x))^{\lambda_1 - \frac{\varepsilon}{p} - 1} v'(x), x \geqslant v^{-1}(1) \end{cases},$$

$$\widetilde{a}_n := (u(n))^{\lambda_2 - \frac{\varepsilon}{q} - 1} u'(n), n \in \mathbf{N}_{n_0},$$

$$\widetilde{F}(x) := \int_b^x \widetilde{f}(t) \mathrm{d}t = \begin{cases} 0, b < x < v^{-1}(1) \\ \dfrac{1}{\lambda_1 - \dfrac{\varepsilon}{p}} ((v(x))^{\lambda_1 - \frac{\varepsilon}{p}} - 1), x \geqslant v^{-1}(1). \end{cases}$$

易见，$\widetilde{F}(x) = o(\mathrm{e}^{tv(x)})(t > 0; x \to \infty)$.

若有常数 $M \geqslant \lambda B(\lambda_1 + 1, \lambda_2)$，使其取代式(3.4.3)的常数因子 $\lambda B(\lambda_1 + 1, \lambda_2)$ 后原式仍成立，则特别还有

$$\widetilde{I} := \int_b^\infty \sum_{n=n_0}^\infty \frac{\widetilde{a}_n \widetilde{f}(x)}{(v(x) + u(n))^\lambda} \mathrm{d}x$$

$$> M \left(\int_b^\infty \frac{v'(x)}{(v(x))^{p\lambda_1 + 1}} \widetilde{F}^p(x) \mathrm{d}x \right)^{\frac{1}{p}} \left(\sum_{n=n_0}^\infty \frac{(u(n))^{q(1-\lambda_2)-1}}{(u'(n))^{q-1}} \widetilde{a}_n^q \right)^{\frac{1}{q}}.$$

$$(3.4.4)$$

由 L'Hospital(洛比达) 法则(参阅文[120])，有

$$\lim_{x \to \infty} \frac{(1 - (v(x))^{-\lambda_1 - \frac{\varepsilon}{p}})^p - 1}{(v(x))^{-\lambda_1 - \frac{\varepsilon}{p}}} \left(\frac{0}{0} \text{ 型} \right)$$

$$= \lim_{x \to \infty} \frac{p (1 - (v(x))^{-\lambda_1 - \frac{\varepsilon}{p}})^{p-1} (-(v(x))^{-\lambda_1 - \frac{\varepsilon}{p}})'}{((v(x))^{-\lambda_1 - \frac{\varepsilon}{p}})'} = -p,$$

故有：

$$(1 - (v(x))^{-\lambda_1 - \frac{\varepsilon}{p}})^p = 1 + O((v(x))^{-\lambda_1 - \frac{\varepsilon}{p}}), x \in (v^{-1}(1), \infty).$$

由上面的结果、式(3.4.4) 及级数的递减性质，可得

$$\widetilde{I} > \frac{M}{\lambda_1 - \dfrac{\varepsilon}{p}} \left(\int_{v^{-1}(1)}^\infty \frac{v'(x)}{(v(x))^{p\lambda_1 + 1}} (v(x))^{p\lambda_1 - \varepsilon} (1 - (v(x))^{-\lambda_1 + \frac{\varepsilon}{p}})^p \mathrm{d}x \right)^{\frac{1}{p}} \cdot$$

$$\left(\sum_{n=n_0}^\infty \frac{(u(n))^{q(1-\lambda_2)-1}}{(u'(n))^{q-1}} (u'(n))^q (u(n))^{q\lambda_2 - \varepsilon - q} \right)^{\frac{1}{q}}$$

$$= \frac{M}{\lambda_1 - \dfrac{\varepsilon}{p}} \left(\int_{v^{-1}(1)}^\infty (v(x))^{-\varepsilon - 1} v'(x) (1 + O((v(x))^{-\lambda_1 + \frac{\varepsilon}{p}})) \mathrm{d}x \right)^{\frac{1}{p}} \cdot$$

$$\left(\sum_{n=n_0}^\infty (u(n))^{-\varepsilon - 1} u'(n) \right)^{\frac{1}{q}}$$

47

$$> \frac{M}{\lambda_1 - \frac{\varepsilon}{p}}\left(\int_{v^{-1}(1)}^{\infty}(v(x))^{-\varepsilon-1}dv(x) + \int_{v^{-1}(1)}^{\infty}O((v(x))^{-\lambda_1-\frac{\varepsilon}{q}-1})dv(x)\right)^{\frac{1}{p}} \cdot$$

$$\left(\int_{n_0}^{\infty}(u(y))^{-\varepsilon-1}du(y)\right)^{\frac{1}{q}}$$

$$= \frac{M}{\varepsilon\left(\lambda_1 - \frac{\varepsilon}{p}\right)}(1+\varepsilon O(1))^{\frac{1}{p}}(u(n_0))^{\frac{-\varepsilon}{q}}.$$

在式(2.1.5)中，令 $s=\lambda>0, s_1=\tilde{\lambda}_1 = \lambda_1 - \frac{\varepsilon}{p} \in (0,\lambda)$，我们有

$$\tilde{I} = \sum_{n=n_0+1}^{\infty}((u(n))^{\lambda_2+\frac{\varepsilon}{p}}\int_{v^{-1}(1)}^{\infty}\frac{(v(x))^{(\lambda_1-\frac{\varepsilon}{p})-1}v'(x)}{(v(x)+u(n))^{\lambda}}dx)(u(n))^{-\varepsilon-1}u'(n)$$

$$< \sum_{n=n_0}^{\infty}((u(n))^{\lambda_2+\frac{\varepsilon}{p}}\int_{b}^{\infty}\frac{(v(x))^{(\lambda_1-\frac{\varepsilon}{p})-1}v'(x)}{(v(x)+u(n))^{\lambda}}dx)(u(n))^{-\varepsilon-1}u'(n)$$

$$= \sum_{n=n_0}^{\infty}\omega_{\lambda}(\tilde{\lambda}_1,n)(u(n))^{-\varepsilon-1}u'(n)$$

$$= k_{\lambda}(\tilde{\lambda}_1)((u(n_0))^{-\varepsilon-1}u'(n_0) + \sum_{n=n_0+1}^{\infty}(u(n))^{-\varepsilon-1}u'(n))$$

$$< k_{\lambda}(\tilde{\lambda}_1)((u(n_0))^{-\varepsilon-1}u'(n_0) + \int_{n_0}^{\infty}(u(y))^{-\varepsilon-1}du(y))$$

$$= \frac{1}{\varepsilon}B(\lambda_1-\frac{\varepsilon}{p},\lambda_2+\frac{\varepsilon}{p})(\varepsilon(u(n_0))^{-\varepsilon-1}u'(n_0) + (u(n_0))^{-\varepsilon}).$$

基于上面的结果，有

$$B(\lambda_1-\frac{\varepsilon}{p},\lambda_2+\frac{\varepsilon}{p})(\varepsilon(u(n_0))^{-\varepsilon-1}u'(n_0) + (u(n_0))^{-\varepsilon})$$

$$> \varepsilon\tilde{I} > \frac{M}{\lambda_1-\frac{\varepsilon}{p}}(1+\varepsilon O(1))^{\frac{1}{p}}(u(n_0))^{\frac{-\varepsilon}{q}}.$$

令 $\varepsilon \to 0^+$，由 Beta 函数的连续性，有

$$\lambda B(\lambda_1+1,\lambda_2) = \lambda_1 B(\lambda_1,\lambda_2) \geqslant M,$$

故 $M = \lambda B(\lambda_1+1,\lambda_2)$ 为式(3.4.3)(即式(3.4.2)当 $\lambda_1+\lambda_2=\lambda$ 时)的最佳值. 证毕.

定理 3.7 若式(3.4.2)的常数因子 $\lambda(k_{\lambda+1}(\lambda_2))^{\frac{1}{p}}(k_{\lambda+1}(\lambda_1+1))^{\frac{1}{q}}$ 为最佳值,则当 $\lambda-\lambda_1-\lambda_2 \in (-q\lambda_2,0]$ 时,必有 $\lambda_1+\lambda_2=\lambda$.

证明 因 $\hat{\lambda}_1 = \frac{\lambda-\lambda_2}{p}+\frac{\lambda_1}{q}, \hat{\lambda}_2 = \frac{\lambda-\lambda_1-\lambda_2}{q}+\lambda_2$,有 $\hat{\lambda}_1+\hat{\lambda}_2=\lambda$. 当

$$\lambda-\lambda_1-\lambda_2 \in (-q\lambda_2,0](\subset(-q\lambda_2,q(\lambda-\lambda_2))),$$

有 $0<\hat{\lambda}_2<\lambda,0<\hat{\lambda}_1=\lambda-\hat{\lambda}_2<\lambda$,及 $\lambda B(\hat{\lambda}_1+1,\hat{\lambda}_2)\in \mathbf{R}^+$.因 $\lambda-\lambda_1-\lambda_2\leqslant 0,0<q<1$,对于 $\rho=1$(或 $\rho=\dfrac{1}{2}$),函数

$$(u(t))^{\hat{\lambda}_2-1}u'(t)=(u(t))^{\hat{\lambda}_2-\lambda_2}((u(t))^{\lambda_2-1}u'(t))$$

$$=(u(t))^{(\lambda-\lambda_1-\lambda_2)/q}((u(t))^{\lambda_2-1}u'(t)),t\in(n_0-\rho,\infty)$$

仍具有递减性.因 $u''(t)\leqslant 0$,及 $(u(t))^{\lambda_2-1}u'(t)$ 凸,显然上式仍具有凸性($\rho=\dfrac{1}{2}$).故定义 2.1 情形(1)(或情形(2))对 $s_2=\hat{\lambda}_2$ 仍满足.由式(3.4.3),可代之以 $\hat{\lambda}_i=\lambda_i$ $(i=1,2)$,成立如下逆向不等式:

$$\int_b^\infty\sum_{n=n_0}^\infty\frac{a_nf(x)}{(v(x)+u(n))^\lambda}\mathrm{d}x$$

$$>\lambda B(\hat{\lambda}_1+1,\hat{\lambda}_2)\left(\int_b^\infty\frac{v'(x)}{(v(x))^{p\hat{\lambda}_1+1}}F^p(x)\mathrm{d}x\right)^{\frac{1}{p}}\left(\sum_{n=n_0}^\infty\frac{(u(n))^{q(1-\hat{\lambda}_2)-1}}{(u'(n))^{q-1}}a_n^q\right)^{\frac{1}{q}}.$$

$$(3.4.5)$$

由逆向的 Hölder 不等式(参阅文[5]),我们还有

$$B(\hat{\lambda}_1+1,\hat{\lambda}_2)=k_{\lambda+1}(\hat{\lambda}_2)=k_{\lambda+1}\left(\frac{\lambda_2}{p}+\frac{\lambda-\lambda_1}{q}\right)$$

$$=\int_0^\infty\frac{1}{(1+u)^{\lambda+1}}u^{\frac{\lambda_2}{p}+\frac{\lambda-\lambda_1}{q}-1}\mathrm{d}u=\int_0^\infty\frac{1}{(1+u)^{\lambda+1}}(u^{\frac{\lambda_2-1}{p}})(u^{\frac{\lambda-\lambda_1-1}{q}})\mathrm{d}u$$

$$\geqslant\left(\int_0^\infty\frac{1}{(1+u)^{\lambda+1}}u^{\lambda_2-1}\mathrm{d}u\right)^{\frac{1}{p}}\left(\int_0^\infty\frac{1}{(1+u)^{\lambda+1}}u^{\lambda-\lambda_1-1}\mathrm{d}u\right)^{\frac{1}{q}}$$

$$=\left(\int_0^\infty\frac{1}{(1+u)^{\lambda+1}}u^{\lambda_2-1}\mathrm{d}u\right)^{\frac{1}{p}}\left(\int_0^\infty\frac{1}{(1+v)^{\lambda+1}}v^{\lambda_1}\mathrm{d}v\right)^{\frac{1}{q}}$$

$$=(k_{\lambda+1}(\lambda_2))^{\frac{1}{p}}(k_{\lambda+1}(\lambda_1+1))^{\frac{1}{q}}.$$

$$(3.4.6)$$

由于常数因子 $\lambda(k_{\lambda+1}(\lambda_2))^{\frac{1}{p}}(k_{\lambda+1}(\lambda_1+1))^{\frac{1}{q}}$ 为式(3.4.2)的最佳值,故比较式(3.4.2)与式(3.4.5)的常数因子的大小,我们有如下不等式:

$$\lambda(k_{\lambda+1}(\lambda_2))^{\frac{1}{p}}(k_{\lambda+1}(\lambda_1+1))^{\frac{1}{q}}\geqslant\lambda B(\hat{\lambda}_1+1,\hat{\lambda}_2)(\in\mathbf{R}^+),$$

即有不等式 $B(\hat{\lambda}_1+1,\hat{\lambda}_2)\leqslant(k_{\lambda+1}(\lambda_2))^{\frac{1}{p}}(k_{\lambda+1}(\lambda_1+1))^{\frac{1}{q}}$,因而式(3.4.6)取等号.式(3.4.6)取等号的充分必要条件是有不全为 0 的常数 A 和 B,使(参阅文[5]) $Au^{\lambda_2-1}=Bu^{\lambda-\lambda_1-1}$ a.e. 于 $\mathbf{R}^+$.不妨设 $A\neq 0$,则有 $u^{\lambda_2+\lambda_1-\lambda}=\dfrac{B}{A}$ a.e. 于 $\mathbf{R}^+$,及 $\lambda_2+\lambda_1-\lambda=0$.因而 $\lambda_1+\lambda_2=\lambda$.证毕.

定理 3.8　我们有与式（3.4.2）等价的第一类半离散逆向的

Hardy-Hilbert 不等式：

$$J := \left(\sum_{n=n_0}^{\infty} (u(n))^{p\hat{\lambda}_2 - 1} u'(n) \left(\int_b^{\infty} \frac{f(x)}{(v(x) + u(n))^{\lambda}} dx \right)^p \right)^{\frac{1}{p}}$$

$$> \lambda \left(k_{\lambda+1}(\lambda_2) \right)^{\frac{1}{p}} \left(k_{\lambda+1}(\lambda_1 + 1) \right)^{\frac{1}{q}} \left(\int_b^{\infty} \frac{v'(x)}{(v(x))^{p\hat{\lambda}_1 + 1}} F^p(x) dx \right)^{\frac{1}{p}}.$$

(3.4.7)

特别当 $\lambda_1 + \lambda_2 = \lambda$ 时，我们有式(3.4.3)的等价逆式：

$$\left(\sum_{n=n_0}^{\infty} (u(n))^{p\lambda_2 - 1} u'(n) \left(\int_b^{\infty} \frac{f(x)}{(v(x) + u(n))^{\lambda}} dx \right)^p \right)^{\frac{1}{p}}$$

$$> \lambda B(\lambda_1 + 1, \lambda_2) \left(\int_b^{\infty} \frac{v'(x)}{(v(x))^{p\lambda_1 + 1}} F^p(x) dx \right)^{\frac{1}{p}}.$$

(3.4.8)

证明　设式(3.4.7)为真.由逆向的 Hölder 不等式,有

$$I = \sum_{n=n_0}^{\infty} \left((u(n))^{\hat{\lambda}_2 - \frac{1}{p}} (u'(n))^{\frac{1}{p}} \int_b^{\infty} \frac{f(x)}{(v(x) + u(n))^{\lambda}} dx \right) \left(\frac{(u(n))^{-\hat{\lambda}_2 + \frac{1}{p}}}{(u'(n))^{\frac{1}{p}}} a_n \right)$$

$$\geqslant J \left(\sum_{n=n_0}^{\infty} \frac{(u(n))^{q(1-\hat{\lambda}_2)-1}}{(u'(n))^{q-1}} a_n^q \right)^{\frac{1}{q}}.$$

(3.4.9)

则由式(3.4.7),我们有式(3.4.2).反之,设式(3.4.2)成立,置

$$a_n := (u(n))^{p\hat{\lambda}_2 - 1} u'(n) \left(\int_b^{\infty} \frac{f(x)}{(v(x) + u(n))^{\lambda}} dx \right)^{p-1}, n \in \mathbf{N}_{n_0}.$$

若 $J = \infty$,则式(3.4.7)自然成立；若 $J = 0$,则式(3.4.7)必然不成立,即 $J > 0$. 下设 $0 < J < \infty$,由式(3.4.2),有

$$\infty > \sum_{n=n_0}^{\infty} \frac{(u(n))^{q(1-\hat{\lambda}_2)-1}}{(u'(n))^{q-1}} a_n^q = J^p = I$$

$$> \lambda \left(k_{\lambda+1}(\lambda_2) \right)^{\frac{1}{p}} \left(k_{\lambda+1}(\lambda_1 + 1) \right)^{\frac{1}{q}} \left(\int_b^{\infty} \frac{v'(x)}{(v(x))^{p\hat{\lambda}_1 + 1}} F^p(x) dx \right)^{\frac{1}{p}} J^{p-1} > 0,$$

$$J = \left(\sum_{n=n_0}^{\infty} \frac{(u(n))^{q(1-\hat{\lambda}_2)-1}}{(u'(n))^{q-1}} a_n^q \right)^{\frac{1}{p}}$$

$$> \lambda \left(k_{\lambda+1}(\lambda_2) \right)^{\frac{1}{p}} \left(k_{\lambda+1}(\lambda_1 + 1) \right)^{\frac{1}{q}} \left(\int_b^{\infty} \frac{v'(x)}{(v(x))^{p\hat{\lambda}_1 + 1}} F^p(x) dx \right)^{\frac{1}{p}},$$

即式(3.4.7)成立,且它等价于式(3.4.2).证毕.

定理 3.9　若 $\lambda_1 + \lambda_2 = \lambda$,则式(3.4.7)的常数因子 $\lambda \left(k_{\lambda+1}(\lambda_2) \right)^{\frac{1}{p}} \cdot$ $\left(k_{\lambda+1}(\lambda_1 + 1) \right)^{\frac{1}{q}}$ 必为最佳值.反之,若 $\lambda - \lambda_1 - \lambda_2 \in (-q\lambda_2, 0]$,且式(3.4.7)的

50

相同常数因子为最佳值,则有 $\lambda_1 + \lambda_2 = \lambda$.

证明　若 $\lambda_1 + \lambda_2 = \lambda$,则由定理 3.6,式(3.4.2)的常数因子 $\lambda (k_{\lambda+1}(\lambda_2))^{\frac{1}{p}} \cdot (k_{\lambda+1}(\lambda_1 + 1))^{\frac{1}{q}}$ 是最佳值. 由式(3.4.9),式(3.4.7)的常数因子也必为最佳值. 不然,将得出式(3.4.2)的常数因子也不是最佳值的矛盾. 反之,若式(3.4.7)的常数因子是最佳值,则由式(3.4.7)与式(3.4.2)的等价性,及 $J^p = I$(参考定理 3.8 的证明),能证得式(3.4.2)的相同常数因子也是最佳值. 由条件及定理 3.7,有 $\lambda_1 + \lambda_2 = \lambda$. 证毕.

例 3.2　在式(3.4.3),式(3.4.8)中代入例 2.1(2)的中间变量,并分别代之以 $v(x) = x^\alpha$ ($x \in (0, \infty)$), $v(x) = \ln^\alpha x$ ($x \in (1, \infty)$),当 $\alpha \in (0, 1]$, $\xi \in [0, \frac{1}{2}]$, $\lambda_2 \leqslant \frac{1}{\alpha}$ 时,有如下具有最佳常数因子 $\frac{\lambda_1}{\alpha} B(\lambda_1, \lambda_2)$ 的 2 组等价逆向不等式:

$$\int_0^\infty \sum_{n=1}^\infty \frac{a_n f(x)}{(x^\alpha + (n-\xi)^\alpha)^\lambda} \mathrm{d}x$$

$$> \frac{\lambda_1}{\alpha} B(\lambda_1, \lambda_2) \left(\int_0^\infty x^{-p\alpha\lambda_1 - 1} F^p(x) \mathrm{d}x \right)^{\frac{1}{p}} \left(\sum_{n=1}^\infty (n-\xi)^{q(1-\alpha\lambda_2)-1} a_n^q \right)^{\frac{1}{q}},$$

$$\tag{3.4.10}$$

$$\left(\sum_{n=n_0}^\infty (n-\xi)^{p\alpha\lambda_2 - 1} \left(\int_0^\infty \frac{f(x)}{(x^\alpha + (n-\xi)^\alpha)^\lambda} \mathrm{d}x \right)^p \right)^{\frac{1}{p}}$$

$$> \frac{\lambda_1}{\alpha} B(\lambda_1, \lambda_2) \left(\int_0^\infty x^{-p\alpha\lambda_1 - 1} F^p(x) \mathrm{d}x \right)^{\frac{1}{p}};$$

$$\tag{3.4.11}$$

$$\int_0^\infty \sum_{n=2}^\infty \frac{a_n f(x)}{(\ln^\alpha x + \ln^\alpha(n-\xi))^\lambda} \mathrm{d}x$$

$$> \frac{\lambda_1}{\alpha} B(\lambda_1, \lambda_2) \left(\int_0^\infty x^{-p\alpha\lambda_1 - 1} F^p(x) \mathrm{d}x \right)^{\frac{1}{p}} \left(\sum_{n=2}^\infty \frac{\ln^{q(1-\alpha\lambda_2)-1}(n-\xi)}{(n-\xi)^{1-q}} a_n^q \right)^{\frac{1}{q}},$$

$$\tag{3.4.12}$$

$$\left(\sum_{n=n_0}^\infty \frac{\ln^{p\alpha\lambda_2 - 1}(n-\xi)}{n-\xi} \left(\int_0^\infty \frac{f(x)}{(\ln^\alpha x + \ln^\alpha(n-\xi))^\lambda} \mathrm{d}x \right)^p \right)^{\frac{1}{p}}$$

$$> \frac{\lambda_1}{\alpha} B(\lambda_1, \lambda_2) \left(\int_0^\infty x^{-p\alpha\lambda_1 - 1} F^p(x) \mathrm{d}x \right)^{\frac{1}{p}}.$$

$$\tag{3.4.13}$$

特别,当 $v(x) = \mathrm{e}^{\alpha x}$ ($\alpha \in (0, 1]$; $x \in (-\infty, \infty)$) 时,有如下 2 组具有最佳常数因子 $\lambda_1 B(\lambda_1, \lambda_2)$ 的半平面半离散逆向的等价不等式:

$$\int_{-\infty}^\infty \sum_{n=1}^\infty \frac{a_n f(x)}{(\mathrm{e}^{\alpha x} + (n-\xi)^\alpha)^\lambda} \mathrm{d}x$$

$$> \lambda_1 B(\lambda_1, \lambda_2) \left(\int_{-\infty}^{\infty} e^{-pa\lambda_1 x} F^p(x) dx \right)^{\frac{1}{p}} \left(\sum_{n=1}^{\infty} (n-\xi)^{q(1-a\lambda_2)-1} a_n^q \right)^{\frac{1}{q}},$$

$$(3.4.14)$$

$$\left(\sum_{n=n_0}^{\infty} (n-\xi)^{pa\lambda_2-1} \left(\int_{-\infty}^{\infty} \frac{f(x)}{(e^{ax}+(n-\xi)^a)^\lambda} dx \right)^p \right)^{\frac{1}{p}}$$

$$> \lambda_1 B(\lambda_1, \lambda_2) \left(\int_{-\infty}^{\infty} e^{-pa\lambda_1 x} F^p(x) dx \right)^{\frac{1}{p}};$$

$$(3.4.15)$$

$$\int_{-\infty}^{\infty} \sum_{n=2}^{\infty} \frac{a_n f(x)}{(e^{ax}+\ln^a(n-\xi))^\lambda} dx$$

$$> \lambda_1 B(\lambda_1, \lambda_2) \left(\int_{-\infty}^{\infty} e^{-pa\lambda_1 x} F^p(x) dx \right)^{\frac{1}{p}} \left(\sum_{n=2}^{\infty} \frac{\ln^{q(1-a\lambda_2)-1}(n-\xi)}{(n-\xi)^{1-q}} a_n^q \right)^{\frac{1}{q}},$$

$$(3.4.16)$$

$$\left(\sum_{n=n_0}^{\infty} \frac{\ln^{pa\lambda_2-1}(n-\xi)}{n-\xi} \left(\int_{-\infty}^{\infty} \frac{f(x)}{(e^{ax}+\ln^a(n-\xi))^\lambda} dx \right)^p \right)^{\frac{1}{p}}$$

$$> \lambda_1 B(\lambda_1, \lambda_2) \left(\int_{-\infty}^{\infty} e^{-pa\lambda_1 x} F^p(x) dx \right)^{\frac{1}{p}}.$$

$$(3.4.17)$$

当 $\xi=0$ 时, 上面式子则变为代入例 2.1(1) 中两类中间变量的情形. 此时, 由于不要求相关凸性及 $u''(t) \leqslant 0$ 的条件, 还可放宽参数 $\alpha \in (0,1]$ 为 $\alpha \in (0, \infty)$.

3.5　第二类逆式的情形

本节设 $0 < p < 1, q < 0$, 定义 2.1 情形(1)(或情形(2)) 对 $s_2 = \lambda_2$ 满足. 在式(2.1.8) 中, 令

$$s = \lambda + 1, s_1 = \lambda_1 + 1, s_2 = \lambda_2, f(x) = v'(x) F(x),$$

由条件(3.1.1), 我们有逆向不等式:

$$\int_b^\infty \sum_{n=n_0}^\infty \frac{a_n v'(x) F(x)}{(v(x)+u(n))^{\lambda+1}} dx$$

$$> (k_{\lambda+1}(\lambda_2))^{\frac{1}{p}} (k_{\lambda+1}(\lambda_1+1))^{\frac{1}{q}} \cdot$$

$$\left(\int_b^\infty \left(1 - O_{\lambda+1} \left(\frac{1}{(v(x))^{\lambda_2}} \right) \right) \frac{v'(x)}{(v(x))^{p\hat{\lambda}_1+1}} F^p(x) dx \right)^{\frac{1}{p}} \cdot$$

$$\left(\sum_{n=n_0}^\infty \frac{(u(n))^{q(1-\hat{\lambda}_2)-1}}{(u'(n))^{q-1}} a_n^q \right)^{\frac{1}{q}}.$$

$$(3.5.1)$$

再由式(3.1.3), 可得涉及可变上限函数的第二类半离散逆向的 Hardy-Hilbert

不等式：

$$I = \int_b^\infty \sum_{n=n_0}^\infty \frac{a_n f(x)}{(v(x)+u(n))^\lambda} \mathrm{d}x > \lambda \, (k_{\lambda+1}(\lambda_2))^{\frac{1}{p}} \, (k_{\lambda+1}(\lambda_1+1))^{\frac{1}{q}} \cdot$$

$$\left(\int_b^\infty (1 - O_{\lambda+1}(\frac{1}{(v(x))^{\lambda_2}})) \frac{v'(x)}{(v(x))^{p\hat{\lambda}_1+1}} F^p(x)\mathrm{d}x \right)^{\frac{1}{p}} \cdot$$

$$\left(\sum_{n=n_0}^\infty \frac{(u(n))^{q(1-\hat{\lambda}_2)-1}}{(u'(n))^{q-1}} a_n^q \right)^{\frac{1}{q}}. \tag{3.5.2}$$

特别当 $\lambda_1 + \lambda_2 = \lambda$ 时,有逆向不等式：

$$\int_b^\infty \sum_{n=n_0}^\infty \frac{a_n f(x)}{(v(x)+u(n))^\lambda} \mathrm{d}x > \lambda \mathrm{B}(\lambda_1+1,\lambda_2) \cdot$$

$$\left(\int_b^\infty (1 - O(\frac{1}{(v(x))^{\lambda_2}})) \frac{v'(x)}{(v(x))^{p\lambda_1+1}} F^p(x)\mathrm{d}x \right)^{\frac{1}{p}} \cdot$$

$$\left(\sum_{n=n_0}^\infty \frac{(u(n))^{q(1-\lambda_2)-1}}{(u'(n))^{q-1}} a_n^q \right)^{\frac{1}{q}}. \tag{3.5.3}$$

定理 3.10　若 $\lambda_1 + \lambda_2 = \lambda$,则式(3.5.2)的常数因子

$$\lambda \, (k_{\lambda+1}(\lambda_2))^{\frac{1}{p}} \, (k_{\lambda+1}(\lambda_1+1))^{\frac{1}{q}} \, (=\lambda \mathrm{B}(\lambda_1+1,\lambda_2))$$

必为最佳值.

证明　若 $\lambda_1 + \lambda_2 = \lambda$,则式(3.5.2)变为式(3.5.3).任给 $0 < \varepsilon < p\lambda_1$,置

$$\tilde{f}(x) := \begin{cases} 0, & b < x < v^{-1}(1) \\ (v(x))^{\lambda_1 - \frac{\varepsilon}{p} - 1} v'(x), & x \geqslant v^{-1}(1) \end{cases},$$

$$\tilde{a}_n := (u(n))^{\lambda_2 - \frac{\varepsilon}{q} - 1} u'(n), n \in \mathbf{N}_{n_0},$$

$$\tilde{F}(x) := \int_b^x \tilde{f}(t)\mathrm{d}t = \begin{cases} 0, & b < x < v^{-1}(1) \\ \dfrac{1}{\lambda_1 - \dfrac{\varepsilon}{p}}((v(x))^{\lambda_1 - \frac{\varepsilon}{p}} - 1), & x \geqslant v^{-1}(1) \end{cases},$$

易见, $\tilde{F}(x) = o(\mathrm{e}^{tv(x)}) (t > 0; x \to \infty)$.

若有常数 $M \geqslant \lambda \mathrm{B}(\lambda_1+1,\lambda_2)$,使其取代式(3.5.3)的常数因子 $\lambda \mathrm{B}(\lambda_1+1, \lambda_2)$ 后仍成立,则特别还有

$$\tilde{I} = \int_b^\infty \sum_{n=n_0}^\infty \frac{\tilde{a}_n \tilde{f}(x)}{(v(x)+u(n))^\lambda} \mathrm{d}x$$

$$> M \left(\int_b^\infty (1 - O_{\lambda+1}(\frac{1}{(v(x))^{\lambda_2}})) \frac{v'(x)}{(v(x))^{p\lambda_1+1}} \tilde{F}^p(x)\mathrm{d}x \right)^{\frac{1}{p}} \cdot$$

53

$$(\sum_{n=n_0}^{\infty} \frac{(u(n))^{q(1-\lambda_2)-1}}{(u'(n))^{q-1}} \tilde{a}_n^q)^{\frac{1}{q}}.$$ (3.5.4)

由 L'Hospital 法则,有

$$\lim_{x\to\infty} \frac{(1-O_{\lambda+1}((v(x))^{-\lambda_2}))(1-(v(x))^{-\lambda_1-\frac{\varepsilon}{p}})^p-1}{(v(x))^{-\lambda_1-\frac{\varepsilon}{p}}} (\frac{0}{0} \text{型})$$

$$=\lim_{x\to\infty} \frac{p\,(1-(v(x))^{-\lambda_1-\frac{\varepsilon}{p}})^{p-1}(-(v(x))^{-\lambda_1-\frac{\varepsilon}{p}})'}{((v(x))^{-\lambda_1-\frac{\varepsilon}{p}})'} = -p(<0),$$

故有表达式

$$(1-O_{\lambda+1}((v(x))^{-\lambda_2}))(1-(v(x))^{-\lambda_1-\frac{\varepsilon}{p}})^p$$

$$=1-O((v(x))^{-\lambda_1-\frac{\varepsilon}{p}}), x \in (v^{-1}(1),\infty).$$

由上面的结果,式(3.5.4)及级数的递减性质,可得

$$\tilde{I} > \frac{M}{\lambda_1-\frac{\varepsilon}{p}} (\int_{v^{-1}(1)}^{\infty} \frac{v'(x)\,(v(x))^{p\lambda_1-\varepsilon}}{(v(x))^{p\lambda_1+1}} \cdot$$

$$(1-O_{\lambda+1}(\frac{1}{(v(x))^{\lambda_2}}))(1-(v(x))^{-\lambda_1+\frac{\varepsilon}{p}})^p dx)^{\frac{1}{p}} \cdot$$

$$(\sum_{n=n_0}^{\infty} \frac{(u(n))^{q(1-\lambda_2)-1}}{(u'(n))^{q-1}} (u'(n))^q (u(n))^{q\lambda_2-\varepsilon-q})^{\frac{1}{q}}$$

$$=\frac{M}{\lambda_1-\frac{\varepsilon}{p}} (\int_{v^{-1}(1)}^{\infty} \frac{v'(x)}{(v(x))^{\varepsilon+1}} (1-O((v(x))^{-\lambda_1+\frac{\varepsilon}{p}}))dx)^{\frac{1}{p}} \cdot$$

$$((u(n_0))^{-\varepsilon-1} u'(n_0) + \sum_{n=n_0+1}^{\infty} (u(n))^{-\varepsilon-1} u'(n))^{\frac{1}{q}}$$

$$>\frac{M}{\lambda_1-\frac{\varepsilon}{p}} (\int_{v^{-1}(1)}^{\infty} (v(x))^{-\varepsilon-1} dv(x) - \int_{v^{-1}(1)}^{\infty} O((v(x))^{-\lambda_1-\frac{\varepsilon}{q}-1})dv(x))^{\frac{1}{p}} \cdot$$

$$((u(n_0))^{-\varepsilon-1} u'(n_0) + \int_{n_0}^{\infty} (u(y))^{-\varepsilon-1} du(y))^{\frac{1}{q}}$$

$$=\frac{M}{\varepsilon(\lambda_1-\frac{\varepsilon}{p})} (1-\varepsilon O(1))^{\frac{1}{p}} (\varepsilon(u(n_0))^{-\varepsilon-1} u'(n_0) + (u(n_0))^{-\varepsilon})^{\frac{1}{q}}.$$

在式(2.1.5)中,令 $s=\lambda>0, s_1=\tilde{\lambda}_1=\lambda_1-\frac{\varepsilon}{p} \in (0,\lambda)$,我们有

$$\tilde{I} = \sum_{n=n_0+1}^{\infty} ((u(n))^{\lambda_2+\frac{\varepsilon}{q}} \int_{v^{-1}(1)}^{\infty} \frac{(v(x))^{(\lambda_1-\frac{\varepsilon}{p})-1} v'(x)}{(v(x)+u(n))^{\lambda}} dx)(u(n))^{-\varepsilon-1} u'(n)$$

$$< \sum_{n=n_0}^{\infty} ((u(n))^{\lambda_2+\frac{\varepsilon}{q}} \int_{b}^{\infty} \frac{(v(x))^{(\lambda_1-\frac{\varepsilon}{p})-1} v'(x)}{(v(x)+u(n))^{\lambda}} dx)(u(n))^{-\varepsilon-1} u'(n)$$

$$= \sum_{n=n_0}^{\infty} \omega_\lambda(\widetilde{\lambda}_1, n) (u(n))^{-\varepsilon-1} u'(n)$$

$$= k_\lambda(\widetilde{\lambda}_1)((u(n_0))^{-\varepsilon-1} u'(n_0) + \sum_{n=n_0+1}^{\infty} (u(n))^{-\varepsilon-1} u'(n))$$

$$< k_\lambda(\widetilde{\lambda}_1)((u(n_0))^{-\varepsilon-1} u'(n_0) + \int_{n_0}^{\infty} (u(y))^{-\varepsilon-1} \mathrm{d}u(y))$$

$$= \frac{1}{\varepsilon} \mathrm{B}(\lambda_1 - \frac{\varepsilon}{p}, \lambda_2 + \frac{\varepsilon}{p})(\varepsilon(u(n_0))^{-\varepsilon-1} u'(n_0) + (u(n_0))^{-\varepsilon}).$$

基于上面的结果,有

$$\mathrm{B}(\lambda_1 - \frac{\varepsilon}{p}, \lambda_2 + \frac{\varepsilon}{p})(\varepsilon(u(n_0))^{-\varepsilon-1} u'(n_0) + (u(n_0))^{-\varepsilon})$$

$$> \varepsilon\widetilde{I} > \frac{M}{\lambda_1 - \frac{\varepsilon}{p}}(1 - \varepsilon O(1))^{\frac{1}{p}}(\varepsilon(u(n_0))^{-\varepsilon-1} u'(n_0) + (u(n_0))^{-\varepsilon})^{\frac{1}{q}}.$$

令 $\varepsilon \to 0^+$,由 Beta 函数的连续性,有

$$\lambda\mathrm{B}(\lambda_1 + 1, \lambda_2) = \lambda_1\mathrm{B}(\lambda_1, \lambda_2) \geqslant M,$$

故 $M = \lambda\mathrm{B}(\lambda_1 + 1, \lambda_2)$ 为式(3.5.3)(即式(3.5.2) 当 $\lambda_1 + \lambda_2 = \lambda$ 时) 的最佳值. 证毕.

定理 3.11　若式(3.5.2)的常数因子 $\lambda(k_{\lambda+1}(\lambda_2))^{\frac{1}{p}}(k_{\lambda+1}(\lambda_1 + 1))^{\frac{1}{q}}$ 为最佳值,则当 $\lambda - \lambda_1 - \lambda_2 \in [0, -q\lambda_2)$,有 $\lambda_1 + \lambda_2 = \lambda$.

证明　因 $\hat{\lambda}_1 = \frac{\lambda - \lambda_2}{p} + \frac{\lambda_1}{q}, \hat{\lambda}_2 = \frac{\lambda - \lambda_1 - \lambda_2}{q} + \lambda_2$,有 $\hat{\lambda}_1 + \hat{\lambda}_2 = \lambda$. 当

$$\lambda - \lambda_1 - \lambda_2 \in [0, -q\lambda_2)(\subset (q(\lambda - \lambda_2), -q\lambda_2)),$$

有 $0 < \hat{\lambda}_2 < \lambda, 0 < \hat{\lambda}_1 = \lambda - \hat{\lambda}_2 < \lambda$,及 $\lambda\mathrm{B}(\hat{\lambda}_1 + 1, \hat{\lambda}_2) \in \mathbf{R}^+$. 因 $\lambda - \lambda_1 - \lambda_2 \geqslant 0, q < 0$,对于 $\rho = 1$(或 $\rho = \frac{1}{2}$),函数

$$(u(t))^{\hat{\lambda}_2-1} u'(t) = (u(t))^{\hat{\lambda}_2-\lambda_2}((u(t))^{\lambda_2-1} u'(t))$$

$$= (u(t))^{(\lambda-\lambda_1-\lambda_2)/q}((u(t))^{\lambda_2-1} u'(t)), t \in (n_0 - \rho, \infty)$$

仍具递减性. 因 $u''(t) \leqslant 0$,及 $(u(t))^{\lambda_2-1} u'(t)$ 凸,显然上式仍具有凸性($\rho = \frac{1}{2}$).

故定义 2.1 情形(1)(或情形(2)) 对 $s_2 = \hat{\lambda}_2$ 满足. 故由式(3.5.3),可代之以 $\hat{\lambda}_i = \lambda_i (i=1,2)$,成立如下逆向不等式:

$$\int_b^{\infty} \sum_{n=n_0}^{\infty} \frac{a_n f(x)}{(v(x) + u(n))^{\lambda}} \mathrm{d}x > \lambda\mathrm{B}(\hat{\lambda}_1 + 1, \hat{\lambda}_2) \cdot$$

$$(\int_b^\infty (1 - O_{\lambda+1}(\frac{1}{(v(x))^{\hat{\lambda}_2}})) \frac{v'(x)}{(v(x))^{p\hat{\lambda}_1+1}} F^p(x)\mathrm{d}x)^{\frac{1}{p}} \cdot$$

$$(\sum_{n=n_0}^\infty \frac{(u(n))^{q(1-\hat{\lambda}_2)-1}}{(u'(n))^{q-1}} a_n^q)^{\frac{1}{q}}. \tag{3.5.5}$$

由逆向的 Hölder 不等式(参阅文[5]),我们还有

$$B(\hat{\lambda}_1+1,\hat{\lambda}_2) = k_{\lambda+1}(\hat{\lambda}_2) = k_{\lambda+1}(\frac{\lambda_2}{p}+\frac{\lambda-\lambda_1}{q})$$

$$= \int_0^\infty \frac{1}{(1+u)^{\lambda+1}} u^{\frac{\lambda_2}{p}+\frac{\lambda-\lambda_1}{q}-1}\mathrm{d}u$$

$$= \int_0^\infty \frac{1}{(1+u)^{\lambda+1}} (u^{\frac{\lambda_2-1}{p}})(u^{\frac{\lambda-\lambda_1-1}{q}})\mathrm{d}u$$

$$\geqslant (\int_0^\infty \frac{1}{(1+u)^{\lambda+1}} u^{\lambda_2-1}\mathrm{d}u)^{\frac{1}{p}} (\int_0^\infty \frac{1}{(1+u)^{\lambda+1}} u^{\lambda-\lambda_1-1}\mathrm{d}u)^{\frac{1}{q}}$$

$$= (\int_0^\infty \frac{1}{(1+u)^{\lambda+1}} u^{\lambda_2-1}\mathrm{d}u)^{\frac{1}{p}} (\int_0^\infty \frac{1}{(1+v)^{\lambda+1}} v^{\lambda_1}\mathrm{d}v)^{\frac{1}{q}}$$

$$= (k_{\lambda+1}(\lambda_2))^{\frac{1}{p}} (k_{\lambda+1}(\lambda_1+1))^{\frac{1}{q}}. \tag{3.5.6}$$

由于常数因子 $\lambda (k_{\lambda+1}(\lambda_2))^{\frac{1}{p}} (k_{\lambda+1}(\lambda_1+1))^{\frac{1}{q}}$ 为式(3.5.2)的最佳值,故比较式(3.5.2)与式(3.5.5)的常数因子的大小,我们有不等式:

$$\lambda (k_{\lambda+1}(\lambda_2))^{\frac{1}{p}} (k_{\lambda+1}(\lambda_1+1))^{\frac{1}{q}} \geqslant \lambda B(\hat{\lambda}_1+1,\hat{\lambda}_2)(\in \mathbf{R}^+).$$

即有不等式 $B(\hat{\lambda}_1+1,\hat{\lambda}_2) \leqslant (k_{\lambda+1}(\lambda_2))^{\frac{1}{p}} (k_{\lambda+1}(\lambda_1+1))^{\frac{1}{q}}$,因而式(3.5.6)取等号.式(3.5.6)取等号的充分必要条件是有不全为 0 的常数 A 和 B,使(参阅文[5])$Au^{\lambda_2-1} = Bu^{\lambda-\lambda_1-1}$ a.e. 于 $\mathbf{R}^+$.不妨设 $A \neq 0$,则有 $u^{\lambda_2+\lambda_1-\lambda} = \frac{B}{A}$ a.e. 于 $\mathbf{R}^+$,及 $\lambda_2+\lambda_1-\lambda = 0$.因而 $\lambda_1+\lambda_2 = \lambda$.证毕.

定理 3.12 我们有与式(3.5.2)等价的第二类半离散逆向的 Hardy-Hilbert 不等式:

$$J = (\sum_{n=n_0}^\infty (u(n))^{p\hat{\lambda}_2-1} u'(n) (\int_b^\infty \frac{f(x)}{(v(x)+u(n))^\lambda}\mathrm{d}x)^p)^{\frac{1}{p}}$$

$$> \lambda (k_{\lambda+1}(\lambda_2))^{\frac{1}{p}} (k_{\lambda+1}(\lambda_1+1))^{\frac{1}{q}} \cdot$$

$$(\int_b^\infty (1 - O_{\lambda+1}(\frac{1}{(v(x))^{\lambda_2}})) \frac{v'(x)}{(v(x))^{p\hat{\lambda}_1+1}} F^p(x)\mathrm{d}x)^{\frac{1}{p}}. \tag{3.5.7}$$

特别当 $\lambda_1+\lambda_2 = \lambda$ 时,有式(3.5.3)的等价式:

$$(\sum_{n=n_0}^\infty (u(n))^{p\lambda_2-1} u'(n) (\int_b^\infty \frac{f(x)}{(v(x)+u(n))^\lambda}\mathrm{d}x)^p)^{\frac{1}{p}}$$

$$> \lambda B(\lambda_1 + 1, \lambda_2)(\int_b^\infty (1 - O_{\lambda+1}(\frac{1}{(v(x))^{\lambda_2}})) \frac{v'(x)}{(v(x))^{p\lambda_1+1}} F^p(x) dx)^{\frac{1}{p}}.$$

$$(3.5.8)$$

证明　设式(3.5.7)为真. 由逆向的 Hölder 不等式,有

$$I = \sum_{n=n_0}^\infty ((u(n))^{\hat{\lambda}_2 - \frac{1}{p}} (u'(n))^{\frac{1}{p}} \int_b^\infty \frac{f(x)}{(v(x) + u(n))^\lambda} dx)(\frac{(u(n))^{-\hat{\lambda}_2 + (1/p)}}{(u'(n))^{\frac{1}{p}}} a_n)$$

$$\geqslant J (\sum_{n=n_0}^\infty \frac{(u(n))^{q(1-\hat{\lambda}_2)-1}}{(u'(n))^{q-1}} a_n^q)^{\frac{1}{q}}.$$

$$(3.5.9)$$

则由式(3.5.7),我们有式(3.5.2). 反之,设式(3.5.2)成立,置

$$a_n := (u(n))^{p\hat{\lambda}_2 - 1} u'(n) (\int_b^\infty \frac{f(x)}{(v(x) + u(n))^\lambda} dx)^{p-1}, n \in \mathbf{N}_{n_0}.$$

若 $J = \infty$,则式(3.5.7)自然成立;若 $J = 0$,则式(3.5.7)必然不成立,即 $J > 0$. 下设 $0 < J < \infty$. 由式(3.5.2),有

$$\infty > \sum_{n=n_0}^\infty \frac{(u(n))^{q(1-\hat{\lambda}_2)-1}}{(u'(n))^{q-1}} a_n^q = J^p = I > \lambda (k_{\lambda+1}(\lambda_2))^{\frac{1}{p}} (k_{\lambda+1}(\lambda_1 + 1))^{\frac{1}{q}} \cdot$$

$$(\int_b^\infty (1 - O_{\lambda+1}(\frac{1}{(v(x))^{\lambda_2}})) \frac{v'(x)}{(v(x))^{p\hat{\lambda}_1+1}} F^p(x) dx)^{\frac{1}{p}} J^{p-1} > 0,$$

$$J = (\sum_{n=n_0}^\infty \frac{(u(n))^{q(1-\hat{\lambda}_2)-1}}{(u'(n))^{q-1}} a_n^q)^{\frac{1}{p}} > \lambda (k_{\lambda+1}(\lambda_2))^{\frac{1}{p}} (k_{\lambda+1}(\lambda_1 + 1))^{\frac{1}{q}} \cdot$$

$$(\int_b^\infty (1 - O_{\lambda+1}(\frac{1}{(v(x))^{\lambda_2}})) \frac{v'(x)}{(v(x))^{p\hat{\lambda}_1+1}} F^p(x) dx)^{\frac{1}{p}},$$

即式(3.5.7)成立,且它等价于式(3.5.2). 证毕.

定理 3.13　若 $\lambda_1 + \lambda_2 = \lambda$,则式(3.5.7)的常数因子 $\lambda (k_{\lambda+1}(\lambda_2))^{\frac{1}{p}} \cdot$ $(k_{\lambda+1}(\lambda_1 + 1))^{\frac{1}{q}}$ 必为最佳值. 反之,若 $\lambda - \lambda_1 - \lambda_2 \in [0, -q\lambda_2)$,且式(3.5.7)的相同常数因子为最佳值,则有 $\lambda_1 + \lambda_2 = \lambda$.

证明　若 $\lambda_1 + \lambda_2 = \lambda$,则由定理 3.10,式(3.5.2)的常数因子 $\lambda (k_{\lambda+1}(\lambda_2))^{\frac{1}{p}} \cdot$ $(k_{\lambda+1}(\lambda_1 + 1))^{\frac{1}{q}}$ 是最佳值. 由式(3.5.9),知式(3.5.7)的常数因子也必为最佳值. 不然,将得出式(3.5.2)的常数因子也不是最佳值的矛盾. 反之,若式(3.5.7)的常数因子是最佳值,则由式(3.5.7)与式(3.5.2)的等价性,及 $J^p = I$(参考定理 3.12 的证明),能证得式(3.5.2)的相同常数因子也是最佳值. 由条件及定理 3.11,有 $\lambda_1 + \lambda_2 = \lambda$. 证毕.

例 3.3　在式(3.5.3),式(3.5.8)中代入例 2.1(2)的中间变量,并分别代

之以 $v(x) = x^a (x \in (0, \infty))$，$v(x) = \ln^a x (x \in (1, \infty))$，当 $\alpha \in (0,$

$\frac{1}{2}]$，$\lambda_2 \leqslant \frac{1}{\alpha}$ 时，有如下具有最佳常数因子 $\frac{\lambda_1}{\alpha} B(\lambda_1, \lambda_2)$ 的 2 组等价逆向不等式：

$$\int_0^\infty \sum_{n=1}^\infty \frac{a_n f(x)}{(x^a + (n-\xi)^a)^\lambda} dx > \frac{\lambda_1}{\alpha} B(\lambda_1, \lambda_2) \cdot$$

$$\left(\int_0^\infty (1 - O_{\lambda+1}(\frac{1}{x^{a\lambda_2}})) x^{-p\alpha\lambda_1 - 1} F^p(x) dx \right)^{\frac{1}{p}} \left(\sum_{n=1}^\infty (n-\xi)^{q(1-a\lambda_2)-1} a_n^q \right)^{\frac{1}{q}},$$

$$(3.5.10)$$

$$\left(\sum_{n=n_0}^\infty (n-\xi)^{p a\lambda_2 - 1} \left(\int_0^\infty \frac{f(x)}{(x^a + (n-\xi)^a)^\lambda} dx \right)^p \right)^{\frac{1}{p}}$$

$$> \frac{\lambda_1}{\alpha} B(\lambda_1, \lambda_2) \left(\int_0^\infty (1 - O_{\lambda+1}(\frac{1}{x^{a\lambda_2}})) x^{-p\alpha\lambda_1 - 1} F^p(x) dx \right)^{\frac{1}{p}}; \quad (3.5.11)$$

$$\int_0^\infty \sum_{n=2}^\infty \frac{a_n f(x)}{(x^a + \ln^a(n-\xi))^\lambda} dx > \frac{\lambda_1}{\alpha} B(\lambda_1, \lambda_2) \cdot$$

$$\left(\int_0^\infty (1 - O_{\lambda+1}(\frac{1}{x^{a\lambda_2}})) x^{-p\alpha\lambda_1 - 1} F^p(x) dx \right)^{\frac{1}{p}} \left(\sum_{n=2}^\infty \frac{\ln^{q(1-a\lambda_2)-1}(n-\xi)}{(n-\xi)^{1-q}} a_n^q \right)^{\frac{1}{q}},$$

$$(3.5.12)$$

$$\left(\sum_{n=n_0}^\infty \frac{\ln^{p a\lambda_2 - 1}(n-\xi)}{n-\xi} \left(\int_0^\infty \frac{f(x)}{(x^a + \ln^a(n-\xi))^\lambda} dx \right)^p \right)^{\frac{1}{p}}$$

$$> \frac{\lambda_1}{\alpha} B(\lambda_1, \lambda_2) \left(\int_0^\infty (1 - O_{\lambda+1}(\frac{1}{x^{a\lambda_2}})) x^{-p\alpha\lambda_1 - 1} F^p(x) dx \right)^{\frac{1}{p}}. \quad (3.5.13)$$

特别当 $v(x) = e^{ax} (\alpha \in (0,1]; x \in (-\infty, \infty))$ 时，有如下 2 组具有最佳常数因子 $\lambda_1 B(\lambda_1, \lambda_2)$ 的半平面半离散逆向等价不等式：

$$\int_{-\infty}^\infty \sum_{n=1}^\infty \frac{a_n f(x)}{(e^{ax} + (n-\xi)^a)^\lambda} dx > \lambda_1 B(\lambda_1, \lambda_2) \cdot$$

$$\left(\int_{-\infty}^\infty (1 - O_{\lambda+1}(e^{-a\lambda_2 x})) e^{-p a\lambda_1 x} F^p(x) dx \right)^{\frac{1}{p}} \left(\sum_{n=1}^\infty (n-\xi)^{q(1-a\lambda_2)-1} a_n^q \right)^{\frac{1}{q}},$$

$$(3.5.14)$$

$$\left(\sum_{n=n_0}^\infty (n-\xi)^{p a\lambda_2 - 1} \left(\int_{-\infty}^\infty \frac{f(x)}{(e^{ax} + (n-\xi)^a)^\lambda} dx \right)^p \right)^{\frac{1}{p}}$$

$$> \lambda_1 B(\lambda_1, \lambda_2) \left(\int_{-\infty}^\infty (1 - O_{\lambda+1}(e^{-a\lambda_2 x})) e^{-p a\lambda_1 x} F^p(x) dx \right)^{\frac{1}{p}}; \quad (3.5.15)$$

$$\int_{-\infty}^\infty \sum_{n=2}^\infty \frac{a_n f(x)}{(e^{ax} + \ln^a(n-\xi))^\lambda} dx > \lambda_1 B(\lambda_1, \lambda_2) \cdot$$

$$\left(\int_{-\infty}^{\infty}(1-O_{\lambda+1}(\mathrm{e}^{-a\lambda_2 x}))\mathrm{e}^{-pa\lambda_1 x}F^p(x)\mathrm{d}x\right)^{\frac{1}{p}}\left(\sum_{n=2}^{\infty}\frac{\ln^{q(1-a\lambda_2)-1}(n-\xi)}{(n-\xi)^{1-q}}a_n^q\right)^{\frac{1}{q}},$$

$$(3.5.16)$$

$$\left(\sum_{n=n_0}^{\infty}\frac{\ln^{pa\lambda_2-1}(n-\xi)}{n-\xi}\left(\int_{-\infty}^{\infty}\frac{f(x)}{(\mathrm{e}^{ax}+\ln^a(n-\xi))^{\lambda}}\mathrm{d}x\right)^p\right)^{\frac{1}{p}}$$

$$>\lambda_1 \mathrm{B}(\lambda_1,\lambda_2)\left(\int_{-\infty}^{\infty}(1-O_{\lambda+1}(\mathrm{e}^{-a\lambda_2 x}))\mathrm{e}^{-pa\lambda_1 x}F^p(x)\mathrm{d}x\right)^{\frac{1}{p}}. \qquad (3.5.17)$$

当 $\xi=0$ 时, 上面式子变为代入例 2.1(1) 中两类中间变量的情形. 此时, 由于不要求相关凸性及 $u''(t)\leqslant 0$ 的条件, 还可放宽参数 $a\in(0,1]$ 为 $a\in(0,\infty)$.

59

一个涉及导函数的半离散
Hardy-Hilbert 不等式

本章应用第 2 章权函数方法及参量化思想,求出一个新的涉及导函数的半离散 Hardy-Hilbert 不等式,给出了新不等式中多参数联系最佳常数因子的等价条件,还建立了其等价形式、特殊中间变量不等式及算子表达式,并进一步考虑了两类逆式的情形.

4.1　引　　理

设函数 $f(x) = f^{(0)}(x)$ 在 (b, ∞) 可导,$f'(x)$ 除有限点外在 (b, ∞) 非负连续,$f(b^+) = 0$,$f(x) = o(e^{tv(x)})(t > 0; x \to \infty)$. 当 $x \in (b, \infty)$,$n \in \mathbf{N}_{n_0}$,$f'(x), a_n \geqslant 0$ 时,满足条件:

$$0 < \int_b^\infty \frac{(v(x))^{p(1-\hat{\lambda}_1)-1}}{(v'(x))^{p-1}} (f'(x))^p \mathrm{d}x < \infty$$

及

$$0 < \sum_{n=n_0}^\infty \frac{(u(n))^{q(1-\hat{\lambda}_2)-1}}{(u'(n))^{q-1}} a_n^q < \infty. \tag{4.1.1}$$

引理 4.1　对于 $t > 0$,我们有等式:

$$\int_b^\infty e^{-tv(x)} v'(x) f(x) \mathrm{d}x = t^{-1} \int_b^\infty e^{-tv(x)} f'(x) \mathrm{d}x.$$

$$\tag{4.1.2}$$

证明　由条件 $f(b^+) = v(b^+) = 0$,$e^{-tv(x)} f(x) \to 0 (t > 0; x \to \infty)$,及分部积分法,可得

60

$$\int_b^\infty e^{-tv(x)} f'(x) dx = \int_b^\infty e^{-tv(x)} df(x)$$

$$= e^{-tv(x)} f(x) \Big|_b^\infty - \int_b^\infty f(x) de^{-tv(x)}$$

$$= t \int_b^\infty e^{-tv(x)} v'(x) f(x) dx.$$

因而得式(4.1.2). 证毕.

引理 4.2　我们有如下表达式：

$$I := \int_b^\infty \sum_{n=n_0}^\infty \frac{a_n v'(x) f(x)}{(v(x) + u(n))^{\lambda+1}} dx = \frac{1}{\lambda} \int_b^\infty \sum_{n=n_0}^\infty \frac{a_n f'(x)}{(v(x) + u(n))^\lambda} dx.$$

$$(4.1.3)$$

证明　因有 Gamma 函数的如下表达式

$$\frac{1}{(v(x) + u(n))^{\lambda+1}} = \frac{1}{\Gamma(\lambda+1)} \int_b^\infty t^\lambda e^{-(v(x)+u(n))t} dt, \qquad (4.1.4)$$

由 L 逐项积分定理(参阅文[120]) 及式(4.1.2),有等式：

$$I = \frac{1}{\Gamma(\lambda+1)} \int_b^\infty \sum_{n=n_0}^\infty a_n v'(x) f(x) \int_b^\infty t^\lambda e^{-(v(x)+u(n))t} dt dx$$

$$= \frac{1}{\Gamma(\lambda+1)} \int_0^\infty t^\lambda \left(\int_b^\infty e^{-v(x)t} v'(x) f(x) dx \right) \sum_{n=n_0}^\infty e^{-u(n)t} a_n dt$$

$$= \frac{1}{\Gamma(\lambda+1)} \int_0^\infty t^\lambda \left(t^{-1} \int_b^\infty e^{-v(x)t} f'(x) dx \right) \sum_{n=n_0}^\infty e^{-u(n)t} a_n dt$$

$$= \frac{1}{\Gamma(\lambda+1)} \int_b^\infty \sum_{n=n_0}^\infty a_n f'(x) \int_0^\infty t^{\lambda-1} e^{-(v(x)+u(n))t} dt dx$$

$$= \frac{\Gamma(\lambda)}{\Gamma(\lambda+1)} \int_b^\infty \sum_{n=n_0}^\infty \frac{a_n f'(x)}{(v(x) + u(n))^\lambda} dx.$$

注意到 $\Gamma(\lambda+1) = \lambda \Gamma(\lambda)$,有式(4.1.3). 证毕.

4.2　正向不等式的若干结果

在第 4.2 节及第 4.3 节,设 $p > 1, q > 1$,定义 2.1 情形(1)(或情形(2)) 对 $s_2 = \lambda_2$ 满足,令

$$s = \lambda, s_1 = \lambda_1, s_2 = \lambda_2, f(x) = f'(x),$$

由式(2.1.6) 及条件(4.1.1),我们有不等式：

$$\int_b^\infty \sum_{n=n_0}^\infty \frac{a_n f'(x)}{(v(x) + u(n))^\lambda} dx < (k_\lambda(\lambda_2))^{\frac{1}{p}} (k_\lambda(\lambda_1))^{\frac{1}{q}} \cdot$$

$$\Big(\int_b^\infty \frac{(v(x))^{p(1-\hat{\lambda}_1)-1}}{(v'(x))^{p-1}} (f'(x))^p \mathrm{d}x\Big)^{\frac{1}{p}} \Big(\sum_{n=n_0}^\infty \frac{(u(n))^{q(1-\hat{\lambda}_2)-1}}{(u'(n))^{q-1}} a_n^q\Big)^{\frac{1}{q}}.$$

$$(4.2.1)$$

由式(4.1.3),可得涉及导函数的半离散 Hardy-Hilbert 不等式:

$$I = \int_b^\infty \sum_{n=n_0}^\infty \frac{a_n v'(x) f(x)}{(v(x)+u(n))^{\lambda+1}} \mathrm{d}x < \frac{1}{\lambda} (k_\lambda(\lambda_2))^{\frac{1}{p}} (k_\lambda(\lambda_1))^{\frac{1}{q}} \cdot$$

$$\Big(\int_b^\infty \frac{(v(x))^{p(1-\hat{\lambda}_1)-1}}{(v'(x))^{p-1}} (f'(x))^p \mathrm{d}x\Big)^{\frac{1}{p}} \Big(\sum_{n=n_0}^\infty \frac{(u(n))^{q(1-\hat{\lambda}_2)-1}}{(u'(n))^{q-1}} a_n^q\Big)^{\frac{1}{q}}.$$

$$(4.2.2)$$

特别当 $\lambda_1 + \lambda_2 = \lambda$ 时,有不等式:

$$\int_b^\infty \sum_{n=n_0}^\infty \frac{a_n v'(x) f(x)}{(v(x)+u(n))^{\lambda+1}} \mathrm{d}x < \frac{1}{\lambda} B(\lambda_1,\lambda_2) \cdot$$

$$\Big(\int_b^\infty \frac{(v(x))^{p(1-\lambda_1)-1}}{(v'(x))^{p-1}} (f'(x))^p \mathrm{d}x\Big)^{\frac{1}{p}} \Big(\sum_{n=n_0}^\infty \frac{(u(n))^{q(1-\lambda_2)-1}}{(u'(n))^{q-1}} a_n^q\Big)^{\frac{1}{q}}. \qquad (4.2.3)$$

定理 4.1　若 $\lambda_1 + \lambda_2 = \lambda$,则式(4.2.2)的常数因子

$$\frac{1}{\lambda} (k_\lambda(\lambda_2))^{\frac{1}{p}} (k_\lambda(\lambda_1))^{\frac{1}{q}} (= \frac{1}{\lambda} B(\lambda_1,\lambda_2))$$

必为最佳值.

证明　若 $\lambda_1 + \lambda_2 = \lambda$,则式(4.2.2)变为式(4.2.3).任给 $0 < \varepsilon < p\lambda_1$,置

$$\tilde{f}'(x) := \begin{cases} 0, b < x < v^{-1}(1) \\ (v(x))^{\lambda_1 - \frac{\varepsilon}{p}-1} v'(x), x \geqslant v^{-1}(1) \end{cases},$$

$$\tilde{a}_n := \begin{cases} 0, n = n_0 \\ (u(n))^{\lambda_2 - \frac{\varepsilon}{q}-1} u'(n), n \in \mathbf{N}_{n_0+1} \end{cases},$$

$$\tilde{f}(x) := \int_b^x \tilde{f}'(t) \mathrm{d}t = \begin{cases} 0, b < x < v^{-1}(1) \\ (\lambda_1 - \frac{\varepsilon}{p})^{-1} ((v(x))^{\lambda_1 - \frac{\varepsilon}{p}} - 1), x \geqslant v^{-1}(1) \end{cases},$$

满足条件,$\tilde{f}(b^+) = 0, \tilde{f}(x) = o(\mathrm{e}^{tv(x)})(t > 0; x \to \infty)$.

若有正常数 $M \leqslant \frac{1}{\lambda} B(\lambda_1,\lambda_2)$,使其取代式(4.2.3)的常数因子 $\frac{1}{\lambda} B(\lambda_1,\lambda_2)$
后原式仍成立,则特别还有

$$\tilde{I} := \int_b^\infty \sum_{n=n_0}^\infty \frac{\tilde{a}_n v'(x) \tilde{f}(x)}{(v(x)+u(n))^{\lambda+1}} \mathrm{d}x$$

62

$$< M \left(\int_b^\infty \frac{(v(x))^{p(1-\lambda_1)-1}}{(v'(x))^{p-1}} (\widetilde{f}'(x))^p \mathrm{d}x \right)^{\frac{1}{p}} \left(\sum_{n=n_0}^\infty \frac{(u(n))^{q(1-\lambda_2)-1}}{(u'(n))^{q-1}} \widetilde{a}_n^q \right)^{\frac{1}{q}}.$$

$$(4.2.4)$$

显然,$(u(t))^{-\varepsilon-1} u'(t)(t \in (n_0, \infty))$ 仍具有递减性. 由式(4.2.4)及级数的递减性质,可得

$$\widetilde{I} < M \left(\int_{v^{-1}(1)}^\infty \frac{(v(x))^{p(1-\lambda_1)-1}}{(v'(x))^{p-1}} (v(x))^{p(\lambda_1-1)-\varepsilon} (v'(x))^p \mathrm{d}x \right)^{\frac{1}{p}} \cdot$$

$$\left(\sum_{n=n_0+1}^\infty \frac{(u(n))^{q(1-\lambda_2)-1}}{(u'(n))^{q-1}} (u(n))^{q\lambda_2-\varepsilon-q} (u'(n))^q \right)^{\frac{1}{q}}$$

$$= M \left(\int_{v^{-1}(1)}^\infty (v(x))^{-\varepsilon-1} \mathrm{d}v(x) \right)^{\frac{1}{p}} \left(\sum_{n=n_0+1}^\infty (u(n))^{-\varepsilon-1} u'(n) \right)^{\frac{1}{q}}$$

$$\leqslant M \left(\int_{v^{-1}(1)}^\infty (v(x))^{-\varepsilon-1} \mathrm{d}v(x) \right)^{\frac{1}{p}} \left(\int_{n_0}^\infty (u(t))^{-\varepsilon-1} \mathrm{d}u(t) \right)^{\frac{1}{q}}$$

$$= \frac{M}{\varepsilon} (u(n_0))^{\frac{-\varepsilon}{q}}.$$

还可估算得

$$0 < I_0 := \sum_{n=n_0+1}^\infty \left((u(n))^{\lambda_2+\frac{\varepsilon}{p}} \int_b^{v^{-1}(1)} \frac{(v(x))^{(\lambda_1+1-\frac{\varepsilon}{p})-1} v'(x)}{(v(x)+u(n))^{\lambda+1}} \mathrm{d}x \right) (u(n))^{-\varepsilon-1} u'(n) +$$

$$\sum_{n=n_0+1}^\infty \left((u(n))^{\lambda_2+\frac{\varepsilon}{p}} \int_{v^{-1}(1)}^\infty \frac{v'(x)}{(v(x)+u(n))^{\lambda+1}} \mathrm{d}x \right) (u(n))^{-\varepsilon-1} u'(n)$$

$$\leqslant \sum_{n=n_0+1}^\infty (u(n))^{\lambda_2-\frac{\varepsilon}{q}-1} u'(n) \int_b^{v^{-1}(1)} \frac{(v(x))^{(\lambda_1+1-\frac{\varepsilon}{p})-1} v'(x)}{(u(n))^{\lambda+1}} \mathrm{d}x +$$

$$\sum_{n=n_0+1}^\infty \left(\frac{(u(n))^{\lambda_2-\frac{\varepsilon}{q}-1} u'(n)}{(u(n))^{\lambda_2+(\lambda_1/2)}} \int_{v^{-1}(1)}^\infty \frac{v'(x)}{(v(x))^{\frac{\lambda_1}{2}+1}} \mathrm{d}x \right)$$

$$= \frac{1}{\lambda_1+1-\dfrac{\varepsilon}{p}} \sum_{n=n_0+1}^\infty \frac{u'(n)}{(u(n))^{\lambda_1+\frac{\varepsilon}{q}+2}} +$$

$$\sum_{n=n_0+1}^\infty \frac{u'(n)}{(u(n))^{1+\frac{\lambda_1}{2}+(\varepsilon/q)}} \int_{v^{-1}(1)}^\infty \frac{v'(x) \mathrm{d}x}{(v(x))^{\frac{\lambda_1}{2}+1}}$$

$$\leqslant M_0 < \infty.$$

由式(2.1.5),置 $s = \lambda+1, s_1 = \widetilde{\lambda}_1 = \lambda_1 - \dfrac{\varepsilon}{p} + 1 \in (0, \lambda+1)$,利用上面的估算,我们有

$$\widetilde{I} = \frac{1}{\lambda_1 - \dfrac{\varepsilon}{p}} \sum_{n=n_0+1}^\infty \left((u(n))^{\lambda_2+\frac{\varepsilon}{p}} \int_{v^{-1}(1)}^\infty \frac{((v(x))^{(\lambda_1-\frac{\varepsilon}{p}+1)-1}-1) v'(x)}{(v(x)+u(n))^{\lambda+1}} \mathrm{d}x \right) \frac{u'(n)}{(u(n))^{\varepsilon+1}}$$

$$= \frac{1}{\lambda_1 - \frac{\varepsilon}{p}} \sum_{n=n_0+1}^{\infty} ((u(n))^{\lambda_2+\frac{\varepsilon}{p}} \int_b^{\infty} \frac{(v(x))^{(\lambda_1+1-\frac{\varepsilon}{p})-1}}{(v(x)+u(n))^{\lambda+1}} v'(x) \mathrm{d}x) \frac{u'(n)}{(u(n))^{\varepsilon+1}} - \frac{I_0}{\lambda_1 - \frac{\varepsilon}{p}}$$

$$= \frac{1}{\lambda_1 - \frac{\varepsilon}{p}} \sum_{n=n_0+1}^{\infty} \omega_{\lambda+1}(\tilde{\lambda}_1,n) (u(n))^{-\varepsilon-1} u'(n) - \frac{I_0}{\lambda_1 - \frac{\varepsilon}{p}}$$

$$= \frac{1}{\lambda_1 - \frac{\varepsilon}{p}} k_{\lambda+1}(\tilde{\lambda}_1) \sum_{n=n_0+1}^{\infty} (u(n))^{-\varepsilon-1} u'(n) - \frac{I_0}{\lambda_1 - \frac{\varepsilon}{p}}$$

$$> \frac{1}{\lambda_1 - \frac{\varepsilon}{p}} k_{\lambda+1}(\tilde{\lambda}_1) \int_{n_0+1}^{\infty} (u(y))^{-\varepsilon-1} \mathrm{d}u(y) - \frac{I_0}{\lambda_1 - \frac{\varepsilon}{p}}$$

$$= \frac{1}{\varepsilon(\lambda_1 - \frac{\varepsilon}{p})} (\frac{k_{\lambda+1}(\tilde{\lambda}_1)}{(u(n_0+1))^{\varepsilon}} - \varepsilon I_0).$$

基于上面的结果,有不等式

$$\frac{B(\lambda_1 - \frac{\varepsilon}{p}+1, \lambda_2 + \frac{\varepsilon}{p})}{(\lambda_1 - \frac{\varepsilon}{p})(u(n_0+1))^{\varepsilon}} - \frac{\varepsilon I_0}{\lambda_1 - \frac{\varepsilon}{p}} < \varepsilon \tilde{I} < M (u(n_0))^{\frac{-\varepsilon}{q}}.$$

令 $\varepsilon \to 0^+$,由 Beta 函数的连续性及 $0 < I_0 \leqslant M_0 < \infty$,有

$$\frac{1}{\lambda} B(\lambda_1, \lambda_2) = \frac{1}{\lambda_1} B(\lambda_1+1, \lambda_2) \leqslant M,$$

故 $M = \frac{1}{\lambda} B(\lambda_1, \lambda_2)$ 为式(4.2.3)(即式(4.2.2)当 $\lambda_1 + \lambda_2 = \lambda$ 时)的最佳值.证毕.

定理4.2 若式(4.2.2)的常数因子 $\frac{1}{\lambda} (k_\lambda(\lambda_2))^{\frac{1}{p}} (k_\lambda(\lambda_1))^{\frac{1}{q}}$ 为最佳值,则当 $\lambda - \lambda_1 - \lambda_2 \leqslant 0$ 时,有 $\lambda_1 + \lambda_2 = \lambda$.

证明 因 $\hat{\lambda}_1 = \frac{\lambda - \lambda_2}{p} + \frac{\lambda_1}{q}, \hat{\lambda}_2 = \frac{\lambda - \lambda_1 - \lambda_2}{q} + \lambda_2$,我们有 $\hat{\lambda}_1 + \hat{\lambda}_2 = \lambda, 0 < \hat{\lambda}_1, \hat{\lambda}_2 < \lambda$,及 $B(\hat{\lambda}_1, \hat{\lambda}_2) \in \mathbf{R}^+$.因 $\lambda - \lambda_1 - \lambda_2 \leqslant 0, q > 1$,对于 $\rho = 1$(或 $\rho = \frac{1}{2}$),函数

$$(u(t))^{\hat{\lambda}_2-1} u'(t) = (u(t))^{\hat{\lambda}_2 - \lambda_2} ((u(t))^{\lambda_2-1} u'(t))$$

$$= (u(t))^{(\lambda-\lambda_1-\lambda_2)/q} ((u(t))^{\lambda_2-1} u'(t)), t \in (n_0 - \rho, \infty)$$

仍具有递减性.因 $u''(t) \leqslant 0$,及 $(u(t))^{\lambda_2-1} u'(t)$ 凸,显然上式仍具有凸性($\rho = \frac{1}{2}$).故定义 2.1 情形(1)(或情形(2))对 $s_2 = \hat{\lambda}_2$ 仍满足.由式(4.2.3),代之以

$\hat{\lambda}_i = \lambda_i\ (i=1,2)$，有不等式：

$$\int_b^\infty \sum_{n=n_0}^\infty \frac{a_n v'(x) f(x)}{(v(x)+u(n))^{\lambda+1}}\mathrm{d}x < \frac{1}{\lambda}\mathrm{B}(\hat{\lambda}_1,\hat{\lambda}_2)\ \cdot$$

$$\left(\int_b^\infty \frac{(v(x))^{p(1-\hat{\lambda}_1)-1}}{(v'(x))^{p-1}}\,(f'(x))^p\mathrm{d}x\right)^{\frac{1}{p}}\left(\sum_{n=n_0}^\infty \frac{(u(n))^{q(1-\hat{\lambda}_2)-1}}{(u'(n))^{q-1}}a_n^q\right)^{\frac{1}{q}}.$$

$$(4.2.5)$$

由 Hölder 不等式（参考文[5]），我们还有

$$\mathrm{B}(\hat{\lambda}_1,\hat{\lambda}_2)=k_\lambda(\hat{\lambda}_1)=k_\lambda\left(\frac{\lambda-\lambda_2}{p}+\frac{\lambda_1}{q}\right)$$

$$=\int_0^\infty \frac{1}{(1+u)^\lambda}u^{\frac{\lambda-\lambda_2}{p}+\frac{\lambda_1}{q}-1}\mathrm{d}u=\int_0^\infty \frac{1}{(1+u)^\lambda}(u^{\frac{\lambda-\lambda_2-1}{p}})(u^{\frac{\lambda_1-1}{q}})\mathrm{d}u$$

$$\leqslant \left(\int_0^\infty \frac{1}{(1+u)^\lambda}u^{\lambda-\lambda_2-1}\mathrm{d}u\right)^{\frac{1}{p}}\left(\int_0^\infty \frac{1}{(1+u)^\lambda}u^{\lambda_1-1}\mathrm{d}u\right)^{\frac{1}{q}}$$

$$=\left(\int_0^\infty \frac{1}{(1+v)^\lambda}v^{\lambda_2-1}\mathrm{d}v\right)^{\frac{1}{p}}\left(\int_0^\infty \frac{1}{(1+u)^\lambda}u^{\lambda_1-1}\mathrm{d}u\right)^{\frac{1}{q}}$$

$$=(k_\lambda(\lambda_2))^{\frac{1}{p}}\,(k_\lambda(\lambda_1))^{\frac{1}{q}}.$$

$$(4.2.6)$$

由于常数因子 $\dfrac{1}{\lambda}\,(k_\lambda(\lambda_2))^{\frac{1}{p}}\,(k_\lambda(\lambda_1))^{\frac{1}{q}}$ 为式（4.2.2）的最佳值，故比较式（4.2.2）与式（4.2.5）的常数因子的大小，我们有不等式：

$$\frac{1}{\lambda}\,(k_\lambda(\lambda_2))^{\frac{1}{p}}\,(k_\lambda(\lambda_1))^{\frac{1}{q}} \leqslant \frac{1}{\lambda}\mathrm{B}(\hat{\lambda}_1,\hat{\lambda}_2)(\in \mathbf{R}^+).$$

即有不等式 $\mathrm{B}(\hat{\lambda}_1,\hat{\lambda}_2)\geqslant (k_\lambda(\lambda_2))^{\frac{1}{p}}\,(k_\lambda(\lambda_1))^{\frac{1}{q}}$，因而式（4.2.6）取等号. 式（4.2.6）取等号的充分必要条件是存在不全为 0 的常数 A 和 B，使（参阅文[5]）$Au^{\lambda-\lambda_2-1}=Bu^{\lambda_1-1}$ a. e. 于 $\mathbf{R}^+$. 不妨设 $A\neq 0$，则有 $u^{\lambda-\lambda_2-\lambda_1}=\dfrac{B}{A}$ a. e. 于 $\mathbf{R}^+$，及 $\lambda-\lambda_1-\lambda_2=0$. 因而 $\lambda_1+\lambda_2=\lambda$. 证毕.

4.3　等价式、特殊不等式及算子表示

定理 4.3　我们有如下与式（4.2.2）等价的半离散 Hardy-Hilbert 不等式：

$$J:=\left(\sum_{n=n_0}^\infty (u(n))^{p\hat{\lambda}_2-1}u'(n)\left(\int_b^\infty \frac{v'(x)f(x)}{(v(x)+u(n))^{\lambda+1}}\mathrm{d}x\right)^p\right)^{\frac{1}{p}}$$

$$< \frac{1}{\lambda}\,(k_\lambda(\lambda_2))^{\frac{1}{p}}\,(k_\lambda(\lambda_1))^{\frac{1}{q}}\left(\int_b^\infty \frac{(v(x))^{p(1-\hat{\lambda}_1)-1}}{(v'(x))^{p-1}}\,(f'(x))^p\mathrm{d}x\right)^{\frac{1}{p}}.$$

$$(4.3.1)$$

特别当 $\lambda_1 + \lambda_2 = \lambda$ 时,我们有式(4.2.3)的等价式:

$$\left(\sum_{n=n_0}^{\infty} (u(n))^{p\lambda_2-1} u'(n) \left(\int_b^{\infty} \frac{v'(x)f(x)}{(v(x)+u(n))^{\lambda+1}} dx\right)^p\right)^{\frac{1}{p}}$$

$$< \frac{1}{\lambda} B(\lambda_1,\lambda_2) \left(\int_b^{\infty} \frac{(v(x))^{p(1-\lambda_1)-1}}{(v'(x))^{p-1}} (f'(x))^p dx\right)^{\frac{1}{p}}. \qquad (4.3.2)$$

证明 设式(4.3.1)为真. 由 Hölder 不等式,有

$$I = \sum_{n=n_0}^{\infty} \left((u(n))^{\hat\lambda_2-\frac{1}{p}} (u'(n))^{\frac{1}{p}} \int_b^{\infty} \frac{v'(x)f(x)}{(v(x)+u(n))^{\lambda+1}} dx\right)\left(\frac{(u(n))^{-\hat\lambda_2+\frac{1}{p}}}{(u'(n))^{\frac{1}{p}}} a_n\right)$$

$$\leqslant J \left(\sum_{n=n_0}^{\infty} \frac{(u(n))^{q(1-\hat\lambda_2)-1}}{(u'(n))^{q-1}} a_n^q\right)^{\frac{1}{q}}. \qquad (4.3.3)$$

则由式(4.3.1),我们有式(4.2.2). 反之,设式(4.2.2)成立,置

$$a_n := (u(n))^{p\hat\lambda_2-1} u'(n) \left(\int_b^{\infty} \frac{v'(x)f(x)}{(v(x)+u(n))^{\lambda}} dx\right)^{p-1}, n \in \mathbf{N}_{n_0}.$$

若 $J=0$,则式(4.3.1)自然成立;若 $J=\infty$,则式(4.3.1)必然不成立,即 $J<\infty$. 下设 $0<J<\infty$. 式(4.2.2),有

$$0 < \sum_{n=n_0}^{\infty} \frac{(u(n))^{q(1-\hat\lambda_2)-1}}{(u'(n))^{q-1}} a_n^q = J^p = I$$

$$< \frac{1}{\lambda} (k_\lambda(\lambda_2))^{\frac{1}{p}} (k_\lambda(\lambda_1))^{\frac{1}{q}} \left(\int_b^{\infty} \frac{(v(x))^{p(1-\hat\lambda_1)-1}}{(v'(x))^{p-1}} (f'(x))^p dx\right)^{\frac{1}{p}} J^{p-1}$$

$$< \infty,$$

$$J = \left(\sum_{n=n_0}^{\infty} \frac{(u(n))^{q(1-\hat\lambda_2)-1}}{(u'(n))^{q-1}} a_n^q\right)^{\frac{1}{p}}$$

$$< \frac{1}{\lambda} (k_\lambda(\lambda_2))^{\frac{1}{p}} (k_\lambda(\lambda_1))^{\frac{1}{q}} \left(\int_b^{\infty} \frac{(v(x))^{p(1-\hat\lambda_1)-1}}{(v'(x))^{p-1}} (f'(x))^p dx\right)^{\frac{1}{p}},$$

即式(4.3.1)成立,且它等价于式(4.2.2). 证毕.

定理 4.4 若 $\lambda_1 + \lambda_2 = \lambda$,则式(4.3.1)的常数因子 $\frac{1}{\lambda} (k_\lambda(\lambda_2))^{\frac{1}{p}} (k_\lambda(\lambda_1))^{\frac{1}{q}}$ 必为最佳值. 反之,若 $\lambda - \lambda_1 - \lambda_2 \leqslant 0$,且式(4.3.1)的相同常数因子为最佳值,则有 $\lambda_1 + \lambda_2 = \lambda$.

证明 若 $\lambda_1 + \lambda_2 = \lambda$,则由定理 4.1,式(4.2.2)的常数因子 $\frac{1}{\lambda} (k_\lambda(\lambda_2))^{\frac{1}{p}} \cdot$ $(k_\lambda(\lambda_1))^{\frac{1}{q}}$ 是最佳值. 由式(4.3.3),知式(4.3.1)的常数因子也必为最佳值. 不然,将得出式(4.2.2)的常数因子也不是最佳值的矛盾. 反之,若式(4.3.1)的

常数因子是最佳值,则由式(4.3.1)与式(4.2.2)的等价性,及 $J^p = I$(参考定理 4.3 的证明),能证得式(4.2.2)的相同常数因子也是最佳值. 由条件及定理 4.2,有 $\lambda_1 + \lambda_2 = \lambda$. 证毕.

例 4.1　在式(4.2.3),式(4.3.2)中代入例 2.1(2)的中间变量,并分别代之以 $v(x) = x^\alpha$ $(x \in (0, \infty))$,$v(x) = \ln^\alpha x$ $(x \in (1, \infty))$,当 $\alpha \in (0, 1]$,$\xi \in [0, \frac{1}{2}]$,$\lambda_2 \leqslant \frac{1}{\alpha}$ 时,有如下具有最佳常数因子 $\frac{1}{\alpha^2 \lambda} B(\lambda_1, \lambda_2)$ 的 2 组等价不等式:

$$\int_0^\infty \sum_{n=1}^\infty \frac{a_n x^{\alpha-1} f(x)}{(x^\alpha + (n-\xi)^\alpha)^{\lambda+1}} dx < \frac{1}{\alpha^2 \lambda} B(\lambda_1, \lambda_2) \cdot$$

$$\left(\int_0^\infty x^{p(1-\alpha\lambda_1)-1} (f'(x))^p dx\right)^{\frac{1}{p}} \left(\sum_{n=1}^\infty (n-\xi)^{q(1-\alpha\lambda_2)-1} a_n^q\right)^{\frac{1}{q}}, \tag{4.3.4}$$

$$\left(\sum_{n=1}^\infty (n-\xi)^{p\alpha\lambda_2-1} \left(\int_0^\infty \frac{x^{\alpha-1} f(x)}{(x^\alpha + (n-\xi)^\alpha)^{\lambda+1}} dx\right)^p\right)^{\frac{1}{p}}$$

$$< \frac{1}{\alpha^2 \lambda} B(\lambda_1, \lambda_2) \left(\int_0^\infty x^{p(1-\alpha\lambda_1)-1} (f'(x))^p dx\right)^{\frac{1}{p}}; \tag{4.3.5}$$

$$\int_0^\infty \sum_{n=2}^\infty \frac{a_n x^{\alpha-1} f(x)}{(x^\alpha + \ln^\alpha(n-\xi))^{\lambda+1}} dx < \frac{1}{\alpha^2 \lambda} B(\lambda_1, \lambda_2) \cdot$$

$$\left(\int_0^\infty x^{p(1-\alpha\lambda_1)-1} (f'(x))^p dx\right)^{\frac{1}{p}} \left(\sum_{n=2}^\infty \frac{\ln^{q(1-\alpha\lambda_2)-1}(n-\xi)}{(n-\xi)^{1-q}} a_n^q\right)^{\frac{1}{q}}, \tag{4.3.6}$$

$$\left(\sum_{n=2}^\infty \frac{\ln^{p\alpha\lambda_2-1}(n-\xi)}{n-\xi} \left(\int_0^\infty \frac{x^{\alpha-1} f(x)}{(x^\alpha + \ln^\alpha(n-\xi))^{\lambda+1}} dx\right)^p\right)^{\frac{1}{p}}$$

$$< \frac{1}{\alpha^2 \lambda} B(\lambda_1, \lambda_2) \left(\int_0^\infty x^{p(1-\alpha\lambda_1)-1} (f'(x))^p dx\right)^{\frac{1}{p}}. \tag{4.3.7}$$

特别当 $v(x) = e^{\alpha x}$ $(\alpha \in (0, 1]; x \in (-\infty, \infty))$ 时,有如下 2 组具有最佳常数因子 $\frac{1}{\alpha^2 \lambda} B(\lambda_1, \lambda_2)$ 的半平面半离散的等价不等式:

$$\int_{-\infty}^\infty \sum_{n=1}^\infty \frac{a_n e^{\alpha x} f(x)}{(e^{\alpha x} + (n-\xi)^\alpha)^{\lambda+1}} dx < \frac{1}{\alpha^2 \lambda} B(\lambda_1, \lambda_2) \cdot$$

$$\left(\int_{-\infty}^\infty e^{-p\alpha\lambda_1 x} (f'(x))^p dx\right)^{\frac{1}{p}} \left(\sum_{n=1}^\infty (n-\xi)^{q(1-\alpha\lambda_2)-1} a_n^q\right)^{\frac{1}{q}}, \tag{4.3.8}$$

$$\left(\sum_{n=1}^\infty (n-\xi)^{p\alpha\lambda_2-1} \left(\int_{-\infty}^\infty \frac{e^{\alpha x} f(x)}{(e^{\alpha x} + (n-\xi)^\alpha)^{\lambda+1}} dx\right)^p\right)^{\frac{1}{p}}$$

$$< \frac{1}{\alpha^2 \lambda} B(\lambda_1, \lambda_2) \left(\int_{-\infty}^\infty e^{-p\alpha\lambda_1 x} (f'(x))^p dx\right)^{\frac{1}{p}}; \tag{4.3.9}$$

$$\int_{-\infty}^\infty \sum_{n=2}^\infty \frac{a_n e^{\alpha x} f(x)}{(e^{\alpha x} + \ln^\alpha(n-\xi))^{\lambda+1}} dx < \frac{1}{\alpha^2 \lambda} B(\lambda_1, \lambda_2) \cdot$$

$$\left(\int_{-\infty}^{\infty} \mathrm{e}^{-p\alpha\lambda_1 x}\left(f'(x)\right)^p \mathrm{d}x\right)^{\frac{1}{p}}\left(\sum_{n=2}^{\infty}\frac{\ln^{q(1-\alpha\lambda_2)-1}(n-\xi)}{(n-\xi)^{1-q}}a_n^q\right)^{\frac{1}{q}}, \quad (4.3.10)$$

$$\left(\sum_{n=2}^{\infty}\frac{\ln^{p\alpha\lambda_2-1}(n-\xi)}{n-\xi}\left(\int_{-\infty}^{\infty}\frac{\mathrm{e}^{\alpha x}f(x)}{(\mathrm{e}^{\alpha x}+\ln^{\alpha}(n-\xi))^{\lambda+1}}\mathrm{d}x\right)^p\right)^{\frac{1}{p}}$$

$$<\frac{1}{\alpha^2\lambda}\mathrm{B}(\lambda_1,\lambda_2)\left(\int_{-\infty}^{\infty}\mathrm{e}^{-p\alpha\lambda_1 x}\left(f'(x)\right)^p \mathrm{d}x\right)^{\frac{1}{p}}. \quad (4.3.11)$$

当 $\xi=0$ 时,上面的式子变为代入例 2.1(1) 中两类中间变量的情形. 此时,由于不要求相关凸性及 $u''(t)\leqslant 0$ 的条件,还可放宽参数 $\alpha\in(0,1]$ 为 $\alpha\in(0,\infty)$.

下面考虑算子表示. 置函数

$$\varphi(x):=\frac{(v(x))^{p(1-\hat{\lambda}_1)-1}}{(v'(x))^{p-1}}, \psi(n):=\frac{(u(n))^{q(1-\hat{\lambda}_2)-1}}{(u'(n))^{q-1}},$$

及

$$\psi^{1-p}(n)=(u(n))^{p\hat{\lambda}_2-1}u'(n), x\in(b,\infty), n\in \mathbf{N}_{n_0}.$$

定义如下实赋范空间:

$$L_{p,\varphi}((b,\infty)):=\left\{f=f(x); \|f\|_{p,\varphi}:=\left(\int_b^{\infty}\varphi(x)\,|\,f(x)\,|^p\mathrm{d}x\right)^{\frac{1}{p}}<\infty\right\},$$

$$l_{q,\psi}:=\left\{a=\{a_n\}_{n=n_0}^{\infty}; \|a\|_{q,\psi}:=\left(\sum_{n=n_0}^{\infty}\psi(n)\,|\,a_n\,|^q\right)^{\frac{1}{q}}<\infty\right\},$$

$$l_{p,\psi^{1-p}}:=\left\{c=\{c_n\}_{n=n_0}^{\infty}; \|c\|_{p,\psi^{1-p}}:=\left(\sum_{n=n_0}^{\infty}\psi^{1-p}(n)\,|\,c_n\,|^p\right)^{\frac{1}{p}}<\infty\right\}.$$

设 $f\in \widetilde{L}_{p,\varphi}((b,\infty)):=\{f:f'(\in L_{p,\varphi}((b,\infty)))$ 在 (b,∞) 除有限点外非负连续, $f(x)=\int_b^x f'(t)\mathrm{d}t=o(\mathrm{e}^{tv(x)})(x>b,t>0;x\to\infty)\}$, 又设

$$c=\{c_n\}_{n=n_0}^{\infty}, c_n:=\int_b^{\infty}\frac{v'(x)f(x)}{(v(x)+u(n))^{\lambda+1}}\mathrm{d}x,$$

则可将式(4.3.1)改写如下:

$$\|c\|_{p,\psi^{1-p}}<\frac{1}{\lambda}(k_{\lambda}(\lambda_2))^{\frac{1}{p}}(k_{\lambda}(\lambda_1))^{\frac{1}{q}}\|f'\|_{p,\varphi}<\infty,$$

即有 $c\in l_{p,\psi^{1-p}}$.

定义 4.1 定义如下半离散 Hardy-Hilbert 算子 $T:\widetilde{L}_{p,\varphi}((b,\infty))\to l_{p,\psi^{1-p}}$, 对任意 $f\in \widetilde{L}_{p,\varphi_0}((b,\infty))$, 存在唯一的 $c=Tf\in l_{p,\psi^{1-p}}$, 使对任意 $n\in \mathbf{N}_{n_0}$, $Tf(n)=c_n$. 定义 Tf 与 $a\in l_{q,\psi}$ 的形式内积及 T 的范数如下:

$$(Tf,a) := \sum_{n=n_0}^{\infty} a_n \int_b^{\infty} \frac{v'(x)f(x)}{(v(x)+u(n))^{\lambda+1}} \mathrm{d}x = I,$$

$$\|T\| := \sup_{f(\neq 0) \in \widetilde{L}_{p,\varphi}((b,\infty))} \frac{\|Tf\|_{p,\psi^{1-p}}}{\|f'\|_{p,\varphi}}.$$

由定理 4.2,定理 4.3 及定理 4.4,有如下定理.

定理 4.5　若 $f(\geqslant 0) \in \widetilde{L}_{p,\varphi}((b,\infty)), a(\geqslant 0) \in l_{q,\psi}, \|f'\|_{p,\varphi} > 0,$ $\|a\|_{q,\psi} > 0$,则有等价的算子不等式:

$$(Tf,a) < \frac{1}{\lambda}(k_\lambda(\lambda_2))^{\frac{1}{p}}(k_\lambda(\lambda_1))^{\frac{1}{q}}\|f'\|_{p,\varphi}\|a\|_{q,\psi}, \quad (4.3.12)$$

$$\|Tf\|_{p,\psi^{1-p}} < \frac{1}{\lambda}(k_\lambda(\lambda_2))^{\frac{1}{p}}(k_\lambda(\lambda_1))^{\frac{1}{q}}\|f'\|_{p,\varphi}. \quad (4.3.13)$$

当 $\lambda_1+\lambda_2=\lambda$ 时,式(4.3.12)及式(4.3.13)的常数因子必为最佳值,即 $\|T\| = \frac{1}{\lambda}B(\lambda_1,\lambda_2)$.反之,若 $\lambda-\lambda_1-\lambda_2 \leqslant 0$,且式(4.3.12)或式(4.3.13)的常数因子 $\frac{1}{\lambda}(k_\lambda(\lambda_2))^{\frac{1}{p}}(k_\lambda(\lambda_1))^{\frac{1}{q}}$ 为最佳值,则有 $\lambda_1+\lambda_2=\lambda$.

4.4　第一类逆式的情形

本节设 $p<0,0<q<1$,定义 2.1 情形(1)(或情形(2))对 $s_2=\lambda_2$ 满足.令

$$s=\lambda, s_1=\lambda_1, s_2=\lambda_2, f(x)=f'(x),$$

由式(2.1.7)及条件(4.1.1),我们有逆向不等式:

$$\int_b^{\infty} \sum_{n=n_0}^{\infty} \frac{a_n f'(x)}{(v(x)+u(n))^{\lambda}} \mathrm{d}x > (k_\lambda(\lambda_2))^{\frac{1}{p}}(k_\lambda(\lambda_1))^{\frac{1}{q}} \cdot$$

$$\left(\int_b^{\infty} \frac{(v(x))^{p(1-\hat{\lambda}_1)-1}}{(v'(x))^{p-1}}(f'(x))^p \mathrm{d}x\right)^{\frac{1}{p}} \left(\sum_{n=n_0}^{\infty} \frac{(u(n))^{q(1-\hat{\lambda}_2)-1}}{(u'(n))^{q-1}}a_n^q\right)^{\frac{1}{q}}. \quad (4.4.1)$$

再由式(4.1.3),可得涉及导函数的第一类半离散逆向的 Hardy-Hilbert 不等式:

$$I = \int_b^{\infty} \sum_{n=n_0}^{\infty} \frac{a_n v'(x)f(x)}{(v(x)+u(n))^{\lambda+1}} \mathrm{d}x > \frac{1}{\lambda}(k_\lambda(\lambda_2))^{\frac{1}{p}}(k_\lambda(\lambda_1))^{\frac{1}{q}} \cdot$$

$$\left(\int_b^{\infty} \frac{(v(x))^{p(1-\hat{\lambda}_1)-1}}{(v'(x))^{p-1}}(f'(x))^p \mathrm{d}x\right)^{\frac{1}{p}} \left(\sum_{n=n_0}^{\infty} \frac{(u(n))^{q(1-\hat{\lambda}_2)-1}}{(u'(n))^{q-1}}a_n^q\right)^{\frac{1}{q}}.$$

$$(4.4.2)$$

特别当 $\lambda_1+\lambda_2=\lambda$ 时,有不等式:

$$\int_b^{\infty} \sum_{n=n_0}^{\infty} \frac{a_n v'(x)f(x)}{(v(x)+u(n))^{\lambda+1}} \mathrm{d}x > \frac{1}{\lambda}B(\lambda_1,\lambda_2) \cdot$$

$$\left(\int_b^\infty \frac{(v(x))^{p(1-\lambda_1)-1}}{(v'(x))^{p-1}}(f'(x))^p \mathrm{d}x\right)^{\frac{1}{p}} \left(\sum_{n=n_0}^\infty \frac{(u(n))^{q(1-\lambda_2)-1}}{(u'(n))^{q-1}}a_n^q\right)^{\frac{1}{q}}. \qquad (4.4.3)$$

定理 4.6 若 $\lambda_1 + \lambda_2 = \lambda$, 则式 (4.4.2) 的常数因子

$$\frac{1}{\lambda}(k_\lambda(\lambda_2))^{\frac{1}{p}}(k_\lambda(\lambda_1))^{\frac{1}{q}}\left(=\frac{1}{\lambda}\mathrm{B}(\lambda_1,\lambda_2)\right)$$

必为最佳值.

证明 若 $\lambda_1 + \lambda_2 = \lambda$, 则式 (4.4.2) 变为式 (4.4.3). 任给 $0 < \varepsilon < |p|\lambda_2$, 置

$$\widetilde{f'}(x) := \begin{cases} 0, b < x < v^{-1}(1) \\ (v(x))^{\lambda_1 - \frac{\varepsilon}{p}-1}v'(x), x \geqslant v^{-1}(1) \end{cases},$$

$$\widetilde{a}_n := (u(n))^{\lambda_2 - \frac{\varepsilon}{q}-1}u'(n), n \in \mathbf{N}_{n_0},$$

$$\widetilde{f}(x) := \int_b^x \widetilde{f'}(t)\mathrm{d}t \leqslant \begin{cases} 0, b < x < v^{-1}(1) \\ \left(\lambda_1 - \frac{\varepsilon}{p}\right)^{-1}(v(x))^{\lambda_1 - \frac{\varepsilon}{p}}, x \geqslant v^{-1}(1) \end{cases},$$

满足条件, $\widetilde{f}(b^+) = 0$, $\widetilde{f}(x) = o(\mathrm{e}^{tv(x)})(t > 0; x \to \infty)$.

若有正数 $M \geqslant \dfrac{1}{\lambda}\mathrm{B}(\lambda_1,\lambda_2)$, 使其取代式 (4.4.3) 的常数因子后原式仍成立, 则特别还有

$$\widetilde{I} := \int_b^\infty \sum_{n=n_0}^\infty \frac{\widetilde{a}_n v'(x)\widetilde{f}(x)}{(v(x)+u(n))^{\lambda+1}}\mathrm{d}x$$

$$> M\left(\int_b^\infty \frac{(v(x))^{p(1-\lambda_1)-1}}{(v'(x))^{p-1}}(\widetilde{f'}(x))^p \mathrm{d}x\right)^{\frac{1}{p}}\left(\sum_{n=n_0}^\infty \frac{(u(n))^{q(1-\lambda_2)-1}}{(u'(n))^{q-1}}\widetilde{a}_n^q\right)^{\frac{1}{q}}.$$

$$(4.4.4)$$

显然, $(u(t))^{-\varepsilon-1}u'(t)(t \in (n_0,\infty))$ 仍具有递减性. 由式 (4.4.4) 及级数的递减性质, 可得

$$\widetilde{I} > M\left(\int_{v^{-1}(1)}^\infty \frac{(v(x))^{p(1-\lambda_1)-1}}{(v'(x))^{p-1}}(v(x))^{p(\lambda_1-1)-\varepsilon}(v'(x))^p \mathrm{d}x\right)^{\frac{1}{p}} \cdot$$

$$\left(\sum_{n=n_0}^\infty \frac{(u(n))^{q(1-\lambda_2)-1}}{(u'(n))^{q-1}}(u(n))^{q\lambda_2-\varepsilon-q}(u'(n))^q\right)^{\frac{1}{q}}$$

$$= M\left(\int_{v^{-1}(1)}^\infty (v(x))^{-\varepsilon-1}\mathrm{d}v(x)\right)^{\frac{1}{p}}\left(\sum_{n=n_0}^\infty (u(n))^{-\varepsilon-1}u'(n)\right)^{\frac{1}{q}}$$

$$\geqslant M\left(\int_{v^{-1}(1)}^\infty (v(x))^{-\varepsilon-1}\mathrm{d}v(x)\right)^{\frac{1}{p}}\left(\int_{n_0}^\infty (u(t))^{-\varepsilon-1}\mathrm{d}u(t)\right)^{\frac{1}{q}}$$

$$= \frac{M}{\varepsilon}(u(n_0))^{\frac{-\varepsilon}{q}}.$$

由式 (2.1.5)，设 $s = \lambda + 1$，$s_1 = \tilde{\lambda}_1 = \lambda_1 + 1 - \dfrac{\varepsilon}{p} \in (0, \lambda + 1)$，我们有

$$\tilde{I} \leqslant \frac{1}{\lambda_1 - \dfrac{\varepsilon}{p}} \sum_{n=n_0}^{\infty} ((u(n))^{\lambda_2 + \frac{\varepsilon}{p}} \int_{v^{-1}(1)}^{\infty} \frac{(v(x))^{(\lambda_1 + 1 - \frac{\varepsilon}{p}) - 1} v'(x)}{(v(x) + u(n))^{\lambda + 1}} \mathrm{d}x)(u(n))^{-\varepsilon - 1} u'(n)$$

$$\leqslant \frac{1}{\lambda_1 - \dfrac{\varepsilon}{p}} \sum_{n=n_0}^{\infty} ((u(n))^{\lambda_2 + \frac{\varepsilon}{p}} \int_{b}^{\infty} \frac{(v(x))^{(\lambda_1 + 1 - \frac{\varepsilon}{p}) - 1}}{(v(x) + u(n))^{\lambda + 1}} v'(x) \mathrm{d}x)(u(n))^{-\varepsilon - 1} u'(n)$$

$$= \frac{1}{\lambda_1 - \dfrac{\varepsilon}{p}} \sum_{n=n_0}^{\infty} \omega_{\lambda + 1}(\tilde{\lambda}_1, n) (u(n))^{-\varepsilon - 1} u'(n)$$

$$= \frac{1}{\lambda_1 - \dfrac{\varepsilon}{p}} k_{\lambda + 1}(\tilde{\lambda}_1)((u(n_0))^{-\varepsilon - 1} u'(n_0) + \sum_{n=n_0 + 1}^{\infty} (u(n))^{-\varepsilon - 1} u'(n))$$

$$< \frac{1}{\lambda_1 - \dfrac{\varepsilon}{p}} k_{\lambda + 1}(\tilde{\lambda}_1)((u(n_0))^{-\varepsilon - 1} u'(n_0) + \int_{n_0}^{\infty} (u(y))^{-\varepsilon - 1} \mathrm{d}u(y))$$

$$= \frac{1}{\varepsilon(\lambda_1 - \dfrac{\varepsilon}{p})} \mathrm{B}(\lambda_1 - \frac{\varepsilon}{p} + 1, \lambda_2 + \frac{\varepsilon}{p})(\varepsilon(u(n_0))^{-\varepsilon - 1} u'(n_0) + (u(n_0))^{-\varepsilon}).$$

基于上面的结果，有

$$\frac{1}{\lambda_1 - \dfrac{\varepsilon}{p}} \mathrm{B}(\lambda_1 - \frac{\varepsilon}{p} + 1, \lambda_2 + \frac{\varepsilon}{p})(\varepsilon (u(n_0))^{-\varepsilon - 1} u'(n_0) + (u(n_0))^{-\varepsilon})$$

$$> \varepsilon \tilde{I} > M (u(n_0))^{\frac{-\varepsilon}{q}}.$$

令 $\varepsilon \to 0^+$，由 Beta 函数的连续性，有

$$\frac{1}{\lambda} \mathrm{B}(\lambda_1, \lambda_2) = \frac{1}{\lambda_1} \mathrm{B}(\lambda_1 + 1, \lambda_2) \geqslant M.$$

故 $M = \dfrac{1}{\lambda} \mathrm{B}(\lambda_1, \lambda_2)$ 为式 (4.4.3)（即式 (4.4.2) 当 $\lambda_1 + \lambda_2 = \lambda$ 时）的最佳值. 证毕.

定理 4.7　若式 (4.4.2) 的常数因子

$$\frac{1}{\lambda} (k_\lambda(\lambda_2))^{\frac{1}{p}} (k_\lambda(\lambda_1))^{\frac{1}{q}}$$

为最佳值，则当 $\lambda - \lambda_1 - \lambda_2 \in (-q\lambda_2, 0]$ 时，有 $\lambda_1 + \lambda_2 = \lambda$.

证明　因 $\hat{\lambda}_1 = \dfrac{\lambda - \lambda_2}{p} + \dfrac{\lambda_1}{q}$，$\hat{\lambda}_2 = \dfrac{\lambda - \lambda_1 - \lambda_2}{q} + \lambda_2$，有 $\hat{\lambda}_1 + \hat{\lambda}_2 = \lambda$. 当

$$\lambda - \lambda_1 - \lambda_2 \in (-q\lambda_2, 0] (\subset (-q\lambda_2, q(\lambda - \lambda_2))),$$

有 $0 < \hat{\lambda}_2 < \lambda$，$0 < \hat{\lambda}_1 = \lambda - \hat{\lambda}_2 < \lambda$ 及 $\mathrm{B}(\hat{\lambda}_1, \hat{\lambda}_2) \in \mathbf{R}^+$. 因 $\lambda - \lambda_1 - \lambda_2 \leqslant 0, 0 <$

$q < 1$,对于 $\rho = 1$(或 $\rho = \frac{1}{2}$),函数

$$(u(t))^{\hat{\lambda}_2 - 1} u'(t) = (u(t))^{\hat{\lambda}_2 - \lambda_2} ((u(t))^{\lambda_2 - 1} u'(t))$$

$$= (u(t))^{(\lambda - \lambda_1 - \lambda_2)/q} ((u(t))^{\lambda_2 - 1} u'(t)), t \in (n_0 - \rho, \infty)$$

仍具有递减性. 因 $u''(t) \leqslant 0$,及 $(u(t))^{\lambda_2 - 1} u'(t)$ 凸,显然上式仍具有凸性($\rho = \frac{1}{2}$). 故定义 2.1 情形(1)(或情形(2)) 对 $s_2 = \hat{\lambda}_2$ 仍满足. 由式(4.4.3),代之以 $\hat{\lambda}_i = \lambda_i (i = 1, 2)$,有不等式:

$$\int_b^\infty \sum_{n=n_0}^\infty \frac{a_n v'(x) f(x)}{(v(x) + u(n))^{\lambda+1}} dx > \frac{1}{\lambda} B(\hat{\lambda}_1, \hat{\lambda}_2) \cdot$$

$$\left(\int_b^\infty \frac{(v(x))^{p(1-\hat{\lambda}_1)-1}}{(v'(x))^{p-1}} (f'(x))^p dx \right)^{\frac{1}{p}} \left(\sum_{n=n_0}^\infty \frac{(u(n))^{q(1-\hat{\lambda}_2)-1}}{(u'(n))^{q-1}} a_n^q \right)^{\frac{1}{q}}.$$

$$(4.4.5)$$

由逆向的 Hölder 不等式(参考文[5]),我们还有

$$B(\hat{\lambda}_1, \hat{\lambda}_2) = k_\lambda(\hat{\lambda}_1) = k_\lambda\left(\frac{\lambda - \lambda_2}{p} + \frac{\lambda_1}{q} \right)$$

$$= \int_0^\infty \frac{1}{(1+u)^\lambda} u^{\frac{\lambda - \lambda_2}{p} + \frac{\lambda_1}{q} - 1} du = \int_0^\infty \frac{1}{(1+u)^\lambda} (u^{\frac{\lambda - \lambda_2 - 1}{p}})(u^{\frac{\lambda_1 - 1}{q}}) du$$

$$\geqslant \left(\int_0^\infty \frac{1}{(1+u)^\lambda} u^{\lambda - \lambda_2 - 1} du \right)^{\frac{1}{p}} \left(\int_0^\infty \frac{1}{(1+u)^\lambda} u^{\lambda_1 - 1} du \right)^{\frac{1}{q}}$$

$$= \left(\int_0^\infty \frac{1}{(1+v)^\lambda} v^{\lambda_2 - 1} dv \right)^{\frac{1}{p}} \left(\int_0^\infty \frac{1}{(1+u)^\lambda} u^{\lambda_1 - 1} du \right)^{\frac{1}{q}}$$

$$= (k_\lambda(\lambda_2))^{\frac{1}{p}} (k_\lambda(\lambda_1))^{\frac{1}{q}}.$$

$$(4.4.6)$$

由于常数因子 $\frac{1}{\lambda} (k_\lambda(\lambda_2))^{\frac{1}{p}} (k_\lambda(\lambda_1))^{\frac{1}{q}}$ 为式(4.4.2) 的最佳值,故比较式(4.4.2) 与式(4.4.5) 的常数因子的大小,我们有不等式:

$$\frac{1}{\lambda} (k_\lambda(\lambda_2))^{\frac{1}{p}} (k_\lambda(\lambda_1))^{\frac{1}{q}} \geqslant \frac{1}{\lambda} B(\hat{\lambda}_1, \hat{\lambda}_2)(\in \mathbf{R}^+).$$

即有不等式 $B(\hat{\lambda}_1, \hat{\lambda}_2) \leqslant (k_\lambda(\lambda_2))^{\frac{1}{p}} (k_\lambda(\lambda_1))^{\frac{1}{q}}$,因而式(4.4.6) 取等号. 式(4.4.6) 取等号的充分必要条件是存在不全为 0 的常数 A 和 B,使(参阅文[5])$Au^{\lambda - \lambda_2 - 1} = Bu^{\lambda_1 - 1}$ a. e. 于 $\mathbf{R}^+$. 不妨设 $A \neq 0$,则有 $u^{\lambda - \lambda_2 - \lambda_1} = \frac{B}{A}$ a. e. 于 $\mathbf{R}^+$,及 $\lambda - \lambda_1 - \lambda_2 = 0$. 因而 $\lambda_1 + \lambda_2 = \lambda$. 证毕.

定理 4.8 我们有与式(4.4.2) 等价的第一类半离散逆向的 Hardy-

Hilbert 不等式：

$$J := \left(\sum_{n=n_0}^{\infty} (u(n))^{p\hat{\lambda}_2-1} u'(n) \left(\int_b^{\infty} \frac{v'(x)f(x)}{(v(x)+u(n))^{\lambda+1}} dx \right)^p \right)^{\frac{1}{p}}$$

$$> \frac{1}{\lambda} (k_\lambda(\lambda_2))^{\frac{1}{p}} (k_\lambda(\lambda_1))^{\frac{1}{q}} \left(\int_b^{\infty} \frac{(v(x))^{p(1-\hat{\lambda}_1)-1}}{(v'(x))^{p-1}} (f'(x))^p dx \right)^{\frac{1}{p}}.$$

$$(4.4.7)$$

特别当 $\lambda_1 + \lambda_2 = \lambda$ 时，我们有式(4.4.3) 的等价式：

$$\left(\sum_{n=n_0}^{\infty} (u(n))^{p\lambda_2-1} u'(n) \left(\int_b^{\infty} \frac{v'(x)f(x)}{(v(x)+u(n))^{\lambda+1}} dx \right)^p \right)^{\frac{1}{p}}$$

$$> \frac{1}{\lambda} B(\lambda_1,\lambda_2) \left(\int_b^{\infty} \frac{(v(x))^{p(1-\lambda_1)-1}}{(v'(x))^{p-1}} (f'(x))^p dx \right)^{\frac{1}{p}}. \qquad (4.4.8)$$

证明　设式(4.4.7) 为真. 由逆向的 Hölder 不等式,有

$$I = \sum_{n=n_0}^{\infty} ((u(n))^{\hat{\lambda}_2-\frac{1}{p}} (u'(n))^{\frac{1}{p}} \int_b^{\infty} \frac{v'(x)f(x)}{(v(x)+u(n))^{\lambda}} dx \left(\frac{(u(n))^{-\hat{\lambda}_2+\frac{1}{p}}}{(u'(n))^{\frac{1}{p}}} a_n \right)$$

$$\geqslant J \left(\sum_{n=n_0}^{\infty} \frac{(u(n))^{q(1-\hat{\lambda}_2)-1}}{(u'(n))^{q-1}} a_n^q \right)^{\frac{1}{q}}. \qquad (4.4.9)$$

则由式(4.4.7),我们有式(4.4.2). 反之,设式(4.4.2) 成立,置

$$a_n := (u(n))^{p\hat{\lambda}_2-1} u'(n) \left(\int_b^{\infty} \frac{v'(x)f(x)}{(v(x)+u(n))^{\lambda}} dx \right)^{p-1}, n \in \mathbf{N}_{n_0}.$$

若 $J=\infty$,则式(4.4.7) 自然成立;若 $J=0$,则式(4.4.7) 必然不成立,即 $J>0$.
下设 $0<J<\infty$. 由式(4.4.2),有

$$\infty > \sum_{n=n_0}^{\infty} \frac{(u(n))^{q(1-\hat{\lambda}_2)-1}}{(u'(n))^{q-1}} a_n^q = J^p = I$$

$$> \frac{1}{\lambda} (k_\lambda(\lambda_2))^{\frac{1}{p}} (k_\lambda(\lambda_1))^{\frac{1}{q}} \left(\int_b^{\infty} \frac{(v(x))^{p(1-\hat{\lambda}_1)-1}}{(v'(x))^{p-1}} (f'(x))^p dx \right)^{\frac{1}{p}} J^{p-1}$$

$$> 0,$$

$$J = \left(\sum_{n=n_0}^{\infty} \frac{(u(n))^{q(1-\hat{\lambda}_2)-1}}{(u'(n))^{q-1}} a_n^q \right)^{\frac{1}{p}}$$

$$> \frac{1}{\lambda} (k_\lambda(\lambda_2))^{\frac{1}{p}} (k_\lambda(\lambda_1))^{\frac{1}{q}} \left(\int_b^{\infty} \frac{(v(x))^{p(1-\hat{\lambda}_1)-1}}{(v'(x))^{p-1}} (f'(x))^p dx \right)^{\frac{1}{p}},$$

即式(4.4.7) 成立,且它等价于式(4.4.2). 证毕.

定理 4.9　若 $\lambda_1 + \lambda_2 = \lambda$,则式(4.4.7) 的常数因子

$$\frac{1}{\lambda} (k_\lambda(\lambda_2))^{\frac{1}{p}} (k_\lambda(\lambda_1))^{\frac{1}{q}}$$

73

必为最佳值.反之,若 $\lambda-\lambda_1-\lambda_2\in(-q\lambda_2,0]$,且式(4.4.7)的相同常数因子为最佳值,则有 $\lambda_1+\lambda_2=\lambda$.

证明 若 $\lambda_1+\lambda_2=\lambda$,则由定理 4.6,式(4.4.2)的常数因子 $\frac{1}{\lambda}(k_\lambda(\lambda_2))^{\frac{1}{p}}\cdot(k_\lambda(\lambda_1))^{\frac{1}{q}}$ 是最佳值.由式(4.4.9),知式(4.4.7)的常数因子也必为最佳值.不然,将得出式(4.4.2)的常数因子也不是最佳值的矛盾.反之,若式(4.4.7)的常数因子是最佳值,则由式(4.4.7)与式(4.4.2)的等价性,及 $J^p=I$(参考定理 4.8 的证明),能证得式(4.4.2)的相同常数因子也是最佳值.由条件及定理 4.7,有 $\lambda_1+\lambda_2=\lambda$.证毕.

例 4.2 在式(4.4.3)及式(4.4.8)中代入例 2.1(2)的中间变量,并分别代之以 $v(x)=x^a(x\in(0,\infty))$,$v(x)=\ln^a x(x\in(1,\infty))$,当 $\alpha\in(0,1]$,$\xi\in[0,\frac{1}{2}]$,$\lambda_2\leqslant\frac{1}{\alpha}$ 时,有具有最佳常数因子 $\frac{1}{\alpha^2\lambda}B(\lambda_1,\lambda_2)$ 的 2 组逆向等价不等式:

$$\int_0^\infty\sum_{n=1}^\infty\frac{a_n x^{a-1}f(x)}{(x^a+(n-\xi)^a)^{\lambda+1}}\mathrm{d}x>\frac{1}{\alpha^2\lambda}B(\lambda_1,\lambda_2)\cdot$$

$$(\int_0^\infty x^{p(1-a\lambda_1)-1}(f'(x))^p\mathrm{d}x)^{\frac{1}{p}}(\sum_{n=1}^\infty(n-\xi)^q(1-a\lambda_2)^{-1}a_n^q)^{\frac{1}{q}},\quad(4.4.10)$$

$$(\sum_{n=1}^\infty(n-\xi)^{pa\lambda_2-1}(\int_0^\infty\frac{x^{a-1}f(x)}{(x^a+(n-\xi)^a)^{\lambda+1}}\mathrm{d}x)^p)^{\frac{1}{p}}$$

$$>\frac{1}{\alpha^2\lambda}B(\lambda_1,\lambda_2)(\int_0^\infty x^{p(1-a\lambda_1)-1}(f'(x))^p\mathrm{d}x)^{\frac{1}{p}};\quad(4.4.11)$$

$$\int_1^\infty\sum_{n=2}^\infty\frac{a_n x^{a-1}f(x)}{(\ln^a x+\ln^a(n-\xi))^{\lambda+1}}\mathrm{d}x>\frac{1}{\alpha^2\lambda}B(\lambda_1,\lambda_2)\cdot$$

$$(\int_1^\infty\frac{\ln^{p(1-a\lambda_1)-1}x}{x^{1-p}}(f'(x))^p\mathrm{d}x)^{\frac{1}{p}}(\sum_{n=2}^\infty\frac{\ln^{q(1-a\lambda_2)-1}(n-\xi)}{(n-\xi)^{1-q}}a_n^q)^{\frac{1}{q}},$$

$$(4.4.12)$$

$$(\sum_{n=2}^\infty\frac{\ln^{pa\lambda_2-1}(n-\xi)}{n-\xi}(\int_1^\infty\frac{\ln^{a-1}x}{x(\ln^a x+\ln^a(n-\xi))^{\lambda+1}}f(x)\mathrm{d}x)^p)^{\frac{1}{p}}$$

$$>\frac{1}{\alpha^2\lambda}B(\lambda_1,\lambda_2)(\int_1^\infty\frac{\ln^{p(1-a\lambda_1)-1}x}{x^{1-p}}(f'(x))^p\mathrm{d}x)^{\frac{1}{p}}.\quad(4.4.13)$$

特别当 $v(x)=\mathrm{e}^{ax}(\alpha\in(0,1];x\in(-\infty,\infty))$ 时,有 2 组具有最佳常数因子 $\frac{1}{\alpha^2\lambda}B(\lambda_1,\lambda_2)$ 的半平面半离散逆向的等价不等式:

$$\int_{-\infty}^\infty\sum_{n=1}^\infty\frac{a_n\mathrm{e}^{ax}f(x)}{(\mathrm{e}^{ax}+(n-\xi)^a)^{\lambda+1}}\mathrm{d}x>\frac{1}{\alpha^2\lambda}B(\lambda_1,\lambda_2)\cdot$$

$$\left(\int_{-\infty}^{\infty} e^{-p a \lambda_1 x} (f'(x))^p dx\right)^{\frac{1}{p}} \left(\sum_{n=1}^{\infty} (n-\xi)^{q(1-a\lambda_2)-1} a_n^q\right)^{\frac{1}{q}}, \tag{4.4.14}$$

$$\left(\sum_{n=1}^{\infty} (n-\xi)^{p a \lambda_2 - 1} \left(\int_{-\infty}^{\infty} \frac{e^{a x} f(x)}{(e^{a x} + (n-\xi)^a)^{\lambda+1}} dx\right)^p\right)^{\frac{1}{p}}$$

$$> \frac{1}{a^2 \lambda} B(\lambda_1, \lambda_2) \left(\int_{-\infty}^{\infty} e^{-p a \lambda_1 x} (f'(x))^p dx\right)^{\frac{1}{p}}; \tag{4.4.15}$$

$$\int_{-\infty}^{\infty} \sum_{n=2}^{\infty} \frac{a_n e^{a x} f(x)}{(e^{a x} + \ln^a (n-\xi))^{\lambda+1}} dx > \frac{1}{a^2 \lambda} B(\lambda_1, \lambda_2) \cdot$$

$$\left(\int_{-\infty}^{\infty} e^{-p a \lambda_1 x} (f'(x))^p dx\right)^{\frac{1}{p}} \left(\sum_{n=2}^{\infty} \frac{\ln^{q(1-a\lambda_2)-1}(n-\xi)}{(n-\xi)^{1-q}} a_n^q\right)^{\frac{1}{q}}, \tag{4.4.16}$$

$$\left(\sum_{n=2}^{\infty} \frac{\ln^{p a \lambda_2 - 1}(n-\xi)}{n-\xi} \left(\int_{-\infty}^{\infty} \frac{e^{a x} f(x)}{(e^{a x} + \ln^a (n-\xi))^{\lambda+1}} dx\right)^p\right)^{\frac{1}{p}}$$

$$> \frac{1}{a^2 \lambda} B(\lambda_1, \lambda_2) \left(\int_{-\infty}^{\infty} e^{-p a \lambda_1 x} (f'(x))^p dx\right)^{\frac{1}{p}}. \tag{4.4.17}$$

当 $\xi = 0$ 时,上面的式子变为代入例 2.1(1) 中两类中间变量的情形. 此时,由于不要求相关凸性及 $u''(t) \leqslant 0$ 的条件,还可放宽参数 $a \in (0,1]$ 为 $a \in (0,\infty)$.

4.5　第二类逆式的情形

本节设 $0 < p < 1, q < 0$,定义 2.1 情形(1)(或情形(2))对 $s_2 = \lambda_2$ 满足. 令
$$s = \lambda, s_1 = \lambda_1, s_2 = \lambda_2, f(x) = f'(x),$$
由式(2.1.8)及条件(4.1.1),我们有逆向不等式:

$$\int_b^{\infty} \sum_{n=n_0}^{\infty} \frac{a_n f'(x)}{(v(x) + u(n))^{\lambda}} dx > (k_{\lambda}(\lambda_2))^{\frac{1}{p}} (k_{\lambda}(\lambda_1))^{\frac{1}{q}} \cdot$$

$$\left(\int_b^{\infty} \left(1 - O_{\lambda}\left(\frac{1}{(v(x))^{\lambda_2}}\right)\right) \frac{(v(x))^{p(1-\hat{\lambda}_1)-1}}{(v'(x))^{p-1}} (f'(x))^p dx\right)^{\frac{1}{p}} \cdot$$

$$\left(\sum_{n=n_0}^{\infty} \frac{(u(n))^{q(1-\hat{\lambda}_2)-1}}{(u'(n))^{q-1}} a_n^q\right)^{\frac{1}{q}}. \tag{4.5.1}$$

再由式(4.1.3),可得涉及导函数的第二类半离散逆向的 Hardy-Hilbert 不等式:

$$I = \int_b^{\infty} \sum_{n=n_0}^{\infty} \frac{a_n v'(x) f(x)}{(v(x) + u(n))^{\lambda+1}} dx > \frac{1}{\lambda} (k_{\lambda}(\lambda_2))^{\frac{1}{p}} (k_{\lambda}(\lambda_1))^{\frac{1}{q}} \cdot$$

$$\left(\int_b^{\infty} \left(1 - O_{\lambda}\left(\frac{1}{(v(x))^{\lambda_2}}\right)\right) \frac{(v(x))^{p(1-\hat{\lambda}_1)-1}}{(v'(x))^{p-1}} (f'(x))^p dx\right)^{\frac{1}{p}} \cdot$$

$$\left(\sum_{n=n_0}^{\infty} \frac{(u(n))^{q(1-\hat{\lambda}_2)-1}}{(u'(n))^{q-1}} a_n^q\right)^{\frac{1}{q}}. \tag{4.5.2}$$

特别当 $\lambda_1 + \lambda_2 = \lambda$ 时,有不等式:

$$\int_b^\infty \sum_{n=n_0}^\infty \frac{a_n v'(x) f(x)}{(v(x) + u(n))^{\lambda+1}} \mathrm{d}x > \frac{1}{\lambda} \mathrm{B}(\lambda_1, \lambda_2) \cdot$$

$$\left(\int_b^\infty (1 - O_\lambda(\frac{1}{(v(x))^{\lambda_2}})) \frac{(v(x))^{p(1-\lambda_1)-1}}{(v'(x))^{p-1}} (f'(x))^p \mathrm{d}x \right)^{\frac{1}{p}} \cdot$$

$$\left(\sum_{n=n_0}^\infty \frac{(u(n))^{q(1-\lambda_2)-1}}{(u'(n))^{q-1}} a_n^q \right)^{\frac{1}{q}}. \tag{4.5.3}$$

定理 4.10　若 $\lambda_1 + \lambda_2 = \lambda$,则式(4.5.2)的常数因子

$$\frac{1}{\lambda} (k_\lambda(\lambda_2))^{\frac{1}{p}} (k_\lambda(\lambda_1))^{\frac{1}{q}} (= \frac{1}{\lambda} \mathrm{B}(\lambda_1, \lambda_2))$$

必为最佳值.

证明　若 $\lambda_1 + \lambda_2 = \lambda$,则式(4.5.2)变为式(4.5.3).任给 $0 < \varepsilon < p\lambda_1$,置

$$\tilde{f}'(x) := \begin{cases} 0, b < x < v^{-1}(1) \\ (v(x))^{\lambda_1 - \frac{\varepsilon}{p} - 1} v'(x), x \geqslant v^{-1}(1) \end{cases},$$

$$\tilde{a}_n := (u(n))^{\lambda_2 - \frac{\varepsilon}{q} - 1} u'(n), n \in \mathbf{N}_{n_0},$$

$$\tilde{f}(x) := \int_b^x \tilde{f}'(t) \mathrm{d}t \leqslant \begin{cases} 0, b < x < v^{-1}(1) \\ (\lambda_1 - \frac{\varepsilon}{p})^{-1} (v(x))^{\lambda_1 - \frac{\varepsilon}{p}}, x \geqslant v^{-1}(1) \end{cases},$$

满足条件,$\tilde{f}(b^+) = 0, \tilde{f}(x) = o(\mathrm{e}^{tv(x)})(t > 0; x \to \infty)$.

若有常数 $M \geqslant \frac{1}{\lambda} \mathrm{B}(\lambda_1, \lambda_2)$,使其取代式(4.5.3)的常数因子后原式仍成立,则特别还有

$$\tilde{I} := \int_b^\infty \sum_{n=n_0}^\infty \frac{\tilde{a}_n v'(x) \tilde{f}(x)}{(v(x) + u(n))^{\lambda+1}} \mathrm{d}x$$

$$> M \left(\int_b^\infty (1 - O_\lambda(\frac{1}{(v(x))^{\lambda_2}})) \frac{(v(x))^{p(1-\lambda_1)-1}}{(v'(x))^{p-1}} (\tilde{f}'(x))^p \mathrm{d}x \right)^{\frac{1}{p}} \cdot$$

$$\left(\sum_{n=n_0}^\infty \frac{(u(n))^{q(1-\lambda_2)-1}}{(u'(n))^{q-1}} \tilde{a}_n^q \right)^{\frac{1}{q}}. \tag{4.5.4}$$

显然,$(u(t))^{-\varepsilon-1} u'(t)(t \in (n_0, \infty))$ 仍具有递减性. 由式(4.5.4)及级数的递减性质,可得

$$\tilde{I} > M \left(\int_{v^{-1}(1)}^\infty (1 - O_\lambda(\frac{1}{(v(x))^{\lambda_2}})) \frac{(v(x))^{p(1-\lambda_1)-1}}{(v'(x))^{p-1}} (v(x))^{p(\lambda_1-1)-\varepsilon} (v'(x))^p \mathrm{d}x \right)^{\frac{1}{p}} \cdot$$

$$\left(\sum_{n=n_0}^\infty \frac{(u(n))^{q(1-\lambda_2)-1}}{(u'(n))^{q-1}} (u(n))^{q\lambda_2-\varepsilon-q} (u'(n))^q \right)^{\frac{1}{q}}$$

$$= M\left(\int_{v^{-1}(1)}^{\infty} (v(x))^{-\varepsilon-1} \mathrm{d}v(x) - \int_{v^{-1}(1)}^{\infty} O_\lambda\left(\frac{1}{(v(x))^{\lambda_2+\varepsilon+1}}\right) \mathrm{d}v(x)\right)^{\frac{1}{p}} \cdot$$

$$\left((u(n_0))^{-\varepsilon-1} u'(n_0) + \sum_{n=n_0+1}^{\infty} (u(n))^{-\varepsilon-1} u'(n)\right)^{\frac{1}{q}}$$

$$\geqslant M\left(\int_{v^{-1}(1)}^{\infty} (v(x))^{-\varepsilon-1} \mathrm{d}v(x) - O(1)\right)^{\frac{1}{p}} \cdot$$

$$\left((u(n_0))^{-\varepsilon-1} u'(n_0) + \int_{n_0}^{\infty} (u(t))^{-\varepsilon-1} \mathrm{d}u(t)\right)^{\frac{1}{q}}$$

$$= \frac{M}{\varepsilon} (1 - \varepsilon O(1))^{\frac{1}{p}} (\varepsilon (u(n_0))^{-\varepsilon-1} u'(n_0) + (u(n_0))^{-\varepsilon})^{\frac{1}{q}}.$$

由式 (2.1.5)，设 $s = \lambda + 1, s_1 = \tilde{\lambda}_1 = \lambda_1 + 1 - \dfrac{\varepsilon}{p} \in (0, \lambda+1)$，我们有

$$\tilde{I} \leqslant \frac{1}{\lambda_1 - \dfrac{\varepsilon}{p}} \sum_{n=n_0}^{\infty} \left((u(n))^{\lambda_2+\frac{\varepsilon}{p}} \int_{v^{-1}(1)}^{\infty} \frac{(v(x))^{(\lambda_1+1-\frac{\varepsilon}{p})-1} v'(x)}{(v(x)+u(n))^{\lambda+1}} \mathrm{d}x\right) (u(n))^{-\varepsilon-1} u'(n)$$

$$\leqslant \frac{1}{\lambda_1 - \dfrac{\varepsilon}{p}} \sum_{n=n_0}^{\infty} \left((u(n))^{\lambda_2+\frac{\varepsilon}{p}} \int_{b}^{\infty} \frac{(v(x))^{(\lambda_1+1-\frac{\varepsilon}{p})-1}}{(v(x)+u(n))^{\lambda+1}} v'(x) \mathrm{d}x\right) (u(n))^{-\varepsilon-1} u'(n)$$

$$= \frac{1}{\lambda_1 - \dfrac{\varepsilon}{p}} \sum_{n=n_0}^{\infty} \omega_{\lambda+1}(\tilde{\lambda}_1, n) (u(n))^{-\varepsilon-1} u'(n)$$

$$= \frac{1}{\lambda_1 - \dfrac{\varepsilon}{p}} k_{\lambda+1}(\tilde{\lambda}_1) \left((u(n_0))^{-\varepsilon-1} u'(n_0) + \sum_{n=n_0+1}^{\infty} (u(n))^{-\varepsilon-1} u'(n)\right)$$

$$< \frac{1}{\lambda_1 - \dfrac{\varepsilon}{p}} k_{\lambda+1}(\tilde{\lambda}_1) \left((u(n_0))^{-\varepsilon-1} u'(n_0) + \int_{n_0}^{\infty} (u(y))^{-\varepsilon-1} \mathrm{d}u(y)\right)$$

$$= \frac{1}{\varepsilon\left(\lambda_1 - \dfrac{\varepsilon}{p}\right)} B\left(\lambda_1 - \frac{\varepsilon}{p} + 1, \lambda_2 + \frac{\varepsilon}{p}\right) (\varepsilon (u(n_0))^{-\varepsilon-1} u'(n_0) + (u(n_0))^{-\varepsilon}).$$

基于上面的结果，有

$$\frac{1}{\lambda_1 - \dfrac{\varepsilon}{p}} B\left(\lambda_1 - \frac{\varepsilon}{p} + 1, \lambda_2 + \frac{\varepsilon}{p}\right) (\varepsilon (u(n_0))^{-\varepsilon-1} u'(n_0) + (u(n_0))^{-\varepsilon})$$

$$> \varepsilon \tilde{I} > M (1 - \varepsilon O(1))^{\frac{1}{p}} (\varepsilon (u(n_0))^{-\varepsilon-1} u'(n_0) + (u(n_0))^{-\varepsilon})^{\frac{1}{q}}.$$

令 $\varepsilon \to 0^+$，由 Beta 函数的连续性，有

$$\frac{1}{\lambda} B(\lambda_1, \lambda_2) = \frac{1}{\lambda_1} B(\lambda_1 + 1, \lambda_2) \geqslant M,$$

故 $M = \dfrac{1}{\lambda} B(\lambda_1, \lambda_2)$ 为式(4.5.3)(即式(4.5.2) 当 $\lambda_1 + \lambda_2 = \lambda$ 时) 的最佳值. 证毕.

定理 4.11 若式(4.5.2) 的常数因子

$$\frac{1}{\lambda}(k_\lambda(\lambda_2))^{\frac{1}{p}}(k_\lambda(\lambda_1))^{\frac{1}{q}}$$

为最佳值,则当 $\lambda - \lambda_1 - \lambda_2 \in [0, -q\lambda_2)$ 时,有 $\lambda_1 + \lambda_2 = \lambda$.

证明 因 $\hat{\lambda}_1 = \dfrac{\lambda - \lambda_2}{p} + \dfrac{\lambda_1}{q}, \hat{\lambda}_2 = \dfrac{\lambda - \lambda_1 - \lambda_2}{q} + \lambda_2$,有 $\hat{\lambda}_1 + \hat{\lambda}_2 = \lambda$. 当

$$\lambda - \lambda_1 - \lambda_2 \in [0, -q\lambda_2)(\subset (q(\lambda - \lambda_2), -q\lambda_2)),$$

有 $0 < \hat{\lambda}_2 < \lambda, 0 < \hat{\lambda}_1 = \lambda - \hat{\lambda}_2 < \lambda$ 及 $B(\hat{\lambda}_1, \hat{\lambda}_2) \in \mathbf{R}^+$. 因 $\lambda - \lambda_1 - \lambda_2 \geqslant 0, q < 0$,对于 $\rho = 1$(或 $\rho = \dfrac{1}{2}$),函数

$$(u(t))^{\hat{\lambda}_2 - 1} u'(t) = (u(t))^{\hat{\lambda}_2 - \lambda_2}((u(t))^{\lambda_2 - 1} u'(t))$$

$$= (u(t))^{(\lambda - \lambda_1 - \lambda_2)/q}((u(t))^{\lambda_2 - 1} u'(t)), t \in (n_0 - \rho, \infty)$$

仍具有递减性. 因 $u''(t) \leqslant 0$,及 $(u(t))^{\lambda_2 - 1} u'(t)$ 凸,显然上式仍具有凸性($\rho = \dfrac{1}{2}$). 故定义 2.1 情形(1)(或情形(2)) 对 $s_2 = \hat{\lambda}_2$ 仍满足. 由式(4.5.3),代之以 $\hat{\lambda}_i = \lambda_i (i = 1, 2)$,有不等式:

$$\int_b^\infty \sum_{n=n_0}^\infty \frac{a_n v'(x) f(x)}{(v(x) + u(n))^{\lambda+1}} dx > \frac{1}{\lambda} B(\hat{\lambda}_1, \hat{\lambda}_2) \cdot$$

$$(\int_b^\infty (1 - O_\lambda(\frac{1}{(v(x))^{\hat{\lambda}_2}})) \frac{(v(x))^{p(1-\hat{\lambda}_1)-1}}{(v'(x))^{p-1}} (f'(x))^p dx)^{\frac{1}{p}} \cdot$$

$$(\sum_{n=n_0}^\infty \frac{(u(n))^{q(1-\hat{\lambda}_2)-1}}{(u'(n))^{q-1}} a_n^q)^{\frac{1}{q}}. \tag{4.5.5}$$

由逆向的 Hölder 不等式(参考文[5]),我们还有

$$B(\hat{\lambda}_1, \hat{\lambda}_2) = k_\lambda(\hat{\lambda}_1) = k_\lambda(\frac{\lambda - \lambda_2}{p} + \frac{\lambda_1}{q})$$

$$= \int_0^\infty \frac{1}{(1+u)^\lambda} u^{\frac{\lambda-\lambda_2}{p} + \frac{\lambda_1}{q} - 1} du = \int_0^\infty \frac{1}{(1+u)^\lambda}(u^{\frac{\lambda-\lambda_2-1}{p}})(u^{\frac{\lambda_1-1}{q}}) du$$

$$\geqslant (\int_0^\infty \frac{1}{(1+u)^\lambda} u^{\lambda-\lambda_2-1} du)^{\frac{1}{p}}(\int_0^\infty \frac{1}{(1+u)^\lambda} u^{\lambda_1-1} du)^{\frac{1}{q}}$$

$$= (\int_0^\infty \frac{1}{(1+v)^\lambda} v^{\lambda_2-1} dv)^{\frac{1}{p}}(\int_0^\infty \frac{1}{(1+u)^\lambda} u^{\lambda_1-1} du)^{\frac{1}{q}}$$

$$= (k_\lambda(\lambda_2))^{\frac{1}{p}}(k_\lambda(\lambda_1))^{\frac{1}{q}}. \tag{4.5.6}$$

由于常数因子 $\frac{1}{\lambda}(k_\lambda(\lambda_2))^{\frac{1}{p}}(k_\lambda(\lambda_1))^{\frac{1}{q}}$ 为式(4.5.2)的最佳值,故比较式

(4.5.2)与式(4.5.5)的常数因子,我们有不等式:

$$\frac{1}{\lambda}(k_\lambda(\lambda_2))^{\frac{1}{p}}(k_\lambda(\lambda_1))^{\frac{1}{q}} \geqslant \frac{1}{\lambda}B(\hat{\lambda}_1,\hat{\lambda}_2)(\in \mathbf{R}^+).$$

即有不等式 $B(\hat{\lambda}_1,\hat{\lambda}_2) \leqslant (k_\lambda(\lambda_2))^{\frac{1}{p}}(k_\lambda(\lambda_1))^{\frac{1}{q}}$,因而式(4.5.6)取等号.式(4.5.6)取

等号的充分必要条件是存在不全为 0 的常数 A 和 B,使(参阅文[5])$Au^{\lambda-\lambda_2-1}=$

Bu^{λ_1-1} a. e. 于 $\mathbf{R}^+$.不妨设 $A \neq 0$,则有 $u^{\lambda-\lambda_2-\lambda_1}=\frac{B}{A}$a. e. 于 $\mathbf{R}^+$,及 $\lambda-\lambda_1-\lambda_2=$

0.因而有 $\lambda_1+\lambda_2=\lambda$.证毕.

定理 4.12　我们有与式 (4.5.2) 等价的第二类半离散逆向的

Hardy-Hilbert 不等式:

$$J := (\sum_{n=n_0}^{\infty}(u(n))^{p\hat{\lambda}_2-1}u'(n)(\int_b^\infty \frac{v'(x)f(x)}{(v(x)+u(n))^{\lambda+1}}dx)^p)^{\frac{1}{p}}$$

$$> \frac{1}{\lambda}(k_\lambda(\lambda_2))^{\frac{1}{p}}(k_\lambda(\lambda_1))^{\frac{1}{q}} \cdot$$

$$(\int_b^\infty (1-O_\lambda(\frac{1}{(v(x))^{\lambda_2}}))\frac{(v(x))^{p(1-\hat{\lambda}_1)-1}}{(v'(x))^{p-1}}(f'(x))^p dx)^{\frac{1}{p}}.$$

$$(4.5.7)$$

特别当 $\lambda_1+\lambda_2=\lambda$ 时,我们有式(4.5.3)的等价式:

$$(\sum_{n=n_0}^{\infty}(u(n))^{p\lambda_2-1}u'(n)(\int_b^\infty \frac{v'(x)f(x)}{(v(x)+u(n))^{\lambda+1}}dx)^p)^{\frac{1}{p}}$$

$$> \frac{1}{\lambda}B(\lambda_1,\lambda_2)(\int_b^\infty (1-O_\lambda(\frac{1}{(v(x))^{\lambda_2}}))\frac{(v(x))^{p(1-\lambda_1)-1}}{(v'(x))^{p-1}}(f'(x))^p dx)^{\frac{1}{p}}.$$

$$(4.5.8)$$

证明　设式(4.5.7)为真.由逆向的 Hölder 不等式,有

$$I = \sum_{n=n_0}^{\infty}((u(n))^{\hat{\lambda}_2-\frac{1}{p}}(u'(n))^{\frac{1}{p}}\int_b^\infty \frac{v'(x)f(x)}{(v(x)+u(n))^\lambda}dx)(\frac{(u(n))^{-\hat{\lambda}_2+\frac{1}{p}}}{(u'(n))^{\frac{1}{p}}}a_n)$$

$$\geqslant J(\sum_{n=n_0}^{\infty}\frac{(u(n))^{q(1-\hat{\lambda}_2)-1}}{(u'(n))^{q-1}}a_n^q)^{\frac{1}{q}}.$$

$$(4.5.9)$$

则由式(4.5.7),我们有式(4.5.2).反之,设式(4.5.2)成立,置

$$a_n := (u(n))^{p\hat{\lambda}_2-1}u'(n)(\int_b^\infty \frac{v'(x)f(x)}{(v(x)+u(n))^\lambda}dx)^{p-1},n \in \mathbf{N}_{n_0}.$$

若 $J=\infty$,则式(4.5.7)自然成立;若 $J=0$,则式(4.5.7)必然不成立,即 $J>0$.

下设 $0 < J < \infty$,由式(4.5.2),有

$$\infty > \sum_{n=n_0}^{\infty} \frac{(u(n))^{q(1-\hat{\lambda}_2)-1}}{(u'(n))^{q-1}} a_n^q = J^p = I > \frac{1}{\lambda} (k_\lambda(\lambda_2))^{\frac{1}{p}} (k_\lambda(\lambda_1))^{\frac{1}{q}} \cdot$$

$$(\int_b^{\infty} (1 - O_\lambda(\frac{1}{(v(x))^{\lambda_2}})) \frac{(v(x))^{p(1-\hat{\lambda}_1)-1}}{(v'(x))^{p-1}} (f'(x))^p dx)^{\frac{1}{p}} J^{p-1} > 0,$$

$$J = (\sum_{n=n_0}^{\infty} \frac{(u(n))^{q(1-\hat{\lambda}_2)-1}}{(u'(n))^{q-1}} a_n^q)^{\frac{1}{p}} > \frac{1}{\lambda} (k_\lambda(\lambda_2))^{\frac{1}{p}} (k_\lambda(\lambda_1))^{\frac{1}{q}} \cdot$$

$$(\int_b^{\infty} (1 - O_\lambda(\frac{1}{(v(x))^{\lambda_2}})) \frac{(v(x))^{p(1-\hat{\lambda}_1)-1}}{(v'(x))^{p-1}} (f'(x))^p dx)^{\frac{1}{p}},$$

即式(4.5.7)成立,且它等价于式(4.5.2).证毕.

定理 4.13 若 $\lambda_1 + \lambda_2 = \lambda$,则式(4.5.7)的常数因子

$$\frac{1}{\lambda} (k_\lambda(\lambda_2))^{\frac{1}{p}} (k_\lambda(\lambda_1 + 1))^{\frac{1}{q}}$$

必为最佳值.反之,若 $\lambda - \lambda_1 - \lambda_2 \in [0, -q\lambda_2]$,且式(4.5.7)的相同常数因子为最佳值,则有 $\lambda_1 + \lambda_2 = \lambda$.

证明 若 $\lambda_1 + \lambda_2 = \lambda$,则由定理 4.10,式(4.5.2)的常数因子 $\frac{1}{\lambda} (k_\lambda(\lambda_2))^{\frac{1}{p}} \cdot$ $(k_\lambda(\lambda_1))^{\frac{1}{q}}$ 是最佳值.由式(4.5.9),知式(4.5.7)的常数因子也必为最佳值.不然,将得出式(4.5.2)的常数因子也不是最佳值的矛盾.反之,若式(4.5.7)的常数因子是最佳值,则由式(4.5.7)与式(4.5.2)的等价性,及 $J^p = I$(参考定理 4.12 的证明),能证得式(4.5.2)的相同常数因子也是最佳值.由条件及定理 4.11,有 $\lambda_1 + \lambda_2 = \lambda$.证毕.

例 4.3 在式(4.5.3),式(4.5.8)中代入例 2.1(2)的中间变量,并分别代之以 $v(x) = x^\alpha (x \in (0, \infty))$,$v(x) = \ln^\alpha x (x \in (1, \infty))$,当 $\alpha \in (0, 1]$,$\xi \in [0, \frac{1}{2}]$,$\lambda_2 \leqslant \frac{1}{\alpha}$ 时,有具有最佳常数因子 $\frac{1}{\alpha^2\lambda} B(\lambda_1, \lambda_2)$ 的 2 组逆向等价不等式:

$$\int_0^{\infty} \sum_{n=1}^{\infty} \frac{a_n x^{\alpha-1} f(x)}{(x^\alpha + (n-\xi)^\alpha)^{\lambda+1}} dx > \frac{1}{\alpha^2\lambda} B(\lambda_1, \lambda_2) \cdot$$

$$(\int_0^{\infty} (1 - O_\lambda(\frac{1}{x^{\alpha\lambda_2}})) x^{p(1-\alpha\lambda_1)-1} (f'(x))^p dx)^{\frac{1}{p}} (\sum_{n=1}^{\infty} (n-\xi)^{q(1-\alpha\lambda_2)-1} a_n^q)^{\frac{1}{q}},$$

$$(4.5.10)$$

$$(\sum_{n=1}^{\infty} (n-\xi)^{p\alpha\lambda_2-1} (\int_0^{\infty} \frac{x^{\alpha-1} f(x)}{(x^\alpha + (n-\xi)^\alpha)^{\lambda+1}} dx)^p)^{\frac{1}{p}}$$

$$> \frac{1}{\alpha^2\lambda} B(\lambda_1, \lambda_2) (\int_0^{\infty} (1 - O_\lambda(\frac{1}{x^{\alpha\lambda_2}})) x^{p(1-\alpha\lambda_1)-1} (f'(x))^p dx)^{\frac{1}{p}}; \quad (4.5.11)$$

$$\int_0^\infty \sum_{n=2}^\infty \frac{a_n x^{a-1} f(x)}{(x^a + \ln^a(n-\xi))^{\lambda+1}} \mathrm{d}x > \frac{1}{a^2\lambda} \mathrm{B}(\lambda_1,\lambda_2) \cdot$$

$$\left(\int_0^\infty (1 - O_\lambda(\frac{1}{x^{a\lambda_2}})) x^{p(1-a\lambda_1)-1} (f'(x))^p \mathrm{d}x\right)^{\frac{1}{p}} \cdot$$

$$\left(\sum_{n=2}^\infty \frac{\ln^{q(1-a\lambda_2)-1}(n-\xi)}{(n-\xi)^{1-q}} a_n^q\right)^{\frac{1}{q}}, \tag{4.5.12}$$

$$\left(\sum_{n=2}^\infty \frac{\ln^{pa\lambda_2-1}(n-\xi)}{n-\xi} \left(\int_0^\infty \frac{x^{a-1} f(x)}{(x^a + \ln^a(n-\xi))^{\lambda+1}} \mathrm{d}x\right)^p\right)^{\frac{1}{p}}$$

$$> \frac{1}{a^2\lambda} \mathrm{B}(\lambda_1,\lambda_2) \left(\int_0^\infty (1 - O_\lambda(\frac{1}{x^{a\lambda_2}})) x^{p(1-a\lambda_1)-1} (f'(x))^p \mathrm{d}x\right)^{\frac{1}{p}}. \tag{4.5.13}$$

特别当 $v(x) = \mathrm{e}^{ax}$ $(a \in (0,1]; x \in (-\infty,\infty))$,有如下 2 组具有最佳常数因子 $\frac{1}{a^2\lambda} \mathrm{B}(\lambda_1,\lambda_2)$ 的半平面半离散逆向等价不等式:

$$\int_{-\infty}^\infty \sum_{n=1}^\infty \frac{a_n \mathrm{e}^{ax} f(x)}{(\mathrm{e}^{ax} + (n-\xi)^a)^{\lambda+1}} \mathrm{d}x > \frac{1}{a^2\lambda} \mathrm{B}(\lambda_1,\lambda_2) \cdot$$

$$\left(\int_{-\infty}^\infty (1 - O(\mathrm{e}^{-a\lambda_2 x})) \mathrm{e}^{-pa\lambda_1 x} (f'(x))^p \mathrm{d}x\right)^{\frac{1}{p}} \left(\sum_{n=1}^\infty (n-\xi)^{q(1-a\lambda_2)-1} a_n^q\right)^{\frac{1}{q}}, \tag{4.5.14}$$

$$\left(\sum_{n=1}^\infty (n-\xi)^{pa\lambda_2-1} \left(\int_{-\infty}^\infty \frac{\mathrm{e}^{ax} f(x)}{(\mathrm{e}^{ax} + (n-\xi)^a)^{\lambda+1}} \mathrm{d}x\right)^p\right)^{\frac{1}{p}}$$

$$> \frac{1}{a^2\lambda} \mathrm{B}(\lambda_1,\lambda_2) \left(\int_{-\infty}^\infty (1 - O(\mathrm{e}^{-a\lambda_2 x})) \mathrm{e}^{-pa\lambda_1 x} (f'(x))^p \mathrm{d}x\right)^{\frac{1}{p}}; \tag{4.5.15}$$

$$\int_{-\infty}^\infty \sum_{n=2}^\infty \frac{a_n \mathrm{e}^{ax} f(x)}{(\mathrm{e}^{ax} + \ln^a(n-\xi))^{\lambda+1}} \mathrm{d}x > \frac{1}{a^2\lambda} \mathrm{B}(\lambda_1,\lambda_2) \cdot$$

$$\left(\int_{-\infty}^\infty (1 - O(\mathrm{e}^{-a\lambda_2 x})) \mathrm{e}^{-pa\lambda_1 x} (f'(x))^p \mathrm{d}x\right)^{\frac{1}{p}} \left(\sum_{n=2}^\infty \frac{\ln^{q(1-a\lambda_2)-1}(n-\xi)}{(n-\xi)^{1-q}} a_n^q\right)^{\frac{1}{q}}, \tag{4.5.16}$$

$$\left(\sum_{n=1}^\infty \frac{\ln^{pa\lambda_2-1}(n-\xi)}{n-\xi} \left(\int_{-\infty}^\infty \frac{\mathrm{e}^{ax} f(x)}{(\mathrm{e}^{ax} + \ln^a(n-\xi))^{\lambda+1}} \mathrm{d}x\right)^p\right)^{\frac{1}{p}}$$

$$> \frac{1}{a^2\lambda} \mathrm{B}(\lambda_1,\lambda_2) \left(\int_{-\infty}^\infty (1 - O(\mathrm{e}^{-a\lambda_2 x})) \mathrm{e}^{-pa\lambda_1 x} (f'(x))^p \mathrm{d}x\right)^{\frac{1}{p}}. \tag{4.5.17}$$

当 $\xi = 0$ 时,上面式子变为代入例 2.1(1) 中两类中间变量的情形. 此时,由于不要求相关凸性及 $u''(t) \leqslant 0$ 的条件,还可放宽参数 $a \in (0,1]$ 为 $a \in (0,\infty)$.

涉及多重可变上限函数的半离散 Hardy-Hilbert 不等式

本章在核含一个离散中间变量的情况下,改进第 3 章 ($v(x) = x$) 的结果,应用权函数方法及参量化思想,求出一个新的涉及多重可变上限函数的半离散 Hardy-Hilbert 不等式,导出了新不等式中多参数联系最佳常数因子的等价条件,还建立了其等价形式、特殊中间变量不等式及算子表达式,并考虑了两类逆式的情形.

5.1 引　　理

设函数 $f(x) := F_0(x)$ 在 $\mathbf{R}^+$ 除有限点外非负连续,$m \in \mathbf{N}$,递推地,对于 $m \in \mathbf{N}_+$,定义多重可变上限函数 $F_i(x) := \int_0^x F_{i-1}(t) \mathrm{d}t (x \geqslant 0)$,满足条件:

$$F_i(x) = o(\mathrm{e}^{tx}), t > 0, i = 1, \cdots, m; x \to \infty.$$

当 $x \in \mathbf{R}^+, n \in \mathbf{N}_{n_0}, F_m(x), a_n \geqslant 0$,满足如下条件:

$$0 < \int_0^\infty x^{p(1-m-\hat{\lambda}_1)-1} F_m^p(x) \mathrm{d}x < \infty,$$

及

$$0 < \sum_{n=n_0}^\infty \frac{(u(n))^{q(1-\hat{\lambda}_2)-1}}{(u'(n))^{q-1}} a_n^q < \infty. \tag{5.1.1}$$

引理 5.1　对于 $t > 0$,我们有如下表达式:

$$\int_0^\infty \mathrm{e}^{-tx} f(x) \mathrm{d}x = t^m \int_0^\infty \mathrm{e}^{-tx} F_m(x) \mathrm{d}x. \tag{5.1.2}$$

第

5

章

证明　对于 $m=0$，因 $F_0(x)=f(x)$，式(5.1.2)自然成立；对于 $m \in \mathbf{N}_+$，由分部积分法及条件 $F_i(0)=0,F_i(x)=o(\mathrm{e}^{tx})(t>0,i=1,\cdots,m;x \to \infty)$，可得

$$\int_0^\infty \mathrm{e}^{-tx} F_{i-1}(x)\mathrm{d}x = \int_0^\infty \mathrm{e}^{-tx}\mathrm{d}F_i(x) = \mathrm{e}^{-tx}F_i(x)\Big|_0^\infty - \int_0^\infty F_i(x)\mathrm{d}\mathrm{e}^{-tx}$$

$$= \lim_{x\to\infty}\mathrm{e}^{-tx}F_i(x) + t\int_0^\infty \mathrm{e}^{-tx}F_i(x)\mathrm{d}x$$

$$= t\int_0^\infty \mathrm{e}^{-tx}F_i(x)\mathrm{d}x.$$

逐步代入 $i=1,\cdots,m$，整理易得式(5.1.2). 证毕.

引理 5.2　我们有如下表达式：

$$I := \int_0^\infty \sum_{n=n_0}^\infty \frac{a_n f(x)}{(x+u(n))^\lambda}\mathrm{d}x = \frac{\Gamma(\lambda+m)}{\Gamma(\lambda)}\int_0^\infty \sum_{n=n_0}^\infty \frac{a_n F_m(x)}{(x+u(n))^{\lambda+m}}\mathrm{d}x.$$

$$(5.1.3)$$

证明　因有 Gamma 函数的如下表达式

$$\frac{1}{(x+u(n))^\lambda} = \frac{1}{\Gamma(\lambda)}\int_0^\infty t^{\lambda-1}\mathrm{e}^{-(x+u(n))t}\mathrm{d}t, \qquad (5.1.4)$$

由 L 逐项积分定理(参阅文[120])及式(5.1.2)，有下式：

$$I = \frac{1}{\Gamma(\lambda)}\int_0^\infty \sum_{n=n_0}^\infty a_n f(x)\int_0^\infty t^{\lambda-1}\mathrm{e}^{-(x+u(n))t}\mathrm{d}t\mathrm{d}x$$

$$= \frac{1}{\Gamma(\lambda)}\int_0^\infty t^{\lambda-1}\Big(\int_0^\infty \mathrm{e}^{-xt}f(x)\mathrm{d}x\Big)\sum_{n=n_0}^\infty \mathrm{e}^{-u(n)t}a_n\mathrm{d}t$$

$$= \frac{1}{\Gamma(\lambda)}\int_0^\infty t^{\lambda-1}\Big(t^m\int_0^\infty \mathrm{e}^{-xt}F_m(x)\mathrm{d}x\Big)\sum_{n=n_0}^\infty \mathrm{e}^{-u(n)t}a_n\mathrm{d}t$$

$$= \frac{1}{\Gamma(\lambda)}\int_0^\infty \sum_{n=n_0}^\infty a_n F_m(x)\int_0^\infty t^{(\lambda+m)-1}\mathrm{e}^{-(x+u(n))t}\mathrm{d}t\mathrm{d}x$$

$$= \frac{\Gamma(\lambda+m)}{\Gamma(\lambda)}\int_0^\infty \sum_{n=n_0}^\infty \frac{a_n F_m(x)}{(x+u(n))^{\lambda+m}}\mathrm{d}x.$$

因而有式(5.1.3). 证毕.

5.2　正向不等式的若干结果

第 5.2 节及第 5.3 节，设 $p>1,q>1$，定义 2.1 情形(1)(或情形(2))对 $s_2=\lambda_2$ 满足.

在式(2.1.6)中，令

$$s=\lambda+m,s_1=\lambda_1+m,s_2=\lambda_2,f(x)=F_m(x),v(x)=x,x \in (0,\infty),$$

由条件式(5.1.1),我们有如下不等式:

$$\int_0^\infty \sum_{n=n_0}^\infty \frac{a_n F_m(x)}{(x+u(n))^{\lambda+m}}dx < (k_{\lambda+m}(\lambda_2))^{\frac{1}{p}} (k_{\lambda+m}(\lambda_1+m))^{\frac{1}{q}} \cdot$$

$$(\int_0^\infty x^{p(1-m-\hat{\lambda}_1)-1} F_m^p(x)dx)^{\frac{1}{p}} (\sum_{n=n_0}^\infty \frac{(u(n))^{q(1-\hat{\lambda}_2)-1}}{(u'(n))^{q-1}} a_n^q)^{\frac{1}{q}}. \tag{5.2.1}$$

由式(5.1.3),可得涉及多重可变上限函数的半离散 Hardy-Hilbert 不等式:

$$I = \int_0^\infty \sum_{n=n_0}^\infty \frac{a_n f(x)}{(x+u(n))^\lambda}dx < \frac{\Gamma(\lambda+m)}{\Gamma(\lambda)} (k_{\lambda+m}(\lambda_2))^{\frac{1}{p}} (k_{\lambda+m}(\lambda_1+m))^{\frac{1}{q}} \cdot$$

$$(\int_0^\infty x^{p(1-m-\hat{\lambda}_1)-1} F_m^p(x)dx)^{\frac{1}{p}} (\sum_{n=n_0}^\infty \frac{(u(n))^{q(1-\hat{\lambda}_2)-1}}{(u'(n))^{q-1}} a_n^q)^{\frac{1}{q}}. \tag{5.2.2}$$

特别,当 $\lambda_1 + \lambda_2 = \lambda$ 时,有不等式:

$$\int_0^\infty \sum_{n=n_0}^\infty \frac{a_n f(x)}{(x+u(n))^\lambda}dx < \frac{\Gamma(\lambda+m)}{\Gamma(\lambda)} B(\lambda_1+m,\lambda_2) \cdot$$

$$(\int_0^\infty x^{p(1-m-\lambda_1)-1} F_m^p(x)dx)^{\frac{1}{p}} \cdot$$

$$(\sum_{n=n_0}^\infty \frac{(u(n))^{q(1-\lambda_2)-1}}{(u'(n))^{q-1}} a_n^q)^{\frac{1}{q}}. \tag{5.2.3}$$

定理 5.1　若 $\lambda_1 + \lambda_2 = \lambda$,则式(5.2.2)的常数因子

$$\frac{\Gamma(\lambda+m)}{\Gamma(\lambda)} (k_{\lambda+m}(\lambda_2))^{\frac{1}{p}} (k_{\lambda+m}(\lambda_1+m))^{\frac{1}{q}} (= \frac{\Gamma(\lambda+m)}{\Gamma(\lambda)} B(\lambda_1+m,\lambda_2))$$

必为最佳值.

证明　若 $\lambda_1 + \lambda_2 = \lambda$,则式(5.2.2)变为式(5.2.3).任给 $0 < \varepsilon < p\lambda_1$,置

$$\tilde{f}(x) := \begin{cases} 0, 0 < x < 1 \\ x^{\lambda_1 - \frac{\varepsilon}{p} - 1}, x \geqslant 1 \end{cases},$$

$$\tilde{a}_n := (u(n))^{\lambda_2 - \frac{\varepsilon}{q} - 1} u'(n), n \in \mathbf{N}_{n_0}.$$

我们设 $\tilde{F}_0(x) = \tilde{f}(x)$,对于 $m \in \mathbf{N}_+$,有

$$\tilde{F}_i(x) := \int_0^x \tilde{F}_{i-1}(t)dt \leqslant \begin{cases} 0, 0 < x < 1 \\ \dfrac{1}{\prod_{j=0}^{i-1}(\lambda_1 + j - \frac{\varepsilon}{p})} x^{\lambda_1+i-1-\frac{\varepsilon}{p}}, x \geqslant 1, \end{cases}$$

满足 $\tilde{F}_i(x) = o(e^{tx})(t > 0, i = 1, \cdots, m; x \to \infty)$.

若有正常数 $M \leqslant \dfrac{\Gamma(\lambda+m)}{\Gamma(\lambda)} B(\lambda_1+m,\lambda_2)$,使其取代式(5.2.3)的常数因子

84

$\dfrac{\Gamma(\lambda+m)}{\Gamma(\lambda)}B(\lambda_1+m,\lambda_2)$ 后原式仍成立,则特别还有

$$\widetilde{I}:=\int_0^\infty \sum_{n=n_0}^\infty \frac{\widetilde{a}_n \widetilde{f}(x)}{(x+u(n))^\lambda}\mathrm{d}x$$

$$< M\left(\int_0^\infty x^{p(1-m-\lambda_1)-1}\widetilde{F}_m^p(x)\mathrm{d}x\right)^{\frac1p}\left(\sum_{n=n_0}^\infty \frac{(u(n))^{q(1-\lambda_2)-1}}{(u'(n))^{q-1}}\widetilde{a}_n^q\right)^{\frac1q}.$$

$$(5.2.4)$$

对于 $m=0$ 及 $\varepsilon\geqslant 0$,不妨定义 $\prod\limits_{i=0}^{m-1}(\lambda_1+i-\dfrac{\varepsilon}{p})=1$. 显然,因 $\lambda_2\in(0,\lambda)$,
函数

$$(u(t))^{-\varepsilon-1}u'(t)=(u(t))^{-\varepsilon-\lambda_2}((u(t))^{\lambda_2-1}u'(t)),t\in(n_0,\infty)$$

仍具有递减性. 由式(5.2.4)及级数的递减性质,可得

$$\widetilde{I}<\frac{M}{\prod\limits_{i=0}^{m-1}(\lambda_1+i-\dfrac{\varepsilon}{p})}\left(\int_1^\infty x^{p(1-m-\lambda_1)-1}x^{p(\lambda_1+m-1)-\varepsilon}\mathrm{d}x\right)^{\frac1p}\cdot$$

$$\left(\sum_{n=n_0}^\infty \frac{(u(n))^{q(1-\lambda_2)-1}}{(u'(n))^{q-1}}(u(n))^{q\lambda_2-\varepsilon-q}(u'(n))^q\right)^{\frac1q}$$

$$=\frac{M}{\prod\limits_{i=0}^{m-1}(\lambda_1+i-\dfrac{\varepsilon}{p})}\left(\int_1^\infty x^{-\varepsilon-1}\mathrm{d}x\right)^{\frac1p}\left((u(n_0))^{-\varepsilon-1}u'(n_0)+\sum_{n=n_0+1}^\infty(u(n))^{-\varepsilon-1}u'(n)\right)^{\frac1q}$$

$$\leqslant\frac{M}{\prod\limits_{i=0}^{m-1}(\lambda_1+i-\dfrac{\varepsilon}{p})}\left(\int_1^\infty x^{-\varepsilon-1}\mathrm{d}x\right)^{\frac1p}\left((u(n_0))^{-\varepsilon-1}u'(n_0)+\int_{n_0}^\infty(u(t))^{-\varepsilon-1}u'(t)\mathrm{d}t\right)^{\frac1q}$$

$$=\frac{M}{\varepsilon\prod\limits_{i=0}^{m-1}(\lambda_1+i-\dfrac{\varepsilon}{p})}(\varepsilon(u(n_0))^{-\varepsilon-1}u'(n_0)+(u(n_0))^{-\varepsilon})^{\frac1q}.$$

由式(2.1.5),令 $s=\lambda,s_1=\widetilde{\lambda}_1:=\lambda_1-\dfrac{\varepsilon}{p}\in(0,\lambda),v(x)=x(x\in(0,\infty))$,我
们还有

$$\widetilde{I}=\sum_{n=n_0}^\infty\left((u(n))^{(\lambda_2+\frac{\varepsilon}{p})}\int_1^\infty \frac{x^{(\lambda_1-\frac{\varepsilon}{p})-1}}{(x+u(n))^\lambda}\mathrm{d}x\right)(u(n))^{-\varepsilon-1}u'(n)$$

$$=\sum_{n=n_0}^\infty \omega(\widetilde{\lambda}_1,n)(u(n))^{-\varepsilon-1}u'(n)-\sum_{n=n_0}^\infty (u(n))^{\widetilde{\lambda}_2-\varepsilon-1}u'(n)\int_0^1 \frac{x^{\widetilde{\lambda}_1-1}\mathrm{d}x}{(x+u(n))^\lambda}$$

$$>k_\lambda(\widetilde{\lambda}_1)\sum_{n=n_0}^\infty (u(n))^{-\varepsilon-1}u'(n)-\sum_{n=n_0}^\infty (u(n))^{(\widetilde{\lambda}_2-\varepsilon)-1}u'(n)\int_0^1 \frac{x^{\widetilde{\lambda}_1-1}\mathrm{d}x}{(u(n))^\lambda}$$

$$= k_\lambda(\widetilde{\lambda}_1) \sum_{n=n_0}^\infty (u(n))^{-\varepsilon-1} u'(n) - \frac{1}{\widetilde{\lambda}_1} \sum_{n=n_0}^\infty (u(n))^{-(\lambda_1+\frac{\varepsilon}{q})-1} u'(n)$$

$$\geqslant k_\lambda(\widetilde{\lambda}_1) \int_{n_0}^\infty (u(y))^{-\varepsilon-1} u'(y) \mathrm{d}y - O(1)$$

$$= \frac{1}{\varepsilon}(\mathrm{B}(\lambda_1 - \frac{\varepsilon}{p}, \lambda_2 + \frac{\varepsilon}{p})(u(n_0))^{-\varepsilon} - \varepsilon O(1)).$$

基于上面的结果，有

$$\mathrm{B}(\lambda_1 - \frac{\varepsilon}{p}, \lambda_2 + \frac{\varepsilon}{p})(u(n_0))^{-\varepsilon} - \varepsilon O(1)$$

$$< \varepsilon \widetilde{I} < \frac{M}{\prod_{i=0}^{m-1}(\lambda_1 + i - \frac{\varepsilon}{p})}(\varepsilon(u(n_0))^{-\varepsilon-1} u'(n_0) + (u(n_0))^{-\varepsilon})^{\frac{1}{q}}.$$

令 $\varepsilon \to 0^+$，由 Beta 函数的连续性，有

$$\frac{\Gamma(\lambda+m)}{\Gamma(\lambda)}\mathrm{B}(\lambda_1+m, \lambda_2) = \mathrm{B}(\lambda_1, \lambda_2)\prod_{i=0}^{m-1}(\lambda_1+i) \leqslant M \cdot$$

故 $M = \dfrac{\Gamma(\lambda+m)}{\Gamma(\lambda)}\mathrm{B}(\lambda_1+m, \lambda_2)$ 为式(5.2.3)(即式(5.2.2)当 $\lambda_1+\lambda_2=\lambda$ 时)的

最佳值. 证毕.

定理 5.2　若 $\lambda - \lambda_1 - \lambda_2 \leqslant 0$，且式(5.2.2)的常数因子

$$\frac{\Gamma(\lambda+m)}{\Gamma(\lambda)}(k_{\lambda+m}(\lambda_2))^{\frac{1}{p}}(k_{\lambda+m}(\lambda_1+m))^{\frac{1}{q}}$$

为最佳值，则有 $\lambda_1+\lambda_2=\lambda$.

证明　对于 $\hat{\lambda}_1 = \dfrac{\lambda-\lambda_2}{p} + \dfrac{\lambda_1}{q}, \hat{\lambda}_2 = \dfrac{\lambda-\lambda_1}{q} + \dfrac{\lambda_2}{p}$，我们有 $\hat{\lambda}_1 + \hat{\lambda}_2 = \dfrac{\lambda-\lambda_2}{p} +$

$\dfrac{\lambda_1}{q} + \dfrac{\lambda-\lambda_1}{q} + \dfrac{\lambda_2}{p} = \lambda, 0 < \hat{\lambda}_1, \hat{\lambda}_2 < \dfrac{\lambda}{p} + \dfrac{\lambda}{q} = \lambda,$ 及 $\dfrac{\Gamma(\lambda+m)}{\Gamma(\lambda)}\mathrm{B}(\hat{\lambda}_1+m, \hat{\lambda}_2) \in \mathbf{R}^+.$

因 $\lambda - \lambda_1 - \lambda_2 \leqslant 0, q > 1$，对于 $\rho = 1$(或 $\rho = \dfrac{1}{2}$)，函数

$$(u(t))^{\hat{\lambda}_2-1} u'(t) = (u(t))^{\hat{\lambda}_2-\lambda_2}((u(t))^{\lambda_2-1} u'(t))$$

$$= (u(t))^{(\lambda-\lambda_1-\lambda_2)/q}((u(t))^{\lambda_2-1} u'(t)), t \in (n_0-\rho, \infty)$$

仍具有递减性. 因 $u''(t) \leqslant 0$，及 $(u(t))^{\lambda_2-1} u'(t)$ 凸，显然上式仍具有凸性($\rho =$

$\dfrac{1}{2}$). 故定义 2.1 情形(1)(或情形(2))对 $s_2 = \hat{\lambda}_2$ 仍满足. 由式(5.2.3)，可代之以

$\hat{\lambda}_i = \lambda_i (i = 1, 2)$，成立不等式：

$$I = \int_0^\infty \sum_{n=n_0}^\infty \frac{a_n f(x)}{(x+u(n))^\lambda}\mathrm{d}x < \frac{\Gamma(\lambda+m)}{\Gamma(\lambda)}\mathrm{B}(\hat{\lambda}_1+m, \hat{\lambda}_2) \cdot$$

$$(\int_0^\infty x^{p(1-m-\hat{\lambda}_1)-1}F_m^p(x)\mathrm{d}x)^{\frac{1}{p}}(\sum_{n=n_0}^\infty\frac{(u(n))^{q(1-\hat{\lambda}_2)-1}}{(u'(n))^{q-1}}a_n^q)^{\frac{1}{q}}. \quad (5.2.5)$$

由 Hölder 不等式(参阅文[5]),我们还有

$$\mathrm{B}(\hat{\lambda}_1+m,\hat{\lambda}_2)=k_{\lambda+m}(\frac{\lambda-\lambda_2}{p}+\frac{\lambda_1}{q}+m)$$

$$=\int_0^\infty\frac{1}{(1+u)^{\lambda+m}}u^{\frac{\lambda-\lambda_2+m}{p}+\frac{\lambda_1+m}{q}-1}\mathrm{d}u$$

$$=\int_0^\infty\frac{1}{(1+u)^{\lambda+m}}(u^{\frac{\lambda-\lambda_2+m-1}{p}})(u^{\frac{\lambda_1+m-1}{q}})\mathrm{d}u$$

$$\leqslant(\int_0^\infty\frac{1}{(1+u)^{\lambda+m}}u^{\lambda-\lambda_2+m-1}\mathrm{d}u)^{\frac{1}{p}}\cdot$$

$$(\int_0^\infty\frac{1}{(1+u)^{\lambda+m}}u^{\lambda_1+m-1}\mathrm{d}u)^{\frac{1}{q}}$$

$$=(\int_0^\infty\frac{1}{(1+v)^{\lambda+m}}v^{\lambda_2-1}\mathrm{d}v)^{\frac{1}{p}}(\int_0^\infty\frac{1}{(1+u)^{\lambda+m}}u^{(\lambda_1+m)-1}\mathrm{d}u)^{\frac{1}{q}}$$

$$=(k_{\lambda+m}(\lambda_2))^{\frac{1}{p}}(k_{\lambda+m}(\lambda_1+m))^{\frac{1}{q}}. \quad (5.2.6)$$

由于常数因子$\frac{\Gamma(\lambda+m)}{\Gamma(\lambda)}(k_{\lambda+m}(\lambda_2))^{\frac{1}{p}}(k_{\lambda+m}(\lambda_1+m))^{\frac{1}{q}}$为式(5.2.2)的最佳值,故比较式(5.2.2)与式(5.2.5)的常数因子,我们有不等式:

$$\frac{\Gamma(\lambda+m)}{\Gamma(\lambda)}(k_{\lambda+m}(\lambda_2))^{\frac{1}{p}}(k_{\lambda+m}(\lambda_1+m))^{\frac{1}{q}}\leqslant\frac{\Gamma(\lambda+m)}{\Gamma(\lambda)}\mathrm{B}(\hat{\lambda}_1+m,\hat{\lambda}_2)(\in\mathbf{R}^+).$$

即有不等式

$$\mathrm{B}(\hat{\lambda}_1+m,\hat{\lambda}_2)\geqslant(k_{\lambda+m}(\lambda_2))^{\frac{1}{p}}(k_{\lambda+m}(\lambda_1+m))^{\frac{1}{q}},$$

因而式(5.2.6)取等号.式(5.2.6)取等号的充分必要条件是存在不全为 0 的常数 A 和 B,使(参阅文[5])$Au^{\lambda-\lambda_2+m-1}=Bu^{\lambda_1+m-1}$ a.e. 于 $\mathbf{R}^+$.不妨设 $A\neq0$,则有 $u^{\lambda-\lambda_2-\lambda_1}=\frac{B}{A}$a.e. 于 $\mathbf{R}^+$,及 $\lambda-\lambda_2-\lambda_1=0$.因而 $\lambda_1+\lambda_2=\lambda$.证毕.

5.3　等价式、特殊不等式及算子表示

定理 5.3　我们有与式(5.2.2)等价的半离散 Hardy-Hilbert 不等式:

$$J:=(\sum_{n=n_0}^\infty(u(n))^{p\hat{\lambda}_2-1}u'(n)(\int_0^\infty\frac{f(x)}{(x+u(n))^\lambda}\mathrm{d}x)^p)^{\frac{1}{p}}$$

$$<\frac{\Gamma(\lambda+m)}{\Gamma(\lambda)}(k_{\lambda+m}(\lambda_2))^{\frac{1}{p}}(k_{\lambda+m}(\lambda_1+m))^{\frac{1}{q}}(\int_0^\infty x^{p(1-m-\hat{\lambda}_1)-1}F_m^p(x)\mathrm{d}x)^{\frac{1}{p}}.$$

$$(5.3.1)$$

特别,当 $\lambda_1 + \lambda_2 = \lambda$ 时,我们有式(5.2.3)的等价式:

$$\left(\sum_{n=n_0}^{\infty} (u(n))^{p\lambda_2 - 1} u'(n) \left(\int_0^{\infty} \frac{f(x)}{(x + u(n))^{\lambda}} \mathrm{d}x \right)^p \right)^{\frac{1}{p}}$$

$$< \frac{\Gamma(\lambda + m)}{\Gamma(\lambda)} \mathrm{B}(\lambda_1 + m, \lambda_2) \left(\int_0^{\infty} x^{p(1 - m - \lambda_1) - 1} F_m^p(x) \mathrm{d}x \right)^{\frac{1}{p}}. \qquad (5.3.2)$$

证明 设式(5.3.1)为真. 由 Hölder 不等式,有

$$I = \sum_{n=n_0}^{\infty} \left((u(n))^{\hat{\lambda}_2 - \frac{1}{p}} (u'(n))^{\frac{1}{p}} \int_0^{\infty} \frac{f(x)}{(x + u(n))^{\lambda}} \mathrm{d}x \right) \left(\frac{(u(n))^{-\hat{\lambda}_2 + \frac{1}{p}}}{(u'(n))^{\frac{1}{p}}} a_n \right)$$

$$\leqslant J \left(\sum_{n=n_0}^{\infty} \frac{(u(n))^{q(1 - \hat{\lambda}_2) - 1}}{(u'(n))^{q-1}} a_n^q \right)^{\frac{1}{q}}. \qquad (5.3.3)$$

则由式(5.3.1),我们有式(5.2.2).反之,设式(5.2.2)成立,置

$$a_n := (u(n))^{p\hat{\lambda}_2 - 1} u'(n) \left(\int_0^{\infty} \frac{f(x)}{(x + u(n))^{\lambda}} \mathrm{d}x \right)^{p-1}, n \in \mathbf{N}_{n_0}.$$

若 $J = 0$,则式(5.3.1)自然成立;若 $J = \infty$,则式(5.3.1)必然不成立,即 $J < \infty$.下设 $0 < J < \infty$.由式(5.2.2),有

$$0 < \sum_{n=n_0}^{\infty} \frac{(u(n))^{q(1 - \hat{\lambda}_2) - 1}}{(u'(n))^{q-1}} a_n^q = J^p = I$$

$$< \frac{\Gamma(\lambda + m)}{\Gamma(\lambda)} (k_{\lambda+m}(\lambda_2))^{\frac{1}{p}} (k_{\lambda+m}(\lambda_1 + m))^{\frac{1}{q}} \left(\int_0^{\infty} x^{p(1 - m - \hat{\lambda}_1) - 1} F_m^p(x) \mathrm{d}x \right)^{\frac{1}{p}} J^{p-1}$$

$$< \infty,$$

$$J = \left(\sum_{n=n_0}^{\infty} \frac{(u(n))^{q(1 - \hat{\lambda}_2) - 1}}{(u'(n))^{q-1}} a_n^q \right)^{\frac{1}{p}}$$

$$< \frac{\Gamma(\lambda + m)}{\Gamma(\lambda)} (k_{\lambda+m}(\lambda_2))^{\frac{1}{p}} (k_{\lambda+m}(\lambda_1 + m))^{\frac{1}{q}} \left(\int_0^{\infty} x^{p(1 - m - \hat{\lambda}_1) - 1} F_m^p(x) \mathrm{d}x \right)^{\frac{1}{p}},$$

即式(5.3.1)成立,且它等价于式(5.2.2).证毕.

定理 5.4 若 $\lambda_1 + \lambda_2 = \lambda$,则式(5.3.2)的常数因子

$$\frac{\Gamma(\lambda + m)}{\Gamma(\lambda)} (k_{\lambda+m}(\lambda_2))^{\frac{1}{p}} (k_{\lambda+m}(\lambda_1 + m))^{\frac{1}{q}}$$

必为最佳值.反之,若 $\lambda - \lambda_1 - \lambda_2 \leqslant 0$,且式(5.3.2)的相同常数因子为最佳值,则有 $\lambda_1 + \lambda_2 = \lambda$.

证明 若 $\lambda_1 + \lambda_2 = \lambda$,则由定理 5.1,式(5.2.2)的常数因子

$$\frac{\Gamma(\lambda + m)}{\Gamma(\lambda)} (k_{\lambda+m}(\lambda_2))^{\frac{1}{p}} (k_{\lambda+m}(\lambda_1 + m))^{\frac{1}{q}}$$

是最佳值.由式(5.3.3),知式(5.3.1)的常数因子也必为最佳值.不然,将得出

式(5.2.2) 的常数因子也不是最佳值的矛盾. 反之, 若式(5.3.1) 的常数因子是最佳值, 则由式(5.3.1) 与式(5.2.2) 的等价性, 及 $J^p = I$(参考定理 5.3 的证明), 能证得式(5.2.2) 的相同常数因子也必是最佳值. 由条件及定理 5.2, 有 $\lambda_1 + \lambda_2 = \lambda$. 证毕.

例 5.1　在式(5.2.3), 式(5.3.2) 中代入例 2.1(2) 的中间变量, 当 $\alpha \in (0,1], \xi \in [0, \frac{1}{2}], \lambda_2 \leqslant \frac{1}{\alpha}$ 时, 有如下具有最佳常数因子 $\frac{1}{\alpha^{\frac{1}{p}}} B(\lambda_1, \lambda_2) \prod_{i=0}^{m-1}(\lambda_1 + i)$ 的 2 组等价不等式:

$$\int_0^\infty \sum_{n=1}^\infty \frac{a_n f(x)}{(x + (n-\xi)^\alpha)^\lambda} dx < \frac{1}{\alpha^{\frac{1}{p}}} B(\lambda_1, \lambda_2) \prod_{i=0}^{m-1}(\lambda_1 + i) \cdot$$

$$\left(\int_0^\infty x^{p(1-m-\lambda_1)-1} F_m^p(x) dx\right)^{\frac{1}{p}} \cdot$$

$$\left(\sum_{n=1}^\infty (n-\xi)^{q(1-\alpha\lambda_2)-1} a_n^q\right)^{\frac{1}{q}}, \tag{5.3.4}$$

$$\left(\sum_{n=1}^\infty (n-\xi)^{p\alpha\lambda_2-1} \left(\int_0^\infty \frac{f(x)}{(x+(n-\xi)^\alpha)^\lambda} dx\right)^p\right)^{\frac{1}{p}}$$

$$< \frac{1}{\alpha^{\frac{1}{p}}} B(\lambda_1, \lambda_2) \prod_{i=0}^{m-1}(\lambda_1 + i) \left(\int_0^\infty x^{p(1-m-\lambda_1)-1} F_m^p(x) dx\right)^{\frac{1}{p}}; \tag{5.3.5}$$

$$\int_0^\infty \sum_{n=2}^\infty \frac{a_n f(x)}{(x + \ln^\alpha(n-\xi))^\lambda} dx < \frac{1}{\alpha^{\frac{1}{p}}} B(\lambda_1, \lambda_2) \prod_{i=0}^{m-1}(\lambda_1 + i) \cdot$$

$$\left(\int_0^\infty x^{p(1-m-\lambda_1)-1} F_m^p(x) dx\right)^{\frac{1}{p}} \left(\sum_{n=2}^\infty \frac{\ln^{q(1-\alpha\lambda_2)-1}(n-\xi)}{(n-\xi)^{1-q}} a_n^q\right)^{\frac{1}{q}}, \tag{5.3.6}$$

$$\left(\sum_{n=2}^\infty \frac{1}{n-\xi} \ln^{p\alpha\lambda_2-1}(n-\xi) \left(\int_0^\infty \frac{f(x)}{(x + \ln^\alpha(n-\xi))^\lambda} dx\right)^p\right)^{\frac{1}{p}}$$

$$< \frac{1}{\alpha^{\frac{1}{p}}} B(\lambda_1, \lambda_2) \prod_{i=0}^{m-1}(\lambda_1 + i) \left(\int_0^\infty x^{p(1-m-\lambda_1)-1} F_m^p(x) dx\right)^{\frac{1}{p}}. \tag{5.3.7}$$

当 $\xi = 0$ 时, 上面式子变为代入例 2.1(1) 中两类中间变量的情形. 此时, 由于不要求相关凸性及 $u''(t) \leqslant 0$ 的条件, 还可放宽参数 $\alpha \in (0,1]$ 为 $\alpha \in (0, \infty)$.

下面考虑算子表示. 置函数 $\varphi_m(x) := x^{p(1-m-\hat{\lambda}_1)-1}, \psi(n) := \dfrac{(u(n))^{q(1-\hat{\lambda}_2)-1}}{(u'(n))^{q-1}}$, 及

$$\psi^{1-p}(n) = (u(n))^{p\hat{\lambda}_2-1} u'(n), x \in \mathbf{R}^+, n \in \mathbf{N}_{n_0}.$$

定义如下实赋范空间:

$$L_{p,\varphi_m}(\mathbf{R}^+) := \left\{ f = f(x); \ \|f\|_{p,\varphi} := \left(\int_0^\infty \varphi_m(x) \mid f(x)\mid^p dx\right)^{\frac{1}{p}} < \infty \right\},$$

$$l_{q,\psi} := \left\{ a = \{a_n\}_{n=n_0}^\infty; \ \|a\|_{q,\psi} := \left(\sum_{n=n_0}^\infty \psi(n) \mid a_n\mid^q\right)^{\frac{1}{q}} < \infty \right\},$$

$$l_{p,\psi^{1-p}} := \left\{ c = \{c_n\}_{n=n_0}^\infty; \ \|c\|_{p,\psi^{1-p}} := \left(\sum_{n=n_0}^\infty \psi^{1-p}(n) \mid c_n\mid^p\right)^{\frac{1}{p}} < \infty \right\}.$$

设 $f = F_0 \in \widetilde{L}_{p,\varphi_0}(\mathbf{R}^+) := \{f: f$ 在 $\mathbf{R}^+$ 上除有限点外非负连续,$m \in \mathbf{N}_+,$
$F_i(x) = \int_0^x \cdots \int_0^{t_2}\int_0^{t_1} F_0(t_0)\mathrm{d}t_0\,\mathrm{d}t_1\cdots\mathrm{d}t_{i-1} = o(\mathrm{e}^{tx})(x,t>0,i=1,\cdots,m;x\to\infty),$
对于 $j=0,m \in \mathbf{N},$有 $F_j \in L_{p,\varphi_j}(\mathbf{R}^+)\}.$ 又设

$$c = \{c_n\}_{n=n_0}^\infty, c_n := \int_0^\infty \frac{f(x)}{(x+u(n))^\lambda}\mathrm{d}x$$

可将式(5.3.1) 改写如下:

$$\|c\|_{p,\psi^{1-p}} < \frac{\Gamma(\lambda+m)}{\Gamma(\lambda)}(k_{\lambda+m}(\lambda_2))^{\frac{1}{p}}(k_{\lambda+m}(\lambda_1+m))^{\frac{1}{q}}\|F_m\|_{p,\varphi_m} < \infty,$$

即有 $c \in l_{p,\psi^{1-p}}.$

定义 5.1　定义如下半离散 Hardy-Hilbert 算子 $T:\widetilde{L}_{p,\varphi_0}(\mathbf{R}^+)\to l_{p,\psi^{1-p}}$ 为
对任意 $f \in \widetilde{L}_{p,\varphi_0}(\mathbf{R}^+),$存在唯一的 $c = Tf \in l_{p,\psi^{1-p}},$使对任意 $n \in \mathbf{N}_{n_0},Tf(n)=c_n.$
定义 Tf 与 $a \in l_{q,\psi}$ 的形式内积及 T 的范数如下:

$$(Tf,a) := \sum_{n=n_0}^\infty a_n \int_0^\infty \frac{f(x)}{(x+u(n))^\lambda}\mathrm{d}x = I,$$

$$\|T\| := \sup_{f(\neq 0)\in \widetilde{L}_{p,\varphi_0}(R_+)} \frac{\|Tf\|_{p,\psi^{1-p}}}{\|F_m\|_{p,\varphi_m}}.$$

由定理 5.1,定理 5.2 及定理 5.4,有如下定理.

定理 5.5　若 $f(\geqslant 0)\in \widetilde{L}_{p,\varphi_0}(\mathbf{R}^+),a(\geqslant 0)\in l_{q,\psi},\|F_m\|_{p,\varphi_m}>0,$
$\|a\|_{q,\psi}>0,$则有等价的算子不等式:

$$(Tf,a) < \frac{\Gamma(\lambda+m)}{\Gamma(\lambda)}(k_{\lambda+m}(\lambda_2))^{\frac{1}{p}}(k_{\lambda+m}(\lambda_1+m))^{\frac{1}{q}}\|F_m\|_{p,\varphi_m}\|a\|_{q,\psi},$$

$$(5.3.8)$$

$$\|Tf\|_{p,\psi^{1-p}} < \frac{\Gamma(\lambda+m)}{\Gamma(\lambda)}(k_{\lambda+m}(\lambda_2))^{\frac{1}{p}}(k_{\lambda+m}(\lambda_1+m))^{\frac{1}{q}}\|F_m\|_{p,\varphi_m}.$$

$$(5.3.9)$$

当 $\lambda_1+\lambda_2=\lambda$ 时,式(5.3.8) 及式(5.3.9) 的常数因子 $\dfrac{\Gamma(\lambda+m)}{\Gamma(\lambda)}(k_{\lambda+m}(\lambda_2))^{\frac{1}{p}}\cdot$

$(k_{\lambda+m}(\lambda_1+m))^{\frac{1}{q}}$ 必为最佳值，即 $\parallel T \parallel = \dfrac{\Gamma(\lambda+m)}{\Gamma(\lambda)} B(\lambda_1+m,\lambda_2)$. 反之，若 $\lambda - \lambda_1 - \lambda_2 \leqslant 0$，式 (5.3.8) 或式 (5.3.9) 的常数因子 $\dfrac{\Gamma(\lambda+m)}{\Gamma(\lambda)}(k_{\lambda+m}(\lambda_2))^{\frac{1}{p}}$ · $(k_{\lambda+m}(\lambda_1+m))^{\frac{1}{q}}$ 为最佳值，则有 $\lambda_1+\lambda_2=\lambda$.

5.4　第一类逆式的情形

本节设 $p<0,0<q<1$，定义 2.1 情形 (1)（或情形 (2)）对 $s_2=\lambda_2$ 满足.

在式 (2.1.6) 中，令

$$s=\lambda+m,s_1=\lambda_1+m,s_2=\lambda_2,f(x)=F_m(x),v(x)=x,x\in(0,\infty),$$

由条件 (5.1.1)，我们有逆向不等式：

$$\int_0^\infty \sum_{n=n_0}^\infty \frac{a_n F_m(x)}{(x+u(n))^{\lambda+m}}\mathrm{d}x > (k_{\lambda+m}(\lambda_2))^{\frac{1}{p}}(k_{\lambda+m}(\lambda_1+m))^{\frac{1}{q}} \cdot$$

$$(\int_0^\infty x^{p(1-m-\hat{\lambda}_1)-1}F_m^p(x)\mathrm{d}x)^{\frac{1}{p}} \cdot$$

$$(\sum_{n=n_0}^\infty \frac{(u(n))^{q(1-\hat{\lambda}_2)-1}}{(u'(n))^{q-1}}a_n^q)^{\frac{1}{q}}. \tag{5.4.1}$$

由式 (5.1.3)，可得涉及一个多重可变上限函数的第一类半离散逆向不等式：

$$I=\int_0^\infty \sum_{n=n_0}^\infty \frac{a_n f(x)}{(x+u(n))^\lambda}\mathrm{d}x > \frac{\Gamma(\lambda+m)}{\Gamma(\lambda)}(k_{\lambda+m}(\lambda_2))^{\frac{1}{p}}(k_{\lambda+m}(\lambda_1+m))^{\frac{1}{q}} \cdot$$

$$(\int_0^\infty x^{p(1-m-\hat{\lambda}_1)-1}F_m^p(x)\mathrm{d}x)^{\frac{1}{p}}(\sum_{n=n_0}^\infty \frac{(u(n))^{q(1-\hat{\lambda}_2)-1}}{(u'(n))^{q-1}}a_n^q)^{\frac{1}{q}}. \tag{5.4.2}$$

特别当 $\lambda_1+\lambda_2=\lambda$ 时，有不等式：

$$\int_0^\infty \sum_{n=n_0}^\infty \frac{a_n f(x)}{(x+u(n))^\lambda}\mathrm{d}x$$

$$> \frac{\Gamma(\lambda+m)}{\Gamma(\lambda)}B(\lambda_1+m,\lambda_2)(\int_0^\infty x^{p(1-m-\lambda_1)-1}F_m^p(x)\mathrm{d}x)^{\frac{1}{p}} \cdot$$

$$(\sum_{n=n_0}^\infty \frac{(u(n))^{q(1-\lambda_2)-1}}{(u'(n))^{q-1}}a_n^q)^{\frac{1}{q}}. \tag{5.4.3}$$

定理 5.6　若 $\lambda_1+\lambda_2=\lambda$，则式 (5.4.2) 的常数因子

$$\frac{\Gamma(\lambda+m)}{\Gamma(\lambda)}(k_{\lambda+m}(\lambda_2))^{\frac{1}{p}}(k_{\lambda+m}(\lambda_1+m))^{\frac{1}{q}}(=\frac{\Gamma(\lambda+m)}{\Gamma(\lambda)}B(\lambda_1+m,\lambda_2))$$

必为最佳值.

证明　若 $\lambda_1+\lambda_2=\lambda$，则式 (5.4.2) 变为式 (5.4.3). 任给 $0<\varepsilon<|p|\lambda_2$，置

$$\widetilde{f}(x) := \begin{cases} 0, 0 < x < 1 \\ x^{\lambda_1 - \frac{\varepsilon}{p} - 1}, x \geqslant 1 \end{cases},$$

$$\widetilde{a}_n := (u(n))^{\lambda_2 - \frac{\varepsilon}{q} - 1} u'(n), n \in \mathbf{N}_{n_0}.$$

我们设 $\widetilde{F}_0(x) = \widetilde{f}(x)$,及对于 $m \in \mathbf{N}_+$,有

$$\widetilde{F}_m(x) := \int_0^x \int_0^{t_{m-1}} \cdots \int_0^{t_1} \widetilde{f}(t_0) \mathrm{d}t_0 \cdots \mathrm{d}t_{m-2} \mathrm{d}t_{m-1}$$

$$= \begin{cases} 0, 0 < x < 1 \\ \dfrac{1}{\displaystyle\prod_{i=0}^{m-1}\left(\lambda_1 + i - \dfrac{\varepsilon}{p}\right)} (x^{\lambda_1 + m - 1 - \frac{\varepsilon}{p}} - p_{m-1}(x)), x \geqslant 1, \end{cases}$$

这里,$p_{m-1}(x)$ 为正的 $m-1$ 次多项式,满足 $p_{m-1}(1) = 1$. 若当 $m = 0, a > 0$ 时,定义 $\displaystyle\prod_{i=0}^{m-1}(a+i) = 1, p_{m-1}(x) = 0$,则上式对 $m \in \mathbf{N}$ 亦成立. 易见,$\widetilde{F}_i(x) = o(\mathrm{e}^{tx})(t > 0, i = 1, \cdots, m; x \to \infty)$.

若有常数 $M \geqslant \dfrac{\Gamma(\lambda+m)}{\Gamma(\lambda)} B(\lambda_1 + m, \lambda_2)$,使其取代式(5.4.3)的常数因子 $\dfrac{\Gamma(\lambda+m)}{\Gamma(\lambda)} B(\lambda_1 + m, \lambda_2)$ 后原式仍成立,则特别还有

$$\widetilde{I} := \int_0^\infty \sum_{n=n_0}^\infty \frac{\widetilde{a}_n \widetilde{f}(x)}{(x+u(n))^\lambda} \mathrm{d}x$$

$$> M \left(\int_0^\infty x^{p(1-m-\lambda_1)-1} \widetilde{F}_m^p(x) \mathrm{d}x\right)^{\frac{1}{p}} \left(\sum_{n=n_0}^\infty \frac{(u(n))^{q(1-\lambda_2)-1}}{(u'(n))^{q-1}} \widetilde{a}_n^q\right)^{\frac{1}{q}}.$$

$$(5.4.4)$$

因由 L'Hospital 法则,有

$$\lim_{x \to \infty} \frac{(1 - x^{-\lambda_1 + \frac{\varepsilon}{p}} O(1))^p - 1}{x^{-\lambda_1 + \frac{\varepsilon}{p}} O(1)} \left(\frac{0}{0} \ 型\right)$$

$$= \lim_{x \to \infty} \frac{p(1 - x^{-\lambda_1 + \frac{\varepsilon}{p}} O(1))^{p-1} (-x^{-\lambda_1 + \frac{\varepsilon}{p}} O(1))'}{(-x^{-\lambda_1 + \frac{\varepsilon}{p}} O(1))'} = -p(> 0),$$

故有表达式

$$(1 - x^{-\lambda_1 + \frac{\varepsilon}{p}} O(1))^p = 1 + O_1(x^{-\lambda_1 + \frac{\varepsilon}{p}}), x \in (1, \infty).$$

显然,因 $\lambda_2 \in (0, \lambda)$,函数

$$(u(t))^{-\varepsilon-1} u'(t) = (u(t))^{-\varepsilon-\lambda_2} ((u(t))^{\lambda_2-1} u'(t)), t \in (n_0, \infty)$$

仍具有递减性. 由式(5.4.4)及级数的递减性质,可得

$$\tilde{I} > \frac{M}{\prod\limits_{i=0}^{m-1}(\lambda_1 + i - \frac{\varepsilon}{p})}(\int_1^\infty x^{p(1-m-\lambda_1)-1}x^{p(\lambda_1+m-1)-\varepsilon}(1-x^{-\lambda_1+\frac{\varepsilon}{p}}O(1))^p \mathrm{d}x)^{\frac{1}{p}} \cdot$$

$$(\sum_{n=n_0}^\infty \frac{(u(n))^{q(1-\lambda_2)-1}}{(u'(n))^{q-1}}(u(n))^{q\lambda_2-\varepsilon-q}(u'(n))^q)^{\frac{1}{q}}$$

$$= \frac{M}{\prod\limits_{i=0}^{m-1}(\lambda_1 + i - \frac{\varepsilon}{p})}(\int_1^\infty x^{-\varepsilon-1}(1+O_1(x^{-\lambda_1+\frac{\varepsilon}{p}}))\mathrm{d}x)^{\frac{1}{p}} \cdot$$

$$(\sum_{n=n_0}^\infty (u(n))^{-\varepsilon-1}u'(n))^{\frac{1}{q}}$$

$$\geqslant \frac{M}{\prod\limits_{i=0}^{m-1}(\lambda_1 + i - \frac{\varepsilon}{p})}(\int_1^\infty x^{-\varepsilon-1}\mathrm{d}x +$$

$$\int_1^\infty O_1(x^{-\lambda_1-\frac{\varepsilon}{q}-1})\mathrm{d}x)^{\frac{1}{p}}(\int_{n_0}^\infty (u(t))^{-\varepsilon-1}u'(t)\mathrm{d}t)^{\frac{1}{q}}$$

$$= \frac{M}{\varepsilon\prod\limits_{i=0}^{m-1}(\lambda_1 + i - \frac{\varepsilon}{p})}(1+\varepsilon O_1(1))^{\frac{1}{p}}(u(n_0))^{\frac{-\varepsilon}{q}}.$$

由式 (2.1.5), 取 $s=\lambda, s_1 = \tilde{\lambda}_1 := \lambda_1 - \frac{\varepsilon}{p} \in (0,\lambda)(v(x)=x, x \in (0,\infty))$, 我们有

$$\tilde{I} = \sum_{n=n_0}^\infty ((u(n))^{(\lambda_2+\frac{\varepsilon}{p})}\int_1^\infty \frac{x^{(\lambda_1-\frac{\varepsilon}{p})-1}}{(x+u(n))^\lambda}\mathrm{d}x)(u(n))^{-\varepsilon-1}u'(n)$$

$$< \sum_{n=n_0}^\infty ((u(n))^{(\lambda_2+\frac{\varepsilon}{p})}\int_0^\infty \frac{x^{(\lambda_1-\frac{\varepsilon}{p})-1}}{(x+u(n))^\lambda}\mathrm{d}x)(u(n))^{-\varepsilon-1}u'(n)$$

$$= \sum_{n=n_0}^\infty \omega(\tilde{\lambda}_1,n)(u(n))^{-\varepsilon-1}u'(n)$$

$$= k_\lambda(\tilde{\lambda}_1)((u(n_0))^{-\varepsilon-1}u'(n_0) + \sum_{n=n_0+1}^\infty (u(n))^{-\varepsilon-1}u'(n))$$

$$\leqslant k_\lambda(\tilde{\lambda}_1)((u(n_0))^{-\varepsilon-1}u'(n_0) + \int_{n_0}^\infty (u(y))^{-\varepsilon-1}u'(y)\mathrm{d}y)$$

$$= \frac{1}{\varepsilon}\mathrm{B}(\lambda_1 - \frac{\varepsilon}{p},\lambda_2 + \frac{\varepsilon}{q})(\varepsilon(u(n_0))^{-\varepsilon-1}u'(n_0) + (u(n_0))^{-\varepsilon})$$

基于上面的结果, 有

$$\mathrm{B}(\lambda_1 - \frac{\varepsilon}{p},\lambda_2 + \frac{\varepsilon}{q})(\varepsilon(u(n_0))^{-\varepsilon-1}u'(n_0) + (u(n_0))^{-\varepsilon})$$

$$> \varepsilon \widetilde{I} > \frac{M}{\prod\limits_{i=0}^{m-1}(\lambda_1 + i - \frac{\varepsilon}{p})}(1 + \varepsilon O_1(1))^{\frac{1}{p}} (u(n_0))^{\frac{-\varepsilon}{q}}.$$

令 $\varepsilon \to 0^+$，由 Beta 函数的连续性，有

$$\frac{\Gamma(\lambda+m)}{\Gamma(\lambda)}B(\lambda_1+m,\lambda_2) = B(\lambda_1,\lambda_2)\prod_{i=0}^{m-1}(\lambda_1+i) \geqslant M.$$

故 $M = \dfrac{\Gamma(\lambda+m)}{\Gamma(\lambda)}B(\lambda_1+m,\lambda_2)$ 为式(5.4.3)(即式(5.4.2)当 $\lambda_1+\lambda_2=\lambda$ 时)的

最佳值. 证毕.

定理 5.7 若式(5.4.2)的常数因子

$$\frac{\Gamma(\lambda+m)}{\Gamma(\lambda)}(k_{\lambda+m}(\lambda_2))^{\frac{1}{p}}(k_{\lambda+m}(\lambda_1+m))^{\frac{1}{q}}$$

为最佳值，则当 $\lambda-\lambda_1-\lambda_2 \in (-q\lambda_2,0]$ 时，必有 $\lambda_1+\lambda_2=\lambda$.

证明 因 $\hat{\lambda}_1 = \dfrac{\lambda-\lambda_2}{p}+\dfrac{\lambda_1}{q}, \hat{\lambda}_2 = \dfrac{\lambda-\lambda_1-\lambda_2}{q}+\lambda_2$，有 $\hat{\lambda}_1+\hat{\lambda}_2=\lambda$. 当

$$\lambda-\lambda_1-\lambda_2 \in (-q\lambda_2,0](\subset(-q\lambda_2,q(\lambda-\lambda_2))),$$

有 $0 < \hat{\lambda}_2 < \lambda, 0 < \hat{\lambda}_1 = \lambda-\hat{\lambda}_2 < \lambda$，及

$$\frac{\Gamma(\lambda+m)}{\Gamma(\lambda)}B(\hat{\lambda}_1+m,\hat{\lambda}_2) \in \mathbf{R}^+.$$

因 $\lambda-\lambda_1-\lambda_2 \leqslant 0, 0 < q < 1$，对于 $\rho=1$(或 $\rho=\dfrac{1}{2}$)，函数

$$(u(t))^{\hat{\lambda}_2-1}u'(t) = (u(t))^{\hat{\lambda}_2-\lambda_2}((u(t))^{\lambda_2-1}u'(t))$$
$$= (u(t))^{(\lambda-\lambda_1-\lambda_2)/q}((u(t))^{\lambda_2-1}u'(t)), t \in (n_0-\rho,\infty)$$

仍具有递减性. 因 $u''(t) \leqslant 0$，及 $(u(t))^{\lambda_2-1}u'(t)$ 凸，显然上式仍具有凸性($\rho=\dfrac{1}{2}$). 故定义 2.1 情形(1)(或情形(2))对 $s_2=\hat{\lambda}_2$ 仍满足. 故由式(5.4.3)，可代之

以 $\hat{\lambda}_i=\lambda_i$ $(i=1,2)$，成立不等式：

$$\int_0^\infty \sum_{n=n_0}^\infty \frac{a_n f(x)}{(x+u(n))^\lambda}\mathrm{d}x > \frac{\Gamma(\lambda+m)}{\Gamma(\lambda)}B(\hat{\lambda}_1+m,\hat{\lambda}_2) \cdot$$

$$(\int_0^\infty x^{p(1-m-\hat{\lambda}_1)-1}F_m^p(x)\mathrm{d}x)^{\frac{1}{p}}(\sum_{n=n_0}^\infty \frac{(u(n))^{q(1-\hat{\lambda}_2)-1}}{(u'(n))^{q-1}}a_n^q)^{\frac{1}{q}}. \quad (5.4.5)$$

由逆向的 Hölder 不等式(参阅文[5])，我们还有

$$B(\hat{\lambda}_1+m,\hat{\lambda}_2) = k_{\lambda+m}(\frac{\lambda-\lambda_2}{p}+\frac{\lambda_1}{q}+m)$$

$$= \int_0^\infty \frac{1}{(1+u)^{\lambda+m}} u^{\frac{\lambda-\lambda_2+m}{p}+\frac{\lambda_1+m}{q}-1} \mathrm{d}u = \int_0^\infty \frac{1}{(1+u)^{\lambda+m}} (u^{\frac{\lambda-\lambda_2+m-1}{p}})(u^{\frac{\lambda_1+m-1}{q}}) \mathrm{d}u$$

$$\geqslant (\int_0^\infty \frac{1}{(1+u)^{\lambda+m}} u^{\lambda-\lambda_2+m-1} \mathrm{d}u)^{\frac{1}{p}} (\int_0^\infty \frac{1}{(1+u)^{\lambda+m}} u^{\lambda_1+m-1} \mathrm{d}u)^{\frac{1}{q}}$$

$$= (\int_0^\infty \frac{1}{(1+v)^{\lambda+m}} v^{\lambda_2-1} \mathrm{d}v)^{\frac{1}{p}} (\int_0^\infty \frac{1}{(1+u)^{\lambda+m}} u^{(\lambda_1+m)-1} \mathrm{d}u)^{\frac{1}{q}}$$

$$= (k_{\lambda+m}(\lambda_2))^{\frac{1}{p}} (k_{\lambda+m}(\lambda_1+m))^{\frac{1}{q}}. \tag{5.4.6}$$

由于常数因子 $\dfrac{\Gamma(\lambda+m)}{\Gamma(\lambda)} (k_{\lambda+m}(\lambda_2))^{\frac{1}{p}} (k_{\lambda+m}(\lambda_1+m))^{\frac{1}{q}}$ 为式(5.4.2)的最佳值,故比较式(5.4.2)与式(5.4.5)的常数因子,我们有不等式:

$$\frac{\Gamma(\lambda+m)}{\Gamma(\lambda)} (k_{\lambda+m}(\lambda_2))^{\frac{1}{p}} (k_{\lambda+m}(\lambda_1+m))^{\frac{1}{q}} \geqslant \frac{\Gamma(\lambda+m)}{\Gamma(\lambda)} \mathrm{B}(\hat{\lambda}_1+m,\hat{\lambda}_2)(\in \mathbf{R}^+).$$

即有不等式

$$\mathrm{B}(\hat{\lambda}_1+m,\hat{\lambda}_2) \leqslant (k_{\lambda+m}(\lambda_2))^{\frac{1}{p}} (k_{\lambda+m}(\lambda_1+m))^{\frac{1}{q}},$$

因而式(5.4.6)取等号. 式(5.4.6)取等号的充分必要条件是存在不全为 0 的常数 A 和 B,使(参阅文[5])$Au^{\lambda-\lambda_2+m-1}=Bu^{\lambda_1+m-1}$ a.e. 于 $\mathbf{R}^+$. 不妨设 $A \neq 0$,则有 $u^{\lambda-\lambda_2-\lambda_1}=\dfrac{B}{A}$ a.e. 于 $\mathbf{R}^+$, 及 $\lambda-\lambda_2-\lambda_1=0$. 因而有 $\lambda_1+\lambda_2=\lambda$. 证毕.

定理 5.8 我们有与式 (5.4.2) 等价的第一类半离散逆向的 Hardy-Hilbert 不等式:

$$J := (\sum_{n=n_0}^\infty (u(n))^{p\hat{\lambda}_2-1} u'(n) (\int_0^\infty \frac{f(x)}{(x+u(n))^\lambda} \mathrm{d}x)^p)^{\frac{1}{p}}$$

$$> \frac{\Gamma(\lambda+m)}{\Gamma(\lambda)} (k_{\lambda+m}(\lambda_2))^{\frac{1}{p}} (k_{\lambda+m}(\lambda_1+m))^{\frac{1}{q}} (\int_0^\infty x^{p(1-m-\hat{\lambda}_1)-1} F_m^p(x) \mathrm{d}x)^{\frac{1}{p}}. \tag{5.4.7}$$

特别当 $\lambda_1+\lambda_2=\lambda$ 时,我们有式(5.4.3)的等价式:

$$(\sum_{n=n_0}^\infty (u(n))^{p\lambda_2-1} u'(n) (\int_0^\infty \frac{f(x)}{(x+u(n))^\lambda} \mathrm{d}x)^p)^{\frac{1}{p}}$$

$$> \frac{\Gamma(\lambda+m)}{\Gamma(\lambda)} \mathrm{B}(\lambda_1+m,\lambda_2) (\int_0^\infty x^{p(1-m-\lambda_1)-1} F_m^p(x) \mathrm{d}x)^{\frac{1}{p}}. \tag{5.4.8}$$

证明 设式(5.4.7)为真. 由逆向的 Hölder 不等式,有

$$I = \sum_{n=n_0}^\infty ((u(n))^{\hat{\lambda}_2-\frac{1}{p}} (u'(n))^{\frac{1}{p}} \int_0^\infty \frac{f(x)}{(x+u(n))^\lambda} \mathrm{d}x)(\frac{(u(n))^{-\hat{\lambda}_2+\frac{1}{p}}}{(u'(n))^{\frac{1}{p}}} a_n)$$

$$\geqslant J (\sum_{n=n_0}^\infty \frac{(u(n))^{q(1-\hat{\lambda}_2)-1}}{(u'(n))^{q-1}} a_n^q)^{\frac{1}{q}}. \tag{5.4.9}$$

则由式(5.4.7),我们有式(5.4.2).反之,设式(5.4.2)成立,置

$$a_n := (u(n))^{p\hat{\lambda}_2-1}u'(n)\left(\int_0^\infty \frac{f(x)}{(x+u(n))^\lambda}dx\right)^{p-1}, n \in \mathbf{N}_{n_0}.$$

若 $J=\infty$,则式(5.4.7)自然成立;若 $J=0$,则式(5.4.7)必然不成立,即 $J>0$. 下设 $0<J<\infty$.由式(5.4.2),有

$$\infty > \sum_{n=n_0}^\infty \frac{(u(n))^{q(1-\hat{\lambda}_2)-1}}{(u'(n))^{q-1}}a_n^q = J^p = I$$

$$> \frac{\Gamma(\lambda+m)}{\Gamma(\lambda)}(k_{\lambda+m}(\lambda_2))^{\frac{1}{p}}(k_{\lambda+m}(\lambda_1+m))^{\frac{1}{q}}\left(\int_0^\infty x^{p(1-m-\hat{\lambda}_1)-1}F_m^p(x)dx\right)^{\frac{1}{p}}J^{p-1}$$

$$> 0,$$

$$J = \left(\sum_{n=n_0}^\infty \frac{(u(n))^{q(1-\hat{\lambda}_2)-1}}{(u'(n))^{q-1}}a_n^q\right)^{\frac{1}{p}}$$

$$> \frac{\Gamma(\lambda+m)}{\Gamma(\lambda)}(k_{\lambda+m}(\lambda_2))^{\frac{1}{p}}(k_{\lambda+m}(\lambda_1+m))^{\frac{1}{q}}\left(\int_0^\infty x^{p(1-m-\hat{\lambda}_1)-1}F_m^p(x)dx\right)^{\frac{1}{p}},$$

即式(5.4.7)成立,且它等价于式(5.4.2).证毕.

定理 5.9 若 $\lambda_1+\lambda_2=\lambda$,则式(5.4.7)的常数因子

$$\frac{\Gamma(\lambda+m)}{\Gamma(\lambda)}(k_{\lambda+m}(\lambda_2))^{\frac{1}{p}}(k_{\lambda+m}(\lambda_1+m))^{\frac{1}{q}}\left(=\frac{\Gamma(\lambda+m)}{\Gamma(\lambda)}B(\lambda_1+m,\lambda_2)\right)$$

必为最佳值.反之,若式(5.4.7)的相同常数因子为最佳值,则当 $\lambda-\lambda_1-\lambda_2 \in (-q\lambda_2,0]$ 时,有 $\lambda_1+\lambda_2=\lambda$.

证明 若 $\lambda_1+\lambda_2=\lambda$,则由定理5.6,式(5.4.2)的常数因子

$$\frac{\Gamma(\lambda+m)}{\Gamma(\lambda)}(k_{\lambda+m}(\lambda_2))^{\frac{1}{p}}(k_{\lambda+m}(\lambda_1+m))^{\frac{1}{q}}$$

是最佳值.由式(5.4.9),知式(5.4.7)的常数因子也必为最佳值.不然,将得出式(5.4.2)的常数因子也不是最佳值的矛盾.反之,若式(5.4.7)的常数因子是最佳值,则由式(5.4.7)与式(5.4.2)的等价性,及 $J^p=I$(参考定理5.8的证明),能证得式(5.4.2)的相同常数因子也必是最佳值.由条件及定理5.7,有 $\lambda_1+\lambda_2=\lambda$. 证毕.

例 5.2 在式(5.4.3),式(5.4.8)中代入例2.1(2)的中间变量,当 $\alpha \in (0,1],\xi \in [0,\frac{1}{2}],\lambda_2 \leqslant \frac{1}{\alpha}$ 时,有具有最佳常数因子 $\frac{1}{\alpha^{\frac{1}{p}}}B(\lambda_1,\lambda_2)\prod_{i=0}^{m-1}(\lambda_1+i)$ 的

2组逆向等价不等式:

$$\int_0^\infty \sum_{n=1}^\infty \frac{a_n f(x)}{(x+(n-\xi)^\alpha)^\lambda}dx > \frac{1}{\alpha^{\frac{1}{p}}}B(\lambda_1,\lambda_2)\prod_{i=0}^{m-1}(\lambda_1+i) \cdot$$

$$\left(\int_0^\infty x^{p(1-m-\lambda_1)-1} F_m^p(x)\mathrm{d}x\right)^{\frac{1}{p}} \left(\sum_{n=1}^\infty (n-\xi)^{q(1-\alpha\lambda_2)-1} a_n^q\right)^{\frac{1}{q}}, \tag{5.4.10}$$

$$\left(\sum_{n=1}^\infty (n-\xi)^{p\alpha\lambda_2-1} \left(\int_0^\infty \frac{f(x)}{(x+(n-\xi)^\alpha)^\lambda}\mathrm{d}x\right)^p\right)^{\frac{1}{p}}$$

$$> \frac{1}{\alpha^{\frac{1}{p}}} B(\lambda_1,\lambda_2) \prod_{i=0}^{m-1} (\lambda_1+i) \left(\int_0^\infty x^{p(1-m-\lambda_1)-1} F_m^p(x)\mathrm{d}x\right)^{\frac{1}{p}}; \tag{5.4.11}$$

$$\int_0^\infty \sum_{n=2}^\infty \frac{a_n f(x)}{(x+\ln^\alpha(n-\xi))^\lambda}\mathrm{d}x > \frac{1}{\alpha^{\frac{1}{p}}} B(\lambda_1,\lambda_2) \prod_{i=0}^{m-1} (\lambda_1+i) \cdot$$

$$\left(\int_0^\infty x^{p(1-m-\lambda_1)-1} F_m^p(x)\mathrm{d}x\right)^{\frac{1}{p}} \left(\sum_{n=2}^\infty \frac{\ln^{q(1-\alpha\lambda_2)-1}(n-\xi)}{(n-\xi)^{1-q}} a_n^q\right)^{\frac{1}{q}}, \tag{5.4.12}$$

$$\left(\sum_{n=2}^\infty \frac{1}{n-\xi} \ln^{p\alpha\lambda_2-1}(n-\xi) \left(\int_0^\infty \frac{f(x)}{(x+\ln^\alpha(n-\xi))^\lambda}\mathrm{d}x\right)^p\right)^{\frac{1}{p}}$$

$$> \frac{1}{\alpha^{\frac{1}{p}}} B(\lambda_1,\lambda_2) \prod_{i=0}^{m-1} (\lambda_1+i) \left(\int_0^\infty x^{p(1-m-\lambda_1)-1} F_m^p(x)\mathrm{d}x\right)^{\frac{1}{p}}. \tag{5.4.13}$$

当 $\xi=0$ 时,上面式子变为代入例 2.1(1) 中两类中间变量的情形. 此时,由于不要求相关凸性及 $u''(t) \leqslant 0$ 的条件,还可放宽参数 $\alpha \in (0,1]$ 为 $\alpha \in (0,\infty)$.

5.5　第二类逆式的情形

本节设 $0 < p < 1, q < 0$,定义 2.1 情形(1)(或情形(2)) 对 $s_2 = \lambda_2$ 满足.

在式(2.1.7) 中,令

$$s = \lambda + m, s_1 = \lambda_1 + m, s_2 = \lambda_2, f(x) = F_m(x), v(x) = x, x \in (0,\infty),$$

由条件(5.1.1),我们有逆向不等式:

$$\int_0^\infty \sum_{n=n_0}^\infty \frac{a_n F_m(x)}{(x+u(n))^{\lambda+m}}\mathrm{d}x > (k_{\lambda+m}(\lambda_2))^{\frac{1}{p}} (k_{\lambda+m}(\lambda_1+m))^{\frac{1}{q}} \cdot$$

$$\left(\int_0^\infty \left(1-O_{\lambda+m}\left(\frac{1}{x^{\lambda_2}}\right)\right) x^{p(1-m-\hat{\lambda}_1)-1} F_m^p(x)\mathrm{d}x\right)^{\frac{1}{p}} \cdot$$

$$\left(\sum_{n=n_0}^\infty \frac{(u(n))^{q(1-\hat{\lambda}_2)-1}}{(u'(n))^{q-1}} a_n^q\right)^{\frac{1}{q}}. \tag{5.5.1}$$

由式 (5.1.3),可得涉及多重可变上限函数的第二类半离散逆向的 Hardy-Hilbert 不等式:

$$I = \int_0^\infty \sum_{n=n_0}^\infty \frac{a_n f(x)}{(x+u(n))^\lambda}\mathrm{d}x > \frac{\Gamma(\lambda+m)}{\Gamma(\lambda)} (k_{\lambda+m}(\lambda_2))^{\frac{1}{p}} (k_{\lambda+m}(\lambda_1+m))^{\frac{1}{q}} \cdot$$

$$\left(\int_0^\infty (1-O_{\lambda+m}(\frac{1}{x^{\lambda_2}}))x^{p(1-m-\hat{\lambda}_1)-1}F_m^p(x)\mathrm{d}x\right)^{\frac{1}{p}} \cdot$$

$$\left(\sum_{n=n_0}^\infty \frac{(u(n))^{q(1-\hat{\lambda}_2)-1}}{(u'(n))^{q-1}}a_n^q\right)^{\frac{1}{q}}. \tag{5.5.2}$$

特别当 $\lambda_1+\lambda_2=\lambda$ 时,有逆向不等式:

$$\int_0^\infty \sum_{n=n_0}^\infty \frac{a_n f(x)}{(x+u(n))^\lambda}\mathrm{d}x > \frac{\Gamma(\lambda+m)}{\Gamma(\lambda)}\mathrm{B}(\lambda_1+m,\lambda_2) \cdot$$

$$\left(\int_0^\infty (1-O_{\lambda+m}(\frac{1}{x^{\lambda_2}}))x^{p(1-m-\lambda_1)-1}F_m^p(x)\mathrm{d}x\right)^{\frac{1}{p}} \cdot$$

$$\left(\sum_{n=n_0}^\infty \frac{(u(n))^{q(1-\lambda_2)-1}}{(u'(n))^{q-1}}a_n^q\right)^{\frac{1}{q}}. \tag{5.5.3}$$

定理 5.10 若 $\lambda_1+\lambda_2=\lambda$,则式(5.5.2)的常数因子

$$\frac{\Gamma(\lambda+m)}{\Gamma(\lambda)}(k_{\lambda+m}(\lambda_2))^{\frac{1}{p}}(k_{\lambda+m}(\lambda_1+m))^{\frac{1}{q}}\left(=\frac{\Gamma(\lambda+m)}{\Gamma(\lambda)}\mathrm{B}(\lambda_1+m,\lambda_2)\right)$$

必为最佳值.

证明 若 $\lambda_1+\lambda_2=\lambda$,则式(5.5.2)变为式(5.5.3).任给 $0<\varepsilon<p\lambda_1$,置

$$\tilde{f}(x):=\begin{cases}0,0<x<1\\ x^{\lambda_1-\frac{\varepsilon}{p}-1},x\geqslant 1\end{cases},$$

$$\tilde{a}_n:=(u(n))^{\lambda_2-\frac{\varepsilon}{q}-1}u'(n),n\in\mathbf{N}_{n_0}.$$

我们设 $\tilde{F}_0(x)=\tilde{f}(x)$,及对于 $m\in\mathbf{N}_+$,有

$$\tilde{F}_m(x):=\int_0^x\int_0^{t_{m-1}}\cdots\int_0^{t_1}\tilde{f}(t_0)\mathrm{d}t_0\cdots\mathrm{d}t_{m-2}\mathrm{d}t_{m-1}$$

$$=\begin{cases}0,0<x<1\\ \dfrac{1}{\prod\limits_{i=0}^{m-1}(\lambda_1+i-\frac{\varepsilon}{p})}(x^{\lambda_1+m-1-\frac{\varepsilon}{p}}-p_{m-1}(x)),x\geqslant 1,\end{cases}$$

这里,$p_{m-1}(x)$ 为正的 $m-1$ 次多项式,满足 $p_{m-1}(1)=1$.若当 $m=0,a>0$ 时,定义 $\prod\limits_{i=0}^{m-1}(a+i)=1,p_{m-1}(x)=0$,则上式对 $m\in\mathbf{N}$ 亦成立.易见,$\tilde{F}_i(x)=o(\mathrm{e}^{tx})(t>0,i=1,\cdots,m;x\to\infty)$.

若有常数 $M\geqslant\frac{\Gamma(\lambda+m)}{\Gamma(\lambda)}\mathrm{B}(\lambda_1+m,\lambda_2)$,使取代式(5.5.3)的常数因子

$\frac{\Gamma(\lambda+m)}{\Gamma(\lambda)}\mathrm{B}(\lambda_1+m,\lambda_2)$ 后仍成立,则特别还有

$$\widetilde{I} := \int_0^\infty \sum_{n=n_0}^\infty \frac{\widetilde{a}_n \widetilde{f}(x)}{(x+u(n))^\lambda} \mathrm{d}x$$

$$> M \left(\int_0^\infty (1 - O_{\lambda+m}(\frac{1}{x^{\lambda_2}})) x^{p(1-m-\lambda_1)-1} \widetilde{F}_m^p(x) \mathrm{d}x \right)^{\frac{1}{p}} \cdot$$

$$\left(\sum_{n=n_0}^\infty \frac{(u(n))^{q(1-\lambda_2)-1}}{(u'(n))^{q-1}} \widetilde{a}_n^q \right)^{\frac{1}{q}}. \tag{5.5.4}$$

可算得

$$(x^{\lambda_1+m-1-\frac{\varepsilon}{p}} - p_{m-1}(x))^p = x^{p\lambda_1+pm-p-\varepsilon}(1 - x^{-\lambda_1-m+1+\frac{\varepsilon}{p}} p_{m-1}(x))^p$$

$$= x^{p\lambda_1+pm-p-\varepsilon}(1 - x^{-\lambda_1+\frac{\varepsilon}{p}} O(1))^p.$$

因由 L'Hospital 法则,有

$$\lim_{x\to\infty} \frac{(1 - O_{\lambda+m}(\frac{1}{x^{\lambda_2}}))(1 - x^{-\lambda_1+\frac{\varepsilon}{p}} O(1))^p - 1}{x^{-\lambda_1+\frac{\varepsilon}{p}} O(1)}$$

$$= \lim_{x\to\infty} \frac{-p(1 - x^{-\lambda_1+\frac{\varepsilon}{p}} O(1))^{p-1}(-x^{-\lambda_1+\frac{\varepsilon}{p}} O(1))'}{(-x^{-\lambda_1+\frac{\varepsilon}{p}} O(1))'}$$

$$= -p(<0),$$

故有表达式

$$(1 - O_{\lambda+m}(\frac{1}{x^{\lambda_2}}))(1 - x^{-\lambda_1+\frac{\varepsilon}{p}} O(1))^p = 1 - O_1(x^{-\lambda_1+\frac{\varepsilon}{p}}), x \in (1,\infty).$$

显然,因 $\lambda_2 \in (0,\lambda)$,函数

$$(u(t))^{-\varepsilon-1} u'(t) = (u(t))^{-\varepsilon-\lambda_2}((u(t))^{\lambda_2-1} u'(t)), t \in (n_0,\infty)$$

仍具有递减性. 由式(5.5.4)及级数的递减性质,可得

$$\widetilde{I} > \frac{M}{\prod\limits_{i=0}^{m-1}(\lambda_1 + i - \frac{\varepsilon}{p})}\left(\int_1^\infty (1 - O_{\lambda+m}(\frac{1}{x^{\lambda_2}})) x^{-\varepsilon-1}(1 - x^{-\lambda_1+\frac{\varepsilon}{p}} O(1))^p \mathrm{d}x \right)^{\frac{1}{p}} \cdot$$

$$\left(\sum_{n=n_0}^\infty \frac{(u(n))^{q(1-\lambda_2)-1}}{(u'(n))^{q-1}}(u(n))^{q\lambda_2-\varepsilon-q}(u'(n))^q \right)^{\frac{1}{q}}$$

$$= \frac{M}{\prod\limits_{i=0}^{m-1}(\lambda_1 + i - \frac{\varepsilon}{p})}\left(\int_1^\infty x^{-\varepsilon-1}(1 - O_1(x^{-\lambda_1+\frac{\varepsilon}{p}})) \mathrm{d}x \right)^{\frac{1}{p}} \cdot$$

$$\left((u(n_0))^{-\varepsilon-1} u'(n_0) + \sum_{n=n_0+1}^\infty (u(n))^{-\varepsilon-1} u'(n) \right)^{\frac{1}{q}}$$

$$\geqslant \frac{M}{\prod\limits_{i=0}^{m-1}(\lambda_1 + i - \frac{\varepsilon}{p})}\left(\int_1^\infty x^{-\varepsilon-1} \mathrm{d}x - \int_1^\infty O_1(x^{-\lambda_1-\frac{\varepsilon}{q}-1}) \mathrm{d}x \right)^{\frac{1}{p}} \cdot$$

99

$$((u(n_0))^{-\varepsilon-1}u'(n_0) + \int_{n_0}^{\infty}(u(t))^{-\varepsilon-1}u'(t)\mathrm{d}t)^{\frac{1}{q}}$$

$$= \frac{M}{\varepsilon\prod_{i=0}^{m-1}(\lambda_1+i-\frac{\varepsilon}{p})}(1-\varepsilon O_1(1))^{\frac{1}{p}}(\varepsilon(u(n_0))^{-\varepsilon-1}u'(n_0)+(u(n_0))^{-\varepsilon})^{\frac{1}{q}}.$$

由式(2.1.5),取 $s=\lambda, s_1=\widetilde{\lambda}_1:=\lambda_1-\dfrac{\varepsilon}{p}\in(0,\lambda)(v(x)=x,x\in(0,\infty))$,

我们还有

$$\widetilde{I} = \sum_{n=n_0}^{\infty}((u(n))^{(\lambda_2+\frac{\varepsilon}{p})}\int_1^{\infty}\frac{1}{(x+u(n))^{\lambda}}x^{(\lambda_1-\frac{\varepsilon}{p})-1}\mathrm{d}x)(u(n))^{-\varepsilon-1}u'(n)$$

$$< \sum_{n=n_0}^{\infty}((u(n))^{(\lambda_2+\frac{\varepsilon}{p})}\int_0^{\infty}\frac{1}{(x+u(n))^{\lambda}}x^{(\lambda_1-\frac{\varepsilon}{p})-1}\mathrm{d}x)(u(n))^{-\varepsilon-1}u'(n)$$

$$= \sum_{n=n_0}^{\infty}\omega(\widetilde{\lambda}_1,n)(u(n))^{-\varepsilon-1}u'(n)$$

$$= k_{\lambda}(\widetilde{\lambda}_1)((u(n_0))^{-\varepsilon-1}u'(n_0) + \sum_{n=n_0+1}^{\infty}(u(n))^{-\varepsilon-1}u'(n))$$

$$\leqslant k_{\lambda}(\widetilde{\lambda}_1)((u(n_0))^{-\varepsilon-1}u'(n_0) + \int_{n_0}^{\infty}(u(y))^{-\varepsilon-1}u'(y)\mathrm{d}y)$$

$$= \frac{1}{\varepsilon}B(\lambda_1-\frac{\varepsilon}{p},\lambda_2+\frac{\varepsilon}{p})(\varepsilon(u(n_0))^{-\varepsilon-1}u'(n_0)+(u(n_0))^{-\varepsilon})$$

基于上面的结果,有

$$B(\lambda_1-\frac{\varepsilon}{p},\lambda_2+\frac{\varepsilon}{p})(\varepsilon(u(n_0))^{-\varepsilon-1}u'(n_0)+(u(n_0))^{-\varepsilon}) < \varepsilon\widetilde{I}$$

$$> \frac{M}{\prod_{i=0}^{m-1}(\lambda_1+i-\frac{\varepsilon}{p})}(1-\varepsilon O_1(1))^{\frac{1}{p}}(\varepsilon(u(n_0))^{-\varepsilon-1}u'(n_0)+(u(n_0))^{-\varepsilon})^{\frac{1}{q}}$$

令 $\varepsilon\to 0^+$,由 Beta 函数的连续性,有

$$\frac{\Gamma(\lambda+m)}{\Gamma(\lambda)}B(\lambda_1+m,\lambda_2) = B(\lambda_1,\lambda_2)\prod_{i=0}^{m-1}(\lambda_1+i)\geqslant M$$

故 $M=\dfrac{\Gamma(\lambda+m)}{\Gamma(\lambda)}B(\lambda_1+m,\lambda_2)$ 为式(5.5.3)(即式(5.5.2)当 $\lambda_1+\lambda_2=\lambda$ 时)的

最佳值.证毕.

定理 5.11 若式(5.5.2)的常数因子

$$\frac{\Gamma(\lambda+m)}{\Gamma(\lambda)}(k_{\lambda+m}(\lambda_2))^{\frac{1}{p}}(k_{\lambda+m}(\lambda_1+m))^{\frac{1}{q}}$$

为最佳值,则当 $\lambda-\lambda_1-\lambda_2\in[0,-q\lambda_2)$ 时,必有 $\lambda_1+\lambda_2=\lambda$.

证明 因 $\hat\lambda_1 = \dfrac{\lambda-\lambda_2}{p} + \dfrac{\lambda_1}{q}, \hat\lambda_2 = \dfrac{\lambda-\lambda_1-\lambda_2}{q} + \lambda_2$, 有 $\hat\lambda_1 + \hat\lambda_2 = \lambda$. 当

$$\lambda-\lambda_1-\lambda_2 \in [0, -q\lambda_2)(\subset (q(\lambda-\lambda_2), -q\lambda_2))$$

有 $0 < \hat\lambda_2 < \lambda, 0 < \hat\lambda_1 = \lambda - \hat\lambda_2 < \lambda$, 及 $\dfrac{\Gamma(\lambda+m)}{\Gamma(\lambda)} B(\hat\lambda_1 + m, \hat\lambda_2) \in \mathbf{R}^+$. 因 $\lambda -$

$\lambda_1 - \lambda_2 \geqslant 0, q < 0$, 对于 $\rho = 1$(或 $\rho = \dfrac{1}{2}$), 函数

$$(u(t))^{\hat\lambda_2-1} u'(t) = (u(t))^{\hat\lambda_2-\lambda_2}((u(t))^{\lambda_2-1} u'(t))$$
$$= (u(t))^{(\lambda-\lambda_1-\lambda_2)/q}((u(t))^{\lambda_2-1} u'(t)), t \in (n_0 - \rho, \infty)$$

仍具有递减性. 因 $u''(t) \leqslant 0$, 及 $(u(t))^{\lambda_2-1} u'(t)$ 凸, 显然上式仍具有凸性($\rho = \dfrac{1}{2}$). 故定义 2.1 情形(1)(或情形(2))对 $s_2 = \hat\lambda_2$ 仍满足. 由式(5.5.3), 可代之以 $\hat\lambda_i = \lambda_i (i = 1, 2)$, 成立如下不等式:

$$\int_0^\infty \sum_{n=n_0}^\infty \frac{a_n f(x)}{(x+u(n))^\lambda} \mathrm{d}x$$
$$> \frac{\Gamma(\lambda+m)}{\Gamma(\lambda)} B(\hat\lambda_1, \hat\lambda_2) \cdot$$
$$(\int_0^\infty (1 - O_{\lambda+m}(\frac{1}{x^{\hat\lambda_2}})) x^{p(1-m-\hat\lambda_1)-1} F_m^p(x) \mathrm{d}x)^{\frac{1}{p}} (\sum_{n=n_0}^\infty \frac{(u(n))^{q(1-\hat\lambda_2)-1}}{(u'(n))^{q-1}} a_n^q)^{\frac{1}{q}}$$

$$(5.5.5)$$

由逆向的 Hölder 不等式(参阅文[5]), 我们还有

$$B(\hat\lambda_1 + m, \hat\lambda_2) = k_{\lambda+m}(\frac{\lambda-\lambda_2}{p} + \frac{\lambda_1}{q} + m)$$
$$= \int_0^\infty \frac{1}{(1+u)^{\lambda+m}} u^{\frac{\lambda-\lambda_2+m}{q} + \frac{\lambda_1+m}{q}-1} \mathrm{d}u = \int_0^\infty \frac{1}{(1+u)^{\lambda+m}} (u^{\frac{\lambda-\lambda_2+m-1}{p}})(u^{\frac{\lambda_1+m-1}{q}}) \mathrm{d}u$$
$$\geqslant (\int_0^\infty \frac{1}{(1+u)^{\lambda+m}} u^{\lambda-\lambda_2+m-1} \mathrm{d}u)^{\frac{1}{p}} (\int_0^\infty \frac{1}{(1+u)^{\lambda+m}} u^{\lambda_1+m-1} \mathrm{d}u)^{\frac{1}{q}}$$
$$= (\int_0^\infty \frac{1}{(1+v)^{\lambda+m}} v^{\lambda_2-1} \mathrm{d}v)^{\frac{1}{p}} (\int_0^\infty \frac{1}{(1+u)^{\lambda+m}} u^{(\lambda_1+m)-1} \mathrm{d}u)^{\frac{1}{q}}$$
$$= (k_{\lambda+m}(\lambda_2))^{\frac{1}{p}} (k_{\lambda+m}(\lambda_1+m))^{\frac{1}{q}}$$

$$(5.5.6)$$

由于常数因子 $\dfrac{\Gamma(\lambda+m)}{\Gamma(\lambda)}(k_{\lambda+m}(\lambda_2))^{\frac{1}{p}}(k_{\lambda+m}(\lambda_1+m))^{\frac{1}{q}}$ 为式(5.5.2)的最佳值, 故比较式(5.5.2)与式(5.5.5)的常数因子, 我们有不等式:

$$\frac{\Gamma(\lambda+m)}{\Gamma(\lambda)}(k_{\lambda+m}(\lambda_2))^{\frac{1}{p}}(k_{\lambda+m}(\lambda_1+m))^{\frac{1}{q}} \geqslant \frac{\Gamma(\lambda+m)}{\Gamma(\lambda)} B(\hat\lambda_1 + m, \hat\lambda_2)$$

即有不等式

$$B(\hat{\lambda}_1 + m, \hat{\lambda}_2) \leqslant (k_{\lambda+m}(\lambda_2))^{\frac{1}{p}}(k_{\lambda+m}(\lambda_1 + m))^{\frac{1}{q}}$$

因而式(5.5.6)取等号.式(5.5.6)取等号的充分必要条件是存在不全为0的常数 A 和 B,使(参阅文[5])$Au^{\lambda-\lambda_2+m-1} = Bu^{\lambda_1+m-1}$ a.e. 于 $\mathbf{R}^+$.不妨设 $A \neq 0$,则有 $u^{\lambda-\lambda_2-\lambda_1} = \frac{B}{A}$ a.e. 于 $\mathbf{R}^+$,及 $\lambda - \lambda_2 - \lambda_1 = 0$.因而 $\lambda_1 + \lambda_2 = \lambda$.证毕.

定理 5.12 我们有与式(5.5.2)等价的第二类半离散逆向的 Hardy-Hilbert 不等式:

$$J := \left(\sum_{n=n_0}^{\infty} (u(n))^{p\hat{\lambda}_2 - 1} u'(n) \left(\int_0^{\infty} \frac{f(x)}{(x+u(n))^{\lambda}} dx\right)^p\right)^{\frac{1}{p}}$$

$$> \frac{\Gamma(\lambda+m)}{\Gamma(\lambda)} (k_{\lambda+m}(\lambda_2))^{\frac{1}{p}} (k_{\lambda+m}(\lambda_1 + m))^{\frac{1}{q}} \cdot$$

$$\left(\int_0^{\infty} \left(1 - O_{\lambda+m}\left(\frac{1}{x^{\lambda_2}}\right)\right) x^{p(1-m-\hat{\lambda}_1)-1} F_m^p(x) dx\right)^{\frac{1}{p}}. \tag{5.5.7}$$

特别,当 $\lambda_1 + \lambda_2 = \lambda$ 时,我们有式(5.5.3)的等价逆式:

$$\left(\sum_{n=n_0}^{\infty} (u(n))^{p\lambda_2 - 1} u'(n) \left(\int_0^{\infty} \frac{f(x)}{(x+u(n))^{\lambda}} dx\right)^p\right)^{\frac{1}{p}}$$

$$> \frac{\Gamma(\lambda+m)}{\Gamma(\lambda)} B(\lambda_1 + m, \lambda_2) \left(\int_0^{\infty} \left(1 - O_{\lambda+m}\left(\frac{1}{x^{\lambda_2}}\right)\right) x^{p(1-m-\lambda_1)-1} F_m^p(x) dx\right)^{\frac{1}{p}}. \tag{5.5.8}$$

证明 设式(5.5.7)为真.由逆向的 Hölder 不等式,有

$$I = \sum_{n=n_0}^{\infty} \left((u(n))^{\hat{\lambda}_2 - \frac{1}{p}} (u'(n))^{\frac{1}{p}} \int_0^{\infty} \frac{f(x)}{(x+u(n))^{\lambda}} dx\right) \left(\frac{(u(n))^{-\hat{\lambda}_2 + \frac{1}{p}}}{(u'(n))^{\frac{1}{p}}} a_n\right)$$

$$\geqslant J \left(\sum_{n=n_0}^{\infty} \frac{(u(n))^{q(1-\hat{\lambda}_2)-1}}{(u'(n))^{q-1}} a_n^q\right)^{\frac{1}{q}}. \tag{5.5.9}$$

则由式(5.5.7),我们有式(5.5.2).反之,设式(5.5.2)成立,置

$$a_n := (u(n))^{p\hat{\lambda}_2 - 1} u'(n) \left(\int_0^{\infty} \frac{f(x)}{(x+u(n))^{\lambda}} dx\right)^{p-1}, n \in \mathbf{N}_{n_0}$$

若 $J = \infty$,则式(5.5.7)自然成立;若 $J = 0$,则式(5.5.7)必然不成立,即 $J > 0$.下设 $0 < J < \infty$.由式(5.5.2),有

$$\infty > \sum_{n=n_0}^{\infty} \frac{(u(n))^{q(1-\hat{\lambda}_2)-1}}{(u'(n))^{q-1}} a_n^q = J^p = I > \frac{\Gamma(\lambda+m)}{\Gamma(\lambda)} (k_{\lambda+m}(\lambda_2))^{\frac{1}{p}} (k_{\lambda+m}(\lambda_1 + m))^{\frac{1}{q}} \cdot$$

$$\left(\int_0^{\infty} \left(1 - O_{\lambda+m}\left(\frac{1}{x^{\lambda_2}}\right)\right) x^{p(1-m-\hat{\lambda}_1)-1} F_m^p(x) dx\right)^{\frac{1}{p}} J^{p-1} > 0,$$

$$J = \left(\sum_{n=n_0}^{\infty} \frac{(u(n))^{q(1-\hat{\lambda}_2)-1}}{(u'(n))^{q-1}} a_n^q \right)^{\frac{1}{p}} > \frac{\Gamma(\lambda+m)}{\Gamma(\lambda)} (k_{\lambda+m}(\lambda_2))^{\frac{1}{p}} (k_{\lambda+m}(\lambda_1+m))^{\frac{1}{q}} \cdot$$

$$\left(\int_0^{\infty} \left(1 - O_{\lambda+m}\left(\frac{1}{x^{\lambda_2}}\right)\right) x^{p(1-m-\hat{\lambda}_1)-1} F_m^p(x) \mathrm{d}x \right)^{\frac{1}{p}},$$

即式 (5.5.7) 成立, 且它等价于式 (5.5.2). 证毕.

定理 5.13　若 $\lambda_1 + \lambda_2 = \lambda$, 则式 (5.5.7) 的常数因子

$$\frac{\Gamma(\lambda+m)}{\Gamma(\lambda)} (k_{\lambda+m}(\lambda_2))^{\frac{1}{p}} (k_{\lambda+m}(\lambda_1+m))^{\frac{1}{q}} \left(= \frac{\Gamma(\lambda+m)}{\Gamma(\lambda)} B(\lambda_1+m, \lambda_2)\right)$$

必为最佳值. 反之, 若式 (5.5.7) 的相同常数因子为最佳值, 则当 $\lambda - \lambda_1 - \lambda_2 \in [0, -q\lambda_2)$ 时, 有 $\lambda_1 + \lambda_2 = \lambda$.

证明　若 $\lambda_1 + \lambda_2 = \lambda$ 则由定理 5.10, 式 (5.5.2) 的常数因子

$$\frac{\Gamma(\lambda+m)}{\Gamma(\lambda)} (k_{\lambda+m}(\lambda_2))^{\frac{1}{p}} (k_{\lambda+m}(\lambda_1+m))^{\frac{1}{q}}$$

是最佳值. 由式 (5.5.9), 知式 (5.5.7) 的常数因子也必为最佳值. 不然, 将得出式 (5.5.2) 的常数因子也不是最佳值的矛盾. 反之, 若式 (5.5.7) 的常数因子是最佳值, 则由式 (5.5.7) 与式 (5.5.2) 的等价性, 及 $J^p = I$ (参考定理 5.12 的证明), 能证得式 (5.5.2) 的相同常数因子也必是最佳值. 由条件及定理 5.11, 有 $\lambda_1 + \lambda_2 = \lambda$. 证毕.

例 5.3　在式 (5.5.3), 式 (5.5.8) 中代入例 2.1(2) 的中间变量, 当 $\alpha \in (0,1], \xi \in [0, \frac{1}{2}], \lambda \leqslant \frac{1}{\alpha}$ 时, 有如下具有最佳常数因子 $\frac{1}{\alpha^{\frac{1}{p}}} B(\lambda_1, \lambda_2) \prod\limits_{i=0}^{m-1} (\lambda_1 + i)$ 的 2 组逆向等价不等式:

$$\int_0^{\infty} \sum_{n=1}^{\infty} \frac{a_n f(x)}{(x + (n-\xi)^{\alpha})^{\lambda}} \mathrm{d}x$$

$$> \frac{1}{\alpha^{\frac{1}{p}}} B(\lambda_1, \lambda_2) \prod_{i=0}^{m-1} (\lambda_1 + i) \cdot$$

$$\left(\int_0^{\infty} \left(1 - O_{\lambda+m}\left(\frac{1}{x^{\lambda_2}}\right)\right) x^{p(1-m-\lambda_1)-1} F_m^p(x) \mathrm{d}x \right)^{\frac{1}{p}} \left(\sum_{n=1}^{\infty} (n-\xi)^{q(1-\alpha\lambda_2)-1} a_n^q \right)^{\frac{1}{q}},$$

$$(5.5.10)$$

$$\left(\sum_{n=1}^{\infty} (n-\xi)^{p\alpha\lambda_2-1} \left(\int_0^{\infty} \frac{f(x)}{(x+(n-\xi)^{\alpha})^{\lambda}} \mathrm{d}x \right)^p \right)^{\frac{1}{p}}$$

$$> \frac{1}{\alpha^{\frac{1}{p}}} B(\lambda_1, \lambda_2) \prod_{i=0}^{m-1} (\lambda_1 + i) \left(\int_0^{\infty} \left(1 - O_{\lambda+m}\left(\frac{1}{x^{\lambda_2}}\right)\right) x^{p(1-m-\lambda_1)-1} F_m^p(x) \mathrm{d}x \right)^{\frac{1}{p}};$$

$$(5.5.11)$$

$$\int_0^\infty \sum_{n=2}^\infty \frac{a_n f(x)}{(x + \ln^\alpha (n - \xi))^\lambda} \mathrm{d}x > \frac{1}{\alpha^{\frac{1}{p}}} \mathrm{B}(\lambda_1, \lambda_2) \prod_{i=0}^{m-1} (\lambda_1 + i) \cdot$$

$$\left(\int_0^\infty (1 - O_{\lambda+m}(\frac{1}{x^{\lambda_2}})) x^{p(1-m-\lambda_1)-1} F_m^p(x) \mathrm{d}x \right)^{\frac{1}{p}} \left(\sum_{n=2}^\infty \frac{\ln^{q(1-\alpha\lambda_2)-1}(n-\xi)}{(n-\xi)^{1-q}} a_n^q \right)^{\frac{1}{q}},$$

$$(5.5.12)$$

$$\left(\sum_{n=2}^\infty \frac{1}{n-\xi} \ln^{p\alpha\lambda_2-1}(n-\xi) \left(\int_0^\infty \frac{f(x)}{(x + \ln^\alpha(n-\xi))^\lambda} \mathrm{d}x \right)^p \right)^{\frac{1}{p}}$$

$$> \frac{1}{\alpha^{\frac{1}{p}}} \mathrm{B}(\lambda_1, \lambda_2) \prod_{i=0}^{m-1} (\lambda_1 + i) \left(\int_0^\infty (1 - O_{\lambda+m}(\frac{1}{x^{\lambda_2}})) x^{p(1-m-\lambda_1)-1} F_m^p(x) \mathrm{d}x \right)^{\frac{1}{p}}.$$

$$(5.5.13)$$

当 $\xi = 0$ 时,上面式子变为代入例 2.1(1) 中两类中间变量的情形. 此时,由于不要求相关凸性及 $u''(t) \leqslant 0$ 的条件,还可放宽参数 $\alpha \in (0,1)$ 为 $\alpha \in (0, \infty)$.

涉及高阶导函数的半离散 Hardy-Hilbert 不等式

本章应用权函数及参量化的思想方法,在保留一个离散中间变量的情形下,改进第 4 章($v(x)=x$)的结果,求出一个新的涉及高阶导函数的半离散 Hardy-Hilbert 不等式,导出新不等式中多参数联系最佳常数因子的等价条件,还建立了其等价形式、特殊中间变量不等式及算子表达式,并考虑了两类逆式的情形.

6.1 一 些 引 理

设函数 $f(x) = f^{(0)}(x)$ 在 $\mathbf{R}^+$ 上非负且 m 阶可导,$m \in \mathbf{N}$,$f^{(m)}(x)$ 除有限点外在 $\mathbf{R}^+$ 非负连续,当 $m \in \mathbf{N}_+$,$f^{(i-1)}(0^+) = 0$,$f^{(i-1)}(x) = o(e^{tx})(t > 0; x \to \infty)(i = 1, \cdots, m)$. 还设 $x \in \mathbf{R}^+$,$n \in \mathbf{N}_{n_0}$,$f^{(m)}(x)$,$a_n \geqslant 0$,满足条件:

$$0 < \int_0^\infty x^{p(1-\hat{\lambda}_1)-1} (f^{(m)}(x))^p \mathrm{d}x < \infty,$$

及

$$0 < \sum_{n=n_0}^\infty \frac{(u(n))^{q(1-\hat{\lambda}_2)-1}}{(u'(n))^{q-1}} a_n^q < \infty. \qquad (6.1.1)$$

引理 6.1 对于 $t > 0$,我们有等式:

$$\int_0^\infty e^{-tx} f(x) \mathrm{d}x = t^{-m} \int_0^\infty e^{-tx} f^{(m)}(x) \mathrm{d}x. \qquad (6.1.2)$$

证明 对于 $m = 0$,因 $f^{(0)}(x) = f(x)$,式(6.1.2)自然成立;对于 $m \in \mathbf{N}_+$,因 $f^{(i-1)}(0^+) = 0$,$f^{(i-1)}(x) = o(e^{tx})(t > 0; x \to \infty)(i = 1, \cdots, m)$,由分部积分法,可得

第 6 章

$$\int_0^\infty \mathrm{e}^{-tx} f^{(i)}(x)\mathrm{d}x = \int_0^\infty \mathrm{e}^{-tx}\mathrm{d}f^{(i-1)}(x)$$

$$= \mathrm{e}^{-tx} f^{(i-1)}(x)\Big|_0^\infty - \int_0^\infty f^{(i-1)}(x)\mathrm{d}\mathrm{e}^{-tx} = t\int_0^\infty \mathrm{e}^{-tx} f^{(i-1)}(x)\mathrm{d}x.$$

逐步代入 $i=1,\cdots,m$，化简易得式(6.1.2).证毕.

引理 6.2　我们有表达式：

$$I := \int_0^\infty \sum_{n=n_0}^\infty \frac{a_n f(x)}{(x+u(n))^{\lambda+m}}\mathrm{d}x = \frac{\Gamma(\lambda)}{\Gamma(\lambda+m)}\int_0^\infty \sum_{n=n_0}^\infty \frac{a_n f^{(m)}(x)}{(x+u(n))^\lambda}\mathrm{d}x.$$

$$(6.1.3)$$

证明　因有 Gamma 函数如下表示式

$$\frac{1}{(x+u(n))^{\lambda+m}} = \frac{1}{\Gamma(\lambda+m)}\int_b^\infty t^{\lambda+m-1}\mathrm{e}^{-(x+u(n))t}\mathrm{d}t,\qquad (6.1.4)$$

由 L 逐项积分定理(参阅文[120])及式(6.1.2)，有如下等式：

$$I = \frac{1}{\Gamma(\lambda+m)}\int_0^\infty \sum_{n=n_0}^\infty a_n f(x)\int_0^\infty t^{\lambda+m-1}\mathrm{e}^{-(x+u(n))t}\mathrm{d}t\mathrm{d}x$$

$$= \frac{1}{\Gamma(\lambda+m)}\int_0^\infty t^{\lambda+m-1}\Big(\int_0^\infty \mathrm{e}^{-xt} f(x)\mathrm{d}x\Big)\sum_{n=n_0}^\infty \mathrm{e}^{-u(n)t} a_n\mathrm{d}t$$

$$= \frac{1}{\Gamma(\lambda+m)}\int_0^\infty t^{\lambda+m-1}\Big(t^{-m}\int_0^\infty \mathrm{e}^{-xt} f^{(m)}(x)\mathrm{d}x\Big)\sum_{n=n_0}^\infty \mathrm{e}^{-u(n)t} a_n\mathrm{d}t$$

$$= \frac{1}{\Gamma(\lambda+m)}\int_0^\infty \sum_{n=n_0}^\infty a_n f^{(m)}(x)\int_0^\infty t^{\lambda-1}\mathrm{e}^{-(x+u(n))t}\mathrm{d}t\mathrm{d}x$$

$$= \frac{\Gamma(\lambda)}{\Gamma(\lambda+m)}\int_0^\infty \sum_{n=n_0}^\infty \frac{a_n f^{(m)}(x)}{(x+u(n))^\lambda}\mathrm{d}x.$$

式(6.1.3)成立.证毕，

6.2　正向不等式的一些结果

第 6.2 节及第 6.3 节，设 $p>1,q>1$，定义 2.1 情形(1)(或情形(2))对 $s_2=\lambda_2$ 满足.

在式(2.1.6)中，令

$$s=\lambda,s_1=\lambda_1,s_2=\lambda_2,f(x)=f^{(m)}(x),v(x)=x,x\in(0,\infty),$$

由条件(6.1.1)，我们有不等式：

$$\int_0^\infty \sum_{n=n_0}^\infty \frac{a_n f^{(m)}(x)}{(x+u(n))^\lambda}\mathrm{d}x < (k_\lambda(\lambda_2))^{\frac{1}{p}}(k_\lambda(\lambda_1))^{\frac{1}{q}}\cdot$$

$$\left(\int_0^\infty x^{p(1-\hat\lambda_1)-1}\,(f^{(m)}(x))^p\mathrm{d}x\right)^{\frac1p}\left(\sum_{n=n_0}^\infty \frac{(u(n))^{q(1-\hat\lambda_2)-1}}{(u'(n))^{q-1}}a_n^q\right)^{\frac1q}. \tag{6.2.1}$$

再由式(6.1.3),可得涉及高阶导函数的半离散 Hardy-Hilbert 不等式:

$$I=\int_0^\infty\sum_{n=n_0}^\infty\frac{a_n f(x)}{(x+u(n))^{\lambda+m}}\mathrm{d}x<\frac{\Gamma(\lambda)}{\Gamma(\lambda+m)}(k_\lambda(\lambda_2))^{\frac1p}(k_\lambda(\lambda_1))^{\frac1q}\cdot$$

$$\left(\int_0^\infty x^{p(1-\hat\lambda_1)-1}\,(f^{(m)}(x))^p\mathrm{d}x\right)^{\frac1p}\left(\sum_{n=n_0}^\infty\frac{(u(n))^{q(1-\hat\lambda_2)-1}}{(u'(n))^{q-1}}a_n^q\right)^{\frac1q}. \tag{6.2.2}$$

特别,当 $\lambda_1+\lambda_2=\lambda$ 时,有不等式:

$$\int_0^\infty\sum_{n=n_0}^\infty\frac{a_n f(x)}{(x+u(n))^{\lambda+m}}\mathrm{d}x$$

$$<\frac{\Gamma(\lambda)}{\Gamma(\lambda+m)}\mathrm{B}(\lambda_1,\lambda_2)\left(\int_0^\infty x^{p(1-\lambda_1)-1}\,(f^{(m)}(x))^p\mathrm{d}x\right)^{\frac1p}\left(\sum_{n=n_0}^\infty\frac{(u(n))^{q(1-\lambda_2)-1}}{(u'(n))^{q-1}}a_n^q\right)^{\frac1q}.$$

$$\tag{6.2.3}$$

定理 6.1　若 $\lambda_1+\lambda_2=\lambda$,则式(6.2.2)的常数因子

$$\frac{\Gamma(\lambda)}{\Gamma(\lambda+m)}(k_\lambda(\lambda_2))^{\frac1p}(k_\lambda(\lambda_1))^{\frac1q}\left(=\frac{\Gamma(\lambda)}{\Gamma(\lambda+m)}\mathrm{B}(\lambda_1,\lambda_2)\right)$$

必为最佳值.

证明　若 $\lambda_1+\lambda_2=\lambda$,则式(6.2.2)变为式(6.2.3).任给 $0<\varepsilon<p\lambda_1$,置

$$\widetilde{f}^{(m)}(x):=\begin{cases}0,0<x<1\\x^{\lambda_1-\frac\varepsilon p-1},x\geqslant 1\end{cases},$$

$$\widetilde{a}_n:=(u(n))^{\lambda_2-\frac\varepsilon q-1}u'(n),n\in\mathbf{N}_{n_0}.$$

$$\widetilde{f}(x):=\int_0^x\int_0^{t_{m-1}}\cdots\int_0^{t_1}\widetilde{f}^{(m)}(t_0)\mathrm{d}t_0\cdots\mathrm{d}t_{m-2}\mathrm{d}t_{m-1}$$

$$=\begin{cases}0,0<x<1\\\left(\prod_{i=0}^{m-1}(\lambda_1+i-\frac\varepsilon p)\right)^{-1}(x^{\lambda_1+m-\frac\varepsilon p-1}-p_{m-1}(x)),x\geqslant 1\end{cases},$$

这里,当 $m=0,a>0$ 时,规定 $\prod_{i=0}^{m-1}(a+i)=1,p_{m-1}(x)=0$;当 $m\in\mathbf{N}_+,p_{m-1}(x)$

为 $m-1$ 次正多项式,满足条件 $p_{m-1}(1)=1$,及 $\widetilde{f}^{(i-1)}(0^+)=0,\widetilde{f}^{(i-1)}(x)=$

$o(\mathrm{e}^{tx})(t>0;x\to\infty)(i=1,\cdots,m).$

若有正常数 $M\leqslant\dfrac{\Gamma(\lambda)}{\Gamma(\lambda+m)}\mathrm{B}(\lambda_1,\lambda_2)$,使其取代式(6.2.3)的常数因子

$\dfrac{\Gamma(\lambda)}{\Gamma(\lambda+m)}\mathrm{B}(\lambda_1,\lambda_2)$ 后仍成立,则特别还有

$$\widetilde{I} := \int_0^\infty \sum_{n=n_0}^\infty \frac{\widetilde{a}_n \widetilde{f}(x)}{(x+u(n))^{\lambda+m}} dx$$

$$< M \left(\int_0^\infty x^{p(1-\lambda_1)-1} (\widetilde{f}^{(m)}(x))^p dx \right)^{\frac{1}{p}} \left(\sum_{n=n_0}^\infty \frac{(u(n))^{q(1-\lambda_2)-1}}{(u'(n))^{q-1}} \widetilde{a}_n^q \right)^{\frac{1}{q}}.$$

$$(6.2.4)$$

显然，因 $\lambda_2 \in (0,\lambda)$，函数

$$(u(t))^{-\varepsilon-1} u'(t) = (u(t))^{-\varepsilon-\lambda_2} ((u(t))^{\lambda_2-1} u'(t)), t \in (n_0, \infty)$$

仍具有递减性. 由式(6.2.4)及级数的递减性质，可得

$$\widetilde{I} < M \left(\int_1^\infty x^{-p(m-1+\lambda_1)-1} x^{p(\lambda_1+m-1)-\varepsilon} dx \right)^{\frac{1}{p}} \cdot$$

$$\left(\sum_{n=n_0}^\infty \frac{(u(n))^{q(1-\lambda_2)-1}}{(u'(n))^{q-1}} (u(n))^{q\lambda_2-\varepsilon-q} (u'(n))^q \right)^{\frac{1}{q}}$$

$$= M \left(\int_1^\infty x^{-\varepsilon-1} dx \right)^{\frac{1}{p}} \left((u(n_0))^{-\varepsilon-1} u'(n_0) + \sum_{n=n_0+1}^\infty (u(n))^{-\varepsilon-1} u'(n) \right)^{\frac{1}{q}}$$

$$\leqslant M \left(\int_1^\infty x^{-\varepsilon-1} dx \right)^{\frac{1}{p}} \left((u(n_0))^{-\varepsilon-1} u'(n_0) + \int_{n_0}^\infty (u(t))^{-\varepsilon-1} u'(t) dt \right)^{\frac{1}{q}}$$

$$= \frac{M}{\varepsilon} (\varepsilon (u(n_0))^{-\varepsilon-1} u'(n_0) + (u(n_0))^{-\varepsilon})^{\frac{1}{q}}.$$

由式(2.1.5)，令 $s = \lambda + m, s_1 = \widetilde{\lambda}_1 := \lambda_1 + m - \frac{\varepsilon}{p} \in (0, \lambda+m), v(x) = x$, $x \in (0, \infty)$，我们有

$$\widetilde{I}_0 := \sum_{n=n_0}^\infty \left((u(n))^{(\lambda_2+\frac{\varepsilon}{p})} \int_1^\infty \frac{x^{(\lambda_1+m-\frac{\varepsilon}{p})-1}}{(x+u(n))^{\lambda+m}} dx \right) (u(n))^{-\varepsilon-1} u'(n)$$

$$= \sum_{n=n_0}^\infty \omega_{\lambda+m}(\widetilde{\lambda}_1, n) (u(n))^{-\varepsilon-1} u'(n) -$$

$$\sum_{n=n_0}^\infty (u(n))^{\lambda_2-\frac{\varepsilon}{q}-1} u'(n) \int_0^1 \frac{x^{\widetilde{\lambda}_1-1} dx}{(x+u(n))^{\lambda+m}}$$

$$> k_{\lambda+m}(\widetilde{\lambda}_1) \sum_{n=n_0}^\infty (u(n))^{-\varepsilon-1} u'(n) - \sum_{n=n_0}^\infty (u(n))^{\lambda_2-\frac{\varepsilon}{q}-1} u'(n) \int_0^1 \frac{x^{\widetilde{\lambda}_1-1} dx}{(u(n))^\lambda}$$

$$= k_{\lambda+m}(\widetilde{\lambda}_1) \sum_{n=n_0}^\infty (u(n))^{-\varepsilon-1} u'(n) - \frac{1}{\widetilde{\lambda}_1} \sum_{n=n_0}^\infty (u(n))^{-(\lambda_1+\frac{\varepsilon}{q})-1} u'(n)$$

$$\geqslant k_{\lambda+m}(\widetilde{\lambda}_1) \int_{n_0}^\infty (u(y))^{-\varepsilon-1} u'(y) dy - O(1)$$

$$= \frac{1}{\varepsilon} (B(\lambda_1+m-\frac{\varepsilon}{p}, \lambda_2+\frac{\varepsilon}{p}) (u(n_0))^{-\varepsilon} - \varepsilon O(1)).$$

显然,可表示

$$\widetilde{I} = (\prod_{i=0}^{m-1}(\lambda_1 + i - \frac{\varepsilon}{p}))^{-1} \sum_{n=n_0}^{\infty}(u(n))^{\lambda_2 - \frac{\varepsilon}{q} - 1}u'(n)\int_1^{\infty}\frac{x^{\lambda_1 + m - \frac{\varepsilon}{p} - 1} - p_{m-1}(x)}{(x + u(n))^{\lambda + m}}dx$$

$$= (\prod_{i=0}^{m-1}(\lambda_1 + i - \frac{\varepsilon}{p}))^{-1}(\widetilde{I}_0 - \widetilde{I}_1),$$

这里,经估算得

$$0 \leqslant \widetilde{I}_1 := \sum_{n=n_0}^{\infty}(u(n))^{\lambda_2 - \frac{\varepsilon}{q} - 1}u'(n)\int_1^{\infty}\frac{p_{m-1}(x)}{(x + u(n))^{\lambda + m}}dx$$

$$\leqslant \sum_{n=n_0}^{\infty}\frac{(u(n))^{\lambda_2 - \frac{\varepsilon}{q} - 1}u'(n)}{(u(n))^{\lambda_2 + (\lambda_1/2)}}\int_1^{\infty}\frac{p_{m-1}(x)dx}{x^{\frac{\lambda_1}{2} + m}}$$

$$= \sum_{n=n_0}^{\infty}\frac{u'(n)}{(u(n))^{\frac{\lambda_1}{2} + (\varepsilon/q) + 1}}\int_1^{\infty}\frac{O(1)dx}{x^{\frac{\lambda_1}{2} + 1}} \leqslant M_1 < \infty.$$

基于上面的结果,有

$$(\prod_{i=0}^{m-1}(\lambda_1 + i - \frac{\varepsilon}{p}))^{-1}(B(\lambda_1 + m - \frac{\varepsilon}{p}, \lambda_2 + \frac{\varepsilon}{p})(u(n_0))^{-\varepsilon} - \varepsilon O(1) - \varepsilon\widetilde{I}_1)$$

$$< \varepsilon\widetilde{I} < M(\varepsilon(u(n_0))^{-\varepsilon - 1}u'(n_0) + (u(n_0))^{-\varepsilon})^{\frac{1}{q}}.$$

令 $\varepsilon \to 0^+$,由 Beta 函数的连续性,有

$$\frac{\Gamma(\lambda)}{\Gamma(\lambda + m)}B(\lambda_1, \lambda_2) = B(\lambda_1 + m, \lambda_2)(\prod_{i=0}^{m-1}(\lambda_1 + i))^{-1} \leqslant M,$$

故 $M = \dfrac{\Gamma(\lambda)}{\Gamma(\lambda + m)}B(\lambda_1, \lambda_2)$ 为式(6.2.3)(即式(6.2.2)当 $\lambda_1 + \lambda_2 = \lambda$ 时)的最佳

值. 证毕.

定理 6.2　若式(6.2.2)的常数因子

$$\frac{\Gamma(\lambda)}{\Gamma(\lambda + m)}(k_{\lambda}(\lambda_2))^{\frac{1}{p}}(k_{\lambda}(\lambda_1))^{\frac{1}{q}}$$

为最佳值,则当 $\lambda - \lambda_1 - \lambda_2 \leqslant 0$,必有 $\lambda_1 + \lambda_2 = \lambda$.

证明　对于 $\hat{\lambda}_1 = \dfrac{\lambda - \lambda_2}{p} + \dfrac{\lambda_1}{q}, \hat{\lambda}_2 = \dfrac{\lambda - \lambda_1}{q} + \dfrac{\lambda_2}{p}$,我们有 $\hat{\lambda}_1 + \hat{\lambda}_2 = \dfrac{\lambda - \lambda_2}{p} +$

$\dfrac{\lambda_1}{q} + \dfrac{\lambda - \lambda_1}{p} + \dfrac{\lambda_2}{q} = \lambda, 0 < \hat{\lambda}_1, \hat{\lambda}_2 < \dfrac{\lambda}{p} + \dfrac{\lambda}{q} = \lambda$, 及 $B(\hat{\lambda}_1, \hat{\lambda}_2) \in \mathbf{R}^+$,因 $\lambda - \lambda_1 -$

$\lambda_2 \leqslant 0, q > 1$,对于 $\rho = 1$(或 $\rho = \dfrac{1}{2}$),函数

$$(u(t))^{\hat{\lambda}_2 - 1}u'(t) = (u(t))^{\hat{\lambda}_2 - \lambda_2}((u(t))^{\lambda_2 - 1}u'(t))$$

$$= (u(t))^{(\lambda - \lambda_1 - \lambda_2)/q}((u(t))^{\lambda_2 - 1}u'(t)), t \in (n_0 - \rho, \infty),$$

仍具有递减性. 因 $u''(t) \leqslant 0$, 及 $(u(t))^{\lambda_2-1}u'(t)$ 凸, 显然上式仍具有凸性 ($\rho = \frac{1}{2}$). 故定义 2.1 情形 (1)（或情形 (2)）对 $s_2 = \hat{\lambda}_2$ 仍满足, 因此由式 (6.2.3), 可代之以 $\hat{\lambda}_i = \lambda_i$ ($i=1,2$), 成立不等式：

$$\int_0^\infty \sum_{n=n_0}^\infty \frac{a_n f(x)}{(x+u(n))^{\lambda+m}}dx$$

$$< \frac{\Gamma(\lambda)}{\Gamma(\lambda+m)}B(\hat{\lambda}_1, \hat{\lambda}_2)\left(\int_0^\infty x^{p(1-\hat{\lambda}_1)-1}(f^{(m)}(x))^p dx\right)^{\frac{1}{p}}\left(\sum_{n=n_0}^\infty \frac{(u(n))^{q(1-\hat{\lambda}_2)-1}}{(u'(n))^{q-1}}a_n^q\right)^{\frac{1}{q}}.$$

$$(6.2.5)$$

由 Hölder 不等式（参考文 [5]）, 我们还有

$$B(\hat{\lambda}_1, \hat{\lambda}_2) = k_\lambda(\hat{\lambda}_1) = k_\lambda\left(\frac{\lambda-\lambda_2}{p} + \frac{\lambda_1}{q}\right)$$

$$= \int_0^\infty \frac{1}{(1+u)^\lambda}u^{\frac{\lambda-\lambda_2}{p}+\frac{\lambda_1}{q}-1}du = \int_0^\infty \frac{1}{(1+u)^\lambda}(u^{\frac{\lambda-\lambda_2-1}{p}})(u^{\frac{\lambda_1-1}{q}})du$$

$$\leqslant \left(\int_0^\infty \frac{1}{(1+u)^\lambda}u^{\lambda-\lambda_2-1}du\right)^{\frac{1}{p}}\left(\int_0^\infty \frac{1}{(1+u)^\lambda}u^{\lambda_1-1}du\right)^{\frac{1}{q}}$$

$$= \left(\int_0^\infty \frac{1}{(1+v)^\lambda}v^{\lambda_2-1}dv\right)^{\frac{1}{p}}\left(\int_0^\infty \frac{1}{(1+u)^\lambda}u^{\lambda_1-1}du\right)^{\frac{1}{q}}$$

$$= (k_\lambda(\lambda_2))^{\frac{1}{p}}(k_\lambda(\lambda_1))^{\frac{1}{q}}. \qquad (6.2.6)$$

由于常数因子 $\frac{\Gamma(\lambda)}{\Gamma(\lambda+m)}(k_\lambda(\lambda_2))^{\frac{1}{p}}(k_\lambda(\lambda_1))^{\frac{1}{q}}$ 为式 (6.2.2) 的最佳值, 故比较式 (6.2.2) 与式 (6.2.5) 的常数因子, 我们有不等式：

$$\frac{\Gamma(\lambda)}{\Gamma(\lambda+m)}(k_\lambda(\lambda_2))^{\frac{1}{p}}(k_\lambda(\lambda_1))^{\frac{1}{q}} \leqslant \frac{\Gamma(\lambda)}{\Gamma(\lambda+m)}B(\hat{\lambda}_1, \hat{\lambda}_2)(\in \mathbf{R}^+),$$

即有不等式 $B(\hat{\lambda}_1, \hat{\lambda}_2) \geqslant (k_\lambda(\lambda_2))^{\frac{1}{p}}(k_\lambda(\lambda_1))^{\frac{1}{q}}$, 因而式 (6.2.6) 取等号. 式 (6.2.6) 取等号的充分必要条件是存在不全为 0 的常数 A 和 B, 使（参阅文 [5]）$Au^{\lambda-\lambda_2-1} = Bu^{\lambda_1-1}$ a.e. 于 $\mathbf{R}^+$. 不妨设 $A \neq 0$, 则有 $u^{\lambda-\lambda_2-\lambda_1} = \frac{B}{A}$ a.e. 于 $\mathbf{R}^+$, 及 $\lambda-\lambda_1-\lambda_2 = 0$. 因而 $\lambda_1+\lambda_2 = \lambda$. 证毕.

6.3 等价式、特殊不等式与算子表示

定理 6.3 我们有与式 (6.2.2) 等价的半离散 Hardy-Hilbert 不等式：

$$J := \left(\sum_{n=n_0}^\infty (u(n))^{p\hat{\lambda}_2-1}u'(n)\left(\int_0^\infty \frac{f(x)}{(x+u(n))^{\lambda+m}}dx\right)^p\right)^{\frac{1}{p}}$$

$$< \frac{\Gamma(\lambda)}{\Gamma(\lambda+m)} (k_\lambda(\lambda_2))^{\frac{1}{p}} (k_\lambda(\lambda_1))^{\frac{1}{q}} (\int_0^\infty x^{p(1-\hat{\lambda}_1)-1} (f^{(m)}(x))^p dx)^{\frac{1}{p}}.$$

$$(6.3.1)$$

特别当 $\lambda_1 + \lambda_2 = \lambda$ 时,有式(6.2.3)的等价式:

$$(\sum_{n=n_0}^\infty (u(n))^{p\lambda_2-1} u'(n) (\int_0^\infty \frac{f(x)}{(x+u(n))^{\lambda+m}} dx)^p)^{\frac{1}{p}}$$

$$< \frac{\Gamma(\lambda)}{\Gamma(\lambda+m)} B(\lambda_1,\lambda_2) (\int_0^\infty x^{p(1-\lambda_1)-1} (f^{(m)}(x))^p dx)^{\frac{1}{p}}. \quad (6.3.2)$$

证明　设式(6.3.1)为真. 由 Hölder 不等式,有

$$I = \sum_{n=n_0}^\infty ((u(n))^{\hat{\lambda}_2-\frac{1}{p}} (u'(n))^{\frac{1}{p}} \int_0^\infty \frac{f(x)}{(x+u(n))^{\lambda+m}} dx)(\frac{(u(n))^{-\hat{\lambda}_2+\frac{1}{p}}}{(u'(n))^{\frac{1}{p}}} a_n)$$

$$\leqslant J (\sum_{n=n_0}^\infty \frac{(u(n))^{q(1-\hat{\lambda}_2)-1}}{(u'(n))^{q-1}} a_n^q)^{\frac{1}{q}}. \quad (6.3.3)$$

则由式(6.3.1),我们有式(6.2.2). 反之,设式(6.2.2)成立,置

$$a_n := (u(n))^{p\hat{\lambda}_2-1} u'(n) (\int_0^\infty \frac{f(x)}{(x+u(n))^{\lambda+m}} dx)^{p-1}, n \in \mathbf{N}_{n_0}.$$

若 $J=0$,则式(6.3.1)自然成立;若 $J=\infty$,则式(6.3.1)必然不成立,即 $J <$ ∞. 下设 $0 < J < \infty$,由式(6.2.2),有

$$0 < \sum_{n=n_0}^\infty \frac{(u(n))^{q(1-\hat{\lambda}_2)-1}}{(u'(n))^{q-1}} a_n^q = J^p = I$$

$$< \frac{\Gamma(\lambda)}{\Gamma(\lambda+m)} (k_\lambda(\lambda_2))^{\frac{1}{p}} (k_\lambda(\lambda_1))^{\frac{1}{q}} (\int_0^\infty x^{p(1-\hat{\lambda}_1)-1} (f^{(m)}(x))^p dx)^{\frac{1}{p}} J^{p-1} < \infty,$$

$$J = (\sum_{n=n_0}^\infty \frac{(u(n))^{q(1-\hat{\lambda}_2)-1}}{(u'(n))^{q-1}} a_n^q)^{\frac{1}{p}}$$

$$< \frac{\Gamma(\lambda)}{\Gamma(\lambda+m)} (k_\lambda(\lambda_2))^{\frac{1}{p}} (k_\lambda(\lambda_1))^{\frac{1}{q}} (\int_0^\infty x^{p(1-\hat{\lambda}_1)-1} (f^{(m)}(x))^p dx)^{\frac{1}{p}},$$

即式(6.3.1)成立,且它等价于式(6.2.2). 证毕.

定理 6.4　若 $\lambda_1 + \lambda_2 = \lambda$,则式(6.3.1)的常数因子 $\frac{\Gamma(\lambda)}{\Gamma(\lambda+m)} (k_\lambda(\lambda_2))^{\frac{1}{p}} \cdot$ $(k_\lambda(\lambda_1))^{\frac{1}{q}}$ 必为最佳值. 反之,若 $\lambda - \lambda_1 - \lambda_2 \leqslant 0$,且式(6.3.1)的相同常数因子为最佳值,则有 $\lambda_1 + \lambda_2 = \lambda$.

证明　若 $\lambda_1 + \lambda_2 = \lambda$,则由定理 6.1,式(6.2.2)的常数因子 $\frac{\Gamma(\lambda)}{\Gamma(\lambda+m)} \cdot$ $(k_\lambda(\lambda_2))^{\frac{1}{p}} \cdot (k_\lambda(\lambda_1))^{\frac{1}{q}}$ 是最佳值. 由式(6.3.3),知式(6.3.1)的常数因子也必为

最佳值. 不然, 将得出式 (6.2.2) 的常数因子也不是最佳值的矛盾. 反之, 若式 (6.3.1) 的常数因子是最佳值, 则由式 (6.3.1) 与式 (6.2.2) 的等价性, 及 $J^p = I$ (参考定理 6.3 的证明), 能证得式 (6.2.2) 的相同常数因子也是最佳值. 由条件及定理 6.2, 有 $\lambda_1 + \lambda_2 = \lambda$. 证毕.

例 6.1 在式 (6.2.3), 式 (6.3.2) 中代入例 2.1(2) 的中间变量, 当 $\alpha \in (0,1], \xi \in \left[0, \dfrac{1}{2}\right], \lambda_2 \leqslant \dfrac{1}{\alpha}$ 时, 有具有最佳常数因子 $\dfrac{1}{\alpha^{\frac{1}{p}}} B(\lambda_1, \lambda_2) \cdot \left(\prod\limits_{i=0}^{m-1} (\lambda + i)\right)^{-1}$ 的 2 组等价不等式:

$$\int_0^\infty \sum_{n=1}^\infty \frac{a_n f(x)}{(x + (n-\xi)^\alpha)^{\lambda+m}} dx < \frac{1}{\alpha^{\frac{1}{p}}} B(\lambda_1, \lambda_2) \left(\prod_{i=0}^{m-1} (\lambda + i)\right)^{-1} \cdot$$
$$\left(\int_0^\infty x^{p(1-\lambda_1)-1} (f^{(m)}(x))^p dx\right)^{\frac{1}{p}} \cdot$$
$$\left(\sum_{n=1}^\infty (n-\xi)^{q(1-\alpha\lambda_2)-1} a_n^q\right)^{\frac{1}{q}}, \qquad (6.3.4)$$

$$\left(\sum_{n=1}^\infty (n-\xi)^{p\alpha\lambda_2-1} \left(\int_0^\infty \frac{f(x)}{(x+(n-\xi)^\alpha)^{\lambda+m}} dx\right)^p\right)^{\frac{1}{p}}$$
$$< \frac{1}{\alpha^{\frac{1}{p}}} B(\lambda_1, \lambda_2) \left(\prod_{i=0}^{m-1} (\lambda + i)\right)^{-1} \left(\int_0^\infty x^{p(1-\lambda_1)-1} (f^{(m)}(x))^p dx\right)^{\frac{1}{p}}; \quad (6.3.5)$$

$$\int_0^\infty \sum_{n=2}^\infty \frac{a_n f(x)}{(x + \ln^\alpha (n-\xi))^{\lambda+m}} dx < \frac{1}{\alpha^{\frac{1}{p}}} B(\lambda_1, \lambda_2) \left(\prod_{i=0}^{m-1} (\lambda + i)\right)^{-1} \cdot$$
$$\left(\int_0^\infty x^{p(1-\lambda_1)-1} (f^{(m)}(x))^p dx\right)^{\frac{1}{p}} \left(\sum_{n=2}^\infty \frac{\ln^{q(1-\alpha\lambda_2)-1}(n-\xi)}{(n-\xi)^{1-q}} a_n^q\right)^{\frac{1}{q}}, \quad (6.3.6)$$

$$\left(\sum_{n=2}^\infty \frac{1}{n-\xi} \ln^{p\alpha\lambda_2-1}(n-\xi) \left(\int_0^\infty \frac{f(x)}{(x+\ln^\alpha(n-\xi))^{\lambda+m}} dx\right)^p\right)^{\frac{1}{p}}$$
$$< \frac{1}{\alpha^{\frac{1}{p}}} B(\lambda_1, \lambda_2) \left(\prod_{i=0}^{m-1} (\lambda + i)\right)^{-1} \left(\int_0^\infty x^{p(1-\lambda_1)-1} (f^{(m)}(x))^p dx\right)^{\frac{1}{p}}. \quad (6.3.7)$$

当 $\xi = 0$ 时, 上面式子变为代入例 2.1(1) 中两类中间变量的情形. 此时, 由于不要求相关凸性及 $u''(t) \leqslant 0$ 的条件, 还可放宽参数 $\alpha \in (0,1)$ 为 $\alpha \in (0, \infty)$.

下面考虑算子表示.

置函数 $\varphi(x) := x^{p(1-\hat{\lambda}_1)-1}, \psi(n) := \dfrac{(u(n))^{q(1-\hat{\lambda}_2)-1}}{(u'(n))^{q-1}}$, 及

$$\psi^{1-p}(n) = (u(n))^{p\hat{\lambda}_2-1} u'(n), x \in \mathbf{R}^+, n \in \mathbf{N}_{n_0}.$$

定义如下实赋范空间:

$$L_{p,\varphi}(\mathbf{R}^+) := \left\{ f = f(x); \|f\|_{p,\varphi} := \left(\int_0^\infty \varphi(x) \mid f(x) \mid^p \mathrm{d}x\right)^{\frac{1}{p}} < \infty \right\},$$

$$l_{q,\psi} := \left\{ a = \{a_n\}_{n=n_0}^\infty; \|a\|_{q,\psi} := \left(\sum_{n=n_0}^\infty \psi(n) \mid a_n \mid^q\right)^{\frac{1}{q}} < \infty \right\},$$

$$l_{p,\psi^{1-p}} := \left\{ c = \{c_n\}_{n=n_0}^\infty; \|c\|_{p,\psi^{1-p}} := \left(\sum_{n=n_0}^\infty \psi^{1-p}(n) \mid c_n \mid^p\right)^{\frac{1}{p}} < \infty \right\}.$$

设 $f \in \widetilde{L}_{p,\varphi}(\mathbf{R}^+) := \{f:$ 对于 $m \in \mathbf{N}, f^{(m)}(x)$ 在 $\mathbf{R}^+$ 除有限点外非负连续, 有 $f^{(m)} \in L_{p,\varphi}(\mathbf{R}^+)$. 对于 $m \in \mathbf{N}_+, f^{(i-1)}(0^+) = 0, f^{(i-1)}(x) = o(\mathrm{e}^{tx})(t > 0; x \to \infty)(i = 1, \cdots, m)\}$, 及设 $c = \{c_n\}_{n=n_0}^\infty, c_n := \int_0^\infty \dfrac{f(x)}{(x+u(n))^{\lambda+m}}\mathrm{d}x$, 则可将式 (6.3.1) 改写如下:

$$\|c\|_{p,\psi^{1-p}} < \frac{\Gamma(\lambda)}{\Gamma(\lambda+m)}(k_\lambda(\lambda_2))^{\frac{1}{p}}(k_\lambda(\lambda_1))^{\frac{1}{q}}\|f^{(m)}\|_{p,\varphi} < \infty,$$

即有 $c \in l_{p,\psi^{1-p}}$.

定义 6.1　定义半离散 Hardy-Hilbert 算子 $T: \widetilde{L}_{p,\varphi}(\mathbf{R}^+) \to l_{p,\psi^{1-p}}$ 为对任意 $f \in \widetilde{L}_{p,\varphi}(\mathbf{R}^+)$, 存在唯一的 $c = Tf \in l_{p,\psi^{1-p}}$, 使对任意 $n \in \mathbf{N}_{n_0}, Tf(n) = c_n$. 定义 Tf 与 $a \in l_{q,\psi}$ 的形式内积及 T 的范数如下:

$$(Tf, a) := \sum_{n=n_0}^\infty a_n \int_0^\infty \frac{f(x)}{(x+u(n))^{\lambda+m}}\mathrm{d}x = I,$$

$$\|T\| := \sup_{f(\neq 0) \in \widetilde{L}_{p,\varphi}(\mathbf{R}^+)} \frac{\|Tf\|_{p,\psi^{1-p}}}{\|f^{(m)}\|_{p,\varphi_m}}.$$

由定理 6.1、定理 6.2 及定理 6.4, 有如下定理.

定理 6.5　若 $f(\geqslant 0) \in \widetilde{L}_{p,\varphi}(\mathbf{R}^+), a(\geqslant 0) \in l_{q,\psi}, \|f^{(m)}\|_{p,\varphi_m} > 0$, $\|a\|_{q,\psi} > 0$, 则有等价的算子不等式:

$$(Tf, a) < \frac{\Gamma(\lambda)}{\Gamma(\lambda+m)}(k_\lambda(\lambda_2))^{\frac{1}{p}}(k_\lambda(\lambda_1))^{\frac{1}{q}}\|f^{(m)}\|_{p,\varphi}\|a\|_{q,\psi},$$

$$(6.3.8)$$

$$\|Tf\|_{p,\psi^{1-p}} < \frac{\Gamma(\lambda)}{\Gamma(\lambda+m)}(k_\lambda(\lambda_2))^{\frac{1}{p}}(k_\lambda(\lambda_1))^{\frac{1}{q}}\|f^{(m)}\|_{p,\varphi}. \quad (6.3.9)$$

当 $\lambda_1 + \lambda_2 = \lambda$ 时, 式 (6.3.8) 及式 (6.3.9) 的常数因子 $\dfrac{\Gamma(\lambda)}{\Gamma(\lambda+m)}(k_\lambda(\lambda_2))^{\frac{1}{p}} \cdot (k_\lambda(\lambda_1))^{\frac{1}{q}}$ 为最佳值, 即

$$\|T\| = \frac{\Gamma(\lambda)}{\Gamma(\lambda+m)}\mathrm{B}(\lambda_1, \lambda_2).$$

反之,若式(6.3.8)或式(6.3.9)的常数因子 $\dfrac{\Gamma(\lambda)}{\Gamma(\lambda+m)}$ $(k_\lambda(\lambda_2))^{\frac{1}{p}}$ $(k_\lambda(\lambda_1))^{\frac{1}{q}}$ 为最佳值,则当 $\lambda-\lambda_1-\lambda_2 \leqslant 0$ 时,有 $\lambda_1+\lambda_2=\lambda$.

6.4 第一类逆式的情形

本节设 $p<0,0<q<1$,定义 2.1 情形(1)(或情形(2))对 $s_2=\lambda_2$ 满足.
在式(2.1.7),令
$$s=\lambda,s_1=\lambda_1,s_2=\lambda_2,f(x)=f^{(m)}(x),v(x)=x,x \in (0,\infty),$$
由条件式(6.1.1),我们有逆向不等式:

$$\int_0^\infty \sum_{n=n_0}^\infty \frac{a_n f^{(m)}(x)}{(x+u(n))^\lambda}\mathrm{d}x$$

$$> (k_\lambda(\lambda_2))^{\frac{1}{p}}(k_\lambda(\lambda_1))^{\frac{1}{q}}\Big(\int_0^\infty x^{p(1-\hat{\lambda}_1)-1}(f^{(m)}(x))^p\mathrm{d}x\Big)^{\frac{1}{p}}\Big(\sum_{n=n_0}^\infty \frac{(u(n))^{q(1-\hat{\lambda}_2)-1}}{(u'(n))^{q-1}}a_n^q\Big)^{\frac{1}{q}}.$$

$$(6.4.1)$$

再由式 (6.1.3),可得涉及高阶导函数的第一类半离散逆向的 Hardy-Hilbert 不等式:

$$I=\int_0^\infty \sum_{n=n_0}^\infty \frac{a_n f(x)}{(x+u(n))^{\lambda+m}}\mathrm{d}x > \frac{\Gamma(\lambda)}{\Gamma(\lambda+m)}(k_\lambda(\lambda_2))^{\frac{1}{p}}(k_\lambda(\lambda_1))^{\frac{1}{q}}\cdot$$

$$\Big(\int_0^\infty x^{p(1-\hat{\lambda}_1)-1}(f^{(m)}(x))^p\mathrm{d}x\Big)^{\frac{1}{p}}\Big(\sum_{n=n_0}^\infty \frac{(u(n))^{q(1-\hat{\lambda}_2)-1}}{(u'(n))^{q-1}}a_n^q\Big)^{\frac{1}{q}}. \qquad (6.4.2)$$

特别当 $\lambda_1+\lambda_2=\lambda$ 时,有不等式:

$$\int_0^\infty \sum_{n=n_0}^\infty \frac{a_n f(x)}{(x+u(n))^{\lambda+m}}\mathrm{d}x$$

$$> \frac{\Gamma(\lambda)}{\Gamma(\lambda+m)}B(\lambda_1,\lambda_2)\Big(\int_0^\infty x^{p(1-\lambda_1)-1}(f^{(m)}(x))^p\mathrm{d}x\Big)^{\frac{1}{p}}\Big(\sum_{n=n_0}^\infty \frac{(u(n))^{q(1-\lambda_2)-1}}{(u'(n))^{q-1}}a_n^q\Big)^{\frac{1}{q}}.$$

$$(6.4.3)$$

定理 6.6 若 $\lambda_1+\lambda_2=\lambda$,则式(6.4.2)的常数因子
$$\frac{\Gamma(\lambda)}{\Gamma(\lambda+m)}(k_\lambda(\lambda_2))^{\frac{1}{p}}(k_\lambda(\lambda_1))^{\frac{1}{q}}\Big(=\frac{\Gamma(\lambda)}{\Gamma(\lambda+m)}B(\lambda_1,\lambda_2)\Big)$$
必为最佳值.

证明 若 $\lambda_1+\lambda_2=\lambda$,则式(6.4.2)变为式(6.4.3).任给 $0<\varepsilon<|p|\lambda_2$,置
$$\widetilde{f}^{(m)}(x):=\begin{cases}0,0<x<1\\ x^{\lambda_1-\frac{\varepsilon}{p}-1},x \geqslant 1\end{cases},$$

$$\widetilde{a}_n := (u(n))^{\lambda_2 - \frac{\varepsilon}{q} - 1} u'(n), n \in \mathbf{N}_{n_0},$$

$$\widetilde{f}(x) := \int_0^x \int_0^{t_{m-1}} \cdots \int_0^{t_1} \widetilde{f}^{(m)}(t_0) \, \mathrm{d}t_0 \cdots \mathrm{d}t_{m-2} \, \mathrm{d}t_{m-1}$$

$$\leqslant \begin{cases} 0, 0 < x < 1 \\ (\prod_{i=0}^{m-1}(\lambda_1 + i - \frac{\varepsilon}{p}))^{-1} x^{\lambda_1 + m - \frac{\varepsilon}{p} - 1}, x \geqslant 1 \end{cases},$$

满足条件 $\widetilde{f}^{(i-1)}(0^+) = 0, \widetilde{f}^{(i-1)}(x) = o(e^{tx})(t > 0; x \to \infty)(i = 1, \cdots, m).$

若有常数 $M \geqslant \dfrac{\Gamma(\lambda)}{\Gamma(\lambda + m)} B(\lambda_1, \lambda_2)$，使其取代式 (6.4.2) 的常数因子

$\dfrac{\Gamma(\lambda)}{\Gamma(\lambda + m)} B(\lambda_1, \lambda_2)$ 后原式仍成立，则特别还有

$$\widetilde{I} := \int_0^\infty \sum_{n=n_0}^\infty \frac{\widetilde{a}_n \widetilde{f}(x)}{(x + u(n))^{\lambda + m}} \mathrm{d}x$$

$$> M \left(\int_0^\infty x^{p(1-\lambda_1)-1} (\widetilde{f}^{(m)}(x))^p \mathrm{d}x \right)^{\frac{1}{p}} \left(\sum_{n=n_0}^\infty \frac{(u(n))^{q(1-\lambda_2)-1}}{(u'(n))^{q-1}} \widetilde{a}_n^q \right)^{\frac{1}{q}}.$$

$$(6.4.4)$$

显然，因 $\lambda_2 \in (0, \lambda)$，函数

$$(u(t))^{-\varepsilon - 1} u'(t) = (u(t))^{-\varepsilon - \lambda_2} ((u(t))^{\lambda_2 - 1} u'(t)), t \in (n_0, \infty)$$

仍具有递减性. 由式 (6.4.4) 及级数的递减性质，可得

$$\widetilde{I} > M \left(\int_1^\infty x^{p(1-m-\lambda_1)-1} x^{p(\lambda_1 + m - 1) - \varepsilon} \mathrm{d}x \right)^{\frac{1}{p}} \left(\sum_{n=n_0}^\infty \frac{(u(n))^{q(1-\lambda_2)-1}}{(u'(n))^{q-1}} (u(n))^{q\lambda_2 - \varepsilon - q} (u'(n))^q \right)^{\frac{1}{q}}$$

$$= M \left(\int_1^\infty x^{-\varepsilon - 1} \mathrm{d}x \right)^{\frac{1}{p}} \left(\sum_{n=n_0}^\infty (u(n))^{-\varepsilon - 1} u'(n) \right)^{\frac{1}{q}}$$

$$\geqslant M \left(\int_1^\infty x^{-\varepsilon - 1} \mathrm{d}x \right)^{\frac{1}{p}} \left(\int_{n_0}^\infty (u(t))^{-\varepsilon - 1} u'(t) \mathrm{d}t \right)^{\frac{1}{q}}$$

$$= \frac{M}{\varepsilon} (u(n_0))^{\frac{-\varepsilon}{q}}.$$

由式 (2.1.5)，令 $s = \lambda + m, s_1 = \widetilde{\lambda}_1 := \lambda_1 + m - \dfrac{\varepsilon}{p} \in (0, \lambda + m), v(x) = x,$

$x \in (0, \infty)$，有

$$\sum_{n=n_0}^\infty ((u(n))^{(\lambda_2 + \frac{\varepsilon}{p})} \int_1^\infty \frac{x^{(\lambda_1 + m - \frac{\varepsilon}{p})-1}}{(x + u(n))^{\lambda + m}} \mathrm{d}x)(u(n))^{-\varepsilon - 1} u'(n)$$

$$\leqslant \sum_{n=n_0}^\infty ((u(n))^{(\lambda_2 + \frac{\varepsilon}{p})} \int_0^\infty \frac{x^{(\lambda_1 + m - \frac{\varepsilon}{p})-1}}{(x + u(n))^{\lambda + m}} \mathrm{d}x)(u(n))^{-\varepsilon - 1} u'(n)$$

115

$$= \sum_{n=n_0}^{\infty} \omega_{\lambda+m}(\widetilde{\lambda}_1, n)\, (u(n))^{-\varepsilon-1} u'(n)$$

$$= k_{\lambda+m}(\widetilde{\lambda}_1)((u(n_0))^{-\varepsilon-1} u'(n_0) + \sum_{n=n_0+1}^{\infty} (u(n))^{-\varepsilon-1} u'(n))$$

$$< k_{\lambda+m}(\widetilde{\lambda}_1)((u(n_0))^{-\varepsilon-1} u'(n_0) + \int_{n_0}^{\infty} (u(y))^{-\varepsilon-1} u'(y)\mathrm{d}y)$$

$$= \frac{1}{\varepsilon} B(\lambda_1 + m - \frac{\varepsilon}{p}, \lambda_2 + \frac{\varepsilon}{p})(\varepsilon (u(n_0))^{-\varepsilon-1} u'(n_0) + (u(y))^{-\varepsilon}).$$

基于上面的结果及式(6.4.4),有

$$\big(\prod_{i=0}^{m-1}(\lambda_1 + i - \frac{\varepsilon}{p})\big)^{-1} B(\lambda_1 + m - \frac{\varepsilon}{p}, \lambda_2 + \frac{\varepsilon}{p})(\varepsilon\,(u(n_0))^{-\varepsilon-1} u'(n_0) + (u(y))^{-\varepsilon})$$

$$> \varepsilon \widetilde{I} > M\,(u(n_0))^{\frac{-\varepsilon}{q}}.$$

令 $\varepsilon \to 0^+$,由 Beta 函数的连续性,有

$$\frac{\Gamma(\lambda)}{\Gamma(\lambda+m)} B(\lambda_1, \lambda_2) = B(\lambda_1 + m, \lambda_2)\big(\prod_{i=0}^{m-1}(\lambda_1 + i)\big)^{-1} \geqslant M,$$

故 $M = \dfrac{\Gamma(\lambda)}{\Gamma(\lambda+m)} B(\lambda_1, \lambda_2)$ 为式(6.4.3)(即式(6.4.2)当 $\lambda_1 + \lambda_2 = \lambda$ 时)的最佳值. 证毕.

定理 6.7 若式(6.4.2)的常数因子

$$\frac{\Gamma(\lambda)}{\Gamma(\lambda+m)}\, (k_\lambda(\lambda_2))^{\frac{1}{p}}\, (k_\lambda(\lambda_1))^{\frac{1}{q}}$$

为最佳值,则当 $\lambda - \lambda_1 - \lambda_2 \in (-q\lambda_2, 0]$ 时,有 $\lambda_1 + \lambda_2 = \lambda$.

证明 因 $\hat{\lambda}_1 = \dfrac{\lambda - \lambda_2}{p} + \dfrac{\lambda_1}{q}$,$\hat{\lambda}_2 = \dfrac{\lambda - \lambda_1 - \lambda_2}{q} + \lambda_2$,有 $\hat{\lambda}_1 + \hat{\lambda}_2 = \lambda$. 当

$$\lambda - \lambda_1 - \lambda_2 \in (-q\lambda_2, 0](\subset (-q\lambda_2, q(\lambda - \lambda_2))$$

时,有 $0 < \hat{\lambda}_2 < \lambda$,$0 < \hat{\lambda}_1 = \lambda - \hat{\lambda}_2 < \lambda$,及 $B(\hat{\lambda}_1, \hat{\lambda}_2) \in \mathbf{R}^+$. 因 $\lambda - \lambda_1 - \lambda_2 \leqslant 0$,$0 < q < 1$,对于 $\rho = 1$(或 $\rho = \dfrac{1}{2}$),函数

$$(u(t))^{\hat{\lambda}_2 - 1} u'(t) = (u(t))^{\hat{\lambda}_2 - \lambda_2}((u(t))^{\lambda_2 - 1} u'(t))$$

$$= (u(t))^{(\lambda - \lambda_1 - \lambda_2)/q}((u(t))^{\lambda_2 - 1} u'(t)), t \in (n_0 - \rho, \infty),$$

仍具有递减性. 因 $u''(t) \leqslant 0$,及 $(u(t))^{\lambda_2 - 1} u'(t)$ 凸,显然上式仍具有凸性($\rho = \dfrac{1}{2}$). 故定义 2.1 情形(1)(或情形(2))对 $s_2 = \hat{\lambda}_2$ 仍满足. 因此,由式(6.4.3),代之以 $\hat{\lambda}_i = \lambda_i$ $(i = 1, 2)$,成立不等式:

116

$$\int_0^\infty \sum_{n=n_0}^\infty \frac{a_n f(x)}{(x+u(n))^{\lambda+m}} \mathrm{d}x$$

$$> \frac{\Gamma(\lambda)}{\Gamma(\lambda+m)} B(\hat{\lambda}_1,\hat{\lambda}_2) \left(\int_0^\infty x^{p(1-\hat{\lambda}_1)-1} (f^{(m)}(x))^p \mathrm{d}x\right)^{\frac{1}{p}} \left(\sum_{n=n_0}^\infty \frac{(u(n))^{q(1-\hat{\lambda}_2)-1}}{(u'(n))^{q-1}} a_n^q\right)^{\frac{1}{q}}.$$

$$(6.4.5)$$

由逆向的 Hölder 不等式(参考文[5]),我们还有

$$B(\hat{\lambda}_1,\hat{\lambda}_2) = k_\lambda(\hat{\lambda}_1) = k_\lambda\left(\frac{\lambda-\lambda_2}{p} + \frac{\lambda_1}{q}\right)$$

$$= \int_0^\infty \frac{1}{(1+u)^\lambda} u^{\frac{\lambda-\lambda_2}{p} + \frac{\lambda_1}{q}-1} \mathrm{d}u = \int_0^\infty \frac{1}{(1+u)^\lambda} (u^{\frac{\lambda-\lambda_2}{p}})(u^{\frac{\lambda_1}{q}}) \mathrm{d}u$$

$$\geqslant \left(\int_0^\infty \frac{1}{(1+u)^\lambda} u^{\lambda-\lambda_2-1} \mathrm{d}u\right)^{\frac{1}{p}} \left(\int_0^\infty \frac{1}{(1+u)^\lambda} u^{\lambda_1-1} \mathrm{d}u\right)^{\frac{1}{q}}$$

$$= \left(\int_0^\infty \frac{1}{(1+v)^\lambda} v^{\lambda_2-1} \mathrm{d}v\right)^{\frac{1}{p}} \left(\int_0^\infty \frac{1}{(1+u)^\lambda} u^{\lambda_1-1} \mathrm{d}u\right)^{\frac{1}{q}}$$

$$= (k_\lambda(\lambda_2))^{\frac{1}{p}} (k_\lambda(\lambda_1))^{\frac{1}{q}}.$$

$$(6.4.6)$$

由于常数因子 $\dfrac{\Gamma(\lambda)}{\Gamma(\lambda+m)} (k_\lambda(\lambda_2))^{\frac{1}{p}} (k_\lambda(\lambda_1))^{\frac{1}{q}}$ 为式(6.4.2)的最佳值,故

比较(6.4.2)与式(6.4.5)的常数因子,我们有不等式:

$$\frac{\Gamma(\lambda)}{\Gamma(\lambda+m)} (k_\lambda(\lambda_2))^{\frac{1}{p}} (k_\lambda(\lambda_1))^{\frac{1}{q}} \geqslant \frac{\Gamma(\lambda)}{\Gamma(\lambda+m)} B(\hat{\lambda}_1,\hat{\lambda}_2)(\in \mathbf{R}^+).$$

即有不等式 $B(\hat{\lambda}_1,\hat{\lambda}_2) \leqslant (k_\lambda(\lambda_2))^{\frac{1}{p}} (k_\lambda(\lambda_1))^{\frac{1}{q}}$,因而式(6.4.6)取等号. 式(6.4.6)取等号的充分必要条件是存在不全为 0 的常数 A 和 B,使(参阅文[5])$Au^{\lambda-\lambda_2-1} = Bu^{\lambda_1-1}$ a.e. 于 $\mathbf{R}^+$. 不妨设 $A \neq 0$,则有 $u^{\lambda-\lambda_2-\lambda_1} = \dfrac{B}{A}$ a.e. 于 $\mathbf{R}^+$,及 $\lambda-\lambda_1-\lambda_2 = 0$.因而有 $\lambda_1+\lambda_2 = \lambda$. 证毕.

定理 6.8　我们有与式(6.4.2)等价的第一类半离散逆向的 Hardy-Hilbert 不等式:

$$J := \left(\sum_{n=n_0}^\infty (u(n))^{p\hat{\lambda}_2-1} u'(n) \left(\int_0^\infty \frac{f(x)}{(x+u(n))^{\lambda+m}} \mathrm{d}x\right)^p\right)^{\frac{1}{p}}$$

$$> \frac{\Gamma(\lambda)}{\Gamma(\lambda+m)} (k_\lambda(\lambda_2))^{\frac{1}{p}} (k_\lambda(\lambda_1))^{\frac{1}{q}} \left(\int_0^\infty x^{p(1-\hat{\lambda}_1)-1} (f^{(m)}(x))^p \mathrm{d}x\right)^{\frac{1}{p}}.$$

$$(6.4.7)$$

特别,当 $\lambda_1+\lambda_2 = \lambda$ 时,我们有式(6.4.3)的等价式:

$$\left(\sum_{n=n_0}^\infty (u(n))^{p\lambda_2-1} u'(n) \left(\int_0^\infty \frac{f(x)}{(x+u(n))^{\lambda+m}} \mathrm{d}x\right)^p\right)^{\frac{1}{p}}$$

$$> \frac{\Gamma(\lambda)}{\Gamma(\lambda+m)} B(\lambda_1,\lambda_2) \left(\int_0^\infty x^{p(1-\lambda_1)-1} (f^{(m)}(x))^p dx \right)^{\frac{1}{p}}. \qquad (6.4.8)$$

证明　设式(6.4.7)为真.由逆向的 Hölder 不等式,有

$$I = \sum_{n=n_0}^\infty ((u(n))^{\hat{\lambda}_2-\frac{1}{p}} (u'(n))^{\frac{1}{p}} \int_0^\infty \frac{f(x)}{(x+u(n))^{\lambda+m}} dx) (\frac{(u(n))^{-\hat{\lambda}_2+\frac{1}{p}}}{(u'(n))^{\frac{1}{p}}} a_n)$$

$$\geqslant J \left(\sum_{n=n_0}^\infty \frac{(u(n))^{q(1-\hat{\lambda}_2)-1}}{(u'(n))^{q-1}} a_n^q \right)^{\frac{1}{q}}. \qquad (6.4.9)$$

则由式(6.4.7),我们有式(6.4.2).反之,设式(6.4.2)成立,置

$$a_n := (u(n))^{p\hat{\lambda}_2-1} u'(n) \left(\int_0^\infty \frac{f(x)}{(x+u(n))^{\lambda+m}} dx \right)^{p-1}, n \in \mathbf{N}_{n_0}.$$

若 $J=\infty$,则式(6.4.7)自然成立;若 $J=0$,则式(6.4.7)必然不成立,即 $J>0$.
下设 $0<J<\infty$,由式(6.4.2),有

$$\infty > \sum_{n=n_0}^\infty \frac{(u(n))^{q(1-\hat{\lambda}_2)-1}}{(u'(n))^{q-1}} a_n^q = J^p = I$$

$$> \frac{\Gamma(\lambda)}{\Gamma(\lambda+m)} (k_\lambda(\lambda_2))^{\frac{1}{p}} (k_\lambda(\lambda_1))^{\frac{1}{q}} \left(\int_0^\infty x^{p(1-\hat{\lambda}_1)-1} (f^{(m)}(x))^p dx \right)^{\frac{1}{p}} J^{p-1} > 0,$$

$$J = \left(\sum_{n=n_0}^\infty \frac{(u(n))^{q(1-\hat{\lambda}_2)-1}}{(u'(n))^{q-1}} a_n^q \right)^{\frac{1}{p}}$$

$$> \frac{\Gamma(\lambda)}{\Gamma(\lambda+m)} (k_\lambda(\lambda_2))^{\frac{1}{p}} (k_\lambda(\lambda_1))^{\frac{1}{q}} \left(\int_0^\infty x^{p(1-\hat{\lambda}_1)-1} (f^{(m)}(x))^p dx \right)^{\frac{1}{p}},$$

即式(6.4.7)成立,且它等价于式(6.4.2).证毕.

定理 6.9　若 $\lambda_1+\lambda_2=\lambda$,则式(6.4.7)的常数因子 $\frac{\Gamma(\lambda)}{\Gamma(\lambda+m)} (k_\lambda(\lambda_2))^{\frac{1}{p}} \cdot$
$(k_\lambda(\lambda_1))^{\frac{1}{q}}$ 必为最佳值.反之,若 $\lambda-\lambda_1-\lambda_2 \in (-q\lambda_2, 0]$,且式(6.4.7)的相同
常数因子为最佳值,则有 $\lambda_1+\lambda_2=\lambda$.

证明　若 $\lambda_1+\lambda_2=\lambda$,则由定理 6.6,式(6.4.2)的常数因子 $\frac{\Gamma(\lambda)}{\Gamma(\lambda+m)} \cdot$
$(k_\lambda(\lambda_2))^{\frac{1}{p}} \cdot (k_\lambda(\lambda_1))^{\frac{1}{q}}$ 是最佳值.由式(6.4.9),知式(6.4.7)的常数因子也必为
最佳值.不然,将得出式(6.4.2)的常数因子也不是最佳值的矛盾.反之,若式
(6.4.7)的常数因子是最佳值,则由式(6.4.7)与式(6.4.2)的等价性,及 $J^p=$
I(参考定理 6.8 的证明),能证得式(6.4.2)的同常数因子也是最佳值.由条件
及定理 6.7,有 $\lambda_1+\lambda_2=\lambda$.证毕.

例 6.2　在式(6.4.3),式(6.4.8)中代入例 2.1(2)的中间变量,当 $\alpha \in$

$(0,1], \xi \in [0, \frac{1}{2}], \lambda_2 \leqslant \frac{1}{\alpha}$ 时，有具有最佳常数因子 $\frac{1}{\alpha^{\frac{1}{p}}} B(\lambda_1, \lambda_2) \cdot$

$(\prod\limits_{i=0}^{m-1} (\lambda+i))^{-1}$ 的 2 组逆向等价不等式：

$$\int_0^\infty \sum_{n=1}^\infty \frac{a_n f(x)}{(x+(n-\xi)^\alpha)^{\lambda+m}} dx$$

$$> \frac{1}{\alpha^{\frac{1}{p}}} B(\lambda_1, \lambda_2) (\prod_{i=0}^{m-1} (\lambda+i))^{-1} \cdot$$

$$(\int_0^\infty x^{p(1-\lambda_1)-1} (f^{(m)}(x))^p dx)^{\frac{1}{p}} (\sum_{n=1}^\infty (n-\xi)^{q(1-\alpha\lambda_2)-1} a_n^q)^{\frac{1}{q}}, \qquad (6.4.10)$$

$$(\sum_{n=1}^\infty (n-\xi)^{p\alpha\lambda_2-1} (\int_0^\infty \frac{f(x)}{(x+(n-\xi)^\alpha)^{\lambda+m}} dx)^p)^{\frac{1}{p}}$$

$$> \frac{1}{\alpha^{\frac{1}{p}}} B(\lambda_1, \lambda_2) (\prod_{i=0}^{m-1} (\lambda+i))^{-1} (\int_0^\infty x^{p(1-\lambda_1)-1} (f^{(m)}(x))^p dx)^{\frac{1}{p}}; \qquad (6.4.11)$$

$$\int_0^\infty \sum_{n=2}^\infty \frac{a_n f(x)}{(x+\ln^\alpha(n-\xi))^{\lambda+m}} dx$$

$$> \frac{1}{\alpha^{\frac{1}{p}}} B(\lambda_1, \lambda_2) (\prod_{i=0}^{m-1} (\lambda+i))^{-1} \cdot$$

$$(\int_0^\infty x^{p(1-\lambda_1)-1} (f^{(m)}(x))^p dx)^{\frac{1}{p}} (\sum_{n=2}^\infty \frac{\ln^{q(1-\alpha\lambda_2)-1}(n-\xi)}{(n-\xi)^{1-q}} a_n^q)^{\frac{1}{q}}, \qquad (6.4.12)$$

$$(\sum_{n=2}^\infty \frac{1}{n-\xi} \ln^{p\alpha\lambda_2-1}(n-\xi) (\int_0^\infty \frac{f(x)}{(x+\ln^\alpha(n-\xi))^{\lambda+m}} dx)^p)^{\frac{1}{p}}$$

$$> \frac{1}{\alpha^{\frac{1}{p}}} B(\lambda_1, \lambda_2) (\prod_{i=0}^{m-1} (\lambda+i))^{-1} (\int_0^\infty x^{p(1-\lambda_1)-1} (f^{(m)}(x))^p dx)^{\frac{1}{p}}. \qquad (6.4.13)$$

当 $\xi=0$ 时，上面式子变为代入例 2.1(1) 中两类中间变量的情形. 此时，由于不要求相关凸性及 $u''(t) \leqslant 0$ 的条件，还可放宽参数 $\alpha \in (0,1]$ 为 $\alpha \in (0,\infty)$.

6.5　第二类逆式的情形

本节设 $0 < p < 1, q < 0$，定义 2.1 情形 (1)（或情形 (2)）对 $s_2 = \lambda_2$ 满足. 由式 (2.1.8)，令

$$s = \lambda, s_1 = \lambda_1, s_2 = \lambda_2, f(x) = f^{(m)}(x), v(x) = x, x \in (0,\infty),$$

由条件 (6.1.1)，我们有逆向不等式：

$$\int_0^\infty \sum_{n=n_0}^\infty \frac{a_n f^{(m)}(x)}{(x+u(n))^\lambda} \mathrm{d}x$$

$$> (k_\lambda(\lambda_2))^{\frac{1}{p}} (k_\lambda(\lambda_1))^{\frac{1}{q}} \cdot$$

$$\left(\int_0^\infty (1 - O_\lambda(\frac{1}{x^{\lambda_2}})) x^{p(1-\hat{\lambda}_1)-1} (f^{(m)}(x))^p \mathrm{d}x \right)^{\frac{1}{p}} \cdot$$

$$\left(\sum_{n=n_0}^\infty \frac{(u(n))^{q(1-\hat{\lambda}_2)-1}}{(u'(n))^{q-1}} a_n^q \right)^{\frac{1}{q}}. \tag{6.5.1}$$

再由式(6.1.3),可得涉及一个高阶导函数的第二类半离散逆向 Hardy-Hilbert 不等式:

$$I = \int_0^\infty \sum_{n=n_0}^\infty \frac{a_n f(x)}{(x+u(n))^{\lambda+m}} \mathrm{d}x > \frac{\Gamma(\lambda)}{\Gamma(\lambda+m)} (k_\lambda(\lambda_2))^{\frac{1}{p}} (k_\lambda(\lambda_1))^{\frac{1}{q}} \cdot$$

$$\left(\int_0^\infty (1 - O_\lambda(\frac{1}{x^{\lambda_2}})) x^{p(1-\hat{\lambda}_1)-1} (f^{(m)}(x))^p \mathrm{d}x \right)^{\frac{1}{p}} \cdot$$

$$\left(\sum_{n=n_0}^\infty \frac{(u(n))^{q(1-\hat{\lambda}_2)-1}}{(u'(n))^{q-1}} a_n^q \right)^{\frac{1}{q}}. \tag{6.5.2}$$

特别当 $\lambda_1 + \lambda_2 = \lambda$ 时,有不等式:

$$\int_0^\infty \sum_{n=n_0}^\infty \frac{a_n f(x)}{(x+u(n))^{\lambda+m}} \mathrm{d}x$$

$$> \frac{\Gamma(\lambda)}{\Gamma(\lambda+m)} \mathrm{B}(\lambda_1, \lambda_2) \cdot$$

$$\left(\int_0^\infty (1 - O_\lambda(\frac{1}{x^{\lambda_2}})) x^{p(1-\lambda_1)-1} (f^{(m)}(x))^p \mathrm{d}x \right)^{\frac{1}{p}} \cdot$$

$$\left(\sum_{n=n_0}^\infty \frac{(u(n))^{q(1-\lambda_2)-1}}{(u'(n))^{q-1}} a_n^q \right)^{\frac{1}{q}}. \tag{6.5.3}$$

定理 6.10　若 $\lambda_1 + \lambda_2 = \lambda$,则式(6.5.2)的常数因子

$$\frac{\Gamma(\lambda)}{\Gamma(\lambda+m)} (k_\lambda(\lambda_2))^{\frac{1}{p}} (k_\lambda(\lambda_1))^{\frac{1}{q}} \left(= \frac{\Gamma(\lambda)}{\Gamma(\lambda+m)} \mathrm{B}(\lambda_1, \lambda_2) \right)$$

必为最佳值.

证明　若 $\lambda_1 + \lambda_2 = \lambda$,则式(6.5.2)变为式(6.5.3).任给 $0 < \varepsilon < p\lambda_1$,置

$$\widetilde{f}^{(m)}(x) := \begin{cases} 0, 0 < x < 1 \\ x^{\lambda_1 - \frac{\varepsilon}{p}-1}, x \geqslant 1 \end{cases},$$

$$\widetilde{a}_n := (u(n))^{\lambda_2 - \frac{\varepsilon}{q}-1} u'(n), n \in \mathbf{N}_{n_0},$$

$$\widetilde{f}(x) := \int_0^x \int_0^{t_{m-1}} \cdots \int_0^{t_1} \widetilde{f}^{(m)}(t_0) \mathrm{d}t_0 \cdots \mathrm{d}t_{m-2} \mathrm{d}t_{m-1}$$

$$\leqslant \begin{cases} 0, 0 < x < 1 \\ (\prod_{i=0}^{m-1}(\lambda_1 + i - \frac{\varepsilon}{p}))^{-1} x^{\lambda_1 + m - \frac{\varepsilon}{p} - 1}, x \geqslant 1 \end{cases},$$

满足条件 $\widetilde{f}^{(i-1)}(0^+) = 0, \widetilde{f}^{(i-1)}(x) = o(e^{tx})(t > 0; x \to \infty)(i = 1, \cdots, m)$.

若有正数 $M \geqslant \dfrac{\Gamma(\lambda)}{\Gamma(\lambda + m)} B(\lambda_1, \lambda_2)$，使其取代式 (6.5.3) 的常数因子

$\dfrac{\Gamma(\lambda)}{\Gamma(\lambda + m)} B(\lambda_1, \lambda_2)$ 后仍成立，则特别还有

$$\widetilde{I} := \int_0^\infty \sum_{n=n_0}^\infty \frac{\widetilde{a_n} \widetilde{f}(x)}{(x + u(n))^{\lambda + m}} dx$$

$$> M \left(\int_0^\infty (1 - O_\lambda(\frac{1}{x^{\lambda_2}})) x^{p(1-\lambda_1)-1} (\widetilde{f}^{(m)}(x))^p dx \right)^{\frac{1}{p}} \cdot$$

$$\left(\sum_{n=n_0}^\infty \frac{(u(n))^{q(1-\lambda_2)-1}}{(u'(n))^{q-1}} \widetilde{a_n}^q \right)^{\frac{1}{q}}. \tag{6.5.4}$$

显然，因 $\lambda_2 \in (0, \lambda)$，函数

$$(u(t))^{-\varepsilon-1} u'(t) = (u(t))^{-\varepsilon-\lambda_2} ((u(t))^{\lambda_2-1} u'(t)), t \in (n_0, \infty)$$

仍具有递减性. 由式 (6.5.4) 及级数的递减性质，还可得

$$\widetilde{I} > M \left(\int_1^\infty (1 - O_\lambda(\frac{1}{x^{\lambda_2}})) x^{p(1-m-\lambda_1)-1} x^{p(\lambda_1+m-1)-\varepsilon} dx \right)^{\frac{1}{p}} \cdot$$

$$\left(\sum_{n=n_0}^\infty \frac{(u(n))^{q(1-\lambda_2)-1}}{(u'(n))^{q-1}} (u(n))^{q\lambda_2-\varepsilon-q} (u'(n))^q \right)^{\frac{1}{q}}$$

$$= M \left(\int_1^\infty x^{-1-\varepsilon} dx - \int_1^\infty O_\lambda(\frac{1}{x^{\lambda_2}}) x^{-1-\varepsilon} dx \right)^{\frac{1}{p}} \cdot$$

$$\left((u(n_0))^{-1-\varepsilon} u'(n_0) + \sum_{n=n_0+1}^\infty (u(n))^{-1-\varepsilon} u'(n) \right)^{\frac{1}{q}}$$

$$\geqslant M \left(\int_1^\infty x^{-\varepsilon-1} dx - O(1) \right)^{\frac{1}{p}} \left((u(n_0))^{-\varepsilon-1} u'(n_0) + \int_{n_0}^\infty (u(t))^{-\varepsilon-1} du(t) \right)^{\frac{1}{q}}$$

$$= \frac{M}{\varepsilon} (1 - \varepsilon O(1))^{\frac{1}{p}} (\varepsilon (u(n_0))^{-\varepsilon-1} u'(n_0) + (u(n_0))^{-\varepsilon})^{\frac{1}{q}}.$$

由式 (2.1.5)，令 $s = \lambda + m, s_1 = \widetilde{\lambda_1} := \lambda_1 + m - \dfrac{\varepsilon}{p} \in (0, \lambda + m), v(x) = x, x \in$

$(0, \infty)$，有

$$\sum_{n=n_0}^\infty ((u(n))^{(\lambda_2+\frac{\varepsilon}{p})} \int_1^\infty \frac{x^{(\lambda_1+m-\frac{\varepsilon}{p})-1}}{(x + u(n))^{\lambda+m}} dx) (u(n))^{-\varepsilon-1} u'(n)$$

$$\leqslant \sum_{n=n_0}^\infty \omega_{\lambda+m}(\widetilde{\lambda_1}, n) (u(n))^{-\varepsilon-1} u'(n)$$

$$= k_{\lambda+m}(\widetilde{\lambda}_1)((u(n_0))^{-\varepsilon-1}u'(n_0) + \sum_{n=n_0+1}^{\infty} (u(n))^{-\varepsilon-1}u'(n))$$

$$< k_{\lambda+m}(\widetilde{\lambda}_1)((u(n_0))^{-\varepsilon-1}u'(n_0) + \int_{n_0}^{\infty} (u(y))^{-\varepsilon-1}u'(y)\mathrm{d}y)$$

$$= \frac{1}{\varepsilon}\mathrm{B}(\lambda_1+m-\frac{\varepsilon}{p},\lambda_2+\frac{\varepsilon}{p})(\varepsilon(u(n_0))^{-\varepsilon-1}u'(n_0) + (u(n_0))^{-\varepsilon}).$$

基于上面的结果及式(6.5.4),有

$$(\prod_{i=0}^{m-1}(\lambda_1+i-\frac{\varepsilon}{p}))^{-1}\mathrm{B}(\lambda_1+m-\frac{\varepsilon}{p},\lambda_2+\frac{\varepsilon}{p}) \cdot$$

$$(\varepsilon(u(n_0))^{-\varepsilon-1}u'(n_0) + (u(n_0))^{-\varepsilon})$$

$$> \varepsilon\widetilde{I} > M(1-\varepsilon O(1))^{\frac{1}{p}}(\varepsilon(u(n_0))^{-\varepsilon-1}u'(n_0) + (u(n_0))^{-\varepsilon})^{\frac{1}{q}}.$$

令 $\varepsilon \to 0^+$,由 Beta 函数的连续性,有

$$\frac{\Gamma(\lambda)}{\Gamma(\lambda+m)}\mathrm{B}(\lambda_1,\lambda_2) = \mathrm{B}(\lambda_1+m,\lambda_2)(\prod_{i=0}^{m-1}(\lambda_1+i))^{-1} \geqslant M.$$

故 $M = \dfrac{\Gamma(\lambda)}{\Gamma(\lambda+m)}\mathrm{B}(\lambda_1,\lambda_2)$ 为式(6.5.3)(即式(6.5.2)当 $\lambda_1+\lambda_2=\lambda$ 时)的最佳

值.证毕.

定理 6.11 若式(6.5.2)的常数因子

$$\frac{\Gamma(\lambda)}{\Gamma(\lambda+m)}(k_\lambda(\lambda_2))^{\frac{1}{p}}(k_\lambda(\lambda_1))^{\frac{1}{q}}$$

为最佳值,则当 $\lambda-\lambda_1-\lambda_2 \in [0,-q\lambda_2)$ 时,有 $\lambda_1+\lambda_2=\lambda$.

证明 因 $\hat{\lambda}_1 = \dfrac{\lambda-\lambda_2}{p}+\dfrac{\lambda_1}{q}, \hat{\lambda}_2 = \dfrac{\lambda-\lambda_1-\lambda_2}{q}+\lambda_2$,有 $\hat{\lambda}_1+\hat{\lambda}_2=\lambda$. 当

$$\lambda-\lambda_1-\lambda_2 \in (0,-q\lambda_2)(\subset(q(\lambda-\lambda_2),-q\lambda_2))$$

时,有 $0 < \hat{\lambda}_2 < \lambda, 0 < \hat{\lambda}_1 = \lambda-\hat{\lambda}_2 < \lambda$,及 $\mathrm{B}(\hat{\lambda}_1,\hat{\lambda}_2) \in \mathbf{R}^+$. 因 $\lambda-\lambda_1-\lambda_2 \geqslant 0$,

$q < 0$,对于 $\rho=1$(或 $\rho=\dfrac{1}{2}$),函数

$$(u(t))^{\hat{\lambda}_2-1}u'(t) = (u(t))^{\hat{\lambda}_2-\lambda_2}((u(t))^{\lambda_2-1}u'(t))$$

$$= (u(t))^{(\lambda-\lambda_1-\lambda_2)/q}((u(t))^{\lambda_2-1}u'(t)), t \in (n_0-\rho,\infty),$$

仍具有递减性,因 $u''(t) \leqslant 0, (u(t))^{\lambda_2-1}u'(t)$ 凸,显然上式仍具有凸性($\rho=\dfrac{1}{2}$).

故定义 2.1 情形(1)(或情形(2)) 对 $s_2 = \hat{\lambda}_2$ 仍满足,因此,由式(6.5.3),代之以

$\hat{\lambda}_i = \lambda_i (i=1,2)$,成立不等式:

$$\int_0^{\infty} \sum_{n=n_0}^{\infty} \frac{a_n f(x)}{(x+u(n))^{\lambda+m}}\mathrm{d}x$$

$$> \frac{\Gamma(\lambda)}{\Gamma(\lambda+m)}B(\hat{\lambda}_1,\hat{\lambda}_2)(\int_0^{\infty}(1-O_{\lambda}(\frac{1}{x^{\hat{\lambda}_2}}))x^{p(1-\hat{\lambda}_1)-1}(f^{(m)}(x))^p dx)^{\frac{1}{p}} \cdot$$

$$(\sum_{n=n_0}^{\infty}\frac{(u(n))^{q(1-\hat{\lambda}_2)-1}}{(u'(n))^{q-1}}a_n^q)^{\frac{1}{q}}. \tag{6.5.5}$$

由逆向的 Hölder 不等式(参考文[5]),我们还有

$$B(\hat{\lambda}_1,\hat{\lambda}_2)=k_{\lambda}(\hat{\lambda}_1)=k_{\lambda}(\frac{\lambda-\lambda_2}{p}+\frac{\lambda_1}{q})$$

$$=\int_0^{\infty}\frac{1}{(1+u)^{\lambda}}u^{\frac{\lambda-\lambda_2}{p}+\frac{\lambda_1}{q}-1}du=\int_0^{\infty}\frac{1}{(1+u)^{\lambda}}(u^{\frac{\lambda-\lambda_2-1}{p}})(u^{\frac{\lambda_1-1}{q}})du$$

$$\geqslant(\int_0^{\infty}\frac{1}{(1+u)^{\lambda}}u^{\lambda-\lambda_2-1}du)^{\frac{1}{p}}(\int_0^{\infty}\frac{1}{(1+u)^{\lambda}}u^{\lambda_1-1}du)^{\frac{1}{q}}$$

$$=(\int_0^{\infty}\frac{1}{(1+v)^{\lambda}}v^{\lambda_2-1}dv)^{\frac{1}{p}}(\int_0^{\infty}\frac{1}{(1+u)^{\lambda}}u^{\lambda_1-1}du)^{\frac{1}{q}}$$

$$=(k_{\lambda}(\lambda_2))^{\frac{1}{p}}(k_{\lambda}(\lambda_1))^{\frac{1}{q}}. \tag{6.5.6}$$

由于常数因子$\frac{\Gamma(\lambda)}{\Gamma(\lambda+m)}(k_{\lambda}(\lambda_2))^{\frac{1}{p}}(k_{\lambda}(\lambda_1))^{\frac{1}{q}}$为式(6.5.2)的最佳值,故比较式(6.5.2)与式(6.5.5)的常数因子,我们有不等式:

$$\frac{\Gamma(\lambda)}{\Gamma(\lambda+m)}(k_{\lambda}(\lambda_2))^{\frac{1}{p}}(k_{\lambda}(\lambda_1))^{\frac{1}{q}}\geqslant\frac{\Gamma(\lambda)}{\Gamma(\lambda+m)}B(\hat{\lambda}_1,\hat{\lambda}_2)(\in \mathbf{R}^+).$$

即有不等式 $B(\hat{\lambda}_1,\hat{\lambda}_2)\leqslant(k_{\lambda}(\lambda_2))^{\frac{1}{p}}(k_{\lambda}(\lambda_1))^{\frac{1}{q}}$,因而式(6.5.6)取等号. 式(6.5.6)取等号的充分必要条件是存在不全为 0 的常数 A 和 B,使(参阅文[5])$Au^{\lambda-\lambda_2-1}=Bu^{\lambda_1-1}$ a. e. 于 $\mathbf{R}^+$.不妨设 $A\neq0$,则有 $u^{\lambda-\lambda_2-1}=\frac{B}{A}$a. e. 于 $\mathbf{R}^+$,及 $\lambda-\lambda_1-\lambda_2=0$.因而 $\lambda_1+\lambda_2=\lambda$.证毕.

定理6.12　我们有与式(6.5.2)等价的第二类半离散逆向 Hardy-Hilbert 不等式:

$$J:=(\sum_{n=n_0}^{\infty}(u(n))^{p\hat{\lambda}_2-1}u'(n)(\int_0^{\infty}\frac{f(x)}{(x+u(n))^{\lambda+m}}dx)^p)^{\frac{1}{p}}$$

$$>\frac{\Gamma(\lambda)}{\Gamma(\lambda+m)}(k_{\lambda}(\lambda_2))^{\frac{1}{p}}(k_{\lambda}(\lambda_1))^{\frac{1}{q}}(\int_0^{\infty}(1-O_{\lambda}(\frac{1}{x^{\hat{\lambda}_2}}))x^{p(1-\hat{\lambda}_1)-1}(f^{(m)}(x))^p dx)^{\frac{1}{p}}.$$

$$\tag{6.5.7}$$

特别当 $\lambda_1+\lambda_2=\lambda$ 时,我们有式(6.5.3)的等价式:

$$(\sum_{n=n_0}^{\infty}(u(n))^{p\lambda_2-1}u'(n)(\int_0^{\infty}\frac{f(x)}{(x+u(n))^{\lambda+m}}dx)^p)^{\frac{1}{p}}$$

$$> \frac{\Gamma(\lambda)}{\Gamma(\lambda+m)} B(\lambda_1,\lambda_2) \left(\int_0^\infty (1-O_\lambda(\frac{1}{x^{\lambda_2}})) x^{p(1-\lambda_1)-1} (f^{(m)}(x))^p dx \right)^{\frac{1}{p}}.$$

$$(6.5.8)$$

证明 设式(6.5.7)为真. 由逆向的 Hölder 不等式,有

$$I = \sum_{n=n_0}^\infty ((u(n))^{\hat{\lambda}_2-\frac{1}{p}}(u'(n))^{\frac{1}{p}} \int_0^\infty \frac{f(x)}{(x+u(n))^{\lambda+m}} dx)(\frac{(u(n))^{-\hat{\lambda}_2+\frac{1}{p}}}{(u'(n))^{\frac{1}{p}}} a_n)$$

$$\geqslant J (\sum_{n=n_0}^\infty \frac{(u(n))^{q(1-\hat{\lambda}_2)-1}}{(u'(n))^{q-1}} a_n^q)^{\frac{1}{q}}. \tag{6.5.9}$$

则由式(6.5.7),我们有式(6.5.2). 反之,设式(6.5.2)成立,置

$$a_n := (u(n))^{p\hat{\lambda}_2-1} u'(n) \left(\int_0^\infty \frac{f(x)}{(x+u(n))^{\lambda+m}} dx \right)^{p-1}, n \in \mathbf{N}_{n_0}.$$

若 $J=\infty$,则式(6.5.7)自然成立;若 $J=0$,则式(6.5.7)必然不成立,即 $J>0$. 下设 $0<J<\infty$,由式(6.5.2),有

$$\infty > \sum_{n=n_0}^\infty \frac{(u(n))^{q(1-\hat{\lambda}_2)-1}}{(u'(n))^{q-1}} a_n^q = J^p = I$$

$$> \frac{\Gamma(\lambda)}{\Gamma(\lambda+m)} (k_\lambda(\lambda_2))^{\frac{1}{p}} (k_\lambda(\lambda_1))^{\frac{1}{q}} (\int_0^\infty (1-O_\lambda(\frac{1}{x^{\lambda_2}})) x^{p(1-\hat{\lambda}_1)-1} (f^{(m)}(x))^p dx)^{\frac{1}{p}} J^{p-1}$$

$$> 0,$$

$$J = (\sum_{n=n_0}^\infty \frac{(u(n))^{q(1-\hat{\lambda}_2)-1}}{(u'(n))^{q-1}} a_n^q)^{\frac{1}{p}}$$

$$> \frac{\Gamma(\lambda)}{\Gamma(\lambda+m)} (k_\lambda(\lambda_2))^{\frac{1}{p}} (k_\lambda(\lambda_1))^{\frac{1}{q}} (\int_0^\infty (1-O_\lambda(\frac{1}{x^{\lambda_2}})) x^{p(1-\hat{\lambda}_1)-1} (f^{(m)}(x))^p dx)^{\frac{1}{p}},$$

即式(6.5.7)成立,且它等价于式(6.5.2). 证毕.

定理 6.13 若 $\lambda_1+\lambda_2=\lambda$,则式(6.5.7)的常数因子

$$\frac{\Gamma(\lambda)}{\Gamma(\lambda+m)} (k_\lambda(\lambda_2))^{\frac{1}{p}} (k_\lambda(\lambda_1))^{\frac{1}{q}}$$

必为最佳值. 反之,若式(6.5.7)的相同常数因子为最佳值,则当 $\lambda-\lambda_1-\lambda_2 \in [0,-q\lambda_2)$ 时,有 $\lambda_1+\lambda_2=\lambda$.

证明 若 $\lambda_1+\lambda_2=\lambda$,则由定理 6.10,式(6.5.2)的常数因子 $\frac{\Gamma(\lambda)}{\Gamma(\lambda+m)} \cdot$ $(k_\lambda(\lambda_2))^{\frac{1}{p}} (k_\lambda(\lambda_1))^{\frac{1}{q}}$ 是最佳值. 由式(6.5.9),知式(6.5.7)的常数因子也必为最佳值. 不然,将得出式(6.5.2)的常数因子也不是最佳值的矛盾. 反之,若式(6.5.7)的常数因子是最佳值,则由式(6.5.7)与式(6.5.2)的等价性,及 $J^p = I$(参考定理 6.12 的证明),能证得式(6.5.2)的相同常数因子也是最佳值. 由条

件及定理 6.11,有 $\lambda_1 + \lambda_2 = \lambda$. 证毕.

例 6.3　在式 (6.5.3),式 (6.5.8) 中代入例 2.1(2) 的中间变量,当 $\alpha \in (0,1], \xi \in [0, \frac{1}{2}], \lambda_2 \leqslant \frac{1}{\alpha}$ 时,有具有最佳常数因子 $\frac{1}{\alpha^{\frac{1}{p}}} B(\lambda_1, \lambda_2) \cdot (\prod\limits_{i=0}^{m-1} (\lambda + i))^{-1}$ 的 2 组逆向等价不等式:

$$\int_0^\infty \sum_{n=1}^\infty \frac{a_n f(x)}{(x + (n-\xi)^\alpha)^{\lambda+m}} dx$$

$$> \frac{1}{\alpha^{\frac{1}{p}}} B(\lambda_1, \lambda_2) (\prod_{i=0}^{m-1} (\lambda + i))^{-1} \cdot$$

$$(\int_0^\infty (1 - O_\lambda(\frac{1}{x^{\lambda_2}})) x^{p(1-\lambda_1)-1} (f^{(m)}(x))^p dx)^{\frac{1}{p}} \cdot$$

$$(\sum_{n=1}^\infty (n-\xi)^{q(1-\alpha\lambda_2)-1} a_n^q)^{\frac{1}{q}}, \tag{6.5.10}$$

$$(\sum_{n=1}^\infty (n-\xi)^{p\alpha\lambda_2-1} (\int_0^\infty \frac{f(x)}{(x+(n-\xi)^\alpha)^{\lambda+m}} dx)^p)^{\frac{1}{p}}$$

$$> \frac{1}{\alpha^{\frac{1}{p}}} B(\lambda_1, \lambda_2) (\prod_{i=0}^{m-1} (\lambda + i))^{-1} \cdot$$

$$(\int_0^\infty (1 - O_\lambda(\frac{1}{x^{\lambda_2}})) x^{p(1-\lambda_1)-1} (f^{(m)}(x))^p dx)^{\frac{1}{p}}; \tag{6.5.11}$$

$$\int_0^\infty \sum_{n=2}^\infty \frac{a_n f(x)}{(x + \ln^\alpha(n-\xi))^{\lambda+m}} dx$$

$$> \frac{1}{\alpha^{\frac{1}{p}}} B(\lambda_1, \lambda_2) (\prod_{i=0}^{m-1} (\lambda + i))^{-1} \cdot$$

$$(\int_0^\infty (1 - O_\lambda(\frac{1}{x^{\lambda_2}})) x^{p(1-\lambda_1)-1} (f^{(m)}(x))^p dx)^{\frac{1}{p}} \cdot$$

$$(\sum_{n=2}^\infty \frac{\ln^{q(1-\alpha\lambda_2)-1}(n-\xi)}{(n-\xi)^{1-q}} a_n^q)^{\frac{1}{q}}, \tag{6.5.12}$$

$$(\sum_{n=2}^\infty \frac{1}{n-\xi} \ln^{p\alpha\lambda_2-1}(n-\xi) (\int_0^\infty \frac{f(x)}{(x+\ln^\alpha(n-\xi))^{\lambda+m}} dx)^p)^{\frac{1}{p}}$$

$$> \frac{1}{\alpha^{\frac{1}{p}}} B(\lambda_1, \lambda_2) (\prod_{i=0}^{m-1} (\lambda + i))^{-1} \cdot$$

$$(\int_0^\infty (1 - O_\lambda(\frac{1}{x^{\lambda_2}})) x^{p(1-\lambda_1)-1} (f^{(m)}(x))^p dx)^{\frac{1}{p}}. \tag{6.5.13}$$

当 $\xi = 0$ 时,上面的式子变为代入例 2.1(1) 中两类中间变量的情形. 此时,由于不要求相关凸性及 $u''(t) \leqslant 0$ 的条件,还可放宽参数 $\alpha \in (0,1]$ 为 $\alpha \in (0, \infty)$.

注 由前 5 章的例子,可见定义 2.1 情形(1)的设置并非是可有可无的.

涉及可变上限函数与部分和的半离散 Hardy-Hilbert 不等式

本章沿用第 3 章的思想方法,应用 Abel 求部分和公式,求出一个新的涉及可变上限函数及部分和的半离散 Hardy-Hilbert 不等式,导出了新不等式中多参数联系最佳常数因子的等价条件,还建立了特殊中间变量不等式,并考虑了两类逆式的情形.

7.1 若干引理

设函数 $f(x)$ 在 (b,∞) 除有限点外非负连续,定义可变上限函数:

$$F(x):=\int_b^x f(t)\mathrm{d}t, x>b,$$

使得 $F(x)=o(\mathrm{e}^{tv(x)})(t>0; x\to\infty)$,又设 $u''(t)\leqslant 0(t\in[n_0,\infty))$,$a_k\geqslant 0$,$A_n=\sum_{k=n_0}^n a_k(k,n\in\mathbf{N}_{n_0})$,$A_n\mathrm{e}^{-tu(n)}=o(1)(t>0;$ $n\to\infty)$,当 $x\in(b,\infty)$,$n\in\mathbf{N}_{n_0}$,$F(x)$,$A_n\geqslant 0$,满足条件:

$$
\begin{cases}
0<\displaystyle\int_b^\infty \frac{v'(x)}{(v(x))^{p\hat{\lambda}_1+1}}F^p(x)\mathrm{d}x<\infty \\
0<\displaystyle\sum_{n=n_0}^\infty \frac{u'(n)}{(u(n))^{q\hat{\lambda}_2+1}}A_n^q<\infty \\
0<\displaystyle\sum_{n=n_0}^\infty \frac{(u(n))^{q(1-\hat{\lambda}_2)-1}}{(u'(n))^{q-1}}a_n^q<\infty
\end{cases}
\quad . \quad (7.1.1)
$$

引理 7.1(参考引理 3.1)　对于 $t > 0$,我们有表达式:

$$\int_b^\infty \mathrm{e}^{-tv(x)} f(x) \mathrm{d}x = t \int_b^\infty \mathrm{e}^{-tv(x)} v'(x) F(x) \mathrm{d}x. \tag{7.1.2}$$

引理 7.2　对于 $t > 0$,有不等式:

$$\sum_{n=n_0}^\infty \mathrm{e}^{-tu(n)} a_n \leqslant t \sum_{n=n_0}^\infty \mathrm{e}^{-tu(n)} u'(n) A_n. \tag{7.1.3}$$

证明　因 $A_n \mathrm{e}^{-tu(n)} = o(1)(n \to \infty)$,由 Abel 求部分和公式,有

$$\sum_{n=n_0}^\infty \mathrm{e}^{-tu(n)} a_n = \lim_{n\to\infty} A_n \mathrm{e}^{-tu(n)} + \sum_{n=n_0}^\infty A_n (\mathrm{e}^{-tu(n)} - \mathrm{e}^{-tu(n+1)})$$

$$= \sum_{n=n_0}^\infty A_n (\mathrm{e}^{-tu(n)} - \mathrm{e}^{-tu(n+1)}).$$

对于固定的 $n \in \mathbf{N}_{n_0}$,置 $\varphi(x) := \mathrm{e}^{-tu(x)}, x \in [n, n+1]$. 可求得 $\varphi'(x) = -th(x)$,这里 $h(x) := u'(x)\mathrm{e}^{-tu(x)}$,因 $u''(x) \leqslant 0, h(x)$ 在 $[n, n+1]$ 递减. 由微分中值定理有

$$\sum_{n=n_0}^\infty \mathrm{e}^{-tu(x)} a_n = -\sum_{n=n_0}^\infty A_n (\varphi(n+1) - \varphi(n))$$

$$= -\sum_{n=n_0}^\infty A_n \varphi'(n+\theta) = t \sum_{n=n_0}^\infty h(n+\theta) A_n \ (\theta \in (0,1))$$

$$\leqslant t \sum_{n=n_0}^\infty h(n) A_n = t \sum_{n=n_0}^\infty u'(n) \mathrm{e}^{-tu(n)} A_n,$$

故式(7.1.3)为真. 证毕.

引理 7.3　我们有表达式:

$$I := \int_b^\infty \sum_{n=n_0}^\infty \frac{a_n f(x)}{(v(x) + u(n))^\lambda} \mathrm{d}x \leqslant \lambda(\lambda+1) \int_b^\infty \sum_{n=n_0}^\infty \frac{u'(n) A_n v'(x) F(x)}{(v(x) + u(n))^{\lambda+2}} \mathrm{d}x.$$

$$\tag{7.1.4}$$

证明　因有 Gamma 函数的表达式

$$\frac{1}{(v(x) + u(n))^\lambda} = \frac{1}{\Gamma(\lambda)} \int_0^\infty t^{\lambda-1} \mathrm{e}^{-(v(x)+u(n))t} \mathrm{d}t,$$

由 L 逐项积分定理(参阅文[103]),式(7.1.2)及式(7.1.3),有表达式:

$$I = \frac{1}{\Gamma(\lambda)} \int_b^\infty \sum_{n=n_0}^\infty a_n f(x) \int_0^\infty t^{\lambda-1} \mathrm{e}^{-(v(x)+u(n))t} \mathrm{d}t \mathrm{d}x$$

$$= \frac{1}{\Gamma(\lambda)} \int_0^\infty t^{\lambda-1} \left(\int_b^\infty \mathrm{e}^{-v(x)t} f(x) \mathrm{d}x \right) \left(\sum_{n=n_0}^\infty \mathrm{e}^{-u(n)t} a_n \right) \mathrm{d}t$$

$$\leqslant \frac{1}{\Gamma(\lambda)} \int_0^\infty t^{\lambda-1} \left(t \int_b^\infty \mathrm{e}^{-v(x)t} v'(x) F(x) \mathrm{d}x \right) \left(t \sum_{n=n_0}^\infty \mathrm{e}^{-u(n)t} u'(n) A_n \right) \mathrm{d}t$$

$$= \frac{1}{\Gamma(\lambda)} \int_b^\infty \sum_{n=n_0}^\infty u'(n) A_n v'(x) F(x) \int_0^\infty t^{(\lambda+2)-1} e^{-(v(x)+u(n))t} dt dx$$

$$= \frac{\Gamma(\lambda+2)}{\Gamma(\lambda)} \int_b^\infty \sum_{n=n_0}^\infty \frac{u'(n) A_n v'(x) F(x)}{(v(x)+u(n))^{\lambda+2}} dx.$$

注意到 $\Gamma(\lambda+2) = \lambda(\lambda+1)\Gamma(\lambda)$，因而有式(7.1.4). 证毕.

引理 7.4　我们有表达式：

$$I_{\lambda+1} := \int_b^\infty \sum_{n=n_0}^\infty \frac{u'(n) A_n f(x)}{(v(x)+u(n))^{\lambda+1}} dx \geqslant \int_b^\infty \sum_{n=n_0}^\infty \frac{a_n v'(x) F(x)}{(v(x)+u(n))^{\lambda+1}} dx.$$

$$(7.1.5)$$

证明　因有 Gamma 函数的表达式

$$\frac{1}{(v(x)+u(n))^{\lambda+1}} = \frac{1}{\Gamma(\lambda+1)} \int_0^\infty t^\lambda e^{-(v(x)+u(n))t} dt,$$

由 L 逐项积分定理(参阅文[103])，式(7.1.2) 及式(7.1.3)，有表达式：

$$I_{\lambda+1} = \frac{1}{\Gamma(\lambda+1)} \int_b^\infty \sum_{n=n_0}^\infty u'(n) A_n f(x) \int_0^\infty t^\lambda e^{-(v(x)+u(n))t} dt dx$$

$$= \frac{1}{\Gamma(\lambda+1)} \int_0^\infty t^\lambda \left(\int_b^\infty e^{-v(x)t} f(x) dx \right) \left(\sum_{n=n_0}^\infty e^{-u(n)t} u'(n) A_n \right) dt$$

$$\geqslant \frac{1}{\Gamma(\lambda+1)} \int_0^\infty t^\lambda \left(t \int_b^\infty e^{-v(x)t} v'(x) F(x) dx \right) \left(t^{-1} \sum_{n=n_0}^\infty e^{-u(n)t} a_n \right) dt$$

$$= \frac{1}{\Gamma(\lambda+1)} \int_b^\infty \sum_{n=n_0}^\infty a_n v'(x) F(x) \int_0^\infty t^{(\lambda+1)-1} e^{-(v(x)+u(n))t} dt dx$$

$$= \int_b^\infty \sum_{n=n_0}^\infty \frac{a_n v'(x) F(x)}{(v(x)+u(n))^{\lambda+1}} dx.$$

因而有式(7.1.5). 证毕.

7.2　正向不等式的主要结果

本节设 $p > 1, q > 1$，且定义 2.1 情形(1)(或情形(2)) 对 $s_2 = \lambda_2 + 1$ 满足.
在式(2.1.6) 中，令

$$s = \lambda + 2, s_1 = \lambda_1 + 1, s_2 = \lambda_2 + 1, f(x) = v'(x) F(x), a_n = u'(n) A_n,$$

由条件(7.1.1)，我们有不等式：

$$\int_b^\infty \sum_{n=n_0}^\infty \frac{u'(n) A_n v'(x) F(x)}{(v(x)+u(n))^{\lambda+2}} dx < (k_{\lambda+2}(\lambda_2+1))^{\frac{1}{p}} (k_{\lambda+2}(\lambda_1+1))^{\frac{1}{q}} \cdot$$

$$\left(\int_b^\infty \frac{v'(x)}{(v(x))^{p\hat{\lambda}_1+1}} F^p(x) dx \right)^{\frac{1}{p}} \left(\sum_{n=n_0}^\infty \frac{u'(n)}{(u(n))^{q\hat{\lambda}_2+1}} A_n^q \right)^{\frac{1}{q}}. \qquad (7.2.1)$$

代入式(7.1.4),可得一个涉及可变上限函数及部分和的半离散 Hardy-Hilbert
不等式:

$$I = \int_b^\infty \sum_{n=n_0}^\infty \frac{a_n f(x)}{(v(x)+u(n))^\lambda} \mathrm{d}x < \lambda(\lambda+1)(k_{\lambda+2}(\lambda_2+1))^{\frac{1}{p}}(k_{\lambda+2}(\lambda_1+1))^{\frac{1}{q}} \cdot$$

$$(\int_b^\infty \frac{v'(x)}{(v(x))^{p\hat{\lambda}_1+1}} F^p(x)\mathrm{d}x)^{\frac{1}{p}} (\sum_{n=n_0}^\infty \frac{u'(n)}{(u(n))^{q\hat{\lambda}_2+1}} A_n^q)^{\frac{1}{q}}. \tag{7.2.2}$$

特别,当 $\lambda_1+\lambda_2=\lambda$,有不等式:

$$\int_b^\infty \sum_{n=n_0}^\infty \frac{a_n f(x)}{(v(x)+u(n))^\lambda} \mathrm{d}x < \lambda_1\lambda_2 \mathrm{B}(\lambda_1,\lambda_2) \cdot$$

$$(\int_b^\infty \frac{v'(x)}{(v(x))^{p\lambda_1+1}} F^p(x)\mathrm{d}x)^{\frac{1}{p}} (\sum_{n=n_0}^\infty \frac{u'(n)}{(u(n))^{q\lambda_2+1}} A_n^q)^{\frac{1}{q}}. \tag{7.2.3}$$

定理 7.1 若 $\lambda_1+\lambda_2=\lambda$,则式(7.2.2)的常数因子

$$\lambda(\lambda+1)(k_{\lambda+2}(\lambda_2+1))^{\frac{1}{p}}(k_{\lambda+2}(\lambda_1+1))^{\frac{1}{q}}$$

$$(=\lambda(\lambda+1)k_{\lambda+2}(\lambda_1+1)=\lambda_1\lambda_2\mathrm{B}(\lambda_1,\lambda_2))$$

必为最佳值.

证明 若 $\lambda_1+\lambda_2=\lambda$,则式(7.2.2)变为式(7.2.3). 任给 $0<\varepsilon<\min\{p\lambda_1,q\lambda_2\}$,置

$$\tilde{f}(x): \begin{cases} 0, b<x<v^{-1}(1) \\ (v(x))^{\lambda_1-\frac{\varepsilon}{p}-1}v'(x), x \geqslant v^{-1}(1) \end{cases},$$

$$\tilde{a}_n: \begin{cases} 0, n=n_0 \\ (u(n))^{\lambda_2-\frac{\varepsilon}{q}-1}u'(n), n \in \mathbf{N}_{n_0+1} \end{cases},$$

$$\tilde{F}(x): = \int_b^x \tilde{f}(t)\mathrm{d}t \leqslant \begin{cases} 0, b<x<v^{-1}(1) \\ \frac{1}{\lambda_1-\frac{\varepsilon}{p}} (v(x))^{\lambda_1-\frac{\varepsilon}{p}}, x \geqslant v^{-1}(1). \end{cases}$$

易见,$\tilde{F}(x)=o(\mathrm{e}^{tv(x)})(t>0;x \to \infty)$. 显然,$(u(t))^{\lambda_2-\frac{\varepsilon}{q}-1}u'(t)$ 在 (n_0,∞) 仍递减,有

$$\tilde{A}_n = \sum_{k=n_0}^n \tilde{a}_k = \sum_{k=n_0+1}^n (u(k))^{\lambda_2-\frac{\varepsilon}{q}-1}u'(k) < \int_{n_0}^n (u(t))^{\lambda_2-\frac{\varepsilon}{q}-1}u'(t)\mathrm{d}t$$

$$= \frac{1}{\lambda_2-\frac{\varepsilon}{q}}(u(t))^{\lambda_2-\frac{\varepsilon}{q}} \Big|_{n_0}^n \leqslant \frac{1}{\lambda_2-\frac{\varepsilon}{q}}(u(n))^{\lambda_2-\frac{\varepsilon}{q}}, n \in \mathbf{N}_{n_0},$$

满足条件 $\tilde{A}_n=o(\mathrm{e}^{tu(n)})(t>0;n \to \infty)$.

若有正常数 $M \leqslant \lambda_1 \lambda_2 B(\lambda_1, \lambda_2)$，使其取代式(7.2.3)的常数因子后原式仍成立，则特别有

$$\tilde{I} := \int_b^\infty \sum_{n=n_0}^\infty \frac{\tilde{a}_n \tilde{f}(x)}{(v(x) + u(n))^\lambda} \mathrm{d}x$$

$$< M \left(\int_b^\infty \frac{v'(x)}{(v(x))^{p\lambda_1+1}} \tilde{F}^p(x) \mathrm{d}x \right)^{\frac{1}{p}} \left(\sum_{n=n_0}^\infty \frac{u'(n)}{(u(n))^{q\lambda_2+1}} \tilde{A}_n^q \right)^{\frac{1}{q}}. \quad (7.2.4)$$

显然，因 $u'(t) > 0$，$u''(t) \leqslant 0 (t \in (n_0, \infty))$，函数 $(u(t))^{-\varepsilon-1} u'(t) (t \in (n_0, \infty))$ 仍具有递减性. 由式(7.2.4)及级数的递减性质，有

$$\tilde{I} < \frac{M}{(\lambda_2 - \frac{\varepsilon}{q})(\lambda_1 - \frac{\varepsilon}{p})} \left(\int_{v^{-1}(1)}^\infty \frac{v'(x)}{(v(x))^{p\lambda_1+1}} (v(x))^{p\lambda_1-\varepsilon} \mathrm{d}x \right)^{\frac{1}{p}} \cdot$$

$$\left(\sum_{n=n_0+1}^\infty \frac{u'(n)}{(u(n))^{q\lambda_2+1}} (u(n))^{q\lambda_2-\varepsilon} \right)^{\frac{1}{q}}$$

$$= \frac{M}{(\lambda_2 - \frac{\varepsilon}{q})(\lambda_1 - \frac{\varepsilon}{p})} \left(\int_{v^{-1}(1)}^\infty (v(x))^{-\varepsilon-1} \mathrm{d}v(x) \right)^{\frac{1}{p}} \left(\sum_{n=n_0+1}^\infty (u(n))^{-\varepsilon-1} u'(n) \right)^{\frac{1}{q}}$$

$$< \frac{M}{(\lambda_2 - \frac{\varepsilon}{q})(\lambda_1 - \frac{\varepsilon}{p})} \left(\int_{v^{-1}(1)}^\infty (v(x))^{-\varepsilon-1} \mathrm{d}v(x) \right)^{\frac{1}{p}} \left(\int_{n_0}^\infty (u(y))^{-\varepsilon-1} \mathrm{d}u(y) \right)^{\frac{1}{q}}$$

$$= \frac{M}{\varepsilon (\lambda_2 - \frac{\varepsilon}{q})(\lambda_1 - \frac{\varepsilon}{p})} (u(n_0))^{\frac{-\varepsilon}{q}}.$$

在式(2.1.5)中，令 $s = \lambda, s_1 = \tilde{\lambda}_1 := \lambda_1 - \frac{\varepsilon}{p} \in (0, \lambda)$，我们有

$$\tilde{I} = \sum_{n=n_0+1}^\infty \left((u(n))^{\lambda_2+\frac{\varepsilon}{p}} \int_{v^{-1}(1)}^\infty \frac{(v(x))^{(\lambda_1-\frac{\varepsilon}{p})-1} v'(x)}{(v(x) + u(n))^\lambda} \mathrm{d}x \right) (u(n))^{-\varepsilon-1} u'(n)$$

$$= \sum_{n=n_0+1}^\infty \left((u(n))^{\lambda_2+\frac{\varepsilon}{p}} \int_b^\infty \frac{(v(x))^{(\lambda_1-\frac{\varepsilon}{p})-1} v'(x)}{(v(x) + u(n))^{\lambda+1}} \mathrm{d}x \right) (u(n))^{-\varepsilon-1} u'(n) -$$

$$\sum_{n=n_0+1}^\infty \left((u(n))^{\lambda_2+\frac{\varepsilon}{p}} \int_b^{v^{-1}(1)} \frac{(v(x))^{(\lambda_1-\frac{\varepsilon}{p})-1} v'(x)}{(v(x) + u(n))^\lambda} \mathrm{d}x \right) (u(n))^{-\varepsilon-1} u'(n)$$

$$\geqslant \sum_{n=n_0+1}^\infty \omega_\lambda(\tilde{\lambda}_1, n) (u(n))^{-\varepsilon-1} u'(n) -$$

$$\sum_{n=n_0+1}^\infty \left((u(n))^{\lambda_2-\frac{\varepsilon}{q}-1} \int_b^{v^{-1}(1)} \frac{(v(x))^{(\lambda_1-\frac{\varepsilon}{p})-1} v'(x)}{(u(n))^\lambda} \mathrm{d}x \right) u'(n)$$

$$= k_\lambda(\tilde{\lambda}_1) \sum_{n=n_0+1}^\infty (u(n))^{-\varepsilon-1} u'(n) - \frac{1}{\lambda_1 - \frac{\varepsilon}{p}} \sum_{n=n_0+1}^\infty (u(n))^{-\lambda_1-\frac{\varepsilon}{q}-1} u'(n)$$

$$> k_\lambda(\tilde{\lambda}_1) \int_{n_0+1}^{\infty} (u(y))^{-\varepsilon-1} \mathrm{d}u(y) - O(1) = \frac{\mathrm{B}(\lambda_1 - \frac{\varepsilon}{p}, \lambda_2 + \frac{\varepsilon}{p})}{\varepsilon (u(n_0+1))^\varepsilon} - O(1).$$

基于上面的结果,有

$$\mathrm{B}(\lambda_1 - \frac{\varepsilon}{p}, \lambda_2 + \frac{\varepsilon}{p}) (u(n_0+1))^{-\varepsilon} - \varepsilon O(1) < \varepsilon \tilde{I} < \frac{M (u(n_0))^{\frac{-\varepsilon}{q}}}{(\lambda_2 - \frac{\varepsilon}{q})(\lambda_1 - \frac{\varepsilon}{p})}.$$

令 $\varepsilon \to 0^+$,由 Beta 函数的连续性,有 $\lambda_1 \lambda_2 \mathrm{B}(\lambda_1, \lambda_2) \leqslant M$.

故 $M = \lambda_1 \lambda_2 \mathrm{B}(\lambda_1, \lambda_2)$ 为式(7.2.3)(即式(7.2.2) 当 $\lambda_1 + \lambda_2 = \lambda$ 时)的最佳值. 证毕.

定理 7.2 若式(7.2.2)的常数因子

$$\lambda(\lambda+1) (k_{\lambda+2}(\lambda_2+1))^{\frac{1}{p}} (k_{\lambda+2}(\lambda_1+1))^{\frac{1}{q}}$$

为最佳值,则当 $\lambda - \lambda_1 - \lambda_2 \leqslant 0$ 时,必有 $\lambda_1 + \lambda_2 = \lambda$.

证明 因 $\hat{\lambda}_1 = \frac{\lambda - \lambda_2}{p} + \frac{\lambda_1}{q}, \hat{\lambda}_2 = \frac{\lambda - \lambda_1}{q} + \frac{\lambda_2}{p}$,有 $\hat{\lambda}_1 + \hat{\lambda}_2 = \lambda$,且有 $0 < \hat{\lambda}_1$,

$\hat{\lambda}_2 < \lambda$,及 $k_{\lambda+2}(\hat{\lambda}_1+1) \in \mathbf{R}^+$. 因 $\lambda - \lambda_1 - \lambda_2 \leqslant 0, q > 1$,对于 $\rho = 1$(或 $\rho = \frac{1}{2}$),

函数

$$(u(t))^{\hat{\lambda}_2} u'(t) = (u(t))^{\hat{\lambda}_2 - \lambda_2} ((u(t))^{\lambda_2} u'(t))$$

$$= (u(t))^{(\lambda - \lambda_1 - \lambda_2)/q} ((u(t))^{\lambda_2} u'(t)), t \in (n_0 - \rho, \infty)$$

仍具有递减性. 因 $u''(t) \leqslant 0$,及 $(u(t))^{\lambda_2} u'(t)$ 凸,显然上式仍具有凸性($\rho = \frac{1}{2}$).

故定义 2.1 情形(1)(或情形(2)) 对 $s_2 = \hat{\lambda}_2 + 1$ 仍满足. 因此,由式(7.2.3),可代之以 $\hat{\lambda}_i = \lambda_i (i = 1, 2)$,成立不等式:

$$\int_b^{\infty} \sum_{n=n_0}^{\infty} \frac{a_n f(x)}{(v(x) + u(n))^\lambda} \mathrm{d}x < \lambda(\lambda+1) k_{\lambda+2}(\hat{\lambda}_1+1) \cdot$$

$$(\int_b^{\infty} \frac{v'(x)}{(v(x))^{p\hat{\lambda}_1+1}} F^p(x) \mathrm{d}x)^{\frac{1}{p}} (\sum_{n=n_0}^{\infty} \frac{u'(n)}{(u(n))^{q\hat{\lambda}_2+1}} A_n^q)^{\frac{1}{q}}. \qquad (7.2.5)$$

这里,$\lambda(\lambda+1)k_{\lambda+2}(\hat{\lambda}_1+1) = \hat{\lambda}_1 \hat{\lambda}_2 \mathrm{B}(\hat{\lambda}_1, \hat{\lambda}_2)$.

由 Hölder 不等式(参阅文[5]),我们还有

$$k_{\lambda+2}(\hat{\lambda}_1+1) = k_{\lambda+2}(\hat{\lambda}_2+1) = k_{\lambda+2}(\frac{\lambda_2}{p} + \frac{\lambda - \lambda_1}{q} + 1)$$

$$= \int_0^{\infty} \frac{1}{(1+u)^{\lambda+2}} u^{\frac{\lambda_2}{p} + \frac{\lambda - \lambda_1}{q}} \mathrm{d}u = \int_0^{\infty} \frac{1}{(1+u)^{\lambda+2}} (u^{\frac{\lambda_2}{p}})(u^{\frac{\lambda - \lambda_1}{q}}) \mathrm{d}u$$

$$\leqslant \left(\int_0^\infty \frac{1}{(1+u)^{\lambda+2}} u^{\lambda_2}\,\mathrm{d}u\right)^{\frac{1}{p}} \left(\int_0^\infty \frac{1}{(1+u)^{\lambda+2}} u^{\lambda-\lambda_1}\,\mathrm{d}u\right)^{\frac{1}{q}}$$

$$= \left(\int_0^\infty \frac{1}{(1+u)^{\lambda+2}} u^{\lambda_2}\,\mathrm{d}u\right)^{\frac{1}{p}} \left(\int_0^\infty \frac{1}{(1+v)^{\lambda+2}} v^{\lambda_1}\,\mathrm{d}v\right)^{\frac{1}{q}}$$

$$= (k_{\lambda+2}(\lambda_2+1))^{\frac{1}{p}} (k_{\lambda+2}(\lambda_1+1))^{\frac{1}{q}}. \tag{7.2.6}$$

由于常数因子 $\lambda(\lambda+1)(k_{\lambda+2}(\lambda_2+1))^{\frac{1}{p}}(k_{\lambda+2}(\lambda_1+1))^{\frac{1}{q}}$ 为式 (7.2.2) 的最佳值, 故比较式 (7.2.2) 与式 (7.2.5) 的常数因子, 我们有不等式:

$$\lambda(\lambda+1)(k_{\lambda+2}(\lambda_2+1))^{\frac{1}{p}}(k_{\lambda+2}(\lambda_1+1))^{\frac{1}{q}} \leqslant \lambda(\lambda+1)k_{\lambda+2}(\hat\lambda_1+1)(\in \mathbf{R}^+).$$

即有不等式

$$k_{\lambda+2}(\hat\lambda_1+1) \geqslant (k_{\lambda+2}(\lambda_2+1))^{\frac{1}{p}}(k_{\lambda+2}(\lambda_1+1))^{\frac{1}{q}},$$

因而式 (7.2.6) 取等号. 式 (7.2.6) 取等号的等价条件是有不全为 0 的常数 A 和 B, 使 (参阅文[5]) $Au^{\lambda_2} = Bu^{\lambda-\lambda_1}$ a. e. 于 $\mathbf{R}^+$. 不妨设 $A\neq 0$, 则有 $u^{\lambda_2+\lambda_1-\lambda} = \dfrac{B}{A}$ a. e. 于 $\mathbf{R}^+$, 及 $\lambda_2+\lambda_1-\lambda=0$. 因而 $\lambda_1+\lambda_2=\lambda$. 证毕.

例 7.1 (1) 设 $u_1(t)=t^\alpha(\alpha\in(0,1);t\in I=(0,\infty))$, $u_1'(t)=\alpha t^{\alpha-1}>0$, 取 $n_0=1$. 当 $\lambda_2\leqslant\dfrac{1}{\alpha}-1(\alpha\in(0,1))$, $(u_1(t))^{\lambda_2}u_1'(t)=\alpha t^{\alpha(\lambda_2+1)-1}(t\in(0,\infty))$ 递减. 又设 $u_2(t)=\ln^\alpha t(\alpha\in(0,1);t\in I=(1,\infty))$, $u_2'(x)=\dfrac{\alpha}{x}\ln^{\alpha-1}x>0$, 取 $n_0=2$. 当 $\lambda_2\leqslant\dfrac{1}{\alpha}-1(\alpha\in(0,1))$, $(u_2(t))^{\lambda_2}u_2'(t)=\dfrac{\alpha}{t}\ln^{\alpha(\lambda_2+1)-1}t(t\in(1,\infty))$ 递减.

故当 $\lambda_2\leqslant\dfrac{1}{\alpha}-1(\alpha\in(0,1))$ 时, 上述例的中间变量当 $s_2=\lambda_2+1$ 时对定义 2.1 情形 (1) 均满足.

(2) 设 $u_3(t)=(t-\xi)^\alpha(\alpha\in(0,1),\xi\in[0,\frac{1}{2}];t\in I=(\xi,\infty))$, 取 $n_0=1$. 当 $\lambda_2\leqslant\dfrac{1}{\alpha}-1$, $(u_3(t))^{\lambda_2}u_3'(t)=\alpha(t-\xi)^{\alpha(\lambda_2+1)-1}(t\in(\frac{1}{2},\infty))$ 递减且凸. 又设 $u_4(t)=\ln^\alpha(t-\xi)(\alpha\in(0,1),\xi\in[0,\frac{1}{2}];t\in I=(1+\xi,\infty))$, 取 $n_0=2$. 当 $\lambda_2\leqslant\dfrac{1}{\alpha}-1(\alpha\in(0,1))$, 有

$$(u_4(t))^{\lambda_2}u_4'(t)=\frac{\alpha}{t-\xi}\ln^{\alpha(\lambda_2+1)-1}(t-\xi),\ t\in\left(\frac{3}{2},\infty\right)$$

递减且凸.

故当 $\lambda_2 \leqslant \dfrac{1}{\alpha} - 1(\alpha \in (0,1))$ 时,(2) 中例的中间变量对定义 2.1 情形(2) 当 $s_2 = \lambda_2 + 1$ 时均满足.

例 7.2 在式(7.2.3) 中,代入例 7.1(2) 的中间变量,当 $\lambda_2 \leqslant \dfrac{1}{\alpha} - 1(\alpha \in (0,1))$ 时,有具有最佳常数因子 $\alpha^{\frac{1}{q}} \lambda_1 \lambda_2 B(\lambda_1, \lambda_2)$ 的 2 个半离散 Hardy-Hilbert 不等式:

$$\int_b^\infty \sum_{n=1}^\infty \frac{a_n f(x)}{(v(x) + (n-\xi)^\alpha)^\lambda} \mathrm{d}x < \alpha^{\frac{1}{q}} \lambda_1 \lambda_2 B(\lambda_1, \lambda_2) \cdot$$

$$\left(\int_b^\infty \frac{v'(x)}{(v(x))^{p\lambda_1 + 1}} F^p(x) \mathrm{d}x \right)^{\frac{1}{p}} \left(\sum_{n=1}^\infty (n-\xi)^{-q\alpha\lambda_2 - 1} A_n^q \right)^{\frac{1}{q}}, \quad (7.2.7)$$

$$\int_b^\infty \sum_{n=2}^\infty \frac{a_n f(x)}{(v(x) + \ln^\alpha(n-\xi))^\lambda} \mathrm{d}x < \alpha^{\frac{1}{q}} \lambda_1 \lambda_2 B(\lambda_1, \lambda_2) \cdot$$

$$\left(\int_b^\infty \frac{v'(x)}{(v(x))^{p\lambda_1 + 1}} F^p(x) \mathrm{d}x \right)^{\frac{1}{p}} \left(\sum_{n=2}^\infty \frac{\ln^{-q\alpha\lambda_2 - 1}(n-\xi)}{n-\xi} A_n^q \right)^{\frac{1}{q}}. \quad (7.2.8)$$

特别地,取 $v(x) = \mathrm{e}^{\alpha x} (\alpha \in (0,1); x \in (-\infty, \infty))$,有以下具有最佳常数因子 $\alpha \lambda_1 \lambda_2 B(\lambda_1, \lambda_2)$ 的半平面半离散 Hardy-Hilbert 不等式:

$$\int_{-\infty}^\infty \sum_{n=1}^\infty \frac{a_n f(x)}{(\mathrm{e}^{\alpha x} + (n-\xi)^\alpha)^\lambda} \mathrm{d}x < \alpha \lambda_1 \lambda_2 B(\lambda_1, \lambda_2) \cdot$$

$$\left(\int_{-\infty}^\infty \mathrm{e}^{-p\alpha\lambda_1 x} F^p(x) \mathrm{d}x \right)^{\frac{1}{p}} \left(\sum_{n=1}^\infty (n-\xi)^{-q\alpha\lambda_2 - 1} A_n^q \right)^{\frac{1}{q}}, \quad (7.2.9)$$

$$\int_{-\infty}^\infty \sum_{n=2}^\infty \frac{a_n f(x)}{(\mathrm{e}^{\varepsilon x} + \ln^\alpha(n-\xi))^\lambda} \mathrm{d}x < \alpha \lambda_1 \lambda_2 B(\lambda_1, \lambda_2) \cdot$$

$$\left(\int_{-\infty}^\infty \mathrm{e}^{-p\alpha\lambda_1 x} F^p(x) \mathrm{d}x \right)^{\frac{1}{p}} \left(\sum_{n=2}^\infty \frac{\ln^{-q\alpha\lambda_2 - 1}(n-\xi)}{n-\xi} A_n^q \right)^{\frac{1}{q}}. \quad (7.2.10)$$

当 $\xi = 0$ 时,上面式子变为代入例 7.1(1) 中两类中间变量的情形.

7.3　第一类逆式的情形

本节设 $p < 0, 0 < q < 1$,定义 2.1 情形(1)(或情形(2)) 对 $s_2 = \lambda_2$ 满足. 在式(2.1.7) 中,令

$$s = \lambda + 1, s_1 = \lambda_1 + 1, s_2 = \lambda_2, f(x) = v'(x) F(x),$$

由条件(7.1.1),我们有逆向不等式:

$$\int_b^\infty \sum_{n=n_0}^\infty \frac{a_n v'(x) F(x)}{(v(x) + u(n))^{\lambda + 1}} \mathrm{d}x > (k_{\lambda+1}(\lambda_2))^{\frac{1}{p}} (k_{\lambda+1}(\lambda_1 + 1))^{\frac{1}{q}} \cdot$$

$$\left(\int_b^\infty \frac{v'(x)}{(v(x))^{p\hat{\lambda}_1+1}}F^p(x)\mathrm{d}x\right)^{\frac{1}{p}}\left(\sum_{n=n_0}^\infty \frac{(u(n))^{q(1-\hat{\lambda}_2)-1}}{(u'(n))^{q-1}}a_n^q\right)^{\frac{1}{q}}. \tag{7.3.1}$$

再代入式(7.1.5)，可得涉及一个可变上限函数及部分和的第一类半离散逆向的 Hardy-Hilbert 不等式：

$$I:=\int_b^\infty \sum_{n=n_0}^\infty \frac{u'(n)A_nf(x)}{(v(x)+u(n))^{\lambda+1}}\mathrm{d}x > (k_{\lambda+1}(\lambda_2))^{\frac{1}{p}}(k_{\lambda+1}(\lambda_1+1))^{\frac{1}{q}} \cdot$$

$$\left(\int_b^\infty \frac{v'(x)}{(v(x))^{p\hat{\lambda}_1+1}}F^p(x)\mathrm{d}x\right)^{\frac{1}{p}}\left(\sum_{n=n_0}^\infty \frac{(u(n))^{q(1-\hat{\lambda}_2)-1}}{(u'(n))^{q-1}}a_n^q\right)^{\frac{1}{q}}. \tag{7.3.2}$$

特别,当 $\lambda_1+\lambda_2=\lambda$ 时,有不等式：

$$\int_b^\infty \sum_{n=n_0}^\infty \frac{u'(n)A_nf(x)}{(v(x)+u(n))^{\lambda+1}}\mathrm{d}x > \frac{\lambda_1}{\lambda}\mathrm{B}(\lambda_1,\lambda_2) \cdot$$

$$\left(\int_b^\infty \frac{v'(x)}{(v(x))^{p\lambda_1+1}}F^p(x)\mathrm{d}x\right)^{\frac{1}{p}}\left(\sum_{n=n_0}^\infty \frac{(u(n))^{q(1-\lambda_2)-1}}{(u'(n))^{q-1}}a_n^q\right)^{\frac{1}{q}}.$$

$$\tag{7.3.3}$$

定理 7.3 若 $\lambda_1+\lambda_2=\lambda$,则式(7.3.2)的常数因子

$$(k_{\lambda+1}(\lambda_2))^{\frac{1}{p}}(k_{\lambda+1}(\lambda_1+1))^{\frac{1}{q}}(=\mathrm{B}(\lambda_1+1,\lambda_2)=\frac{\lambda_1}{\lambda}\mathrm{B}(\lambda_1,\lambda_2))$$

必为最佳值.

证明 若 $\lambda_1+\lambda_2=\lambda$,则式(7.3.2)变为式(7.3.3).

任给 $0<\varepsilon<\lambda_2\min\{|p|,q\}$,置

$$\tilde{f}(x):=\begin{cases}0,b<x<v^{-1}(1)\\ (v(x))^{\lambda_1-\frac{\varepsilon}{p}-1}v'(x),x\geqslant v^{-1}(1)\end{cases},$$

$$\tilde{a}_n:=\begin{cases}0,n=n_0\\ (u(n))^{\lambda_2-\frac{\varepsilon}{q}-1}u'(n),n\in \mathbf{N}_{n_0+1}\end{cases},$$

$$\tilde{F}(x):=\int_b^x \tilde{f}(t)\mathrm{d}t=\begin{cases}0,b<x<v^{-1}(1)\\ \dfrac{1}{\lambda_1-\dfrac{\varepsilon}{p}}((v(x))^{\lambda_1-\frac{\varepsilon}{p}}-1),x\geqslant v^{-1}(1).\end{cases}$$

易见

$$\tilde{F}(x)=o(\mathrm{e}^{tv(x)}),t>0,x\to\infty.$$

显然,$(u(t))^{\lambda_2-\frac{\varepsilon}{q}-1}u'(t)$ 在 $[n_0,\infty)$ 仍递减,于是有

$$\tilde{A}_n=\sum_{k=n_0}^n \tilde{a}_k=\sum_{k=n_0+1}^n (u(k))^{\lambda_2-\frac{\varepsilon}{q}-1}u'(k)<\int_{n_0}^n (u(t))^{\lambda_2-\frac{\varepsilon}{q}-1}u'(t)\mathrm{d}t$$

$$= \frac{1}{\lambda_2 - \frac{\varepsilon}{q}} (u(t))^{\lambda_2 - \frac{\varepsilon}{q}} \Big|_{n_0}^{n} \leqslant \frac{1}{\lambda_2 - \frac{\varepsilon}{q}} (u(n))^{\lambda_2 - \frac{\varepsilon}{q}}, n \in \mathbf{N}_{n_0},$$

满足条件 $\tilde{A}_n = o\,(\mathrm{e}^{tu(n)})\,(t > 0; n \to \infty)$.

若有常数 $M \geqslant \frac{\lambda_1}{\lambda} B(\lambda_1, \lambda_2)$,使其取代式 (7.2.3) 的常数因子 $\frac{\lambda_1}{\lambda} B(\lambda_1, \lambda_2)$ 后

仍原式成立,则特别还有

$$\tilde{I} := \int_b^\infty \sum_{n=n_0}^\infty \frac{u'(n)\tilde{A}_n \tilde{f}(x)}{(v(x) + u(n))^{\lambda+1}} \mathrm{d}x$$

$$> M \Big(\int_b^\infty \frac{v'(x)}{(v(x))^{p\lambda_1+1}} \tilde{F}^p(x)\mathrm{d}x \Big)^{\frac{1}{p}} \Big(\sum_{n=n_0}^\infty \frac{(u(n))^{q(1-\lambda_2)-1}}{(u'(n))^{q-1}} \tilde{a}_n^q \Big)^{\frac{1}{q}}.$$

$$(7.3.4)$$

由 L'Hospital 法则,有

$$\lim_{x\to\infty} \frac{(1 - (v(x))^{-\lambda_1 - \frac{\varepsilon}{p}})^p - 1}{(v(x))^{-\lambda_1 - \frac{\varepsilon}{p}}} \Big(\frac{0}{0} \text{ 型} \Big)$$

$$= \lim_{x\to\infty} \frac{p\,(1 - (v(x))^{-\lambda_1 - \frac{\varepsilon}{p}})^{p-1}(-(v(x))^{-\lambda_1 - \frac{\varepsilon}{p}})'}{((v(x))^{-\lambda_1 - \frac{\varepsilon}{p}})'} = -p,$$

故有表达式

$$(1 - (v(x))^{-\lambda_1 - \frac{\varepsilon}{p}})^p = 1 + O((v(x))^{-\lambda_1 - \frac{\varepsilon}{p}}), x \in (v^{-1}(1), \infty).$$

由级数的递减性质,可得

$$\Big(\int_{v^{-1}(1)}^\infty \frac{v'(x)}{(v(x))^{p\lambda_1+1}} ((v(x))^{\lambda_1 - \frac{\varepsilon}{p}} - 1)^p \mathrm{d}x \Big)^{\frac{1}{p}} \cdot$$

$$\Big(\sum_{n=n_0+1}^\infty \frac{(u(n))^{q(1-\lambda_2)-1}}{(u'(n))^{q-1}} (u(n))^{q\lambda_2 - \varepsilon - q} (u'(n))^q \Big)^{\frac{1}{q}}$$

$$= \Big(\int_{v^{-1}(1)}^\infty (v(x))^{-\varepsilon-1} v'(x)(1 - (v(x))^{-\lambda_1 + \frac{\varepsilon}{p}})^p \mathrm{d}x \Big)^{\frac{1}{p}} \Big(\sum_{n=n_0+1}^\infty (u(n))^{-\varepsilon-1} u'(n) \Big)^{\frac{1}{q}}$$

$$= \Big(\int_{v^{-1}(1)}^\infty (v(x))^{-\varepsilon-1} v'(x)(1 + O((v(x))^{-\lambda_1 + \frac{\varepsilon}{p}})) \mathrm{d}x \Big)^{\frac{1}{p}} \Big(\sum_{n=n_0+1}^\infty (u(n))^{-\varepsilon-1} u'(n) \Big)^{\frac{1}{q}}$$

$$> \Big(\int_{v^{-1}(1)}^\infty (v(x))^{-\varepsilon-1} v'(x)\mathrm{d}x + \int_{v^{-1}(1)}^\infty O((v(x))^{-\lambda_1 - \frac{\varepsilon}{q}-1}) v'(x)\mathrm{d}x \Big)^{\frac{1}{p}} \cdot$$

$$\Big(\int_{n_0+1}^\infty (u(y))^{-\varepsilon-1} u'(y)\mathrm{d}y \Big)^{\frac{1}{q}} = \frac{1}{\varepsilon}(1 + \varepsilon O(1))^{\frac{1}{p}} (u(n_0 + 1))^{-\frac{\varepsilon}{q}}.$$

在式 (2.1.5) 中,令 $s = \lambda + 1, s_1 = \tilde{\lambda}_1 := \lambda_1 - \frac{\varepsilon}{p} \in (0, \lambda + 1)$,我们有

$$\tilde{I} \leqslant \frac{1}{\lambda_2 - \dfrac{\varepsilon}{q}} \sum_{n=n_0}^{\infty} ((u(n))^{\lambda_2 + \frac{\varepsilon}{p}+1} \int_{v^{-1}(1)}^{\infty} \frac{(v(x))^{(\lambda_1 - \frac{\varepsilon}{p})-1} v'(x)}{(v(x) + u(n))^{\lambda+1}} \mathrm{d}x)(u(n))^{-\varepsilon-1} u'(n)$$

$$\leqslant \frac{1}{\lambda_2 - \dfrac{\varepsilon}{q}} \sum_{n=n_0}^{\infty} ((u(n))^{\lambda_2 + \frac{\varepsilon}{p}+1} \int_{b}^{\infty} \frac{(v(x))^{(\lambda_1 - \frac{\varepsilon}{p})-1} v'(x)}{(v(x) + u(n))^{\lambda+1}} \mathrm{d}x)(u(n))^{-\varepsilon-1} u'(n)$$

$$= \frac{1}{\lambda_2 - \dfrac{\varepsilon}{q}} \sum_{n=n_0}^{\infty} \omega_{\lambda+1}(\tilde{\lambda}_1, n) (u(n))^{-\varepsilon-1} u'(n)$$

$$= \frac{1}{\lambda_2 - \dfrac{\varepsilon}{q}} k_{\lambda+1}(\tilde{\lambda}_1)((u(n_0))^{-\varepsilon-1} u'(n_0) + \sum_{n=n_0+1}^{\infty} (u(n))^{-\varepsilon-1} u'(n))$$

$$\leqslant \frac{1}{\lambda_2 - \dfrac{\varepsilon}{q}} k_{\lambda+1}(\tilde{\lambda}_1)((u(n_0))^{-\varepsilon-1} u'(n_0) + \int_{n_0}^{\infty} (u(y))^{-\varepsilon-1} \mathrm{d}u(y))$$

$$= \frac{1}{\varepsilon(\lambda_2 - \dfrac{\varepsilon}{q})} B(\lambda_1 - \frac{\varepsilon}{p}, \lambda_2 + \frac{\varepsilon}{p} + 1)(\varepsilon(u(n_0))^{-\varepsilon-1} u'(n_0) + (u(n_0))^{-\varepsilon})$$

基于上面的结果及式(7.3.4),有

$$\frac{1}{\lambda_2 - \dfrac{\varepsilon}{q}} B(\lambda_1 - \frac{\varepsilon}{p}, \lambda_2 + \frac{\varepsilon}{p} + 1)(\varepsilon(u(n_0))^{-\varepsilon-1} u'(n_0) + (u(n_0))^{-\varepsilon})$$

$$> \varepsilon \tilde{I} > \frac{M}{\lambda_1 - \dfrac{\varepsilon}{p}} (1 + \varepsilon O(1))^{\frac{1}{p}} (u(n_0+1))^{-\frac{\varepsilon}{q}}.$$

令 $\varepsilon \to 0^+$,由 Beta 函数的连续性,有

$$\frac{\lambda_1}{\lambda} B(\lambda_1, \lambda_2) = \frac{\lambda_1}{\lambda_2} B(\lambda_1, \lambda_2 + 1) \geqslant M.$$

故 $M = \dfrac{\lambda_1}{\lambda} B(\lambda_1, \lambda_2)$ 为式(7.3.3)(即式(7.3.2)当 $\lambda_1 + \lambda_2 = \lambda$ 时)的最佳值. 证毕.

定理 7.4 若式(7.3.2)的常数因子 $(k_{\lambda+1}(\lambda_2))^{\frac{1}{p}} (k_{\lambda+1}(\lambda_1 + 1))^{\frac{1}{q}}$ 为最佳值,则当 $\lambda - \lambda_1 - \lambda_2 \in (-q\lambda_2, 0]$ 时,必有 $\lambda_1 + \lambda_2 = \lambda$.

证明 因 $\hat{\lambda}_1 = \dfrac{\lambda - \lambda_2}{p} + \dfrac{\lambda_1}{q}, \hat{\lambda}_2 = \dfrac{\lambda - \lambda_1 - \lambda_2}{q} + \lambda_2$,有 $\hat{\lambda}_1 + \hat{\lambda}_2 = \lambda$. 当

$$\lambda - \lambda_1 - \lambda_2 \in (-q\lambda_2, 0] (\subset (-q\lambda_2, q(\lambda - \lambda_2))),$$

有 $0 < \hat{\lambda}_2 < \lambda, 0 < \hat{\lambda}_1 = \lambda - \hat{\lambda}_2 < \lambda$ 及 $B(\hat{\lambda}_1 + 1, \hat{\lambda}_2) \in \mathbf{R}^+$. 因 $\lambda - \lambda_1 - \lambda_2 \leqslant 0$,

$0 < q < 1$,对于 $\rho = 1$(或 $\rho = \dfrac{1}{2}$),函数

$$(u(t))^{\hat{\lambda}_2-1}u'(t) = (u(t))^{\hat{\lambda}_2-\lambda_2}((u(t))^{\lambda_2-1}u'(t))$$

$$= (u(t))^{(\lambda-\lambda_1-\lambda_2)/q}((u(t))^{\lambda_2-1}u'(t)), t \in (n_0-\rho,\infty),$$

仍具有递减性. 因 $u''(t) \leqslant 0$, 及 $(u(t))^{\lambda_2-1}u'(t)$ 凸, 显然上式仍具有凸性($\rho = \frac{1}{2}$). 故定义 2.1(1)(或情形(2)) 对 $s_2 = \hat{\lambda}_2$ 仍满足. 因此, 由式(7.3.3), 可代之以 $\hat{\lambda}_i = \lambda_i$ ($i=1,2$), 成立不等式:

$$\int_b^\infty \sum_{n=n_0}^\infty \frac{u'(n)A_n f(x)}{(v(x)+u(n))^{\lambda+1}}\mathrm{d}x > \mathrm{B}(\hat{\lambda}_1+1,\hat{\lambda}_2) \cdot$$

$$(\int_b^\infty \frac{v'(x)}{(v(x))^{p\hat{\lambda}_1+1}}F^p(x)\mathrm{d}x)^{\frac{1}{p}}(\sum_{n=n_0}^\infty \frac{(u(n))^{q(1-\hat{\lambda}_2)-1}}{(u'(n))^{q-1}}a_n^q)^{\frac{1}{q}}.$$

$$(7.3.5)$$

由逆向的 Hölder 不等式(参阅文[5]), 我们还有

$$\mathrm{B}(\hat{\lambda}_1+1,\hat{\lambda}_2) = k_{\lambda+1}(\hat{\lambda}_2) = k_{\lambda+1}(\frac{\lambda_2}{p}+\frac{\lambda-\lambda_1}{q})$$

$$= \int_0^\infty \frac{1}{(1+u)^{\lambda+1}}u^{\frac{\lambda_2}{p}+\frac{\lambda-\lambda_1}{q}-1}\mathrm{d}u = \int_0^\infty \frac{1}{(1+u)^{\lambda+1}}(u^{\frac{\lambda_2-1}{p}})(u^{\frac{\lambda-\lambda_1-1}{q}})\mathrm{d}u$$

$$\geqslant (\int_0^\infty \frac{1}{(1+u)^{\lambda+1}}u^{\lambda_2-1}\mathrm{d}u)^{\frac{1}{p}}(\int_0^\infty \frac{1}{(1+u)^{\lambda+1}}u^{\lambda-\lambda_1-1}\mathrm{d}u)^{\frac{1}{q}}$$

$$= (\int_0^\infty \frac{1}{(1+u)^{\lambda+1}}u^{\lambda_2-1}\mathrm{d}u)^{\frac{1}{p}}(\int_0^\infty \frac{1}{(1+v)^{\lambda+1}}v^{\lambda_1}\mathrm{d}v)^{\frac{1}{q}}$$

$$= (k_{\lambda+1}(\lambda_2))^{\frac{1}{p}}(k_{\lambda+1}(\lambda_1+1))^{\frac{1}{q}}.$$

$$(7.3.6)$$

由于常数因子 $(k_{\lambda+1}(\lambda_2))^{\frac{1}{p}}(k_{\lambda+1}(\lambda_1+1))^{\frac{1}{q}}$ 为式(7.3.2)的最佳值, 故比较式(7.3.2)与式(7.3.5)的常数因子, 我们有不等式:

$$(k_{\lambda+1}(\lambda_2))^{\frac{1}{p}}(k_{\lambda+1}(\lambda_1+1))^{\frac{1}{q}} \geqslant \mathrm{B}(\hat{\lambda}_1+1,\hat{\lambda}_2)(\in \mathbf{R}^+).$$

故式(7.3.6) 取等号. 式(7.3.6) 取等号的等价条件是有不全为 0 的常数 A 和 B, 使(参阅文[5]) $Au^{\lambda_2-1} = Bu^{\lambda-\lambda_1-1}$ a.e. 于 $\mathbf{R}^+$. 不妨设 $A \neq 0$, 有 $u^{\lambda_2+\lambda_1-\lambda} = \frac{B}{A}$ a.e. 于 $\mathbf{R}^+$, 及 $\lambda_2+\lambda_1-\lambda=0$. 因而 $\lambda_1+\lambda_2=\lambda$. 证毕.

例 7.3 在式(7.3.3) 中, 代入例 2.1(2) 的中间变量, 当 $\lambda_2 \leqslant \frac{1}{\alpha}(\alpha \in (0,1])$ 有具有最佳常数因子 $\frac{\lambda_1}{\alpha^{1+(1/p)}\lambda}\mathrm{B}(\lambda_1,\lambda_2)$ 的 2 个逆向不等式:

$$\int_b^\infty \sum_{n=1}^\infty \frac{(n-\xi)^{\alpha-1}A_n f(x)}{(v(x)+(n-\xi)^\alpha)^{\lambda+1}}\mathrm{d}x > \frac{\lambda_1}{\alpha^{1+(1/p)}\lambda}\mathrm{B}(\lambda_1,\lambda_2) \cdot$$

$$\left(\int_b^\infty \frac{v'(x)}{(v(x))^{p\lambda_1+1}}F^p(x)\mathrm{d}x\right)^{\frac{1}{p}}\left(\sum_{n=1}^\infty (n-\xi)^{q(1-\alpha\lambda_2)-1}a_n^q\right)^{\frac{1}{q}},\qquad(7.3.7)$$

$$\int_b^\infty \sum_{n=2}^\infty \frac{\ln^{\alpha-1}(n-\xi)}{(v(x)+\ln^\alpha(n-\xi))^{\lambda+1}(n-\xi)}A_nf(x)\mathrm{d}x > \frac{\lambda_1}{\alpha^{1+(1/p)}\lambda}B(\lambda_1,\lambda_2)\cdot$$

$$\left(\int_b^\infty \frac{v'(x)}{(v(x))^{p\lambda_1+1}}F^p(x)\mathrm{d}x\right)^{\frac{1}{p}}\left(\sum_{n=2}^\infty \frac{\ln^{q(1-\alpha\lambda_2)-1}(n-\xi)}{(n-\xi)^{1-q}}a_n^q\right)^{\frac{1}{q}}.\qquad(7.3.8)$$

特别地,令 $v(x)=\mathrm{e}^{\alpha x}$ $(\alpha\in(0,1];x\in(-\infty,\infty))$,我们有 2 个具有最佳常

数因子 $\frac{\lambda_1}{\alpha\lambda}B(\lambda_1,\lambda_2)$ 的半平面半离散逆向的 Hardy-Hilbert 不等式:

$$\int_{-\infty}^\infty \sum_{n=1}^\infty \frac{(n-\xi)^{\alpha-1}A_nf(x)}{(\mathrm{e}^{\alpha x}+(n-\xi)^\alpha)^{\lambda+1}}\mathrm{d}x > \frac{\lambda_1}{\alpha\lambda}B(\lambda_1,\lambda_2)\cdot$$

$$\left(\int_{-\infty}^\infty \mathrm{e}^{-p\alpha\lambda_1 x}F^p(x)\mathrm{d}x\right)^{\frac{1}{p}}\left(\sum_{n=1}^\infty (n-\xi)^{q(1-\alpha\lambda_2)-1}a_n^q\right)^{\frac{1}{q}},\qquad(7.3.9)$$

$$\int_{-\infty}^\infty \sum_{n=2}^\infty \frac{\ln^{\alpha-1}(n-\xi)}{(\mathrm{e}^{\alpha x}+\ln^\alpha(n-\xi))^{\lambda+1}(n-\xi)}A_nf(x)\mathrm{d}x > \frac{\lambda_1}{\alpha\lambda}B(\lambda_1,\lambda_2)\cdot$$

$$\left(\int_{-\infty}^\infty \mathrm{e}^{-p\alpha\lambda_1 x}F^p(x)\mathrm{d}x\right)^{\frac{1}{p}}\left(\sum_{n=2}^\infty \frac{\ln^{q(1-\alpha\lambda_2)-1}(n-\xi)}{(n-\xi)^{1-q}}a_n^q\right)^{\frac{1}{q}}.\qquad(7.3.10)$$

当 $\xi=0$ 时,上面式子变为代入例 2.1(1) 中两类中间变量的情形.

7.4　第二类逆式的情形

本节设 $0<p<1,q<0$,且定义 2.1 情形(1)(或情形(2))对 $s_2=\lambda_2$ 满足.

在式(2.1.8)中,令

$$s=\lambda+1,s_1=\lambda_1+1,s_2=\lambda_2,f(x)=v'(x)F(x),$$

由条件式(7.1.1),我们有逆向不等式:

$$\int_b^\infty \sum_{n=n_0}^\infty \frac{a_nv'(x)F(x)}{(v(x)+u(n))^{\lambda+1}}\mathrm{d}x > (k_{\lambda+1}(\lambda_2))^{\frac{1}{p}}(k_{\lambda+1}(\lambda_1+1))^{\frac{1}{q}}\cdot$$

$$\left(\int_b^\infty \left(1-O_{\lambda+1}\left(\frac{1}{(v(x))^{\lambda_2}}\right)\right)\frac{v'(x)}{(v(x))^{p\hat\lambda_1+1}}F^p(x)\mathrm{d}x\right)^{\frac{1}{p}}\cdot$$

$$\left(\sum_{n=n_0}^\infty \frac{(u(n))^{q(1-\hat\lambda_2)-1}}{(u'(n))^{q-1}}a_n^q\right)^{\frac{1}{q}}.\qquad(7.4.1)$$

由式(7.1.5),可得涉及可变上限函数及部分和的第二类半离散逆向的

Hardy-Hilbert 不等式:

$$I=\int_b^\infty \sum_{n=n_0}^\infty \frac{u'(n)A_nf(x)}{(v(x)+u(n))^{\lambda+1}}\mathrm{d}x > (k_{\lambda+1}(\lambda_2))^{\frac{1}{p}}(k_{\lambda+1}(\lambda_1+1))^{\frac{1}{q}}\cdot$$

$$\left(\int_b^\infty \left(1 - O_{\lambda+1}\left(\frac{1}{(v(x))^{\lambda_2}}\right)\right) \frac{v'(x)}{(v(x))^{p\hat{\lambda}_1+1}} F^p(x)\mathrm{d}x\right)^{\frac{1}{p}} \cdot$$

$$\left(\sum_{n=n_0}^\infty \frac{(u(n))^{q(1-\hat{\lambda}_2)-1}}{(u'(n))^{q-1}} a_n^q\right)^{\frac{1}{q}}. \tag{7.4.2}$$

特别,当 $\lambda_1 + \lambda_2 = \lambda$ 时,有逆向不等式:

$$\int_b^\infty \sum_{n=n_0}^\infty \frac{u'(n)A_n f(x)}{(v(x)+u(n))^{\lambda+1}}\mathrm{d}x > \frac{\lambda_1}{\lambda}\mathrm{B}(\lambda_1,\lambda_2)_2 \cdot$$

$$\left(\int_b^\infty \left(1 - O_{\lambda+1}\left(\frac{1}{(v(x))^{\lambda_2}}\right)\right) \frac{v'(x)}{(v(x))^{p\hat{\lambda}_1+1}} F^p(x)\mathrm{d}x\right)^{\frac{1}{p}} \cdot$$

$$\left(\sum_{n=n_0}^\infty \frac{(u(n))^{q(1-\lambda_2)-1}}{(u'(n))^{q-1}} a_n^q\right)^{\frac{1}{q}}. \tag{7.4.3}$$

定理 7.5　若有 $\delta_0 > 0$,使 $(u(t))^{\lambda_2+\delta_0-1}u'(t)(t \in [n_0,\infty))$ 仍递减,则当 $\lambda_1 + \lambda_2 = \lambda$ 时,式(7.4.2)的常数因子

$$(k_{\lambda+1}(\lambda_2))^{\frac{1}{p}}(k_{\lambda+1}(\lambda_1+1))^{\frac{1}{q}}\left(=\mathrm{B}(\lambda_1+1,\lambda_2)=\frac{\lambda_1}{\lambda}\mathrm{B}(\lambda_1,\lambda_2)\right)$$

必为最佳值.

证明　若 $\lambda_1 + \lambda_2 = \lambda$,则式(7.4.2)变为式(7.4.3).任给 $0 < \varepsilon < \min\{p\lambda_1, |q|\lambda_1, |q|\delta_0\}$,置

$$\tilde{f}(x): = \begin{cases} 0, b < x < v^{-1}(1) \\ (v(x))^{\lambda_1-\frac{\varepsilon}{p}-1}v'(x), x \geqslant v^{-1}(1) \end{cases},$$

$$\tilde{a}_n: = \begin{cases} 0, n = n_0 \\ (u(n))^{\lambda_2-\frac{\varepsilon}{q}-1}u'(n), n \in \mathbf{N}_{n_0+1} \end{cases},$$

$$\tilde{F}(x): = \int_b^x \tilde{f}(t)\mathrm{d}t = \begin{cases} 0, b < x < v^{-1}(1) \\ \dfrac{1}{\lambda_1-\dfrac{\varepsilon}{p}}((v(x))^{\lambda_1-\frac{\varepsilon}{p}}-1), x \geqslant v^{-1}(1) \end{cases}.$$

易见,$\tilde{F}(x) = o(e^{tv(x)})(t > 0; x \to \infty)$.显然,因 $-\dfrac{\varepsilon}{q} < \delta_0$,$(u(t))^{\lambda_2+\delta_0-1}u'(t)$ $(t \in [n_0,\infty))$ 递减,于是,

$$(u(t))^{\lambda_2-\frac{\varepsilon}{q}-1}u'(t) = (u(t))^{-\frac{\varepsilon}{q}-\delta_0}((u(t))^{\lambda_2+\delta_0-1}u'(t))$$

在 $[n_0,\infty)$ 仍递减,有

$$\tilde{A}_n = \sum_{k=n_0}^n \tilde{a}_k = \sum_{k=n_0+1}^n (u(k))^{\lambda_2-\frac{\varepsilon}{q}-1}u'(k) < \int_{n_0}^n (u(t))^{\lambda_2-\frac{\varepsilon}{q}-1}u'(t)\mathrm{d}t$$

$$= \frac{1}{\lambda_2 - \frac{\varepsilon}{q}}(u(t))^{\lambda_2 - \frac{\varepsilon}{q}}\Big|_{n_0}^{n} \leqslant \frac{1}{\lambda_2 - \frac{\varepsilon}{q}}(u(n))^{\lambda_2 - \frac{\varepsilon}{q}}, n \in \mathbf{N}_{n_0},$$

满足条件 $\widetilde{A}_n = o\,(e^{tu(n)})\,(t > 0; n \to \infty)$.

若有常数 $M \geqslant \frac{\lambda_1}{\lambda}B(\lambda_1, \lambda_2)$, 使其取代式 (7.4.3) 的常数因子 $\frac{\lambda_1}{\lambda}B(\lambda_1, \lambda_2)$ 后原式仍成立, 则特别还有

$$\widetilde{I} := \int_b^\infty \sum_{n=n_0}^\infty \frac{u'(n)\widetilde{A}_n \widetilde{f}(x)}{(v(x) + u(n))^{\lambda+1}}dx$$

$$> M\Big(\int_b^\infty (1 - O_{\lambda+1}(\frac{1}{(v(x))^{\lambda_2}}))\,\frac{v'(x)}{(v(x))^{p\lambda_1+1}}\widetilde{F}^p(x)dx\Big)^{\frac{1}{p}} \cdot$$

$$\Big(\sum_{n=n_0}^\infty \frac{(u(n))^{q(1-\lambda_2)-1}}{(u'(n))^{q-1}}\widetilde{a}_n^q\Big)^{\frac{1}{q}}. \tag{7.4.4}$$

由 L'Hospital 法则, 有

$$\lim_{x \to \infty} \frac{(1 - O_{\lambda+1}(\frac{1}{(v(x))^{\lambda_2}}))\,(1 - (v(x))^{-\lambda_1 - \frac{\varepsilon}{p}})^p - 1}{(v(x))^{-\lambda_1 - \frac{\varepsilon}{p}}} \quad (\frac{0}{0}\text{ 型})$$

$$= \lim_{x \to \infty} \frac{p\,(1 - (v(x))^{-\lambda_1 - \frac{\varepsilon}{p}})^{p-1}(-(v(x))^{-\lambda_1 - \frac{\varepsilon}{p}})'}{((v(x))^{-\lambda_1 - \frac{\varepsilon}{p}})'} = -p,$$

故有表达式

$$(1 - O_{\lambda+1}(\frac{1}{(v(x))^{\lambda_2}}))(1 - (v(x))^{-\lambda_1 - \frac{\varepsilon}{p}})^p$$

$$= 1 - O((v(x))^{-\lambda_1 - \frac{\varepsilon}{p}}), x \in (v^{-1}(1), \infty).$$

由级数的递减性质, 可得

$$\Big(\int_{v^{-1}(1)}^\infty (1 - O_{\lambda+1}(\frac{1}{(v(x))^{\lambda_2}}))\,\frac{v'(x)}{(v(x))^{p\lambda_1+1}}((v(x))^{\lambda_1 - \frac{\varepsilon}{p}} - 1)^p dx\Big)^{\frac{1}{p}} \cdot$$

$$\Big(\sum_{n=n_0+1}^\infty \frac{(u(n))^{q(1-\lambda_2)-1}}{(u'(n))^{q-1}}(u(n))^{q\lambda_2 - \varepsilon - q}(u'(n))^q\Big)^{\frac{1}{q}}$$

$$= \Big(\int_{v^{-1}(1)}^\infty (v(x))^{-\varepsilon-1}v'(x)(1 - O_{\lambda+1}(\frac{1}{(v(x))^{\lambda_2}}))(1 - (v(x))^{-\lambda_1 + \frac{\varepsilon}{p}})^p dx\Big)^{\frac{1}{p}} \cdot$$

$$\Big(\sum_{n=n_0+1}^\infty (u(n))^{-\varepsilon-1}u'(n)\Big)^{\frac{1}{q}}$$

$$= \Big(\int_{v^{-1}(1)}^\infty (v(x))^{-\varepsilon-1}v'(x)(1 - O((v(x))^{-\lambda_1 + \frac{\varepsilon}{p}}))dx\Big)^{\frac{1}{p}} \cdot$$

$$\Big(\sum_{n=n_0+1}^\infty (u(n))^{-\varepsilon-1}u'(n)\Big)^{\frac{1}{q}}$$

$$> \left(\int_{v^{-1}(1)}^{\infty} (v(x))^{-\varepsilon-1} v'(x) \mathrm{d}x - \int_{v^{-1}(1)}^{\infty} O((v(x))^{-\lambda_1-\frac{\varepsilon}{q}-1}) v'(x) \mathrm{d}x\right)^{\frac{1}{p}} \cdot$$

$$\left(\int_{n_0}^{\infty} (u(y))^{-\varepsilon-1} u'(y) \mathrm{d}y\right)^{\frac{1}{q}} = \frac{1}{\varepsilon} (1 - \varepsilon O(1))^{\frac{1}{p}} (u(n_0))^{-\frac{\varepsilon}{q}}.$$

在式(2.1.5)中,令 $s = \lambda + 1, s_1 = \tilde{\lambda}_1 = \lambda_1 - \dfrac{\varepsilon}{p} + 1 \in (0, \lambda + 1)$,我们有

$$\tilde{I} \leqslant \frac{1}{\lambda_2 - \frac{\varepsilon}{q}} \sum_{n=n_0}^{\infty} ((u(n))^{\lambda_2 + \frac{\varepsilon}{p} + 1} \int_{v^{-1}(1)}^{\infty} \frac{(v(x))^{(\lambda_1 - \frac{\varepsilon}{p}) - 1} v'(x)}{(v(x) + u(n))^{\lambda+1}} \mathrm{d}x)(u(n))^{-\varepsilon-1} u'(n)$$

$$< \frac{1}{\lambda_2 - \frac{\varepsilon}{q}} \sum_{n=n_0}^{\infty} ((u(n))^{\lambda_2 + \frac{\varepsilon}{p} + 1} \int_{b}^{\infty} \frac{(v(x))^{(\lambda_1 - \frac{\varepsilon}{p}) - 1} v'(x)}{(v(x) + u(n))^{\lambda+1}} \mathrm{d}x)(u(n))^{-\varepsilon-1} u'(n)$$

$$= \frac{1}{\lambda_2 - \frac{\varepsilon}{q}} \sum_{n=n_0}^{\infty} \omega_{\lambda+1}(\tilde{\lambda}_1, n)(u(n))^{-\varepsilon-1} u'(n)$$

$$= \frac{1}{\lambda_2 - \frac{\varepsilon}{q}} k_{\lambda+1}(\tilde{\lambda}_1)((u(n_0))^{-\varepsilon-1} u'(n_0) + \sum_{n=n_0+1}^{\infty} (u(n))^{-\varepsilon-1} u'(n))$$

$$\leqslant \frac{1}{\lambda_2 - \frac{\varepsilon}{q}} k_{\lambda+1}(\tilde{\lambda}_1)((u(n_0))^{-\varepsilon-1} u'(n_0) + \int_{n_0}^{\infty} (u(y))^{-\varepsilon-1} \mathrm{d}u(y))$$

$$= \frac{1}{\varepsilon(\lambda_2 - \frac{\varepsilon}{q})} B(\lambda_1 - \frac{\varepsilon}{p}, \lambda_2 + \frac{\varepsilon}{p} + 1)(\varepsilon(u(n_0))^{-\varepsilon-1} u'(n_0) + (u(n_0))^{-\varepsilon})$$

由式(7.4.4) 及上面的结果,有

$$\frac{1}{\lambda_2 - \frac{\varepsilon}{q}} B(\lambda_1 - \frac{\varepsilon}{p}, \lambda_2 + \frac{\varepsilon}{p} + 1)(\varepsilon (u(n_0))^{-\varepsilon-1} u'(n_0) + (u(n_0))^{-\varepsilon})$$

$$> \varepsilon \tilde{I} > \frac{M}{\lambda_1 - \frac{\varepsilon}{p}} (1 - \varepsilon O(1))^{\frac{1}{p}} (u(n_0))^{-\frac{\varepsilon}{q}}.$$

令 $\varepsilon \to 0^+$,由 Beta 函数的连续性,有

$$\frac{\lambda_1}{\lambda} B(\lambda_1, \lambda_2) = \frac{\lambda_1}{\lambda_2} B(\lambda_1, \lambda_2 + 1) \geqslant M,$$

故 $M = \dfrac{\lambda_1}{\lambda} B(\lambda_1, \lambda_2)$ 为式(7.4.3)(即式(7.4.2) 当 $\lambda_1 + \lambda_2 = \lambda$ 时) 的最佳值. 证毕.

定理 7.6 若式(7.4.2) 的常数因子 $(k_{\lambda+1}(\lambda_2))^{\frac{1}{p}} (k_{\lambda+1}(\lambda_1+1))^{\frac{1}{q}}$ 为最佳值,则当 $\lambda - \lambda_1 - \lambda_2 \in [0, -q\lambda_2)$,必有 $\lambda_1 + \lambda_2 = \lambda$.

证明 因 $\hat{\lambda}_1 = \dfrac{\lambda - \lambda_2}{p} + \dfrac{\lambda_1}{q}, \hat{\lambda}_2 = \dfrac{\lambda - \lambda_1 - \lambda_2}{q} + \lambda_2$,有 $\hat{\lambda}_1 + \hat{\lambda}_2 = \lambda$. 当

$$\lambda - \lambda_1 - \lambda_2 \in [0, -q\lambda_2)(\subset (q(\lambda - \lambda_2), -q\lambda_2)),$$

有 $0 < \hat{\lambda}_2 < \lambda, 0 < \hat{\lambda}_1 = \lambda - \hat{\lambda}_2 < \lambda$ 及 $B(\hat{\lambda}_1 + 1, \hat{\lambda}_2) \in \mathbf{R}^+$. 因 $\lambda - \lambda_1 - \lambda_2 \geqslant 0$, $q < 0$, 对于 $\rho = 1$(或 $\rho = \frac{1}{2}$), 函数

$$(u(t))^{\hat{\lambda}_2 - 1} u'(t) = (u(t))^{\hat{\lambda}_2 - \lambda_2} ((u(t))^{\lambda_2 - 1} u'(t))$$

$$= (u(t))^{(\lambda - \lambda_1 - \lambda_2)/q} ((u(t))^{\lambda_2 - 1} u'(t)), t \in (n_0 - \rho, \infty)$$

仍具有递减性. 因 $u''(t) \leqslant 0$, 及 $(u(t))^{\lambda_2 - 1} u'(t)$ 凸, 显然上式仍具有凸性($\rho = \frac{1}{2}$). 故定义 2.1 情形(1)(或情形(2)) 对 $s_2 = \hat{\lambda}_2$ 仍满足. 因此, 由式(7.4.3), 可代之以 $\hat{\lambda}_i = \lambda_i$ $(i = 1, 2)$, 成立不等式:

$$\int_b^\infty \sum_{n=n_0}^\infty \frac{u'(n) A_n f(x)}{(v(x) + u(n))^{\lambda+1}} \mathrm{d}x > B(\hat{\lambda}_1 + 1, \hat{\lambda}_2) \cdot$$

$$(\int_b^\infty (1 - O_{\lambda+1}(\frac{1}{(v(x))^{\hat{\lambda}_2}})) \frac{v'(x)}{(v(x))^{p\hat{\lambda}_1 + 1}} F^p(x) \mathrm{d}x)^{\frac{1}{p}} \cdot$$

$$(\sum_{n=n_0}^\infty \frac{(u(n))^{q(1 - \hat{\lambda}_2) - 1}}{(u'(n))^{q-1}} a_n^q)^{\frac{1}{q}}. \tag{7.4.5}$$

由逆向的 Hölder 不等式(参阅文[5]), 我们还有

$$B(\hat{\lambda}_1 + 1, \hat{\lambda}_2) = k_{\lambda+1}(\hat{\lambda}_2) = k_{\lambda+1}(\frac{\lambda_2}{p} + \frac{\lambda - \lambda_1}{q})$$

$$= \int_0^\infty \frac{1}{(1+u)^{\lambda+1}} u^{\frac{\lambda_2}{p} + \frac{\lambda - \lambda_1}{q} - 1} \mathrm{d}u = \int_0^\infty \frac{1}{(1+u)^{\lambda+1}} (u^{\frac{\lambda_2 - 1}{p}})(u^{\frac{\lambda - \lambda_1 - 1}{q}}) \mathrm{d}u$$

$$\geqslant (\int_0^\infty \frac{1}{(1+u)^{\lambda+1}} u^{\lambda_2 - 1} \mathrm{d}u)^{\frac{1}{p}} (\int_0^\infty \frac{1}{(1+u)^{\lambda+1}} u^{\lambda - \lambda_1 - 1} \mathrm{d}u)^{\frac{1}{q}}$$

$$= (\int_0^\infty \frac{1}{(1+u)^{\lambda+1}} u^{\lambda_2 - 1} \mathrm{d}u)^{\frac{1}{p}} (\int_0^\infty \frac{1}{(1+v)^{\lambda+1}} v^{\lambda_1} \mathrm{d}v)^{\frac{1}{q}}$$

$$= (k_{\lambda+1}(\lambda_2))^{\frac{1}{p}} (k_{\lambda+1}(\lambda_1 + 1))^{\frac{1}{q}}. \tag{7.4.6}$$

由于常数因子 $(k_{\lambda+1}(\lambda_2))^{\frac{1}{p}} (k_{\lambda+1}(\lambda_1 + 1))^{\frac{1}{q}}$ 为式(7.4.2)的最佳值, 故比较式(7.4.2)与式(7.4.5)的常数因子, 我们有不等式:

$$(k_{\lambda+1}(\lambda_2))^{\frac{1}{p}} (k_{\lambda+1}(\lambda_1 + 1))^{\frac{1}{q}} \geqslant B(\hat{\lambda}_1 + 1, \hat{\lambda}_2)(\in \mathbf{R}^+).$$

因而式(7.4.6)取等号. 式(7.4.6)取等号的等价条件是有不全为0的常数 A 和 B, 使(参阅文[5])$Au^{\lambda_2 - 1} = Bu^{\lambda - \lambda_1 - 1}$ a.e. 于 $\mathbf{R}^+$. 不妨设 $A \neq 0$. 有 $u^{\lambda_2 + \lambda_1 - \lambda} = \frac{B}{A}$ a.e. 于 $\mathbf{R}^+$, 及 $\lambda_2 + \lambda_1 - \lambda = 0$. 因而 $\lambda_1 + \lambda_2 = \lambda$. 证毕.

例 7.4　在例 2.1(2) 中，令 $\lambda_2 < \frac{1}{\alpha}(\alpha \in (0,1])$，取 $\delta_0 = \frac{1}{\alpha} - \lambda_2 > 0$，则

$$(u(t))^{\lambda_2+\delta_0-1}u'(t) = (u(t))^{\frac{1}{\alpha}-1}u'(t), t > n_0$$

具有递减性. 在式(7.4.3) 中，代入例 2.1(2) 的中间变量，有具有最佳常数因子

$\frac{\lambda_1}{\alpha^{1+(1/p)}\lambda}B(\lambda_1,\lambda_2)$ 的 2 个逆向不等式：

$$\int_b^\infty \sum_{n=1}^\infty \frac{(n-\xi)^{\alpha-1}A_nf(x)}{(v(x)+(n-\xi)^\alpha)^{\lambda+1}}dx > \frac{\lambda_1}{\alpha^{1+(1/p)}\lambda}B(\lambda_1,\lambda_2) \cdot$$

$$(\int_b^\infty (1-O_{\lambda+1}(\frac{1}{(v(x))^{\lambda_2}}))\frac{v'(x)}{(v(x))^{p\lambda_1+1}}F^p(x)dx)^{\frac{1}{p}} \cdot$$

$$(\sum_{n=1}^\infty (n-\xi)^{q(1-\alpha\lambda_2)-1}a_n^q)^{\frac{1}{q}}, \tag{7.4.7}$$

$$\int_b^\infty \sum_{n=2}^\infty \frac{\ln^{\alpha-1}(n-\xi)}{(v(x)+\ln^\alpha(n-\xi))^{\lambda+1}(n-\xi)}A_nf(x)dx > \frac{\lambda_1}{\alpha^{1+(1/p)}\lambda}B(\lambda_1,\lambda_2) \cdot$$

$$(\int_b^\infty (1-O_{\lambda+1}(\frac{1}{(v(x))^{\lambda_2}}))\frac{v'(x)}{(v(x))^{p\lambda_1+1}}F^p(x)dx)^{\frac{1}{p}} \cdot$$

$$(\sum_{n=2}^\infty \frac{\ln^{q(1-\alpha\lambda_2)-1}(n-\xi)}{(n-\xi)^{1-q}}a_n^q)^{\frac{1}{q}}. \tag{7.4.8}$$

特别地，代入 $v(x)=e^{\alpha x}(\alpha \in (0,1]; x \in (-\infty,\infty))$，我们有如下 2 个具有

最佳常数因子 $\frac{\lambda_1}{\alpha\lambda}B(\lambda_1,\lambda_2)$ 的半平面半离散逆向的 Hardy-Hilbert 不等式：

$$\int_{-\infty}^\infty \sum_{n=1}^\infty \frac{(n-\xi)^{\alpha-1}A_nf(x)}{(e^{\alpha x}+(n-\xi)^\alpha)^{\lambda+1}}dx > \frac{\lambda_1}{\alpha\lambda}B(\lambda_1,\lambda_2) \cdot$$

$$(\int_{-\infty}^\infty (1-O_{\lambda+1}(\frac{1}{e^{\alpha\lambda_2 x}}))e^{-p\lambda_1 x}F^p(x)dx)^{\frac{1}{p}}(\sum_{n=1}^\infty (n-\xi)^{q(1-\alpha\lambda_2)-1}a_n^q)^{\frac{1}{q}},$$

$$\tag{7.4.9}$$

$$\int_{-\infty}^\infty \sum_{n=2}^\infty \frac{\ln^{\alpha-1}(n-\xi)}{(e^{\alpha x}+\ln^\alpha(n-\xi))^{\lambda+1}(n-\xi)}A_nf(x)dx > \frac{\lambda_1}{\alpha\lambda}B(\lambda_1,\lambda_2) \cdot$$

$$(\int_{-\infty}^\infty (1-O_{\lambda+1}(\frac{1}{e^{\alpha\lambda_2 x}}))e^{-p\alpha\lambda_1 x}F^p(x)dx)^{\frac{1}{p}}(\sum_{n=2}^\infty \frac{\ln^{q(1-\alpha\lambda_2)-1}(n-\xi)}{(n-\xi)^{1-q}}a_n^q)^{\frac{1}{q}}.$$

$$\tag{7.4.10}$$

当 $\xi=0$ 时，上面式子变为代入例 2.1(1) 中两类中间变量的情形.

涉及导函数与部分和的半离散 Hardy-Hilbert 不等式

本章综合应用第 4 章与第 7 章的思想方法,求出涉及导函数与部分和的半离散 Hardy-Hilbert 不等式,导出了新不等式中多参数联系最佳常数因子的等价条件,还建立了特殊参数下的等价形式、算子表达式及特殊中间变量不等式,并考虑了两类逆式的情形.

8.1 若 干 引 理

设函数 $f^{(k)}(x)(k=0,1)$ 除有限点外在 (b,∞) 非负连续,且 $f(b^+)=0,f(x)=o(e^{tv(x)})(t>0;x\to\infty)$,又设 $u''(t)\leqslant 0$ $(t\in[n_0,\infty)),a_k\geqslant 0,A_n=\sum\limits_{k=n_0}^{n}a_k(k,n\in\mathbf{N}_{n_0}),A_n e^{-tu(n)}=o(1)$ $(t>0;n\to\infty)$,当 $x\in(b,\infty),n\in\mathbf{N}_{n_0},f^{(k)}(x),a_n,A_n\geqslant 0$,满足条件:

$$0<\int_b^\infty \frac{(v(x))^{p(1-\hat{\lambda}_1)-1}}{(v'(x))^{p-1}}(f^{(k)}(x))^p\mathrm{d}x<\infty,k=0,1,$$

$$0<\sum_{n=n_0}^\infty \frac{u'(n)}{(u(n))^{q\hat{\lambda}_2+1}}A_n^q<\infty,0<\sum_{n=n_0}^\infty \frac{(u(n))^{q(1-\hat{\lambda}_2)-1}}{(u'(n))^{q-1}}a_n^q<\infty.$$

$$(8.1.1)$$

引理 8.1 对于 $t>0,k=0,1$,我们有如下等式:

$$\int_b^\infty e^{-tv(x)}(v'(x))^k f(x)\mathrm{d}x=t^{-k}\int_b^\infty e^{-tv(x)}f^{(k)}(x)\mathrm{d}x.$$

$$(8.1.2)$$

证明　当 $k=0$ 时，式 $(8.1.2)$ 自然成立；当 $k=1$ 时，由条件 $f(b^+)=0$ 及 $\mathrm{e}^{-tv(x)}f(x)\to 0(x\to\infty)$，易得 $\mathrm{e}^{-tv(x)}f(x)\Big|_b^\infty=0$. 由分部积分法，可得

$$\int_b^\infty \mathrm{e}^{-tv(x)}f'(x)\mathrm{d}x=\int_b^\infty \mathrm{e}^{-tv(x)}\mathrm{d}f(x)$$

$$=\mathrm{e}^{-tv(x)}f(x)\Big|_b^\infty-\int_b^\infty f(x)\mathrm{d}\mathrm{e}^{-tv(x)}=t\int_b^\infty \mathrm{e}^{-tv(x)}v'(x)f(x)\mathrm{d}x.$$

易见式 $(8.1.2)$ 成立. 证毕.

引理 8.2(参考引理 7.2)　对于 $t>0$，有如下不等式：

$$\sum_{n=n_0}^\infty \mathrm{e}^{-tu(n)}a_n\leqslant t\sum_{n=n_0}^\infty \mathrm{e}^{-tu(n)}u'(n)A_n. \tag{8.1.3}$$

引理 8.3　我们有如下不等式：

$$I_k:=\int_b^\infty\sum_{n=n_0}^\infty \frac{a_n\,(v'(x))^k f(x)}{(v(x)+u(n))^{\lambda+k}}\mathrm{d}x$$

$$\leqslant \frac{\Gamma(\lambda+1)}{\Gamma(\lambda+k)}\int_b^\infty\sum_{n=n_0}^\infty \frac{u'(n)A_n f^{(k)}(x)}{(v(x)+u(n))^{\lambda+1}}\mathrm{d}x, k=0,1. \tag{8.1.4}$$

证明　因有 Gamma 函数的如下表达式

$$\frac{1}{(v(x)+u(n))^{\lambda+k}}=\frac{1}{\Gamma(\lambda+k)}\int_0^\infty t^{\lambda+k-1}\mathrm{e}^{-(v(x)+u(n))t}\mathrm{d}t,$$

由 L 逐项积分定理(参阅文[103])，式 $(8.1.2)$ 及式 $(8.1.3)$，有如下不等式：

$$I_k=\frac{1}{\Gamma(\lambda+k)}\int_b^\infty\sum_{n=n_0}^\infty a_n\,(v'(x))^k f(x)\int_0^\infty t^{\lambda+k-1}\mathrm{e}^{-(v(x)+u(n))t}\mathrm{d}t\mathrm{d}x$$

$$=\frac{1}{\Gamma(\lambda+k)}\int_0^\infty t^{\lambda+k-1}\Big(\int_b^\infty \mathrm{e}^{-v(x)t}\,(v'(x))^k f(x)\mathrm{d}x\Big)\Big(\sum_{n=n_0}^\infty \mathrm{e}^{-u(n)t}a_n\Big)\mathrm{d}t$$

$$\leqslant\frac{1}{\Gamma(\lambda+k)}\int_0^\infty t^{\lambda+k-1}\Big(t^{-k}\int_b^\infty \mathrm{e}^{-v(x)t}f^{(k)}(x)\mathrm{d}x\Big)\Big(t\sum_{n=n_0}^\infty \mathrm{e}^{-u(n)t}u'(n)A_n\Big)\mathrm{d}t$$

$$=\frac{1}{\Gamma(\lambda+k)}\int_b^\infty\sum_{n=n_0}^\infty u'(n)A_n f^{(k)}(x)\int_0^\infty t^{(\lambda+1)-1}\mathrm{e}^{-(v(x)+u(n))t}\mathrm{d}t\mathrm{d}x$$

$$=\frac{\Gamma(\lambda+1)}{\Gamma(\lambda+k)}\int_b^\infty\sum_{n=n_0}^\infty \frac{u'(n)A_n f^{(k)}(x)}{(v(x)+u(n))^{\lambda+1}}\mathrm{d}x.$$

因而有式 $(8.1.4)$. 证毕.

引理 8.4　我们有如下不等式：

$$\hat{I}_{k+1}:=\int_b^\infty\sum_{n=n_0}^\infty \frac{u'(n)A_n\,(v'(x))^k f(x)}{(v(x)+u(n))^{\lambda+k+1}}\mathrm{d}x$$

$$\geqslant \frac{\Gamma(\lambda)}{\Gamma(\lambda+k+1)}\int_b^\infty \sum_{n=n_0}^\infty \frac{a_n f^{(k)}(x)}{(v(x)+u(n))^\lambda}\mathrm{d}x\,,k=0,1.$$

$$(8.1.5)$$

证明　因有 Gamma 函数的如下表示式

$$\frac{1}{(v(x)+u(n))^{\lambda+k+1}}=\frac{1}{\Gamma(\lambda+k+1)}\int_0^\infty t^{\lambda+k}\mathrm{e}^{-(v(x)+u(n))t}\mathrm{d}t\,,k=0,1,$$

由 L 逐项积分定理(参阅文[103]),式(8.1.2) 及式(8.1.3),有如下不等式:

$$\begin{aligned}
\hat{I}_{k+1} &=\frac{1}{\Gamma(\lambda+k+1)}\int_b^\infty \sum_{n=n_0}^\infty u'(n)A_n\,(v'(x))^k f(x)\int_0^\infty t^{\lambda+k}\mathrm{e}^{-(v(x)+u(n))t}\mathrm{d}t\mathrm{d}x\\
&=\frac{1}{\Gamma(\lambda+k+1)}\int_0^\infty t^{\lambda+k}(\int_b^\infty \mathrm{e}^{-v(x)t}\,(v'(x))^k f(x)\mathrm{d}x)(\sum_{n=n_0}^\infty \mathrm{e}^{-u(n)t}u'(n)A_n)\mathrm{d}t\\
&\geqslant \frac{1}{\Gamma(\lambda+k+1)}\int_0^\infty t^{\lambda+k}(t^{-k}\int_b^\infty \mathrm{e}^{-v(x)t}f^{(k)}(x)\mathrm{d}x)(t^{-1}\sum_{n=n_0}^\infty \mathrm{e}^{-u(n)t}a_n)\mathrm{d}t\\
&=\frac{1}{\Gamma(\lambda+k+1)}\int_b^\infty \sum_{n=n_0}^\infty a_n f^{(k)}(x)\int_0^\infty t^{\lambda-1}\mathrm{e}^{-(v(x)+u(n))t}\mathrm{d}t\mathrm{d}x\\
&=\frac{\Gamma(\lambda)}{\Gamma(\lambda+k+1)}\int_b^\infty \sum_{n=n_0}^\infty \frac{a_n f^{(k)}(x)}{(v(x)+u(n))^\lambda}\mathrm{d}x.
\end{aligned}$$

因而有式(8.1.5). 证毕.

8.2　正向不等式的若干结果

第 8.2 节与第 8.3 节,我们设 $p>1,q>1$,定义 2.1 情形(1)(或情形(2)) 对 $s_2=\lambda_2+1$ 满足.

在式(2.1.6) 中,置换 $a_n f(x)$ 为 $f^{(k)}(x)(u'(n)A_n)$,令 $s=\lambda+1,s_1=\lambda_1$, $s_2=\lambda_2+1$,由条件(8.1.1),我们有不等式:

$$\int_b^\infty \sum_{n=n_0}^\infty \frac{u'(n)A_n f^{(k)}(x)}{(v(x)+u(n))^{\lambda+1}}\mathrm{d}x < (k_{\lambda+1}(\lambda_2+1))^{\frac{1}{p}}\,(k_{\lambda+1}(\lambda_1))^{\frac{1}{q}}\cdot$$

$$(\int_b^\infty \frac{(v(x))^{p(1-\hat{\lambda}_1)-1}}{(v'(x))^{p-1}}\,(f^{(k)}(x))^p\mathrm{d}x)^{\frac{1}{p}}\cdot$$

$$(\sum_{n=n_0}^\infty \frac{u'(n)}{(u(n))^{q\hat{\lambda}_2+1}}A_n^q)^{\frac{1}{q}}\,,k=0,1.$$

$$(8.2.1)$$

代入式(8.1.4),可得涉及导函数与部分和的半离散 Hardy-Hilbert 不等式:

$$I_k = \int_b^\infty \sum_{n=n_0}^\infty \frac{a_n \, (v'(x))^k f(x)}{(v(x)+u(n))^{\lambda+k}} \mathrm{d}x$$

$$< \frac{\Gamma(\lambda+1)}{\Gamma(\lambda+k)} \, (k_{\lambda+1}(\lambda_2+1))^{\frac{1}{p}} \, (k_{\lambda+1}(\lambda_1))^{\frac{1}{q}} \cdot$$

$$\left(\int_b^\infty \frac{(v(x))^{p(1-\hat{\lambda}_1)-1}}{(v'(x))^{p-1}} \, (f^{(k)}(x))^p \mathrm{d}x\right)^{\frac{1}{p}} \cdot$$

$$\left(\sum_{n=n_0}^\infty \frac{u'(n)}{(u(n))^{q\hat{\lambda}_2+1}} A_n^q\right)^{\frac{1}{q}}, k=0,1. \tag{8.2.2}$$

特别当 $\lambda_1 + \lambda_2 = \lambda$ 时,有不等式:

$$\int_b^\infty \sum_{n=n_0}^\infty \frac{a_n \, (v'(x))^k f(x)}{(v(x)+u(n))^{\lambda+k}} \mathrm{d}x < \frac{\Gamma(\lambda+1)}{\Gamma(\lambda+k)} k_{\lambda+1}(\lambda_2+1) \cdot$$

$$\left(\int_b^\infty \frac{(v(x))^{p(1-\lambda_1)-1}}{(v'(x))^{p-1}} \, (f^{(k)}(x))^p \mathrm{d}x\right)^{\frac{1}{p}} \cdot$$

$$\left(\sum_{n=n_0}^\infty \frac{u'(n)}{(u(n))^{q\lambda_2+1}} A_n^q\right)^{\frac{1}{q}}, k=0,1. \tag{8.2.3}$$

定理 8.1 若 $\lambda_1 + \lambda_2 = \lambda$,则式(8.2.2) 的常数因子

$$\frac{\Gamma(\lambda+1)}{\Gamma(\lambda+k)} \, (k_{\lambda+1}(\lambda_2+1))^{\frac{1}{p}} \, (k_{\lambda+1}(\lambda_1))^{\frac{1}{q}} \left(=\frac{\Gamma(\lambda+1)}{\Gamma(\lambda+k)} k_{\lambda+1}(\lambda_1)\right), k=0,1$$

必为最佳值.

证明 若 $\lambda_1 + \lambda_2 = \lambda$,则式(8.2.2) 变为式(8.2.3).现分两种情形证明.

(1)$k=0$ 的情形.任给 $0 < \varepsilon < \min\{p\lambda_1, q\lambda_2\}$,置

$$\tilde{f}(x) = \tilde{f}^{(0)}(x) := \begin{cases} 0, b < x < v^{-1}(1) \\ (v(x))^{\lambda_1 - \frac{\varepsilon}{p}-1} v'(x), x \geqslant v^{-1}(1) \end{cases},$$

$$\tilde{a}_n := \begin{cases} 0, n=n_0 \\ (u(n))^{\lambda_2 - \frac{\varepsilon}{q}-1} u'(n), n \in \mathbf{N}_{n_0+1} \end{cases}.$$

显然,$(u(t))^{\lambda_2 - \frac{\varepsilon}{q}-1} u'(t)$ 在 (n_0, ∞) 仍递减,有

$$\tilde{A}_n = \sum_{k=n_0}^n \tilde{a}_k = \sum_{k=n_0+1}^n (u(k))^{\lambda_2 - \frac{\varepsilon}{q}-1} u'(k)$$

$$< \int_{n_0}^n (u(t))^{\lambda_2 - \frac{\varepsilon}{q}-1} u'(t) \mathrm{d}t$$

$$= \frac{1}{\lambda_2 - \frac{\varepsilon}{q}} \, (u(t))^{\lambda_2 - \frac{\varepsilon}{q}} \Big|_{n_0}^n \leqslant \frac{1}{\lambda_2 - \frac{\varepsilon}{q}} \, (u(n))^{\lambda_2 - \frac{\varepsilon}{q}}, n \in \mathbf{N}_{n_0},$$

满足条件 $\tilde{A}_n = o(\mathrm{e}^{tu(n)}), t>0, n \to \infty.$

148

若有正常数 $M_0 \leqslant \lambda_2 B(\lambda_1, \lambda_2)$，使其取代式 (8.2.3)($k=0$) 的常数因子后原式仍成立，则特别还有

$$\widetilde{I}_0 := \int_b^\infty \sum_{n=n_0}^\infty \frac{\widetilde{a}_n \widetilde{f}(x)}{(v(x) + u(n))^\lambda} \mathrm{d}x$$

$$< M_0 \left(\int_b^\infty \frac{(v(x))^{p(1-\lambda_1)-1}}{(v'(x))^{p-1}} (\widetilde{f}(x))^p \mathrm{d}x \right)^{\frac{1}{p}} \left(\sum_{n=n_0}^\infty \frac{u'(n)}{(u(n))^{q\lambda_2+1}} \widetilde{A}_n^q \right)^{\frac{1}{q}}.$$

$$(8.2.4)$$

显然，因 $u''(t) \leqslant 0$，函数 $(u(t))^{-\varepsilon-1} u'(t)$ $(t \in [n_0, \infty))$ 仍具有递减性. 由式 (8.2.4) 及级数的递减性质，有

$$\widetilde{I}_0 < \frac{M_0}{\lambda_2 - \frac{\varepsilon}{q}} \left(\int_{v^{-1}(1)}^\infty \frac{(v(x))^{p(1-\lambda_1)-1}}{(v'(x))^{p-1}} (v(x))^{p\lambda_1-\varepsilon} \mathrm{d}x \right)^{\frac{1}{p}} \left(\sum_{n=n_0+1}^\infty \frac{u'(n)}{(u(n))^{q\lambda_2+1}} (u(n))^{q\lambda_2-\varepsilon} \right)^{\frac{1}{q}}$$

$$= \frac{M_0}{\lambda_2 - \frac{\varepsilon}{q}} \left(\int_{v^{-1}(1)}^\infty (v(x))^{-\varepsilon-1} \mathrm{d}v(x) \right)^{\frac{1}{p}} \left(\sum_{n=n_0+1}^\infty (u(n))^{-\varepsilon-1} u'(n) \right)^{\frac{1}{q}}$$

$$< \frac{M_0}{\lambda_2 - \frac{\varepsilon}{q}} \left(\int_{v^{-1}(1)}^\infty (v(x))^{-\varepsilon-1} \mathrm{d}v(x) \right)^{\frac{1}{p}} \left(\int_{n_0}^\infty (u(y))^{-\varepsilon-1} \mathrm{d}u(y) \right)^{\frac{1}{q}}$$

$$= \frac{M_0}{\varepsilon(\lambda_2 - \frac{\varepsilon}{q})} (u(n_0))^{\frac{-\varepsilon}{q}}.$$

在式 (2.1.5) 中，令 $s=\lambda, s_1 = \widetilde{\lambda}_1 := \lambda_1 - \frac{\varepsilon}{p} \in (0, \lambda)$，我们有

$$\widetilde{I}_0 = \sum_{n=n_0+1}^\infty ((u(n))^{\lambda_2 + \frac{\varepsilon}{p}} \int_{v^{-1}(1)}^\infty \frac{(v(x))^{(\lambda_1 - \frac{\varepsilon}{p})-1} v'(x)}{(v(x) + u(n))^\lambda} \mathrm{d}x)(u(n))^{-\varepsilon-1} u'(n)$$

$$= \sum_{n=n_0+1}^\infty ((u(n))^{\lambda_2 + \frac{\varepsilon}{p}} \int_b^\infty \frac{(v(x))^{(\lambda_1 - \frac{\varepsilon}{p})-1} v'(x)}{(v(x) + u(n))^\lambda} \mathrm{d}x)(u(n))^{-\varepsilon-1} u'(n) -$$

$$\sum_{n=n_0+1}^\infty ((u(n))^{\lambda_2 + \frac{\varepsilon}{p}} \int_b^{v^{-1}(1)} \frac{(v(x))^{(\lambda_1 - \frac{\varepsilon}{p})-1} v'(x)}{(v(x)x + u(n))^\lambda} \mathrm{d}x)(u(n))^{-\varepsilon-1} u'(n)$$

$$\geqslant \sum_{n=n_0+1}^\infty \omega_\lambda(\widetilde{\lambda}_1, n)(u(n))^{-\varepsilon-1} u'(n) -$$

$$\sum_{n=n_0+1}^\infty ((u(n))^{\lambda_2 - \frac{\varepsilon}{q}-1} \int_b^{v^{-1}(1)} \frac{(v(x))^{(\lambda_1 - \frac{\varepsilon}{p})-1} v'(x)}{(u(n))^\lambda} \mathrm{d}x) u'(n)$$

$$= k_\lambda(\widetilde{\lambda}_1) \sum_{n=n_0+1}^\infty (u(n))^{-\varepsilon-1} u'(n) - \frac{1}{\lambda_1 - \frac{\varepsilon}{p}} \sum_{n=n_0+1}^\infty (u(n))^{-\lambda_1 - \frac{\varepsilon}{q}-1} u'(n)$$

$$> k_\lambda(\tilde{\lambda}_1)\int_{n_0+1}^\infty (u(y))^{-\varepsilon-1}\,\mathrm{d}u(y) - O(1) = \frac{\mathrm{B}(\lambda_1-\frac{\varepsilon}{p},\lambda_2+\frac{\varepsilon}{p})}{\varepsilon\,(u(n_0+1))^\varepsilon} - O(1).$$

基于上面的结果,有

$$\mathrm{B}(\lambda_1-\frac{\varepsilon}{p},\lambda_2+\frac{\varepsilon}{p})\,(u(n_0+1))^{-\varepsilon} - \varepsilon O(1) < \varepsilon \tilde{I}_0 < \frac{M_0\,(u(n_0))^{\frac{-\varepsilon}{q}}}{\lambda_2-\frac{\varepsilon}{q}}.$$

令 $\varepsilon \to 0^+$,由 Beta 函数的连续性,有 $\lambda_2 \mathrm{B}(\lambda_1,\lambda_2) \leqslant M_0$.

故 $M_0 = \lambda_2 \mathrm{B}(\lambda_1,\lambda_2)$ 为式(8.2.3)($k=0$) 的最佳值.

(2)$k=1$ 的情形. 任给 $0 < \varepsilon < \min\{p\lambda_1, q\lambda_2\}$,置

$$\tilde{f}'(x): = \begin{cases} 0, & b < x < v^{-1}(1) \\ (v(x))^{\lambda_1-\frac{\varepsilon}{p}-1}v'(x), & x \geqslant v^{-1}(1) \end{cases},$$

$$\tilde{f}(x): = \int_b^x \tilde{f}'(t)\,\mathrm{d}t = \begin{cases} 0, & b < x < v^{-1}(1) \\ (\lambda_1-\frac{\varepsilon}{p})^{-1}\,((v(x))^{\lambda_1-\frac{\varepsilon}{p}}-1), & x \geqslant v^{-1}(1) \end{cases},$$

满足条件,$\tilde{f}(b^+)=0, \tilde{f}(x)=o\,(\mathrm{e}^{tv(x)})\,(t>0; x\to\infty), \tilde{a}_n, \tilde{A}_n$ 如(1) 所示.

若有正常数 $M_1 \leqslant \frac{1}{\lambda}\mathrm{B}(\lambda_1,\lambda_2)$,使其取代式(8.2.3)($k=1$) 的常数因子后

原式仍成立,则特别还有

$$\tilde{I}_1: = \int_b^\infty \sum_{n=n_0}^\infty \frac{\tilde{a}_n v'(x)\tilde{f}(x)}{(v(x)+u(n))^{\lambda+1}}\,\mathrm{d}x$$

$$< M_1\,(\int_b^\infty \frac{(v(x))^{p(1-\lambda_1)-1}}{(v'(x))^{p-1}}\,(\tilde{f}'(x))^p\,\mathrm{d}x)^{\frac{1}{p}}\,(\sum_{n=n_0}^\infty \frac{(u(n))^{q(1-\lambda_2)-1}}{(u'(n))^{q-1}}\tilde{a}_n^q)^{\frac{1}{q}}.$$

$$(8.2.5)$$

由式(8.2.5) 及级数的递减性质,可得

$$\tilde{I}_1 < M_1\,(\int_{v^{-1}(1)}^\infty \frac{(v(x))^{p(1-\lambda_1)-1}}{(v'(x))^{p-1}}(v(x))^{p(\lambda_1-1)-\varepsilon}(v'(x))^p\,\mathrm{d}x)^{\frac{1}{p}} \cdot$$

$$(\sum_{n=n_0+1}^\infty \frac{(u(n))^{q(1-\lambda_2)-1}}{(u'(n))^{q-1}}(u(n))^{q\lambda_2-\varepsilon-q}(u'(n))^q)^{\frac{1}{q}}$$

$$= M_1\,(\int_{v^{-1}(1)}^\infty (v(x))^{-\varepsilon-1}\,\mathrm{d}v(x))^{\frac{1}{p}}\,(\sum_{n=n_0+1}^\infty (u(n))^{-\varepsilon-1}u'(n))^{\frac{1}{q}}$$

$$\leqslant M_1\,(\int_{v^{-1}(1)}^\infty (v(x))^{-\varepsilon-1}\,\mathrm{d}v(x))^{\frac{1}{p}}\,(\int_{n_0}^\infty (u(t))^{-\varepsilon-1}\,\mathrm{d}u(t))^{\frac{1}{q}}$$

$$= \frac{M_1}{\varepsilon}(u(n_0))^{\frac{-\varepsilon}{q}}.$$

可估算得

$$0 < I_1 := \sum_{n=n_0+1}^{\infty} ((u(n))^{\lambda_2+\frac{\varepsilon}{p}} \int_b^{v^{-1}(1)} \frac{(v(x))^{(\lambda_1+1-\frac{\varepsilon}{p})-1} v'(x)}{(v(x)+u(n))^{\lambda+1}} dx)(u(n))^{-\varepsilon-1} u'(n) +$$

$$\sum_{n=n_0+1}^{\infty} ((u(n))^{\lambda_2+\frac{\varepsilon}{p}} \int_{v^{-1}(1)}^{\infty} \frac{v'(x)}{(v(x)+u(n))^{\lambda+1}} dx)(u(n))^{-\varepsilon-1} u'(n)$$

$$\leqslant \sum_{n=n_0+1}^{\infty} (u(n))^{\lambda_2-\frac{\varepsilon}{q}-1} u'(n) \int_b^{v^{-1}(1)} \frac{((v(x))^{(\lambda_1+1-\frac{\varepsilon}{p})-1} v'(x)}{(u(n))^{\lambda+1}} dx +$$

$$\sum_{n=n_0+1}^{\infty} (\frac{(u(n))^{\lambda_2-\frac{\varepsilon}{q}-1} u'(n)}{(u(n))^{\lambda_2+(\lambda_1/2)}} \int_{v^{-1}(1)}^{\infty} \frac{v'(x)}{(v(x))^{\frac{\lambda_1}{2}+1}} dx)$$

$$= \frac{1}{\lambda_1+1-\frac{\varepsilon}{p}} \sum_{n=n_0+1}^{\infty} (u(n))^{-\lambda_1-\frac{\varepsilon}{q}-2} u'(n) +$$

$$\sum_{n=n_0+1}^{\infty} \frac{u'(n)}{(u(n))^{1+\frac{\lambda_1}{2}+\frac{\varepsilon}{q}}} \int_{v^{-1}(1)}^{\infty} \frac{v'(x) dx}{(v(x))^{\frac{\lambda_1}{2}+1}}$$

$$\leqslant M < \infty.$$

由式 $(2.1.5)$，设 $s = \lambda+1, s_1 = \widetilde{\lambda_1} = \lambda_1+1-\frac{\varepsilon}{p} \in (0, \lambda+1)$，我们有

$$\widetilde{I_1} = \frac{1}{\lambda_1-\frac{\varepsilon}{p}} \sum_{n=n_0+1}^{\infty} ((u(n))^{\lambda_2+\frac{\varepsilon}{p}} \int_{v^{-1}(1)}^{\infty} \frac{((v(x))^{(\lambda_1+1-\frac{\varepsilon}{p})-1}-1) v'(x)}{(v(x)+u(n))^{\lambda+1}} dx) \frac{u'(n)}{(u(n))^{\varepsilon+1}}$$

$$= \frac{1}{\lambda_1-\frac{\varepsilon}{p}} \sum_{n=n_0+1}^{\infty} ((u(n))^{\lambda_2+\frac{\varepsilon}{p}} \int_b^{\infty} \frac{(v(x))^{(\lambda_1+1-\frac{\varepsilon}{p})-1} v'(x)}{(v(x)+u(n))^{\lambda+1}} dx) \frac{u'(n)}{(u(n))^{\varepsilon+1}} - \frac{I_1}{\lambda_1-\frac{\varepsilon}{p}}$$

$$= \frac{1}{\lambda_1-\frac{\varepsilon}{p}} \sum_{n=n_0+1}^{\infty} \omega_{\lambda+1}(\widetilde{\lambda_1}, n) (u(n))^{-\varepsilon-1} u'(n) - \frac{I_1}{\lambda_1-\frac{\varepsilon}{p}}$$

$$= \frac{1}{\lambda_1-\frac{\varepsilon}{p}} k_{\lambda+1}(\widetilde{\lambda_1}) \sum_{n=n_0+1}^{\infty} (u(n))^{-\varepsilon-1} u'(n) - \frac{I_1}{\lambda_1-\frac{\varepsilon}{p}}$$

$$> \frac{1}{\lambda_1-\frac{\varepsilon}{p}} k_{\lambda+1}(\widetilde{\lambda_1}) \int_{n_0+1}^{\infty} (u(y))^{-\varepsilon-1} du(y) - \frac{I_1}{\lambda_1-\frac{\varepsilon}{p}}$$

$$= \frac{1}{\varepsilon(\lambda_1-\frac{\varepsilon}{p})} (\frac{B(\lambda_1+1-\frac{\varepsilon}{p}, \lambda_2+\frac{\varepsilon}{p})}{(u(n_0+1))^{\varepsilon}} - \varepsilon I_1).$$

基于上面的结果，有

$$\frac{B(\lambda_1 + 1 - \frac{\varepsilon}{p}, \lambda_2 + \frac{\varepsilon}{p})}{(\lambda_1 - \frac{\varepsilon}{p})(u(n_0 + 1))^\varepsilon} - \frac{\varepsilon I_1}{\lambda_1 - \frac{\varepsilon}{p}} < \varepsilon \tilde{I} < M_1 (u(n_0))^{\frac{-\varepsilon}{q}}.$$

令 $\varepsilon \to 0^+$，由 Beta 函数的连续性及 $0 < I_1 \leqslant M < \infty$，有

$$\frac{1}{\lambda} B(\lambda_1, \lambda_2) = \frac{1}{\lambda_1} B(\lambda_1 + 1, \lambda_2) \leqslant M_1.$$

故 $M_1 = \frac{1}{\lambda} B(\lambda_1, \lambda_2)$ 为式(8.2.3)($k = 1$) 的最佳值. 证毕.

定理 8.2 若式(8.2.2) 的常数因子

$$\frac{\Gamma(\lambda + 1)}{\Gamma(\lambda + k)} (k_{\lambda+1}(\lambda_2 + 1))^{\frac{1}{p}} (k_{\lambda+1}(\lambda_1))^{\frac{1}{q}}, k = 0, 1$$

为最佳值，则当 $\lambda - \lambda_1 - \lambda_2 \leqslant 0$ 时，必有 $\lambda_1 + \lambda_2 = \lambda$.

证明 因 $\hat{\lambda}_1 = \frac{\lambda - \lambda_2}{p} + \frac{\lambda_1}{q}, \hat{\lambda}_2 = \frac{\lambda - \lambda_1}{q} + \frac{\lambda_2}{p}$，有 $\hat{\lambda}_1 + \hat{\lambda}_2 = \lambda$，且有 $0 < \hat{\lambda}_1$,

$\hat{\lambda}_2 < \lambda$，及 $k_{\lambda+1}(\hat{\lambda}_2 + 1) \in \mathbf{R}^+$. 因 $\lambda - \lambda_1 - \lambda_2 \leqslant 0, q > 1$，对于 $\rho = 1$(或 $\rho = \frac{1}{2}$)，

函数

$$(u(t))^{\hat{\lambda}_2} u'(t) = (u(t))^{\hat{\lambda}_2 - \lambda_2}((u(t))^{\lambda_2} u'(t))$$
$$= (u(t))^{(\lambda - \lambda_1 - \lambda_2)/q}((u(t))^{\lambda_2} u'(t)), t \in (n_0 - \rho, \infty),$$

仍具有递减性. 因 $u''(t) \leqslant 0$，及 $(u(t))^{\lambda_2} u'(t)$ 凸，显然上式仍具有凸性($\rho = \frac{1}{2}$).

故定义 2.1 情形(1)(或情形(2)) 对 $s_2 = \hat{\lambda}_2 + 1$ 仍满足. 因此由式(8.2.3)，可代之以 $\hat{\lambda}_i = \lambda_i$ ($i = 1, 2$)，成立如下不等式:

$$\int_b^\infty \sum_{n=n_0}^\infty \frac{a_n (v'(x))^k f(x)}{(v(x) + u(n))^{\lambda+k}} dx$$

$$< \frac{\Gamma(\lambda + 1)}{\Gamma(\lambda + k)} k_{\lambda+1}(\hat{\lambda}_2 + 1) \left(\int_b^\infty \frac{(v(x))^{p(1-\hat{\lambda}_1)-1}}{(v'(x))^{p-1}} (f^{(k)}(x))^p dx \right)^{\frac{1}{p}} \cdot$$

$$\left(\sum_{n=n_0}^\infty \frac{u'(n)}{(u(n))^{q\hat{\lambda}_2+1}} A_n^q \right)^{\frac{1}{q}}, k = 0, 1. \tag{8.2.6}$$

由 Hölder 不等式(参阅文[5])，我们还有

$$k_{\lambda+1}(\hat{\lambda}_2 + 1) = k_{\lambda+1}\left(\frac{\lambda_2}{p} + \frac{\lambda - \lambda_1}{q} + 1 \right)$$

$$= \int_0^\infty \frac{1}{(1+u)^{\lambda+1}} u^{\frac{\lambda_2}{p} + \frac{\lambda - \lambda_1}{q}} du$$

$$= \int_0^\infty \frac{1}{(1+u)^{\lambda+1}} (u^{\frac{\lambda_2}{p}})(u^{\frac{\lambda-\lambda_1}{q}}) \mathrm{d}u$$

$$\leqslant (\int_0^\infty \frac{1}{(1+u)^{\lambda+1}} u^{\lambda_2} \mathrm{d}u)^{\frac{1}{p}} (\int_0^\infty \frac{1}{(1+u)^{\lambda+1}} u^{\lambda-\lambda_1} \mathrm{d}u)^{\frac{1}{q}}$$

$$= (\int_0^\infty \frac{1}{(1+u)^{\lambda+1}} u^{\lambda_2} \mathrm{d}u)^{\frac{1}{p}} (\int_0^\infty \frac{1}{(1+v)^{\lambda+1}} v^{\lambda_1-1} \mathrm{d}v)^{\frac{1}{q}}$$

$$= (k_{\lambda+1}(\lambda_2+1))^{\frac{1}{p}} (k_{\lambda+1}(\lambda_1))^{\frac{1}{q}}. \tag{8.2.7}$$

由于常数因子 $\frac{\Gamma(\lambda+1)}{\Gamma(\lambda+k)} (k_{\lambda+1}(\lambda_2+1))^{\frac{1}{p}} (k_{\lambda+1}(\lambda_1))^{\frac{1}{q}}$ 为式(8.2.2) 的最佳

值,故比较式(8.2.2) 与式(8.2.6) 的常数因子,我们有不等式:

$$\frac{\Gamma(\lambda+1)}{\Gamma(\lambda+k)} (k_{\lambda+1}(\lambda_2+1))^{\frac{1}{p}} (k_{\lambda+1}(\lambda_1))^{\frac{1}{q}} \leqslant \frac{\Gamma(\lambda+1)}{\Gamma(\lambda+k)} k_{\lambda+1} (\hat{\lambda}_2+1)(\in \mathbf{R}^+).$$

即有不等式

$$k_{\lambda+1}(\hat{\lambda}_2+1) \geqslant (k_{\lambda+1}(\lambda_2+1))^{\frac{1}{p}} (k_{\lambda+1}(\lambda_1))^{\frac{1}{q}},$$

故式(8.2.7) 取等号.式(8.2.7) 取等号的等价条件是有不全为 0 的常数 A 和

B,使(参阅文[5]) $Au^{\lambda_2}=Bu^{\lambda-\lambda_1}$ a.e. 于 $\mathbf{R}^+$.不妨设 $A \neq 0$,则有 $u^{\lambda_2+\lambda_1-\lambda}=\frac{B}{A}$a.e.

于 $\mathbf{R}^+$,及 $\lambda_2+\lambda_1-\lambda=0$.因而 $\lambda_1+\lambda_2=\lambda$.证毕.

8.3　等价式、特殊不等式及算子表示

当 $k=0$ 时,由式(8.2.2),有

$$I_0 = \int_b^\infty \sum_{n=n_0}^\infty \frac{a_n f(x)}{(v(x)+u(n))^\lambda} \mathrm{d}x$$

$$< \lambda (k_{\lambda+1}(\lambda_2+1))^{\frac{1}{p}} (k_{\lambda+1}(\lambda_1))^{\frac{1}{q}} \cdot$$

$$(\int_b^\infty \frac{(v(x))^{p(1-\hat{\lambda}_1)-1}}{(v'(x))^{p-1}} f^p(x) \mathrm{d}x)^{\frac{1}{p}} (\sum_{n=n_0}^\infty \frac{u'(n)}{(u(n))^{q\hat{\lambda}_2+1}} A_n^q)^{\frac{1}{q}}. \tag{8.3.1}$$

特别当 $\lambda_1+\lambda_2=\lambda$ 时,有如下不等式:

$$\int_b^\infty \sum_{n=n_0}^\infty \frac{a_n f(x)}{(v(x)+u(n))^\lambda} \mathrm{d}x$$

$$< \lambda_2 \mathrm{B}(\lambda_1,\lambda_2) (\int_b^\infty \frac{(v(x))^{p(1-\lambda_1)-1}}{(v'(x))^{p-1}} f^p(x) \mathrm{d}x)^{\frac{1}{p}} (\sum_{n=n_0}^\infty \frac{u'(n)}{(u(n))^{q\lambda_2+1}} A_n^q)^{\frac{1}{q}}.$$

$$\tag{8.3.2}$$

推论 8.1　若 $\lambda_1+\lambda_2=\lambda$,则式(8.3.1) 的常数因子

$$\lambda \, (k_{\lambda+1}(\lambda_2 + 1))^{\frac{1}{p}} \, (k_{\lambda+1}(\lambda_1))^{\frac{1}{q}}$$

必为最佳值. 反之, 若 $\lambda - \lambda_1 - \lambda_2 \leqslant 0$, 且式(8.3.1)的相同常数因子为最佳值, 则有 $\lambda_1 + \lambda_2 = \lambda$.

定理 8.3 我们有与式(8.3.1)等价的半离散 Hardy-Hilbert 不等式:

$$J_0 := \left(\int_b^\infty (v(x))^{q\hat\lambda_1 - 1} v'(x) \left(\sum_{n=n_0}^\infty \frac{a_n}{(v(x) + u(n))^\lambda} \right)^q \mathrm{d}x \right)^{\frac{1}{q}}$$

$$< \lambda \, (k_{\lambda+1}(\lambda_2 + 1))^{\frac{1}{p}} \, (k_{\lambda+1}(\lambda_1))^{\frac{1}{q}} \left(\sum_{n=n_0}^\infty \frac{u'(n)}{(u(n))^{q\hat\lambda_2 + 1}} A_n^q \right)^{\frac{1}{q}}. \quad (8.3.3)$$

特别当 $\lambda_1 + \lambda_2 = \lambda$ 时, 有式(8.3.2)的等价式:

$$\left(\int_b^\infty (v(x))^{q\lambda_1 - 1} v'(x) \left(\sum_{n=n_0}^\infty \frac{a_n}{(v(x) + u(n))^\lambda} \right)^q \mathrm{d}x \right)^{\frac{1}{q}}$$

$$< \lambda_2 \mathrm{B}(\lambda_1, \lambda_2) \left(\sum_{n=n_0}^\infty \frac{u'(n)}{(u(n))^{q\lambda_2 + 1}} A_n^q \right)^{\frac{1}{q}}. \quad (8.3.4)$$

证明 设式(8.3.3)为真. 由 Hölder 不等式, 有

$$I_0 = \int_b^\infty \left(\frac{(v(x))^{-\hat\lambda_1 + \frac{1}{q}}}{(v'(x))^{1/q}} f(x) \right) \left((v(x))^{\hat\lambda_1 - \frac{1}{q}} \, (v'(x))^{\frac{1}{q}} \sum_{n=n_0}^\infty \frac{a_n}{(v(x) + u(n))^\lambda} \right) \mathrm{d}x$$

$$\leqslant \left(\int_b^\infty \frac{(v(x))^{p(1 - \hat\lambda_1) - 1}}{(v'(x))^{p-1}} f^p(x) \mathrm{d}x \right)^{\frac{1}{p}} J_0. \quad (8.3.5)$$

则由式(8.3.3), 我们有式(8.3.1). 反之, 设式(8.3.1)成立, 置

$$f(x) := (v(x))^{q\hat\lambda_1 - 1} v'(x) \left(\sum_{n=n_0}^\infty \frac{a_n}{(v(x) + u(n))^\lambda} \right)^{q-1}, x \in (b, \infty).$$

若 $J_0 = 0$, 则式(8.3.3)自然成立; 若 $J_0 = \infty$, 则式(8.3.3)不可能成立, 即 $J_0 < \infty$. 下设 $0 < J_0 < \infty$, 由式(8.3.1), 有

$$0 < \int_b^\infty \frac{(v(x))^{p(1 - \hat\lambda_1) - 1}}{(v'(x))^{p-1}} f^p(x) \mathrm{d}x = J_0^q = I_0$$

$$< \lambda \, (k_{\lambda+1}(\lambda_2 + 1))^{\frac{1}{p}} \, (k_{\lambda+1}(\lambda_1))^{\frac{1}{q}} J_0^{q-1} \left(\sum_{n=n_0}^\infty \frac{u'(n)}{(u(n))^{q\hat\lambda_2 + 1}} A_n^q \right)^{\frac{1}{q}} < \infty,$$

$$J_0 = \left(\int_b^\infty \frac{(v(x))^{p(1 - \hat\lambda_1) - 1}}{(v'(x))^{p-1}} f^p(x) \mathrm{d}x \right)^{\frac{1}{q}}$$

$$< \lambda \, (k_{\lambda+1}(\lambda_2 + 1))^{\frac{1}{p}} \, (k_{\lambda+1}(\lambda_1))^{\frac{1}{q}} \left(\sum_{n=n_0}^\infty \frac{u'(n)}{(u(n))^{q\hat\lambda_2 + 1}} A_n^q \right)^{\frac{1}{p}},$$

即式(8.3.3)成立, 且它等价于式(8.3.1). 证毕.

定理 8.4 若 $\lambda_1 + \lambda_2 = \lambda$, 则式(8.3.3)的常数因子 $\lambda (k_{\lambda+1}(\lambda_2 +$

$1))^{\frac{1}{p}}(k_{\lambda+1}(\lambda_1))^{\frac{1}{q}}$ 必为最佳值. 反之, 若 $\lambda-\lambda_1-\lambda_2\leqslant 0$, 且式 (8.3.3) 的相同常数因子为最佳值, 则有 $\lambda_1+\lambda_2=\lambda$.

证明　若 $\lambda_1+\lambda_2=\lambda$, 则由推论 8.1, 式 (8.3.1) 的常数因子 $\lambda(k_{\lambda+1}(\lambda_2+1))^{\frac{1}{p}}(k_{\lambda+1}(\lambda_1))^{\frac{1}{q}}$ 是最佳值. 由式 (8.3.5), 知式 (8.3.3) 的常数因子也必为最佳值. 不然, 将得出式 (8.3.1) 的常数因子也不是最佳值的矛盾. 反之, 若式 (8.3.3) 的常数因子是最佳值, 则由式 (8.3.1) 与式 (8.3.3) 的等价性, 及 $J_0^p=I_0$ (参考定理 8.3 的证明), 能证得式 (8.3.3) 的相同常数因子也是最佳值. 由条件及推论 8.1, 有 $\lambda_1+\lambda_2=\lambda$. 证毕.

例 8.1　在例 7.1(2) 的情形下, 取 $v(x)=x^\alpha$ ($x\in(-\infty,\infty)$), 当 $\alpha\in(0,1)$, $\xi\in[0,\frac{1}{2}]$, $\lambda_2\leqslant\frac{1}{\alpha}-1$ 时, 由式 (8.2.3), 有具有最佳常数因子 $\dfrac{\Gamma(\lambda+1)\lambda_2}{\Gamma(\lambda+k)\alpha^k}B(\lambda_1,\lambda_2)$ ($k=0,1$) 的较为精确的不等式:

$$\int_0^\infty\sum_{n=1}^\infty\frac{a_n x^{k(\alpha-1)}f(x)}{(x^\alpha+(n-\xi)^\alpha)^{\lambda+k}}dx$$

$$<\frac{\Gamma(\lambda+1)\lambda_2}{\Gamma(\lambda+k)\alpha^k}B(\lambda_1,\lambda_2)\left(\int_0^\infty x^{p(1-\alpha\lambda_1)-1}(f^{(k)}(x))^p dx\right)^{\frac{1}{p}}\cdot$$

$$\left(\sum_{n=1}^\infty(n-\xi)^{-q\alpha\lambda_2-1}A_n^q\right)^{\frac{1}{q}},k=0,1.\tag{8.3.6}$$

$$\int_1^\infty\sum_{n=2}^\infty\frac{a_n\ln^{k(\alpha-1)}x}{(\ln^\alpha x+\ln^\alpha(n-\xi))^{\lambda+k}x^k}f(x)dx$$

$$<\frac{\Gamma(\lambda+1)\lambda_2}{\Gamma(\lambda+k)\alpha^k}B(\lambda_1,\lambda_2)\left(\int_1^\infty\frac{\ln^{p(1-\alpha\lambda_1)-1}x}{x^{1-p}}(f^{(k)}(x))^p dx\right)^{\frac{1}{p}}\cdot$$

$$\left(\sum_{n=2}^\infty\frac{\ln^{-q\alpha\lambda_2-1}(n-\xi)}{n-\xi}A_n^q\right)^{\frac{1}{q}},k=0,1.\tag{8.3.7}$$

由式 (8.3.2) 与式 (8.3.4), 有如下 2 组具有最佳常数因子 $\lambda_2 B(\lambda_1,\lambda_2)$ 的较为精确的等价不等式:

$$\int_0^\infty\sum_{n=1}^\infty\frac{a_n f(x)}{(x^\alpha+(n-\xi)^\alpha)^\lambda}dx$$

$$<\lambda_2 B(\lambda_1,\lambda_2)\left(\int_0^\infty x^{p(1-\alpha\lambda_1)-1}f^p(x)dx\right)^{\frac{1}{p}}\left(\sum_{n=1}^\infty(n-\xi)^{-q\alpha\lambda_2-1}A_n^q\right)^{\frac{1}{q}},\tag{8.3.8}$$

$$\left(\int_0^\infty x^{q\alpha\lambda_1-1}\left(\sum_{n=1}^\infty\frac{a_n}{(x^\alpha+(n-\xi)^\alpha)^\lambda}\right)^q dx\right)^{\frac{1}{q}}$$

$$< \lambda_2 B(\lambda_1, \lambda_2) \left(\sum_{n=1}^{\infty} (n-\xi)^{-q a \lambda_2 -1} A_n^q \right)^{\frac{1}{q}} ; \qquad (8.3.9)$$

$$\int_1^{\infty} \sum_{n=2}^{\infty} \frac{a_n f(x)}{(\ln^a x + \ln^a (n-\xi))^{\lambda}} \mathrm{d}x$$

$$< \lambda_2 B(\lambda_1, \lambda_2) \left(\int_1^{\infty} \frac{\ln^{p(1-a\lambda_1)-1} x}{x^{1-p}} f^p(x) \mathrm{d}x \right)^{\frac{1}{p}} \left(\sum_{n=2}^{\infty} \frac{\ln^{-q a \lambda_2 -1}(n-\xi)}{n-\xi} A_n^q \right)^{\frac{1}{q}},$$

$$(8.3.10)$$

$$\left(\int_1^{\infty} \frac{1}{x} \ln^{q a \lambda_1 -1} x \left(\sum_{n=2}^{\infty} \frac{a_n}{(\ln^a x + \ln^a (n-\xi))^{\lambda}} \right)^q \mathrm{d}x \right)^{\frac{1}{q}}$$

$$< \lambda_2 B(\lambda_1, \lambda_2) \left(\sum_{n=2}^{\infty} \frac{\ln^{-q a \lambda_2 -1}(n-\xi)}{n-\xi} A_n^q \right)^{\frac{1}{q}}. \qquad (8.3.11)$$

若取 $v(x) = \mathrm{e}^{ax}$ $(a \in (0,1); x \in (-\infty, \infty))$,其他依前设,则有如下 2 组具有最佳常数因子 $\lambda_2 B(\lambda_1, \lambda_2)$ 的较为精确的半平面半离散的等价不等式:

$$\int_{-\infty}^{\infty} \sum_{n=1}^{\infty} \frac{a_n f(x)}{(\mathrm{e}^{ax} + (n-\xi)^a)^{\lambda}} \mathrm{d}x$$

$$< \lambda_2 B(\lambda_1, \lambda_2) \left(\int_{-\infty}^{\infty} \mathrm{e}^{-p a \lambda_1 x} f^p(x) \mathrm{d}x \right)^{\frac{1}{p}} \left(\sum_{n=1}^{\infty} (n-\xi)^{-q a \lambda_2 -1} A_n^q \right)^{\frac{1}{q}}, \quad (8.3.12)$$

$$\left(\int_{-\infty}^{\infty} \mathrm{e}^{q a \lambda_1 x} \left(\sum_{n=1}^{\infty} \frac{a_n}{(\mathrm{e}^{ax} + (n-\xi)^a)^{\lambda}} \right)^q \mathrm{d}x \right)^{\frac{1}{q}}$$

$$< \lambda_2 B(\lambda_1, \lambda_2) \left(\sum_{n=1}^{\infty} (n-\xi)^{-q a \lambda_2 -1} A_n^q \right)^{\frac{1}{q}} ; \qquad (8.3.13)$$

$$\int_{-\infty}^{\infty} \sum_{n=2}^{\infty} \frac{a_n f(x)}{(\mathrm{e}^{ax} + \ln^a (n-\xi))^{\lambda}} \mathrm{d}x$$

$$< \lambda_2 B(\lambda_1, \lambda_2) \left(\int_{-\infty}^{\infty} \mathrm{e}^{-p a \lambda_1 x} f^p(x) \mathrm{d}x \right)^{\frac{1}{p}} \left(\sum_{n=2}^{\infty} \frac{\ln^{-q a \lambda_2 -1}(n-\xi)}{n-\xi} A_n^q \right)^{\frac{1}{q}},$$

$$(8.3.14)$$

$$\left(\int_{-\infty}^{\infty} \mathrm{e}^{q a \lambda_1 x} \left(\sum_{n=2}^{\infty} \frac{a_n}{(\mathrm{e}^{ax} + \ln^a (n-\xi))^{\lambda}} \right)^q \mathrm{d}x \right)^{\frac{1}{q}}$$

$$< \lambda_2 B(\lambda_1, \lambda_2) \left(\sum_{n=2}^{\infty} \frac{\ln^{-q a \lambda_2 -1}(n-\xi)}{n-\xi} A_n^q \right)^{\frac{1}{q}}. \qquad (8.3.15)$$

当 $\xi = 0$ 时,上式为取例 7.1(1) 的中间变量的情形.

置函数

$$\varphi(x) := \frac{(v(x))^{p(1-\hat{\lambda}_1)-1}}{(v'(x))^{p-1}}, \Psi(n) := \frac{(u(n))^{q(1-\hat{\lambda}_2)-1}}{(u'(n))^{q-1}}, \psi(n) := \frac{u'(n)}{(u(n))^{q\hat{\lambda}_2+1}},$$

156

及

$$\varphi^{1-q}(x) = (v(x))^{q\hat{\lambda}_1 - 1}v'(x)(x \in (b, \infty), n \in \mathbf{N}_{n_0}).$$

定义如下实赋范空间：

$$L_{p,\varphi}((b, \infty)) := \left\{ f = f(x); \| f \|_{p,\varphi} := \left(\int_b^\infty \varphi(x) \mid f(x) \mid^p \mathrm{d}x \right)^{\frac{1}{p}} < \infty \right\},$$

$$l_{q,\Psi} := \left\{ a = \{a_n\}_{n=n_0}^\infty; \| a \|_{q,\Psi} := \left(\sum_{n=n_0}^\infty \Psi(n) \mid a_n \mid^q \right)^{\frac{1}{q}} < \infty \right\},$$

$$l_{q,\psi} := \left\{ A = \{A_n\}_{n=n_0}^\infty; \| A \|_{q,\psi} := \left(\sum_{n=n_0}^\infty \psi(n) \mid A_n \mid^q \right)^{\frac{1}{q}} < \infty \right\},$$

$$L_{q,\varphi^{1-q}}((b, \infty)) := \left\{ g = g(x); \| g \|_{q,\varphi^{1-q}} := \left(\int_b^\infty \varphi^{1-q}(x) \mid g(x) \mid^q \mathrm{d}x \right)^{\frac{1}{q}} < \infty \right\},$$

设 $a = \{a_n\}_{n_0}^\infty \in l_{q,\Psi}, A = \{a_n\}_{n_0}^\infty \in l_{q,\psi}, g = g(x) := \sum_{n=n_0}^\infty \dfrac{a_n}{(v(x) + u(n))^\lambda},$
则可将式(8.3.3)改写为

$$\| g \|_{q,\varphi^{1-q}} < \lambda (k_{\lambda+1}(\lambda_2 + 1))^{\frac{1}{p}} (k_{\lambda+1}(\lambda_1))^{\frac{1}{q}} \| A \|_{q,\psi} < \infty,$$

即有 $g \in L_{q,\varphi^{1-q}}((b, \infty))$.

定义 8.1　定义半离散 Hardy-Hilbert 算子 $T_0 : l_{q,\psi} \to L_{q,\varphi^{1-q}}((b, \infty))$ 为，
对任意 $a \in l_{q,\psi}$, 存在唯一的 $g = T_0 a \in L_{q,\varphi^{1-q}}((b, \infty))$, 使对任意 $x \in (b, \infty)$,
$T_0 a(x) = g(x)$. 定义 $T_0 a$ 与 $f \in L_{p,\varphi}((b, \infty))$ 的形式内积及 T_0 的范数如下：

$$(T_0 a, f) := \int_b^\infty f(x) \sum_{n=n_0}^\infty \frac{a_n}{(v(x) + u(n))^\lambda} \mathrm{d}x = I_0,$$

$$\| T_0 \| := \sup_{a(\neq 0) \in l_{q,\Psi}} \frac{\| T_0 a \|_{q,\varphi^{1-q}}}{\| A \|_{q,\psi}}.$$

由推论 8.1, 定理 8.3 及定理 8.4, 有如下定理.

定理 8.5　若 $f(\geqslant 0) \in L_{p,\varphi}((b, \infty)), a(\geqslant 0) \in l_{q,\Psi}, \| f \|_{p,\varphi} > 0, A \in l_{q,\psi}, \| A \|_{q,\psi} > 0$, 则有等价的算子不等式：

$$(T_0 a, f) < \lambda (k_{\lambda+1}(\lambda_2 + 1))^{\frac{1}{p}} (k_{\lambda+1}(\lambda_1))^{\frac{1}{q}} \| f \|_{p,\varphi} \| A \|_{q,\psi},$$

$$(8.3.16)$$

$$\| T_0 a \|_{q,\varphi^{1-q}} < \lambda (k_{\lambda+1}(\lambda_2 + 1))^{\frac{1}{p}} (k_{\lambda+1}(\lambda_1))^{\frac{1}{q}} \| A \|_{q,\psi}. \quad (8.3.17)$$

当 $\lambda_1 + \lambda_2 = \lambda$ 时, 式(8.3.16)及式(8.3.17)的常数因子

$$\lambda (k_{\lambda+1}(\lambda_2 + 1))^{\frac{1}{p}} (k_{\lambda+1}(\lambda_1))^{\frac{1}{q}}$$

必为最佳值, 即 $\| T_0 \| = \lambda_2 B(\lambda_1, \lambda_2)$. 反之, 若式(8.3.16)或式(8.3.17)的常数因子 $\lambda (k_{\lambda+1}(\lambda_2 + 1))^{\frac{1}{p}} \cdot (k_{\lambda+1}(\lambda_1))^{\frac{1}{q}}$ 为最佳值, 则当 $\lambda - \lambda_1 - \lambda_2 \leqslant 0$ 时, 有 λ_1

$+\lambda_2 = \lambda.$

8.4　第一类逆式的情形

本节设 $p < 0, 0 < q < 1$,定义 2.1 情形(1)(或情形(2))对 $s_2 = \lambda_2$ 满足.

在式(2.1.7)中,令 $s = \lambda, s_1 = \lambda_1, s_2 = \lambda_2$,置换 $f(x)$ 为 $f^{(k)}(x)$,由条件 (8.1.1),我们有逆向不等式:

$$\int_b^\infty \sum_{n=n_0}^\infty \frac{a_n f^{(k)}(x)}{(v(x) + u(n))^\lambda} \mathrm{d}x$$

$$> (k_\lambda(\lambda_2))^{\frac{1}{p}} (k_\lambda(\lambda_1))^{\frac{1}{q}} \left(\int_b^\infty \frac{(v(x))^{p(1-\hat{\lambda}_1)-1}}{(v'(x))^{p-1}} (f^{(k)}(x))^p \mathrm{d}x \right)^{\frac{1}{p}} \cdot$$

$$\left(\sum_{n=n_0}^\infty \frac{(u(n))^{q(1-\hat{\lambda}_2)-1}}{(u'(n))^{q-1}} a_n^q \right)^{\frac{1}{q}}, k = 0, 1. \tag{8.4.1}$$

代入式(8.1.5),可得涉及导函数与部分和的第一类半离散逆向 Hardy-Hilbert 不等式:

$$I_{k+1} = \int_b^\infty \sum_{n=n_0}^\infty \frac{u'(n) A_n (v'(x))^k f(x)}{(v(x) + u(n))^{\lambda+k+1}} \mathrm{d}x$$

$$> \frac{\Gamma(\lambda)}{\Gamma(\lambda+k+1)} (k_\lambda(\lambda_2))^{\frac{1}{p}} (k_\lambda(\lambda_1))^{\frac{1}{q}} \left(\int_b^\infty \frac{(v(x))^{p(1-\hat{\lambda}_1)-1}}{(v'(x))^{p-1}} (f^{(k)}(x))^p \mathrm{d}x \right)^{\frac{1}{p}} \cdot$$

$$\left(\sum_{n=n_0}^\infty \frac{(u(n))^{q(1-\hat{\lambda}_2)-1}}{(u'(n))^{q-1}} a_n^q \right)^{\frac{1}{q}}, k = 0, 1. \tag{8.4.2}$$

特别,当 $\lambda_1 + \lambda_2 = \lambda$ 时,有不等式:

$$\int_b^\infty \sum_{n=n_0}^\infty \frac{u'(n) A_n (v'(x))^k f(x)}{(v(x) + u(n))^{\lambda+k+1}} \mathrm{d}x$$

$$> \frac{\Gamma(\lambda)}{\Gamma(\lambda+k+1)} \mathrm{B}(\lambda_1, \lambda_2) \left(\int_b^\infty \frac{(v(x))^{p(1-\lambda_1)-1}}{(v'(x))^{p-1}} (f^{(k)}(x))^p \mathrm{d}x \right)^{\frac{1}{p}} \cdot$$

$$\left(\sum_{n=n_0}^\infty \frac{(u(n))^{q(1-\lambda_2)-1}}{(u'(n))^{q-1}} a_n^q \right)^{\frac{1}{q}}, k = 0, 1. \tag{8.4.3}$$

定理 8.6　若 $\lambda_1 + \lambda_2 = \lambda$,则式(8.4.2)的常数因子

$$\frac{\Gamma(\lambda)}{\Gamma(\lambda+k+1)} (k_\lambda(\lambda_2))^{\frac{1}{p}} (k_\lambda(\lambda_1))^{\frac{1}{q}}, k = 0, 1$$

必为最佳值.

证明　若 $\lambda_1 + \lambda_2 = \lambda$,则式(8.4.2)变为式(8.4.3).现分两种情形证明.

(1)$k = 0$ 的情形.任给 $0 < \varepsilon < \lambda_2 \min\{|p|, q\}$,置

$$\tilde{f}(x) = \tilde{f}^{(0)}(x) := \begin{cases} 0, b < x < v^{-1}(1) \\ (v(x))^{\lambda_1 - \frac{\varepsilon}{p} - 1} v'(x), x \geqslant v^{-1}(1) \end{cases},$$

$$\tilde{a}_n := \begin{cases} 0, n = n_0 \\ (u(n))^{\lambda_2 - \frac{\varepsilon}{q} - 1} u'(n), n \in \mathbf{N}_{n_0+1} \end{cases}.$$

显然，$(u(t))^{\lambda_2 - \frac{\varepsilon}{q} - 1} u'(t)$ 在 (n_0, ∞) 仍递减，有

$$\tilde{A}_n = \sum_{k=n_0}^n \tilde{a}_k = \sum_{k=n_0+1}^n (u(k))^{\lambda_2 - \frac{\varepsilon}{q} - 1} u'(k) < \int_{n_0}^n (u(t))^{\lambda_2 - \frac{\varepsilon}{q} - 1} u'(t) \mathrm{d}t$$

$$= \frac{1}{\lambda_2 - \frac{\varepsilon}{q}} (u(t))^{\lambda_2 - \frac{\varepsilon}{q}} \Big|_{n_0}^n \leqslant \frac{1}{\lambda_2 - \frac{\varepsilon}{q}} (u(n))^{\lambda_2 - \frac{\varepsilon}{q}}, n \in \mathbf{N}_{n_0},$$

满足条件 $\tilde{A}_n = o(e^{tu(n)}) (t > 0; n \to \infty)$.

若有常数 $M \geqslant \frac{1}{\lambda} B(\lambda_1, \lambda_2)$，使取式 $(8.4.3)(k=0)$ 的常数因子 $\frac{1}{\lambda} B(\lambda_1, \lambda_2)$ 后仍成立，则特别还有

$$\tilde{I} := \int_b^\infty \sum_{n=n_0}^\infty \frac{u'(n) \tilde{A}_n \tilde{f}(x)}{(v(x) + u(n))^{\lambda+1}} \mathrm{d}x$$

$$> M \left(\int_b^\infty \frac{(v(x))^{p(1-\lambda_1)-1}}{(v'(x))^{p-1}} \tilde{f}^p(x) \mathrm{d}x \right)^{\frac{1}{p}} \left(\sum_{n=n_0}^\infty \frac{(u(n))^{q(1-\lambda_2)-1}}{(u'(n))^{q-1}} \tilde{a}_n^q \right)^{\frac{1}{q}}.$$

$$(8.4.4)$$

由式 $(8.4.4)$ 及级数的递减性质，可得

$$\tilde{I} > M \left(\int_{v^{-1}(1)}^\infty \frac{(v(x))^{p(1-\lambda_1)-1}}{(v'(x))^{p-1}} (v(x))^{p\lambda_1 - \varepsilon - p} (v'(x))^p \mathrm{d}x \right)^{\frac{1}{p}} \cdot$$

$$\left(\sum_{n=n_0+1}^\infty \frac{(u(n))^{q(1-\lambda_2)-1}}{(u'(n))^{q-1}} (u(n))^{q\lambda_2 - \varepsilon - q} (u'(n))^q \right)^{\frac{1}{q}}$$

$$= M \left(\int_{v^{-1}(1)}^\infty (v(x))^{-\varepsilon-1} v'(x) \mathrm{d}x \right)^{\frac{1}{p}} \left(\sum_{n=n_0+1}^\infty (u(n))^{-\varepsilon-1} u'(n) \right)^{\frac{1}{q}}$$

$$> M \left(\int_{v^{-1}(1)}^\infty (v(x))^{-\varepsilon-1} v'(x) \mathrm{d}x \right)^{\frac{1}{p}} \left(\int_{n_0+1}^\infty (u(y))^{-\varepsilon-1} u'(y) \mathrm{d}y \right)^{\frac{1}{q}}$$

$$= \frac{M}{\varepsilon} (u(n_0+1))^{-\frac{\varepsilon}{q}}.$$

在式 $(2.1.5)$ 中，令 $s = \lambda + 1, s_1 = \tilde{\lambda}_1 := \lambda_1 - \frac{\varepsilon}{p} \in (0, \lambda+1)$，我们有

$$\tilde{I} \leqslant \frac{1}{\lambda_2 - \frac{\varepsilon}{q}} \sum_{n=n_0}^\infty ((u(n))^{\lambda_2 + \frac{\varepsilon}{p} + 1} \int_{v^{-1}(1)}^\infty \frac{(v(x))^{(\lambda_1 - \frac{\varepsilon}{p})-1} v'(x)}{(v(x) + u(n))^{\lambda+1}} \mathrm{d}x)(u(n))^{-\varepsilon-1} u'(n)$$

$$< \frac{1}{\lambda_2 - \frac{\varepsilon}{q}} \sum_{n=n_0}^{\infty} ((u(n))^{\lambda_2 + \frac{\varepsilon}{p} + 1} \int_b^{\infty} \frac{(v(x))^{(\lambda_1 - \frac{\varepsilon}{p}) - 1} v'(x)}{(v(x) + u(n))^{\lambda + 1}} dx)(u(n))^{-\varepsilon - 1} u'(n)$$

$$= \frac{1}{\lambda_2 - \frac{\varepsilon}{q}} \sum_{n=n_0}^{\infty} \omega_{\lambda + 1}(\tilde{\lambda}_1, n)(u(n))^{-\varepsilon - 1} u'(n)$$

$$= \frac{1}{\lambda_2 - \frac{\varepsilon}{q}} k_{\lambda + 1}(\tilde{\lambda}_1)((u(n_0))^{-\varepsilon - 1} u'(n_0) + \sum_{n=n_0+1}^{\infty} (u(n))^{-\varepsilon - 1} u'(n))$$

$$\leqslant \frac{1}{\lambda_2 - \frac{\varepsilon}{q}} k_{\lambda + 1}(\tilde{\lambda}_1)((u(n_0))^{-\varepsilon - 1} u'(n_0) + \int_{n_0}^{\infty} (u(t))^{-\varepsilon - 1} du(t))$$

$$= \frac{1}{\varepsilon(\lambda_2 - \frac{\varepsilon}{q})} B(\lambda_1 - \frac{\varepsilon}{p}, \lambda_2 + \frac{\varepsilon}{p} + 1)(\varepsilon(u(n_0))^{-\varepsilon - 1} u'(n_0) + (u(n_0))^{-\varepsilon})$$

基于上面的结果,有

$$\frac{1}{\lambda_2 - \frac{\varepsilon}{q}} B(\lambda_1 - \frac{\varepsilon}{p}, \lambda_2 + \frac{\varepsilon}{p} + 1)(\varepsilon(u(n_0))^{-\varepsilon - 1} u'(n_0) + (u(n_0))^{-\varepsilon})$$

$$> \varepsilon \tilde{I} > M(u(n_0 + 1))^{-\frac{\varepsilon}{q}}.$$

令 $\varepsilon \to 0^+$,由 Beta 函数的连续性,有 $\frac{1}{\lambda} B(\lambda_1, \lambda_2) = \frac{1}{\lambda_2} B(\lambda_1, \lambda_2 + 1) \geqslant M.$

故 $M = \frac{1}{\lambda} B(\lambda_1, \lambda_2)$ 为式(8.4.3)($k = 0$) 的最佳值.

(2)$k = 1$ 的情形. 任给 $0 < \varepsilon < \lambda_2 \min\{|p|, q\}$,置

$$\tilde{f}'(x) := \begin{cases} 0, b < x < v^{-1}(1) \\ (v(x))^{\lambda_1 - \frac{\varepsilon}{p} - 1} v'(x), x \geqslant v^{-1}(1) \end{cases},$$

$$\tilde{f}(x) := \int_b^x \tilde{f}'(t) dt \leqslant \begin{cases} 0, b < x < v^{-1}(1) \\ (\lambda_1 - \frac{\varepsilon}{p})^{-1} (v(x))^{\lambda_1 - \frac{\varepsilon}{p}}, x \geqslant v^{-1}(1) \end{cases},$$

满足条件,$\tilde{f}(b^+) = 0, \tilde{f}(x) = o(e^{tv(x)})(t > 0; x \to \infty), \tilde{a}_n, \tilde{A}_n$ 的表示如情形(1).

若有正数 $M_1 \geqslant \frac{B(\lambda_1, \lambda_2)}{\lambda(\lambda + 1)}$,使其取代式(8.4.3)($k = 1$) 的常数因子后原式仍成立,则特别还有

$$\tilde{I}_1 := \int_b^{\infty} \sum_{n=n_0}^{\infty} \frac{u'(n) \tilde{A}_n v'(x) \tilde{f}(x)}{(v(x) + u(n))^{\lambda + 2}} dx$$

160

$$> M_1 \left(\int_b^\infty \frac{(v(x))^{p(1-\lambda_1)-1}}{(v'(x))^{p-1}} (\widetilde{f}'(x))^p \mathrm{d}x \right)^{\frac{1}{p}} \left(\sum_{n=n_0}^\infty \frac{(u(n))^{q(1-\lambda_2)-1}}{(u'(n))^{q-1}} \tilde{a}_n^q \right)^{\frac{1}{q}}.$$

$$(8.4.5)$$

显然,因 $u'(t)>0,u''(t)\leqslant 0$,函数 $(u(t))^{-\varepsilon-1}u'(t)(t\in(n_0,\infty))$ 仍具有递减性. 由式 (8.4.5) 及级数的递减性质,可得

$$\tilde{I}_1 > M_1 \left(\int_{v^{-1}(1)}^\infty \frac{(v(x))^{p(1-\lambda_1)-1}}{(v'(x))^{p-1}} (v(x))^{p(\lambda_1-1)-\varepsilon}(v'(x))^p \mathrm{d}x \right)^{\frac{1}{p}} \cdot$$

$$\left(\sum_{n=n_0+1}^\infty \frac{(u(n))^{q(1-\lambda_2)-1}}{(u'(n))^{q-1}} (u(n))^{q\lambda_2-\varepsilon-q}(u'(n))^q \right)^{\frac{1}{q}}$$

$$= M_1 \left(\int_{v^{-1}(1)}^\infty (v(x))^{-\varepsilon-1}v'(x)\mathrm{d}x \right)^{\frac{1}{p}} \left(\sum_{n=n_0+1}^\infty (u(n))^{-\varepsilon-1}u'(n) \right)^{\frac{1}{q}}$$

$$\geqslant M_1 \left(\int_{v^{-1}(1)}^\infty (v(x))^{-\varepsilon-1}v'(x)\mathrm{d}x \right)^{\frac{1}{p}} \left(\int_{n_0+1}^\infty (u(t))^{-\varepsilon-1}u'(t)\mathrm{d}t \right)^{\frac{1}{q}}$$

$$= \frac{M_1}{\varepsilon} (u(n_0+1))^{\frac{-\varepsilon}{q}}.$$

由式 (2.1.5),置 $s=\lambda+2,s_1=\overset{\sim}{\lambda}_1:=\lambda_1+1-\frac{\varepsilon}{p} \in (0,\lambda+2)$,我们有

$$\sum_{n=n_0}^\infty ((u(n))^{(\lambda_2+\frac{\varepsilon}{p}+1)} \int_{v^{-1}(1)}^\infty \frac{(v(x))^{(\lambda_1+1-\frac{\varepsilon}{p})-1}v'(x)}{(v(x)+u(n))^{\lambda+2}}\mathrm{d}x)(u(n))^{-\varepsilon-1}u'(n)$$

$$< \sum_{n=n_0}^\infty ((u(n))^{(\lambda_2+\frac{\varepsilon}{p}+1)} \int_b^\infty \frac{(v(x))^{(\lambda_1+1-\frac{\varepsilon}{p})-1}}{(x+u(n))^{\lambda+2}}v'(x)\mathrm{d}x)(u(n))^{-\varepsilon-1}u'(n)$$

$$= \sum_{n=n_0}^\infty \omega_{\lambda+2}(\overset{\sim}{\lambda}_1,n)(u(n))^{-\varepsilon-1}u'(n)$$

$$= k_{\lambda+2}(\overset{\sim}{\lambda}_1)((u(n_0))^{-\varepsilon-1}u'(n_0) + \sum_{n=n_0+1}^\infty (u(n))^{-\varepsilon-1}u'(n))$$

$$< k_{\lambda+2}(\overset{\sim}{\lambda}_1)((u(n_0))^{-\varepsilon-1}u'(n_0) + \int_{n_0}^\infty (u(y))^{-\varepsilon-1}u'(y)\mathrm{d}y)$$

$$= \frac{1}{\varepsilon}\mathrm{B}(\lambda_1+1-\frac{\varepsilon}{p},\lambda_2+1+\frac{\varepsilon}{p})(\varepsilon(u(n_0))^{-\varepsilon-1}u'(n_0) + (u(n_0))^{-\varepsilon}).$$

基于上面的结果及式 (8.4.5),有

$$\frac{1}{(\lambda_2-\frac{\varepsilon}{q})(\lambda_1-\frac{\varepsilon}{p})}\mathrm{B}(\lambda_1+1-\frac{\varepsilon}{p},\lambda_2+1+\frac{\varepsilon}{p}) \cdot$$

$$(\varepsilon(u(n_0))^{-\varepsilon-1}u'(n_0) + (u(n_0))^{-\varepsilon}) > \varepsilon\tilde{I}_1 > M_1(u(n_0+1))^{\frac{-\varepsilon}{q}}.$$

令 $\varepsilon \to 0^+$,由 Beta 函数的连续性,有

$$\frac{1}{\lambda(\lambda+1)}\mathrm{B}(\lambda_1,\lambda_2) = \frac{1}{\lambda_1\lambda_2}\mathrm{B}(\lambda_1+1,\lambda_2+1) \geqslant M_1.$$

故 $M_1 = \dfrac{1}{\lambda(\lambda+1)} B(\lambda_1,\lambda_2)$ 为式(8.4.3)($k=1$) 的最佳值. 证毕.

定理 8.7　若式(8.4.2) 的常数因子

$$\frac{\Gamma(\lambda)}{\Gamma(\lambda+k+1)} (k_\lambda(\lambda_2))^{\frac{1}{p}} (k_\lambda(\lambda_1))^{\frac{1}{q}}, k=0,1$$

为最佳值,则当 $\lambda - \lambda_1 - \lambda_2 \in (-q\lambda_2, 0]$ 时,必有 $\lambda_1+\lambda_2=\lambda$.

证明　因 $\hat{\lambda}_1 = \dfrac{\lambda-\lambda_2}{p} + \dfrac{\lambda_1}{q}, \hat{\lambda}_2 = \dfrac{\lambda-\lambda_1-\lambda_2}{q} + \lambda_2$, 有 $\hat{\lambda}_1 + \hat{\lambda}_2 = \lambda$. 当

$$\lambda - \lambda_1 - \lambda_2 \in (-q\lambda_2, 0] (\subset (-q\lambda_2, q(\lambda-\lambda_2))),$$

有 $0 < \hat{\lambda}_2 < \lambda, 0 < \hat{\lambda}_1 = \lambda - \hat{\lambda}_2 < \lambda$ 及 $B(\hat{\lambda}_1, \hat{\lambda}_2) \in \mathbf{R}^+$. 因 $\lambda - \lambda_1 - \lambda_2 \leqslant 0, 0 < q < 1$,对于 $\rho = 1$(或 $\rho = \dfrac{1}{2}$),函数

$$(u(t))^{\hat{\lambda}_2-1} u'(t) = (u(t))^{\hat{\lambda}_2-\lambda_2} ((u(t))^{\lambda_2-1} u'(t))$$

$$= (u(t))^{(\lambda-\lambda_1-\lambda_2)/q} ((u(t))^{\lambda_2-1} u'(t)), t \in (n_0-\rho, \infty)$$

仍具有递减性. 因 $u''(t) \leqslant 0$, 及 $(u(t))^{\lambda_2-1} u'(t)$ 凸,显然上式仍具有凸性($\rho = \dfrac{1}{2}$). 故定义 2.1 情形(1)(或情形(2)) 对 $s_2 = \hat{\lambda}_2$ 仍满足. 因此由式(8.4.3),可令

$\lambda_i = \hat{\lambda}_i (i=1,2)$,成立如下不等式:

$$\int_b^\infty \sum_{n=n_0}^\infty \frac{u'(n) A_n (v'(x))^k f(x)}{(v(x)+u(n))^{\lambda+k+1}} \mathrm{d}x$$

$$> \frac{\Gamma(\lambda)}{\Gamma(\lambda+k+1)} B(\hat{\lambda}_1, \hat{\lambda}_2) \left(\int_b^\infty \frac{(v(x))^{p(1-\hat{\lambda}_1)-1}}{(v'(x))^{p-1}} (f^{(k)}(x))^p \mathrm{d}x\right)^{\frac{1}{p}} \cdot$$

$$\left(\sum_{n=n_0}^\infty \frac{(u(n))^{q(1-\hat{\lambda}_2)-1}}{(u'(n))^{q-1}} a_n^q\right)^{\frac{1}{q}}, k=0,1. \tag{8.4.6}$$

由逆向的 Hölder 不等式(参阅文[5]),我们还有

$$B(\hat{\lambda}_1, \hat{\lambda}_2) = k_\lambda(\hat{\lambda}_2) = k_\lambda\left(\frac{\lambda_2}{p} + \frac{\lambda-\lambda_1}{q}\right)$$

$$= \int_0^\infty \frac{1}{(1+u)^\lambda} u^{\frac{\lambda_2}{p}+\frac{\lambda-\lambda_1}{q}-1} \mathrm{d}u = \int_0^\infty \frac{1}{(1+u)^\lambda} (u^{\frac{\lambda_2-1}{p}})(u^{\frac{\lambda-\lambda_1-1}{q}}) \mathrm{d}u$$

$$\geqslant \left(\int_0^\infty \frac{1}{(1+u)^\lambda} u^{\lambda_2-1} \mathrm{d}u\right)^{\frac{1}{p}} \left(\int_0^\infty \frac{1}{(1+u)^\lambda} u^{\lambda-\lambda_1-1} \mathrm{d}u\right)^{\frac{1}{q}}$$

$$= \left(\int_0^\infty \frac{1}{(1+u)^\lambda} u^{\lambda_2-1} \mathrm{d}u\right)^{\frac{1}{p}} \left(\int_0^\infty \frac{1}{(1+v)^\lambda} v^{\lambda_1-1} \mathrm{d}v\right)^{\frac{1}{q}}$$

$$= (k_\lambda(\lambda_2))^{\frac{1}{p}} (k_\lambda(\lambda_1))^{\frac{1}{q}}. \tag{8.4.7}$$

由于常数因子 $\dfrac{\Gamma(\lambda)}{\Gamma(\lambda+k+1)}(k_\lambda(\lambda_2))^{\frac{1}{p}}(k_\lambda(\lambda_1))^{\frac{1}{q}}$ 为式(8.4.2)的最佳值，

故比较式(8.4.2)与式(8.4.6)的常数因子，我们有不等式：

$$\frac{\Gamma(\lambda)}{\Gamma(\lambda+k+1)}(k_\lambda(\lambda_2))^{\frac{1}{p}}(k_\lambda(\lambda_1))^{\frac{1}{q}} \geqslant \frac{\Gamma(\lambda)}{\Gamma(\lambda+k+1)}B(\hat{\lambda}_1,\hat{\lambda}_2)(\in \mathbf{R}^+),$$

即有 $(k_\lambda(\lambda_2))^{\frac{1}{p}}(k_\lambda(\lambda_1))^{\frac{1}{q}} \geqslant B(\hat{\lambda}_1,\hat{\lambda}_2)$，故式(8.4.7)取等号．式(8.4.7)取等号的等价条件是有不全为 0 的常数 A 和 B，使（参阅文[5]）$Au^{\lambda_2-1}=Bu^{\lambda-\lambda_1-1}$ a. e. 于 $\mathbf{R}^+$．不妨设 $A \neq 0$．有 $u^{\lambda_2+\lambda_1-\lambda}=\dfrac{B}{A}$ a. e. 于 $\mathbf{R}^+$，及 $\lambda_2+\lambda_1-\lambda=0$．因而 $\lambda_1+\lambda_2=\lambda$．证毕.

当 $k=0$ 时，由式(8.4.2)，有

$$I_1=\int_b^\infty \sum_{n=n_0}^\infty \frac{u'(n)A_nf(x)}{(v(x)+u(n))^{\lambda+1}}\mathrm{d}x$$

$$> \frac{1}{\lambda}(k_\lambda(\lambda_2))^{\frac{1}{p}}(k_\lambda(\lambda_1))^{\frac{1}{q}}\left(\int_b^\infty \frac{(v(x))^{p(1-\hat{\lambda}_1)-1}}{(v'(x))^{p-1}}f^p(x)\mathrm{d}x\right)^{\frac{1}{p}}\cdot$$

$$\left(\sum_{n=n_0}^\infty \frac{(u(n))^{q(1-\hat{\lambda}_2)-1}}{(u'(n))^{q-1}}a_n^q\right)^{\frac{1}{q}}. \tag{8.4.8}$$

特别，当 $\lambda_1+\lambda_2=\lambda$ 时，有不等式：

$$\int_b^\infty \sum_{n=n_0}^\infty \frac{u'(n)A_nf(x)}{(v(x)+u(n))^{\lambda+1}}\mathrm{d}x$$

$$> \frac{1}{\lambda}B(\lambda_1,\lambda_2)\left(\int_b^\infty \frac{(v(x))^{p(1-\lambda_1)-1}}{(v'(x))^{p-1}}f^p(x)\mathrm{d}x\right)^{\frac{1}{p}}\left(\sum_{n=n_0}^\infty \frac{(u(n))^{q(1-\lambda_2)-1}}{(u'(n))^{q-1}}a_n^q\right)^{\frac{1}{q}}.$$

$$\tag{8.4.9}$$

推论 8.2　若 $\lambda_1+\lambda_2=\lambda$，则式(8.4.8)的常数因子 $\dfrac{1}{\lambda}(k_\lambda(\lambda_2))^{\frac{1}{p}}(k_\lambda(\lambda_1))^{\frac{1}{q}}$ 必为最佳值．反之，若 $\lambda-\lambda_1-\lambda_2\in(-q\lambda_2,0]$，且式(8.4.8)的相同常数因子为最佳值，则有 $\lambda_1+\lambda_2=\lambda$．

定理 8.8　我们有与式(8.4.8)等价的第一类半离散逆向的 Hardy-Hilbert 不等式：

$$J_1:=\left(\int_b^\infty (v(x))^{q\hat{\lambda}_1-1}v'(x)\left(\sum_{n=n_0}^\infty \frac{u'(n)A_n}{(v(x)+u(n))^{\lambda+1}}\right)^q\mathrm{d}x\right)^{\frac{1}{q}}$$

$$> \frac{1}{\lambda}(k_\lambda(\lambda_2))^{\frac{1}{p}}(k_\lambda(\lambda_1))^{\frac{1}{q}}\left(\sum_{n=n_0}^\infty \frac{(u(n))^{q(1-\hat{\lambda}_2)-1}}{(u'(n))^{q-1}}a_n^q\right)^{\frac{1}{q}}. \tag{8.4.10}$$

特别当 $\lambda_1+\lambda_2=\lambda$ 时，我们有式(8.4.9)的等价式：

$$\Big(\int_b^\infty (v(x))^{q\lambda_1-1}v'(x)\Big(\sum_{n=n_0}^\infty \frac{u'(n)A_n}{(v(x)+u(n))^{\lambda+1}}\Big)^q \mathrm{d}x\Big)^{\frac{1}{q}}$$

$$> \frac{1}{\lambda}\mathrm{B}(\lambda_1,\lambda_2)\Big(\sum_{n=n_0}^\infty \frac{(u(n))^{q(1-\lambda_2)-1}}{(u'(n))^{q-1}}a_n^q\Big)^{\frac{1}{q}}. \tag{8.4.11}$$

证明 设式(8.4.10)为真. 由逆向的 Hölder 不等式, 有

$$I_1 = \int_b^\infty \Big(\frac{(v(x))^{-\hat\lambda_1+\frac{1}{q}}}{(v'(x))^{\frac{1}{q}}}f(x)\Big)\Big((v(x))^{\hat\lambda_1-\frac{1}{q}}(v'(x))^{\frac{1}{q}}\sum_{n=n_0}^\infty \frac{u'(n)A_n}{(v(x)+u(n))^{\lambda+1}}\Big)\mathrm{d}x$$

$$\geqslant \Big(\int_b^\infty \frac{(v(x))^{p(1-\hat\lambda_1)-1}}{(v'(x))^{p-1}}f^p(x)\mathrm{d}x\Big)^{\frac{1}{p}}J_1. \tag{8.4.12}$$

则由式(8.4.10), 我们有式(8.4.8). 反之, 设式(8.4.8) 成立, 置

$$f(x):=(v(x))^{q\hat\lambda_1-1}v'(x)\Big(\sum_{n=n_0}^\infty \frac{u'(n)A_n}{(v(x)+u(n))^{\lambda+1}}\Big)^{q-1},\ x\in(b,\infty).$$

若 $J_1=\infty$, 则式(8.4.10) 自然成立; 若 $J_1=0$, 则式(8.4.10) 不可能成立. 下设 $0<J_1<\infty$. 由式(8.4.8), 有

$$\infty > \int_b^\infty \frac{(v(x))^{p(1-\hat\lambda_1)-1}}{(v'(x))^{p-1}}f^p(x)\mathrm{d}x = J_1^q = I_1$$

$$> \frac{1}{\lambda}(k_\lambda(\lambda_2))^{\frac{1}{p}}(k_\lambda(\lambda_1))^{\frac{1}{q}}J_1^{q-1}\Big(\sum_{n=n_0}^\infty \frac{(u(n))^{q(1-\hat\lambda_2)-1}}{(u'(n))^{q-1}}a_n^q\Big)^{\frac{1}{q}} > 0,$$

$$J_1 = \Big(\int_b^\infty \frac{(v(x))^{p(1-\hat\lambda_1)-1}}{(v'(x))^{p-1}}f^p(x)\mathrm{d}x\Big)^{\frac{1}{q}}$$

$$> \frac{1}{\lambda}(k_\lambda(\lambda_2))^{\frac{1}{p}}(k_\lambda(\lambda_1))^{\frac{1}{q}}\Big(\sum_{n=n_0}^\infty \frac{(u(n))^{q(1-\hat\lambda_2)-1}}{(u'(n))^{q-1}}a_n^q\Big)^{\frac{1}{p}},$$

即式(8.4.10) 成立, 且它等价于式(8.4.8). 证毕.

定理 8.9 若 $\lambda_1+\lambda_2=\lambda$, 则式(8.4.10)的常数因子 $\frac{1}{\lambda}(k_\lambda(\lambda_2))^{\frac{1}{p}}\cdot(k_\lambda(\lambda_1))^{\frac{1}{q}}$ 必为最佳值. 反之, 若 $\lambda-\lambda_1-\lambda_2\in(-q\lambda_2,0]$, 且式(8.4.10) 的相同常数因子为最佳值, 则有 $\lambda_1+\lambda_2=\lambda$.

证明 若 $\lambda_1+\lambda_2=\lambda$, 则由推论 8.2, 式(8.4.8)的常数因子 $\frac{1}{\lambda}(k_\lambda(\lambda_2))^{\frac{1}{p}}\cdot(k_\lambda(\lambda_1))^{\frac{1}{q}}$ 是最佳值. 由式(8.4.12), 知式(8.4.10) 的常数因子也必为最佳值. 不然, 将得出式(8.4.8) 的常数因子也不是最佳值的矛盾. 反之, 若式(8.4.10) 的常数因子是最佳值, 则由式(8.4.8) 与式(8.4.10) 的等价性, 及 $J_1^q=I_1$(参考定理 8.8 的证明), 能证得式(8.4.8) 的相同常数因子也是最佳值. 由条件及推论 8.2, 有 $\lambda_1+\lambda_2=\lambda$. 证毕.

例 8.2　取例 2.1(2) 的中间变量，又令 $v(x)=x^a$ $(x\in(0,\infty))$，当 $\alpha\in$

$(0,1],\xi\in[0,\frac{1}{2}],\lambda_2\leqslant\frac{1}{\alpha}$ 时，代入式 (8.4.3)，有如下具有最佳常数因子

$\frac{\Gamma(\lambda)}{\alpha^2\Gamma(\lambda+k+1)}\mathrm{B}(\lambda_1,\lambda_2)(k=0,1)$ 的较为精确的逆向不等式：

$$\int_0^\infty\sum_{n=1}^\infty\frac{(n-\xi)^{\alpha-1}A_n x^{k(\alpha-1)}f(x)}{(x^\alpha+(n-\xi)^\alpha)^{\lambda+k+1}}\mathrm{d}x$$

$$>\frac{\Gamma(\lambda)}{\alpha^2\Gamma(\lambda+k+1)}\mathrm{B}(\lambda_1,\lambda_2)\left(\int_0^\infty x^{p(1-\alpha\lambda_1)-1}\left(f^{(k)}(x)\right)^p\mathrm{d}x\right)^{\frac{1}{p}}\cdot$$

$$\left(\sum_{n=1}^\infty(n-\xi)^{q(1-\alpha\lambda_2)-1}a_n^q\right)^{\frac{1}{q}},k=0,1,\tag{8.4.13}$$

$$\int_1^\infty\sum_{n=2}^\infty\frac{\ln^{\alpha-1}(n-\xi)A_n\ln^{k(\alpha-1)}x}{(\ln^\alpha x+\ln^\alpha(n-\xi))^{\lambda+k+1}(n-\xi)x^k}f(x)\mathrm{d}x$$

$$>\frac{\Gamma(\lambda)}{\alpha^2\Gamma(\lambda+k+1)}\mathrm{B}(\lambda_1,\lambda_2)\left(\int_1^\infty\frac{\ln^{p(1-\alpha\lambda_1)-1}x}{x^{1-p}}\left(f^{(k)}(x)\right)^p\mathrm{d}x\right)^{\frac{1}{p}}\cdot$$

$$\left(\sum_{n=2}^\infty\frac{\ln^{q(1-\alpha\lambda_2)-1}(n-\xi)}{(n-\xi)^{1-q}}a_n^q\right)^{\frac{1}{q}},k=0,1.\tag{8.4.14}$$

代入式 (8.4.9) 及式 (8.4.11)，有如下 2 组具有最佳常数因子 $\frac{1}{\alpha^2\lambda}\mathrm{B}(\lambda_1,\lambda_2)$ 的较

为精确的逆向等价不等式：

$$\int_0^\infty\sum_{n=1}^\infty\frac{(n-\xi)^{\alpha-1}A_n f(x)}{(x^\alpha+(n-\xi)^\alpha)^{\lambda+1}}\mathrm{d}x$$

$$>\frac{1}{\alpha^2\lambda}\mathrm{B}(\lambda_1,\lambda_2)\left(\int_0^\infty x^{p(1-\alpha\lambda_1)-1}f^p(x)\mathrm{d}x\right)^{\frac{1}{p}}\left(\sum_{n=1}^\infty(n-\xi)^{q(1-\alpha\lambda_2)-1}a_n^q\right)^{\frac{1}{q}},$$

$$\tag{8.4.15}$$

$$\left(\int_0^\infty x^{q\alpha\lambda_1-1}\left(\sum_{n=1}^\infty\frac{(n-\xi)^{\alpha-1}A_n}{(x^\alpha+(n-\xi)^\alpha)^{\lambda+1}}\right)^q\mathrm{d}x\right)^{\frac{1}{q}}$$

$$>\frac{1}{\alpha^2\lambda}\mathrm{B}(\lambda_1,\lambda_2)\left(\sum_{n=1}^\infty(n-\xi)^{q(1-\alpha\lambda_2)-1}a_n^q\right)^{\frac{1}{q}};\tag{8.4.16}$$

$$\int_1^\infty\sum_{n=2}^\infty\frac{\ln^{\alpha-1}(n-\xi)A_n f(x)}{(\ln^\alpha x+\ln^\alpha(n-\xi))^{\lambda+1}(n-\xi)}\mathrm{d}x$$

$$>\frac{1}{\alpha^2\lambda}\mathrm{B}(\lambda_1,\lambda_2)\left(\int_1^\infty\frac{\ln^{p(1-\alpha\lambda_1)-1}x}{x^{1-p}}f^p(x)\mathrm{d}x\right)^{\frac{1}{p}}\left(\sum_{n=2}^\infty\frac{\ln^{q(1-\alpha\lambda_2)-1}(n-\xi)}{(n-\xi)^{1-q}}a_n^q\right)^{\frac{1}{q}},$$

$$\tag{8.4.17}$$

$$\left(\int_1^\infty\frac{1}{x}\ln^{q\alpha\lambda_1-1}x\left(\sum_{n=2}^\infty\frac{\ln^{\alpha-1}(n-\xi)A_n}{(\ln^\alpha x+\ln^\alpha(n-\xi))^{\lambda+1}(n-\xi)}\right)^q\mathrm{d}x\right)^{\frac{1}{q}}$$

$$> \frac{1}{\alpha^2\lambda}B(\lambda_1,\lambda_2)(\sum_{n=2}^{\infty}\frac{\ln^{q(1-\alpha\lambda_2)-1}(n-\xi)}{(n-\xi)^{1-q}}a_n^q)^{\frac{1}{q}}. \tag{8.4.18}$$

若取 $v(x)=e^{\alpha x}$ $(\alpha\in(0,1],x\in(-\infty,\infty))$,其他依前设,则有 2 组具有最佳常数因子 $\frac{1}{\alpha^2\lambda}B(\lambda_1,\lambda_2)$ 的较为精确的半平面半离散逆向的等价不等式:

$$\int_{-\infty}^{\infty}\sum_{n=1}^{\infty}\frac{(n-\xi)^{\alpha-1}A_nf(x)}{(e^{\alpha x}+(n-\xi)^{\alpha})^{\lambda+1}}dx$$

$$> \frac{1}{\alpha^2\lambda}B(\lambda_1,\lambda_2)(\int_{-\infty}^{\infty}e^{-p\alpha\lambda_1 x}f^p(x)dx)^{\frac{1}{p}}(\sum_{n=1}^{\infty}(n-\xi)^{q(1-\alpha\lambda_2)-1}a_n^q)^{\frac{1}{q}},$$

$$\tag{8.4.19}$$

$$(\int_{-\infty}^{\infty}e^{q\alpha\lambda_1 x}(\sum_{n=1}^{\infty}\frac{(n-\xi)^{\alpha-1}A_n}{(e^{\alpha x}+(n-\xi)^{\alpha})^{\lambda+1}})^q dx)^{\frac{1}{q}}$$

$$> \frac{1}{\alpha^2\lambda}B(\lambda_1,\lambda_2)(\sum_{n=1}^{\infty}(n-\xi)^{q(1-\alpha\lambda_2)-1}a_n^q)^{\frac{1}{q}}; \tag{8.4.20}$$

$$\int_{-\infty}^{\infty}\sum_{n=2}^{\infty}\frac{\ln^{\alpha-1}(n-\xi)A_nf(x)}{(e^{\alpha x}+\ln^{\alpha}(n-\xi))^{\lambda+1}(n-\xi)}dx$$

$$> \frac{1}{\alpha^2\lambda}B(\lambda_1,\lambda_2)(\int_{-\infty}^{\infty}e^{-p\alpha\lambda_1 x}f^p(x)dx)^{\frac{1}{p}}\cdot$$

$$(\sum_{n=2}^{\infty}\frac{\ln^{q(1-\alpha\lambda_2)-1}(n-\xi)}{(n-\xi)^{1-q}}a_n^q)^{\frac{1}{q}}, \tag{8.4.21}$$

$$(\int_{-\infty}^{\infty}e^{q\alpha\lambda_1 x}(\sum_{n=2}^{\infty}\frac{\ln^{\alpha-1}(n-\xi)A_n}{(e^{\alpha x}+\ln^{\alpha}(n-\xi))^{\lambda+1}(n-\xi)})^q dx)^{\frac{1}{q}}$$

$$> \frac{1}{\alpha^2\lambda}B(\lambda_1,\lambda_2)(\sum_{n=2}^{\infty}\frac{\ln^{q(1-\alpha\lambda_2)-1}(n-\xi)}{(n-\xi)^{1-q}}a_n^q)^{\frac{1}{q}}. \tag{8.4.22}$$

当 $\xi=0$ 时,上式为取例 2.1(1) 的中间变量的情形.

8.5　第二类逆式的情形

本节设 $0<p<1,q<0$,定义 2.1 情形(1)(或情形(2)) 对 $s_2=\lambda_2$ 满足.

在式(2.1.8) 中,令 $s=\lambda,s_1=\lambda_1,s_2=\lambda_2$,置换 $f(x)$ 为 $f^{(k)}(x)$,由条件 (8.1.1),我们有如下逆向不等式:

$$\int_b^{\infty}\sum_{n=n_0}^{\infty}\frac{a_nf^{(k)}(x)}{(v(x)+u(n))^{\lambda}}dx$$

$$> (k_{\lambda}(\lambda_2))^{\frac{1}{p}}(k_{\lambda}(\lambda_1))^{\frac{1}{q}}(\int_b^{\infty}(1-O_{\lambda}(\frac{1}{(v(x))^{\lambda_2}}))\frac{(v(x))^{p(1-\hat{\lambda}_1)-1}}{(v'(x))^{p-1}}(f^{(k)}(x))^p dx)^{\frac{1}{p}}\cdot$$

$$\left(\sum_{n=n_0}^{\infty} \frac{(u(n))^{q(1-\hat\lambda_2)-1}}{(u'(n))^{q-1}} a_n^q\right)^{\frac{1}{q}}, k=0,1. \tag{8.5.1}$$

代入式(8.1.5)，可得涉及导函数与部分和的第二类半离散逆向 Hardy-Hilbert 不等式：

$$I_{k+1} = \int_b^{\infty} \sum_{n=n_0}^{\infty} \frac{u'(n) A_n (v'(x))^k f(x)}{(v(x)+u(n))^{\lambda+k+1}} \mathrm{d}x$$

$$> \frac{\Gamma(\lambda)}{\Gamma(\lambda+k+1)} (k_\lambda(\lambda_2))^{\frac{1}{p}} (k_\lambda(\lambda_1))^{\frac{1}{q}} \cdot$$

$$\left(\int_b^{\infty} (1-O_\lambda(\frac{1}{(v(x))^{\lambda_2}})) \frac{(v(x))^{p(1-\hat\lambda_1)-1}}{(v'(x))^{p-1}} (f^{(k)}(x))^p \mathrm{d}x\right)^{\frac{1}{p}} \cdot$$

$$\left(\sum_{n=n_0}^{\infty} \frac{(u(n))^{q(1-\hat\lambda_2)-1}}{(u'(n))^{q-1}} a_n^q\right)^{\frac{1}{q}}, k=0,1. \tag{8.5.2}$$

特别当 $\lambda_1+\lambda_2=\lambda$ 时，有如下不等式：

$$\int_b^{\infty} \sum_{n=n_0}^{\infty} \frac{u'(n) A_n (v'(x))^k f(x)}{(v(x)+u(n))^{\lambda+k+1}} \mathrm{d}x$$

$$> \frac{\Gamma(\lambda)}{\Gamma(\lambda+k+1)} \mathrm{B}(\lambda_1,\lambda_2) \left(\int_b^{\infty} (1-O_\lambda(\frac{1}{(v(x))^{\lambda_2}})) \frac{(v(x))^{p(1-\lambda_1)-1}}{(v'(x))^{p-1}} (f^{(k)}(x))^p \mathrm{d}x\right)^{\frac{1}{p}} \cdot$$

$$\left(\sum_{n=n_0}^{\infty} \frac{(u(n))^{q(1-\lambda_2)-1}}{(u'(n))^{q-1}} a_n^q\right)^{\frac{1}{q}}, k=0,1. \tag{8.5.3}$$

定理 8.10　若有 $\delta_0 > 0$，使 $(u(t))^{\lambda_2+\delta_0-1} u'(t) (t\in[n_0,\infty))$ 仍递减，则当 $\lambda_1+\lambda_2=\lambda$ 时，式(8.5.2)的常数因子

$$\frac{\Gamma(\lambda)}{\Gamma(\lambda+k+1)} (k_\lambda(\lambda_2))^{\frac{1}{p}} (k_\lambda(\lambda_1))^{\frac{1}{q}} \left(=\frac{1}{\lambda} \mathrm{B}(\lambda_1,\lambda_2)\right)$$

必为最佳值.

证明　若 $\lambda_1+\lambda_2=\lambda$，则式(8.5.2)变为式(8.5.3).下面分两种情形证明：

(1)$k=0$ 的情形.任给 $0<\varepsilon<\min\{|q|\lambda_1,|q|\delta_0,p\lambda_1\}$，置

$$\tilde{f}(x)=\tilde{f}^{(0)}(x):=\begin{cases} 0, b<x<v^{-1}(1) \\ (v(x))^{\lambda_1-\frac{\varepsilon}{p}-1} v'(x), x\geqslant v^{-1}(1) \end{cases},$$

$$\tilde{a}_n:=\begin{cases} 0, n=n_0 \\ (u(n))^{\lambda_2-\frac{\varepsilon}{q}-1} u'(n), n\in \mathbf{N}_{n_0+1} \end{cases}.$$

因 $\varepsilon<-q\delta_0$，$(u(t))^{\lambda_2-\frac{\varepsilon}{q}-1} u'(t)$ 在$[n_0,\infty)$ 仍递减，有

$$\tilde{A}_n = \sum_{k=n_0}^n \tilde{a}_k = \sum_{k=n_0+1}^n (u(k))^{\lambda_2-\frac{\varepsilon}{q}-1} u'(k) < \int_{n_0}^n (u(t))^{\lambda_2-\frac{\varepsilon}{q}-1} u'(t) \mathrm{d}t$$

$$= \frac{1}{\lambda_2 - \frac{\varepsilon}{q}} (u(t))^{\lambda_2 - \frac{\varepsilon}{q}} \Big|_{n_0}^{n} \leqslant \frac{1}{\lambda_2 - \frac{\varepsilon}{q}} (u(n))^{\lambda_2 - \frac{\varepsilon}{q}}, n \in \mathbf{N}_{n_0},$$

满足条件 $\widetilde{A}_n = o\,(\mathrm{e}^{tu(n)})\,(t > 0; n \to \infty)$.

若有常数 $M \geqslant \frac{1}{\lambda} B(\lambda_1, \lambda_2)$，使取代式$(8.5.3)(k=0)$的常数因子$\frac{1}{\lambda}B(\lambda_1,$ $\lambda_2)$后仍成立，则特别还有

$$\widetilde{I} := \int_b^{\infty} \sum_{n=n_0}^{\infty} \frac{u'(n)\widetilde{A}_n \widetilde{f}(x)}{(v(x) + u(n))^{\lambda+1}} \mathrm{d}x$$

$$> M \Big(\int_b^{\infty} \Big(1 - O_\lambda \Big(\frac{1}{(v(x))^{\lambda_2}}\Big)\Big) \frac{(v(x))^{p(1-\lambda_1)-1}}{(v'(x))^{p-1}} \widetilde{f}^p(x)\mathrm{d}x \Big)^{\frac{1}{p}} \cdot$$

$$\Big(\sum_{n=n_0}^{\infty} \frac{(u(n))^{q(1-\lambda_2)-1}}{(u'(n))^{q-1}} \widetilde{a}_n^q \Big)^{\frac{1}{q}}. \tag{8.5.4}$$

由式$(8.5.4)$及级数的递减性质，可得

$$\widetilde{I} > M \Big(\int_{v^{-1}(1)}^{\infty} \Big(1 - O_\lambda \Big(\frac{1}{(v(x))^{\lambda_2}}\Big)\Big) \frac{(v(x))^{p(1-\lambda_1)-1}}{(v'(x))^{p-1}} (v(x))^{p\lambda_1-\varepsilon-p} (v'(x))^p \mathrm{d}x \Big)^{\frac{1}{p}} \cdot$$

$$\Big(\sum_{n=n_0+1}^{\infty} \frac{(u(n))^{q(1-\lambda_2)-1}}{(u'(n))^{q-1}} (u(n))^{q\lambda_2-\varepsilon-q} (u'(n))^q \Big)^{\frac{1}{q}}$$

$$= M \Big(\int_{v^{-1}(1)}^{\infty} (v(x))^{-\varepsilon-1} v'(x)\mathrm{d}x - \int_{v^{-1}(1)}^{\infty} O_\lambda \Big(\frac{1}{(v(x))^{\lambda_2}}\Big) (v(x))^{-\varepsilon-1} v'(x)\mathrm{d}x \Big)^{\frac{1}{p}} \cdot$$

$$\Big(\sum_{n=n_0+1}^{\infty} (u(n))^{-\varepsilon-1} u'(n) \Big)^{\frac{1}{q}}$$

$$> M \Big(\int_{v^{-1}(1)}^{\infty} (v(x))^{-\varepsilon-1} v'(x)\mathrm{d}x - O(1) \Big)^{\frac{1}{p}} \Big(\int_{n_0}^{\infty} (u(y))^{-\varepsilon-1} u'(y)\mathrm{d}y \Big)^{\frac{1}{q}}$$

$$= \frac{M}{\varepsilon} (1 - \varepsilon O(1))^{\frac{1}{p}} (u(n_0))^{-\frac{\varepsilon}{q}}.$$

在式$(2.1.5)$中，令 $s = \lambda+1, s_1 = \widetilde{\lambda}_1 := \lambda_1 - \frac{\varepsilon}{p} \in (0, \lambda+1)$，我们有

$$\widetilde{I} \leqslant \frac{1}{\lambda_2 - \frac{\varepsilon}{q}} \sum_{n=n_0}^{\infty} \Big((u(n))^{\lambda_2+\frac{\varepsilon}{p}+1} \int_{v^{-1}(1)}^{\infty} \frac{(v(x))^{(\lambda_1-\frac{\varepsilon}{p})-1} v'(x)}{(v(x)+u(n))^{\lambda+1}} \mathrm{d}x \Big) (u(n))^{-\varepsilon-1} u'(n)$$

$$< \frac{1}{\lambda_2 - \frac{\varepsilon}{q}} \sum_{n=n_0}^{\infty} \Big((u(n))^{\lambda_2+\frac{\varepsilon}{p}+1} \int_{b}^{\infty} \frac{(v(x))^{(\lambda_1-\frac{\varepsilon}{p})-1} v'(x)}{(v(x)+u(n))^{\lambda+1}} \mathrm{d}x \Big) (u(n))^{-\varepsilon-1} u'(n)$$

$$= \frac{1}{\lambda_2 - \frac{\varepsilon}{q}} \sum_{n=n_0}^{\infty} \omega_{\lambda+1}(\widetilde{\lambda}_1, n) (u(n))^{-\varepsilon-1} u'(n)$$

$$= \frac{1}{\lambda_2 - \dfrac{\varepsilon}{q}} k_{\lambda+1}(\tilde{\lambda}_1)((u(n_0))^{-\varepsilon-1} u'(n_0) + \sum_{n=n_0+1}^{\infty} (u(n))^{-\varepsilon-1} u'(n))$$

$$\leqslant \frac{1}{\lambda_2 - \dfrac{\varepsilon}{q}} k_{\lambda+1}(\tilde{\lambda}_1)((u(n_0))^{-\varepsilon-1} u'(n_0) + \int_{n_0}^{\infty} (u(y))^{-\varepsilon-1} du(y))$$

$$= \frac{1}{\varepsilon(\lambda_2 - \dfrac{\varepsilon}{q})} B(\lambda_1 - \frac{\varepsilon}{p}, \lambda_2 + \frac{\varepsilon}{p} + 1)(\varepsilon(u(n_0))^{-\varepsilon-1} u'(n_0) + (u(n_0))^{-\varepsilon})$$

基于上面的结果, 有

$$\frac{1}{\lambda_2 - \dfrac{\varepsilon}{q}} B(\lambda_1 - \frac{\varepsilon}{p}, \lambda_2 + \frac{\varepsilon}{p} + 1)(\varepsilon(u(n_0))^{-\varepsilon-1} u'(n_0) + (u(n_0))^{-\varepsilon})$$

$$> \varepsilon \tilde{I} > M(1 - \varepsilon O(1))^{\frac{1}{p}} (u(n_0))^{-\frac{\varepsilon}{q}}.$$

令 $\varepsilon \to 0^+$, 由 Beta 函数的连续性, 有 $\dfrac{1}{\lambda} B(\lambda_1, \lambda_2) = \dfrac{1}{\lambda_2} B(\lambda_1, \lambda_2 + 1) \geqslant M$.

故 $M = \dfrac{1}{\lambda} B(\lambda_1, \lambda_2)$ 为式 $(8.5.3)(k=0)$ 的最佳值.

(2) $k=1$ 的情形. 任给 $0 < \varepsilon < \min\{p\lambda_1, |q|\lambda_2, |q|\delta_0\}$, 置

$$\tilde{f}'(x) := \begin{cases} 0, & b < x < v^{-1}(1) \\ (v(x))^{\lambda_1 - \frac{\varepsilon}{p} - 1} v'(x), & x \geqslant v^{-1}(1) \end{cases},$$

$$\tilde{f}(x) := \int_b^x \tilde{f}'(t) dt \leqslant \begin{cases} 0, & b < x < v^{-1}(1) \\ (\lambda_1 - \frac{\varepsilon}{p})^{-1} (v(x))^{\lambda_1 - \frac{\varepsilon}{p}}, & x \geqslant v^{-1}(1) \end{cases},$$

满足条件 $\tilde{f}(b^+) = 0, \tilde{f}(x) = o(e^{tv(x)}) (t > 0, x \to \infty)$, $\tilde{a}_n, \tilde{A}_n$ 如情形 (1) 所示.

若有正常数 $M \geqslant \dfrac{B(\lambda_1, \lambda_2)}{\lambda(\lambda+1)}$, 使其取代式 $(8.5.3)(k=1)$ 的常数因子后原式

仍成立, 则特别还有

$$\tilde{I} := \int_b^{\infty} \sum_{n=n_0}^{\infty} \frac{u'(n) \tilde{A}_n v'(x) \tilde{f}(x)}{(v(x) + u(n))^{\lambda+2}} dx$$

$$> M(\int_b^{\infty} (1 - O_\lambda(\frac{1}{(v(x))^{\lambda_2}})) \frac{(v(x))^{p(1-\lambda_1)-1}}{(v'(x))^{p-1}} (\tilde{f}'(x))^p dx)^{\frac{1}{p}} \cdot$$

$$(\sum_{n=n_0}^{\infty} \frac{(u(n))^{q(1-\lambda_2)-1}}{(u'(n))^{q-1}} \tilde{a}_n^q)^{\frac{1}{q}}. \tag{8.5.4}'$$

显然, 因 $u'(t) > 0, u''(t) \leqslant 0$, 函数 $(u(t))^{-\varepsilon-1} u'(t) (t \in (n_0, \infty))$ 仍具有递

减性. 由式 $(8.5.4)'$ 及级数的递减性质, 可得

169

$$\tilde{I} > M(\int_{v^{-1}(1)}^{\infty} (1 - O_\lambda(\frac{1}{(v(x))^{\lambda_2}})) \frac{(v(x))^{p(1-\lambda_1)-1}}{(v'(x))^{p-1}} (v(x))^{p(\lambda_1-1)-\varepsilon} (v'(x))^p dx)^{\frac{1}{p}} \cdot$$

$$(\sum_{n=n_0+1}^{\infty} \frac{(u(n))^{q(1-\lambda_2)-1}}{(u'(n))^{q-1}} (u(n))^{q\lambda_2-\varepsilon-q} (u'(n))^q)^{\frac{1}{q}}$$

$$= M(\int_{v^{-1}(1)}^{\infty} (v(x))^{-\varepsilon-1} v'(x) dx - \int_{v^{-1}(1)}^{\infty} O_\lambda(\frac{1}{(v(x))^{\lambda_2}}) (v(x))^{-\varepsilon-1} v'(x) dx)^{\frac{1}{p}} \cdot$$

$$(\sum_{n=n_0+1}^{\infty} (u(n))^{-\varepsilon-1} u'(n))^{\frac{1}{q}}$$

$$\geqslant M(\int_{v^{-1}(1)}^{\infty} (v(x))^{-\varepsilon-1} v'(x) dx - O(1))^{\frac{1}{p}} (\int_{n_0}^{\infty} (u(t))^{-\varepsilon-1} u'(t) dt)^{\frac{1}{q}}$$

$$= \frac{M}{\varepsilon} (1 - \varepsilon O(1))^{\frac{1}{p}} (u(n_0))^{\frac{-\varepsilon}{q}}.$$

由式(2.1.5),置 $s = \lambda + 2, s_1 = \tilde{\lambda}_1 := \lambda_1 + 1 - \frac{\varepsilon}{p} \in (0, \lambda + 2)$,我们有

$$\sum_{n=n_0}^{\infty} ((u(n))^{(\lambda_2+\frac{\varepsilon}{p}+1)} \int_{v^{-1}(1)}^{\infty} \frac{(v(x))^{(\lambda_1+1-\frac{\varepsilon}{p})-1} v'(x)}{(v(x)+u(n))^{\lambda+2}} dx)(u(n))^{-\varepsilon-1} u'(n)$$

$$\leqslant \sum_{n=n_0}^{\infty} ((u(n))^{(\lambda_2+\frac{\varepsilon}{p}+1)} \int_{b}^{\infty} \frac{(v(x))^{(\lambda_1+1-\frac{\varepsilon}{p})-1}}{(v(x)+u(n))^{\lambda+2}} v'(x) dx)(u(n))^{-\varepsilon-1} u'(n)$$

$$= \sum_{n=n_0}^{\infty} \omega_{\lambda+2}(\tilde{\lambda}_1, n) (u(n))^{-\varepsilon-1} u'(n)$$

$$= k_{\lambda+2}(\tilde{\lambda}_1)((u(n_0))^{-\varepsilon-1} u'(n_0) + \sum_{n=n_0+1}^{\infty} (u(n))^{-\varepsilon-1} u'(n))$$

$$< k_{\lambda+2}(\tilde{\lambda}_1)((u(n_0))^{-\varepsilon-1} u'(n_0) + \int_{n_0}^{\infty} (u(y))^{-\varepsilon-1} u'(y) dy)$$

$$= \frac{1}{\varepsilon} B(\lambda_1 + 1 - \frac{\varepsilon}{p}, \lambda_2 + 1 + \frac{\varepsilon}{p})(\varepsilon (u(n_0))^{-\varepsilon-1} u'(n_0) + (u(n_0))^{-\varepsilon}).$$

基于上面的结果,有

$$\frac{1}{(\lambda_2 - \frac{\varepsilon}{q})(\lambda_1 - \frac{\varepsilon}{p})} B(\lambda_1 + 1 - \frac{\varepsilon}{p}, \lambda_2 + 1 + \frac{\varepsilon}{p}) \cdot$$

$$(\varepsilon (u(n_0))^{-\varepsilon-1} u'(n_0) + (u(n_0))^{-\varepsilon}) > \varepsilon \tilde{I}$$

$$> M (1 - \varepsilon O(1))^{\frac{1}{p}} (u(n_0))^{\frac{-\varepsilon}{q}}.$$

令 $\varepsilon \to 0^+$,由 Beta 函数的连续性,有

$$\frac{1}{\lambda(\lambda+1)} B(\lambda_1, \lambda_2) = \frac{1}{\lambda_1 \lambda_2} B(\lambda_1+1, \lambda_2+1) \geqslant M,$$

故 $M = \frac{1}{\lambda(\lambda+1)} B(\lambda_1, \lambda_2)$ 为式(8.5.3)($k=1$) 的最佳值. 证毕.

定理 8.11　若式(8.5.2)的常数因子

$$\frac{\Gamma(\lambda)}{\Gamma(\lambda+k+1)}(k_\lambda(\lambda_2))^{\frac{1}{p}}(k_\lambda(\lambda_1))^{\frac{1}{q}}$$

为最佳值,则当 $\lambda-\lambda_1-\lambda_2 \in [0,-q\lambda_2)$ 时,必有 $\lambda_1+\lambda_2=\lambda$.

证明　因 $\hat{\lambda}_1 = \frac{\lambda-\lambda_2}{p}+\frac{\lambda_1}{q}, \hat{\lambda}_2 = \frac{\lambda-\lambda_1-\lambda_2}{q}+\lambda_2$,有 $\hat{\lambda}_1+\hat{\lambda}_2=\lambda$. 当

$$\lambda-\lambda_1-\lambda_2 \in [0,-q\lambda_2)(\subset(q(\lambda-\lambda_2),-q\lambda_2)),$$

有 $0<\hat{\lambda}_2<\lambda, 0<\hat{\lambda}_1=\lambda-\hat{\lambda}_2<\lambda$ 及 $B(\hat{\lambda}_1,\hat{\lambda}_2) \in \mathbf{R}^+$. 因 $\lambda-\lambda_1-\lambda_2 \geqslant 0, q<0$,对于 $\rho=1$(或 $\rho=\frac{1}{2}$),函数

$$(u(t))^{\hat{\lambda}_2-1}u'(t) = (u(t))^{\hat{\lambda}_2-\lambda_2}((u(t))^{\lambda_2-1}u'(t))$$

$$= (u(t))^{(\lambda-\lambda_1-\lambda_2)/q}((u(t))^{\lambda_2-1}u'(t)), t \in (n_0-\rho,\infty)$$

仍具有递减性. 因 $u''(t) \leqslant 0$,及 $(u(t))^{\lambda_2-1}u'(t)$ 凸,显然上式仍具有凸性($\rho=\frac{1}{2}$).故定义 2.1 情形(1)(或情形(2)) 对 $s_2=\hat{\lambda}_2$ 仍满足.因此,由式(8.5.3),可代之以 $\hat{\lambda}_i=\lambda_i (i=1,2)$,成立不等式:

$$\int_b^\infty \sum_{n=n_0}^\infty \frac{u'(n)A_n (v'(x))^k f(x)}{(v(x)+u(n))^{\lambda+k+1}}\mathrm{d}x$$

$$> \frac{\Gamma(\lambda)}{\Gamma(\lambda+k+1)}B(\hat{\lambda}_1,\hat{\lambda}_2)(\int_b^\infty (1-O_\lambda(\frac{1}{(v(x))^{\hat{\lambda}_2}})) \frac{(v(x))^{p(1-\hat{\lambda}_1)-1}}{(v'(x))^{p-1}} (f^{(k)}(x))^p\mathrm{d}x)^{\frac{1}{p}} \cdot$$

$$(\sum_{n=n_0}^\infty \frac{(u(n))^{q(1-\hat{\lambda}_2)-1}}{(u'(n))^{q-1}}a_n^q)^{\frac{1}{q}}. \tag{8.5.5}$$

由逆向的 Hölder 不等式(参阅文[5]),我们还有

$$B(\hat{\lambda}_1,\hat{\lambda}_2) = k_\lambda(\hat{\lambda}_2) = k_\lambda(\frac{\lambda_2}{p}+\frac{\lambda-\lambda_1}{q})$$

$$= \int_0^\infty \frac{1}{(1+u)^\lambda}u^{\frac{\lambda_2}{p}+\frac{\lambda-\lambda_1}{q}-1}\mathrm{d}u = \int_0^\infty \frac{1}{(1+u)^\lambda}(u^{\frac{\lambda_2-1}{p}})(u^{\frac{\lambda-\lambda_1-1}{q}})\mathrm{d}u$$

$$\geqslant (\int_0^\infty \frac{1}{(1+u)^\lambda}u^{\lambda_2-1}\mathrm{d}u)^{\frac{1}{p}}(\int_0^\infty \frac{1}{(1+u)^1}u^{\lambda-\lambda_1-1}\mathrm{d}u)^{\frac{1}{q}}$$

$$= (\int_0^\infty \frac{1}{(1+u)^\lambda}u^{\lambda_2-1}\mathrm{d}u)^{\frac{1}{p}}(\int_0^\infty \frac{1}{(1+v)^\lambda}v^{\lambda_1-1}\mathrm{d}v)^{\frac{1}{q}}$$

$$= (k_\lambda(\lambda_2))^{\frac{1}{p}}(k_\lambda(\lambda_1))^{\frac{1}{q}}. \tag{8.5.6}$$

由于常数因子 $\frac{\Gamma(\lambda)}{\Gamma(\lambda+k+1)}(k_\lambda(\lambda_2))^{\frac{1}{p}}(k_\lambda(\lambda_1))^{\frac{1}{q}}$ 为式(8.5.2)的最佳值,

故比较式(8.5.2)与式(8.5.5)的常数因子,我们有不等式:

$$\frac{\Gamma(\lambda)}{\Gamma(\lambda+k+1)}(k_\lambda(\lambda_2))^{\frac{1}{p}}(k_\lambda(\lambda_1))^{\frac{1}{q}} \geqslant \frac{\Gamma(\lambda)}{\Gamma(\lambda+k+1)}B(\hat{\lambda}_1,\hat{\lambda}_2)(\in \mathbf{R}^+),$$

即有$(k_\lambda(\lambda_2))^{\frac{1}{p}}(k_\lambda(\lambda_1))^{\frac{1}{q}} \geqslant B(\hat{\lambda}_1,\hat{\lambda}_2)$. 故式(8.5.6)取等号. 式(8.5.6)取等号的等价条件是有不全为 0 的常数 A 和 B,使(参阅文[5])$Au^{\lambda_2-1}=Bu^{\lambda-\lambda_1-1}$ a.e. 于 $\mathbf{R}^+$. 不妨设 $A\neq 0$,有 $u^{\lambda_2+\lambda_1-\lambda}=\frac{B}{A}$a.e. 于 $\mathbf{R}^+$, 及 $\lambda_2+\lambda_1-\lambda=0$. 因而 $\lambda_1+\lambda_2=\lambda$. 证毕.

当 $k=0$ 时,由式(8.5.2),有

$$I_1=\int_b^\infty \sum_{n=n_0}^\infty \frac{u'(n)A_nf(x)}{(v(x)+u(n))^{\lambda+1}}\mathrm{d}x$$

$$> \frac{1}{\lambda}(k_\lambda(\lambda_2))^{\frac{1}{p}}(k_\lambda(\lambda_1))^{\frac{1}{q}}\cdot$$

$$\left(\int_b^\infty (1-O_\lambda(\frac{1}{(v(x))^{\lambda_2}}))\frac{(v(x))^{p(1-\hat{\lambda}_1)-1}}{(v'(x))^{p-1}}f^p(x)\mathrm{d}x\right)^{\frac{1}{p}}\cdot$$

$$\left(\sum_{n=n_0}^\infty \frac{(u(n))^{q(1-\hat{\lambda}_2)-1}}{(u'(n))^{q-1}}a_n^q\right)^{\frac{1}{q}}. \tag{8.5.7}$$

特别,当 $\lambda_1+\lambda_2=\lambda$ 时,有不等式:

$$\int_b^\infty \sum_{n=n_0}^\infty \frac{u'(n)A_nf(x)}{(v(x)+u(n))^{\lambda+1}}\mathrm{d}x$$

$$> \frac{1}{\lambda}B(\lambda_1,\lambda_2)\left(\int_b^\infty (1-O_\lambda(\frac{1}{(v(x))^{\lambda_2}}))\frac{(v(x))^{p(1-\lambda_1)-1}}{(v'(x))^{p-1}}f^p(x)\mathrm{d}x\right)^{\frac{1}{p}}\cdot$$

$$\left(\sum_{n=n_0}^\infty \frac{(u(n))^{q(1-\lambda_2)-1}}{(u'(n))^{q-1}}a_n^q\right)^{\frac{1}{q}}. \tag{8.5.8}$$

推论 8.3 若 $\lambda_1+\lambda_2=\lambda$,则式(8.5.7)的常数因子$\frac{1}{\lambda}(k_\lambda(\lambda_2))^{\frac{1}{p}}(k_\lambda(\lambda_1))^{\frac{1}{q}}$ 必为最佳值. 反之,若 $\lambda-\lambda_1-\lambda_2\in(0,-q\lambda_2]$,且式(8.5.7)的相同常数因子为最佳值,则有 $\lambda_1+\lambda_2=\lambda$.

定理 8.12 我们有与式(8.5.7)等价的半离散逆向不等式:

$$J_1:=\left(\int_b^\infty \frac{(v(x))^{q\hat{\lambda}_1-1}v'(x)}{(1-O_\lambda((v(x))^{-\lambda_2}))^{q-1}}\left(\sum_{n=n_0}^\infty \frac{u'(n)A_n}{(v(x)+u(n))^{\lambda+1}}\right)^q\mathrm{d}x\right)^{\frac{1}{q}}$$

$$> \frac{1}{\lambda}(k_\lambda(\lambda_2))^{\frac{1}{p}}(k_\lambda(\lambda_1))^{\frac{1}{q}}\left(\sum_{n=n_0}^\infty \frac{(u(n))^{q(1-\hat{\lambda}_2)-1}}{(u'(n))^{q-1}}a_n^q\right)^{\frac{1}{q}}. \tag{8.5.9}$$

特别当 $\lambda_1+\lambda_2=\lambda$ 时,我们有如下式(8.5.8)的等价式:

$$\left(\int_b^\infty \frac{(v(x))^{q\lambda_1-1}v'(x)}{(1-O_\lambda((v(x))^{-\lambda_2}))^{q-1}}\left(\sum_{n=n_0}^\infty \frac{u'(n)A_n}{(v(x)+u(n))^{\lambda+1}}\right)^q \mathrm{d}x\right)^{\frac{1}{q}}$$

$$>\frac{1}{\lambda}\mathrm{B}(\lambda_1,\lambda_2)\left(\sum_{n=n_0}^\infty \frac{(u(n))^{q(1-\lambda_2)-1}}{(u'(n))^{q-1}}a_n^q\right)^{\frac{1}{q}}. \tag{8.5.10}$$

证明　设式(8.5.9)为真.由逆向的 Hölder 不等式,有

$$I_1=\int_b^\infty \left((1-O_\lambda(\frac{1}{(v(x))^{\lambda_2}}))^{\frac{1}{p}}\frac{(v(x))^{-\hat{\lambda}_1+\frac{1}{q}}}{(v'(x))^{\frac{1}{q}}}f(x)\right)\cdot$$

$$\left((1-O_\lambda(\frac{1}{(v(x))^{\lambda_2}}))^{-\frac{1}{p}}(v(x))^{\hat{\lambda}_1-\frac{1}{q}}(v'(x))^{\frac{1}{q}}\sum_{n=n_0}^\infty \frac{u'(n)A_n}{(v(x)+u(n))^{\lambda+1}}\right)\mathrm{d}x$$

$$\geqslant \left(\int_b^\infty (1-O_\lambda(\frac{1}{(v(x))^{\lambda_2}}))\frac{(v(x))^{p(1-\hat{\lambda}_1)-1}}{(v'(x))^{p-1}}f^p(x)\mathrm{d}x\right)^{\frac{1}{p}}J_1. \tag{8.5.11}$$

则由式(8.5.9),我们有式(8.5.7).反之,设式(8.5.7)成立,置

$$f(x):=\frac{(v(x))^{q\hat{\lambda}_1-1}v'(x)}{(1-O_\lambda((v(x))^{-\lambda_2}))^{q-1}}\left(\sum_{n=n_0}^\infty \frac{u'(n)A_n}{(v(x)+u(n))^{\lambda+1}}\right)^{q-1},x\in(b,\infty).$$

若 $J_1=\infty$,则式(8.5.9)自然成立;若 $J_1=0$,则式(8.5.9)不可能成立.下设 $0<J_1<\infty$,由式(8.5.7),有

$$\infty>\int_b^\infty (1-O_\lambda(\frac{1}{(v(x))^{\lambda_2}}))\frac{(v(x))^{p(1-\hat{\lambda}_1)-1}}{(v'(x))^{p-1}}f^p(x)\mathrm{d}x=J_1^q=I_1$$

$$>\frac{1}{\lambda}(k_\lambda(\lambda_2))^{\frac{1}{p}}(k_\lambda(\lambda_1))^{\frac{1}{q}}J_1^{q-1}\left(\sum_{n=n_0}^\infty \frac{(u(n))^{q(1-\hat{\lambda}_2)-1}}{(u'(n))^{q-1}}a_n^q\right)^{\frac{1}{q}}>0,$$

$$J_1=\left(\int_b^\infty (1-O_\lambda(\frac{1}{(v(x))^{\lambda_2}}))\frac{(v(x))^{p(1-\hat{\lambda}_1)-1}}{(v'(x))^{p-1}}f^p(x)\mathrm{d}x\right)^{\frac{1}{q}}$$

$$>\frac{1}{\lambda}(k_\lambda(\lambda_2))^{\frac{1}{p}}(k_\lambda(\lambda_1))^{\frac{1}{q}}\left(\sum_{n=n_0}^\infty \frac{(u(n))^{q(1-\hat{\lambda}_2)-1}}{(u'(n))^{q-1}}a_n^q\right)^{\frac{1}{p}},$$

即式(8.5.9)成立,且它等价于式(8.5.7).证毕.

定理 8.13　若 $\lambda_1+\lambda_2=\lambda$,则式(8.5.9)的常数因子 $\frac{1}{\lambda}(k_\lambda(\lambda_2))^{\frac{1}{p}}\cdot(k_\lambda(\lambda_1))^{\frac{1}{q}}$ 必为最佳值.反之,若 $\lambda-\lambda_1-\lambda_2\in[0,-q\lambda_2)$,且式(8.5.9)的相同常数因子为最佳值,则有 $\lambda_1+\lambda_2=\lambda$.

证明　若 $\lambda_1+\lambda_2=\lambda$,则由推论 8.3,式(8.5.7)的常数因子 $\frac{1}{\lambda}(k_\lambda(\lambda_2))^{\frac{1}{p}}\cdot(k_\lambda(\lambda_1))^{\frac{1}{q}}$ 是最佳值.由式(7.5.11),知式(8.5.9)的常数因子也必为最佳值.不然,将得出式(8.5.7)的常数因子也不是最佳值的矛盾.反之,若式(8.5.9)

173

的常数因子是最佳值,则由式(8.5.9)与式(8.5.7)的等价性,及 $J_1^p = I_1$ (参考定理 8.12 的证明),能证得式(8.5.7)的相同常数因子也是最佳值. 由条件及推论 8.3,有 $\lambda_1 + \lambda_2 = \lambda$. 证毕.

例 8.3 取例 2.1(2) 的中间变量,令 $v(x) = x^a$ $(x \in (0, \infty))$,及 $v(x) = \ln^a x$ $(x \in (1, \infty))$,当 $\alpha \in (0, 1]$,$\xi \in [0, \frac{1}{2}]$,$\lambda_2 < \frac{1}{\alpha}$ 时,取 $\delta_0 = \frac{1}{\alpha} - \lambda_2 > 0$,则

$$(u(t))^{\lambda_2 + \delta_0 - 1} u'(t) = (u(t))^{\frac{1}{\alpha} - 1} u'(t), t > n_0$$

具有递减性. 代入式(8.5.3),有具有最佳常数因子 $\dfrac{\Gamma(\lambda)}{\alpha^2 \Gamma(\lambda + k + 1)} B(\lambda_1, \lambda_2)$ 的逆向不等式:

$$\int_0^\infty \sum_{n=1}^\infty \frac{(n - \xi)^{a-1} A_n x^{k(a-1)} f(x)}{(x^a + (n - \xi)^a)^{\lambda + k + 1}} \mathrm{d}x$$

$$> \frac{\Gamma(\lambda)}{\alpha^2 \Gamma(\lambda + k + 1)} B(\lambda_1, \lambda_2) (\int_0^\infty (1 - O_\lambda(x^{-a\lambda_2})) x^{p(1 - a\lambda_1) - 1} (f^{(k)}(x))^p \mathrm{d}x)^{\frac{1}{p}} \cdot$$

$$(\sum_{n=1}^\infty (n - \xi)^{q(1 - a\lambda_2) - 1} a_n^q)^{\frac{1}{q}}, k = 0, 1, \tag{8.5.12}$$

$$\int_1^\infty \sum_{n=2}^\infty \frac{\ln^{a-1}(n - \xi) A_n \ln^{k(a-1)} x}{(\ln^a x + \ln^a (n - \xi))^{\lambda + k + 1} (n - \xi) x^k} f(x) \mathrm{d}x$$

$$> \frac{\Gamma(\lambda)}{\alpha^2 \Gamma(\lambda + k + 1)} B(\lambda_1, \lambda_2) (\int_1^\infty (1 - O_\lambda(\frac{1}{\ln^{a\lambda_2} x})) \frac{\ln^{p(1 - a\lambda_1) - 1} x}{x^{1-p}} (f^{(k)}(x))^p \mathrm{d}x)^{\frac{1}{p}} \cdot$$

$$(\sum_{n=2}^\infty \frac{\ln^{q(1 - a\lambda_2) - 1}(n - \xi)}{(n - \xi)^{1-q}} a_n^q)^{\frac{1}{q}}, k = 0, 1. \tag{8.5.13}$$

同样的中间变量再代入式(8.5.8)及式(8.5.10),有如下 2 组具有最佳常数因子 $\dfrac{1}{\alpha^2 \lambda} B(\lambda_1, \lambda_2)$ 的较为精确的逆向等价不等式:

$$\int_0^\infty \sum_{n=1}^\infty \frac{(n - \xi)^{a-1} A_n f(x)}{(x^a + (n - \xi)^a)^{\lambda + 1}} \mathrm{d}x$$

$$> \frac{1}{\alpha^2 \lambda} B(\lambda_1, \lambda_2) (\int_0^\infty (1 - O_\lambda(\frac{1}{x^{a\lambda_2}})) x^{p(1 - a\lambda_1) - 1} f^p(x) \mathrm{d}x)^{\frac{1}{p}} \cdot$$

$$(\sum_{n=1}^\infty (n - \xi)^{q(1 - a\lambda_2) - 1} a_n^q)^{\frac{1}{q}}, \tag{8.5.14}$$

$$(\int_0^\infty \frac{x^{qa\lambda_1 - 1}}{(1 - O_\lambda(x^{-a\lambda_2}))^{q-1}} - (\sum_{n=1}^\infty \frac{(n - \xi)^{a-1} A_n}{(x^a + (n - \xi)^a)^{\lambda + 1}})^q \mathrm{d}x)^{\frac{1}{q}}$$

$$> \frac{1}{\alpha^2 \lambda} B(\lambda_1, \lambda_2) (\sum_{n=1}^\infty (n - \xi)^{q(1 - a\lambda_2) - 1} a_n^q)^{\frac{1}{q}}; \tag{8.5.15}$$

$$\int_1^\infty \sum_{n=2}^\infty \frac{\ln^{\alpha-1}(n-\xi)A_n f(x)}{(\ln^\alpha x + \ln^\alpha(n-\xi))^{\lambda+1}(n-\xi)}\mathrm{d}x$$

$$> \frac{1}{\alpha^2\lambda}\mathrm{B}(\lambda_1,\lambda_2)\left(\int_1^\infty (1-O_\lambda(\frac{1}{\ln^\alpha x}))\frac{\ln^{p(1-\alpha\lambda_1)-1}x}{x^{1-p}}f^p(x)\mathrm{d}x\right)^{\frac{1}{p}}\cdot$$

$$\left(\sum_{n=2}^\infty \frac{\ln^{q(1-\alpha\lambda_2)-1}(n-\xi)}{(n-\xi)^{1-q}}a_n^q\right)^{\frac{1}{q}}, \tag{8.5.16}$$

$$\left(\int_1^\infty \frac{\ln^{q\alpha\lambda_1-1}x}{x(1-O(\ln^{-\alpha\lambda_2}x))^{q-1}}\left(\sum_{n=2}^\infty \frac{\ln^{\alpha-1}(n-\xi)A_n}{(\ln^\alpha x + \ln^\alpha(n-\xi))^{\lambda+1}(n-\xi)}\right)^q\mathrm{d}x\right)^{\frac{1}{q}}$$

$$> \frac{1}{\alpha^2\lambda}\mathrm{B}(\lambda_1,\lambda_2)\left(\sum_{n=2}^\infty \frac{\ln^{q(1-\alpha\lambda_2)-1}(n-\xi)}{(n-\xi)^{1-q}}a_n^q\right)^{\frac{1}{q}}. \tag{8.5.17}$$

若取 $v(x) = \mathrm{e}^{\alpha x}\ (\alpha \in (0,1], x \in (-\infty,\infty))$，其他依前设，则有如下 2 组具有最佳常数因子 $\frac{1}{\alpha^2\lambda}\mathrm{B}(\lambda_1,\lambda_2)$ 的较为精确的半平面半离散逆向的等价不等式：

$$\int_{-\infty}^\infty \sum_{n=1}^\infty \frac{(n-\xi)^{\alpha-1}A_n f(x)}{(\mathrm{e}^{\alpha x}+(n-\xi)^\alpha)^{\lambda+1}}\mathrm{d}x$$

$$> \frac{1}{\alpha^2\lambda}\mathrm{B}(\lambda_1,\lambda_2)\left(\int_{-\infty}^\infty (1-O_\lambda(\frac{1}{\mathrm{e}^{\alpha\lambda_2 x}}))\mathrm{e}^{-p\alpha\lambda_1 x}f^p(x)\mathrm{d}x\right)^{\frac{1}{p}}\cdot$$

$$\left(\sum_{n=1}^\infty (n-\xi)^{q(1-\alpha\lambda_2)-1}a_n^q\right)^{\frac{1}{q}}, \tag{8.5.18}$$

$$\left(\int_{-\infty}^\infty \frac{\mathrm{e}^{q\alpha\lambda_1 x}}{(1-O_\lambda(\mathrm{e}^{-\alpha\lambda_2 x}))^{q-1}}\left(\sum_{n=1}^\infty \frac{(n-\xi)^{\alpha-1}A_n}{(\mathrm{e}^{\alpha x}+(n-\xi)^\alpha)^{\lambda+1}}\right)^q\mathrm{d}x\right)^{\frac{1}{q}}$$

$$> \frac{1}{\alpha^2\lambda}\mathrm{B}(\lambda_1,\lambda_2)\left(\sum_{n=1}^\infty (n-\xi)^{q(1-\alpha\lambda_2)-1}a_n^q\right)^{\frac{1}{q}}; \tag{8.5.19}$$

$$\int_{-\infty}^\infty \sum_{n=2}^\infty \frac{\ln^{\alpha-1}(n-\xi)A_n f(x)}{(\mathrm{e}^{\alpha x}+\ln^\alpha(n-\xi))^{\lambda+1}(n-\xi)}\mathrm{d}x$$

$$> \frac{1}{\alpha^2\lambda}\mathrm{B}(\lambda_1,\lambda_2)\left(\int_{-\infty}^\infty (1-O(\frac{1}{\mathrm{e}^{\alpha\lambda_2 x}}))\mathrm{e}^{-p\alpha\lambda_1 x}f^p(x)\mathrm{d}x\right)^{\frac{1}{p}}\cdot$$

$$\left(\sum_{n=2}^\infty \frac{\ln^{q(1-\alpha\lambda_2)-1}(n-\xi)}{(n-\xi)^{1-q}}a_n^q\right)^{\frac{1}{q}}, \tag{8.5.20}$$

$$\left(\int_{-\infty}^\infty \frac{\mathrm{e}^{q\alpha\lambda_1 x}}{(1-O_\lambda(\mathrm{e}^{-\alpha\lambda_2 x}))^{q-1}}\left(\sum_{n=2}^\infty \frac{\ln^{\alpha-1}(n-\xi)A_n}{(\mathrm{e}^{\alpha x}+\ln^\alpha(n-\xi))^{\lambda+1}(n-\xi)}\right)^q\mathrm{d}x\right)^{\frac{1}{q}}$$

$$> \frac{1}{\alpha^2\lambda}\mathrm{B}(\lambda_1,\lambda_2)\left(\sum_{n=2}^\infty \frac{\ln^{q(1-\alpha\lambda_2)-1}(n-\xi)}{(n-\xi)^{1-q}}a_n^q\right)^{\frac{1}{q}}. \tag{8.5.21}$$

当 $\xi=0$ 时，上式为取例 2.1(1) 的中间变量的情形.

涉及多重可变上限函数与部分和的
半离散 Hardy-Hilbert 不等式

本章在核含一个离散中间变量的情况下,改进第 5 章的结果,应用权函数方法及参量化思想,求出一个新的涉及多重可变上限函数与部分和的半离散 Hardy-Hilbert 不等式,导出了新不等式中多参数联系最佳常数因子的等价条件,还建立了特殊中间变量不等式,并考虑了两类逆式的情形.

9.1 引　　理

设函数 $f(x) := F_0(x)$ 在 $\mathbf{R}^+$ 上除有限点外非负连续,$m \in \mathbf{N}$,递推地,对于 $m \in \mathbf{N}_+$,定义如下多重可变上限函数:$F_i(x) := \int_0^x F_{i-1}(t)\mathrm{d}t\,(x \geqslant 0)$,满足条件:

$$F_i(x) = o(\mathrm{e}^{tx}),\, t > 0,\, i = 1, \cdots, m,\, x \to \infty.$$

又设 $u''(t) \leqslant 0\,(t \in (n_0, \infty))$,$a_k \geqslant 0$,$A_n = \sum_{k=n_0}^{n} a_k\,(k, n \in \mathbf{N}_{n_0})$,$A_n \mathrm{e}^{-tu(n)} = o(1)\,(t > 0; n \to \infty)$,当 $x \in \mathbf{R}^+$,$n \in \mathbf{N}_{n_0}$,$F_m(x)$,$A_n, a_n \geqslant 0$,满足如下条件:

$$\begin{cases} 0 < \displaystyle\int_0^\infty x^{p(1-m-\hat{\lambda}_1)-1} F_m^p(x)\mathrm{d}x < \infty \\[2mm] 0 < \displaystyle\sum_{n=n_0}^{\infty} \frac{u'(n)}{(u(n))^{q\hat{\lambda}_2+1}} A_n^q < \infty \\[2mm] 0 < \displaystyle\sum_{n=n_0}^{\infty} \frac{(u(n))^{q(1-\hat{\lambda}_2)-1}}{(u'(n))^{q-1}} a_n^q < \infty \end{cases}. \qquad (9.1.1)$$

引理 9.1(参考引理 5.1)　对于 $t > 0$,我们有如下表达式:

$$\int_0^\infty e^{-tx} f(x) dx = t^m \int_0^\infty e^{-tx} F_m(x) dx. \tag{9.1.2}$$

引理 9.2(参考引理 7.2)　对于 $t > 0$,有如下不等式:

$$\sum_{n=n_0}^\infty e^{-tu(n)} a_n \leqslant t \sum_{n=n_0}^\infty e^{-tu(n)} u'(n) A_n. \tag{9.1.3}$$

引理 9.3　我们有如下不等式:

$$I_0 := \int_0^\infty \sum_{n=n_0}^\infty \frac{a_n f(x)}{(x+u(n))^\lambda} dx \leqslant \frac{\Gamma(\lambda+m+1)}{\Gamma(\lambda)} \int_0^\infty \sum_{n=n_0}^\infty \frac{u'(n) A_n F_m(x)}{(x+u(n))^{\lambda+m+1}} dx. \tag{9.1.4}$$

证明　因有 Gamma 函数如下表达式

$$\frac{1}{(x+u(n))^\lambda} = \frac{1}{\Gamma(\lambda)} \int_0^\infty t^{\lambda-1} e^{-(x+u(n))t} dt,$$

由 L 逐项积分定理(参阅文[103]),式(9.1.2) 及式(9.1.3),有如下表达式:

$$I_0 = \frac{1}{\Gamma(\lambda)} \int_0^\infty \sum_{n=n_0}^\infty a_n f(x) \int_0^\infty t^{\lambda-1} e^{-(x+u(n))t} dt dx$$

$$= \frac{1}{\Gamma(\lambda)} \int_0^\infty t^{\lambda-1} \left(\int_0^\infty e^{-xt} f(x) dx \right) \left(\sum_{n=n_0}^\infty e^{-u(n)t} a_n \right) dt$$

$$\leqslant \frac{1}{\Gamma(\lambda)} \int_0^\infty t^{\lambda-1} \left(t^m \int_0^\infty e^{-xt} F_m(x) dx \right) \left(t \sum_{n=n_0}^\infty e^{-u(n)t} u'(n) A_n \right) dt$$

$$= \frac{1}{\Gamma(\lambda)} \int_0^\infty \sum_{n=n_0}^\infty u'(n) A_n F_m(x) \int_0^\infty t^{(\lambda+m+1)-1} e^{-(x+u(n))t} dt dx$$

$$= \frac{\Gamma(\lambda+m+1)}{\Gamma(\lambda)} \int_0^\infty \sum_{n=n_0}^\infty \frac{u'(n) A_n}{(x+u(n))^{\lambda+m+1}} F_m(x) dx.$$

因而有式(9.1.4). 证毕.

引理 9.4　我们有如下不等式:

$$I_1 := \int_0^\infty \sum_{n=n_0}^\infty \frac{u'(n) A_n f(x)}{(x+u(n))^{\lambda+1}} dx \geqslant \frac{\Gamma(\lambda+m)}{\Gamma(\lambda+1)} \int_0^\infty \sum_{n=n_0}^\infty \frac{a_n F_m(x)}{(x+u(n))^{\lambda+m}} dx. \tag{9.1.5}$$

证明　因有 Gamma 函数如下表达式

$$\frac{1}{(x+u(n))^{\lambda+1}} = \frac{1}{\Gamma(\lambda+1)} \int_0^\infty t^\lambda e^{-(x+u(n))t} dt,$$

由 L 逐项积分定理(参阅文[103]),式(9.1.2) 及式(9.1.3),有如下表达式:

$$I_1 = \frac{1}{\Gamma(\lambda+1)} \int_0^\infty \sum_{n=n_0}^\infty u'(n) A_n f(x) \int_0^\infty t^\lambda e^{-(x+u(n))t} dt dx$$

$$= \frac{1}{\Gamma(\lambda+1)} \int_0^\infty t^\lambda \Big(\int_0^\infty e^{-xt} f(x) dx \Big) \Big(\sum_{n=n_0}^\infty e^{-u(n)t} u'(n) A_n \Big) dt$$

$$\geqslant \frac{1}{\Gamma(\lambda+1)} \int_0^\infty t^\lambda (t^m \int_0^\infty e^{-v(x)t} F_m(x) dx)(t^{-1} \sum_{n=n_0}^\infty e^{-u(n)t} a_n) dt$$

$$= \frac{1}{\Gamma(\lambda+1)} \int_0^\infty \sum_{n=n_0}^\infty a_n F_m(x) \int_0^\infty t^{(\lambda+m)-1} e^{-(x+u(n))t} dt dx$$

$$= \frac{\Gamma(\lambda+m)}{\Gamma(\lambda+1)} \int_0^\infty \sum_{n=n_0}^\infty \frac{a_n F_m(x)}{(x+u(n))^{\lambda+m}} dx.$$

因而有式(9.1.5).证毕.

9.2　正向不等式的若干结果

在本节,设 $p>1, q>1$,定义 2.1 情形(1)(或情形(2))对 $s_2 = \lambda_2 + 1$ 满足.
在式(2.1.6)中,令

$$s = \lambda + m + 1, s_1 = \lambda_1 + m, s_2 = \lambda_2 + 1, f(x) = F_m(x),$$

$$v(x) = x(x \in (0, \infty)), a_n = u'(n) A_n,$$

再由条件(9.1.1),我们有如下不等式:

$$\int_0^\infty \sum_{n=n_0}^\infty \frac{u'(n) A_n F_m(x)}{(x+u(n))^{\lambda+m+1}} dx < (k_{\lambda+m+1}(\lambda_2+1))^{\frac{1}{p}} (k_{\lambda+m+1}(\lambda_1+m))^{\frac{1}{q}} \cdot$$

$$(\int_0^\infty x^{p(1-m-\hat{\lambda}_1)-1} F_m^p(x) dx)^{\frac{1}{p}} \cdot$$

$$(\sum_{n=n_0}^\infty \frac{u'(n)}{(u(n))^{q\hat{\lambda}_2+1}} A_n^q)^{\frac{1}{q}}. \tag{9.2.1}$$

由式(9.1.4),可得如下涉及多重可变上限函数与部分和的半离散 Hardy-Hilbert 不等式:

$$I = \int_0^\infty \sum_{n=n_0}^\infty \frac{a_n f(x)}{(x+u(n))^\lambda} dx$$

$$< \frac{\Gamma(\lambda+m+1)}{\Gamma(\lambda)} (k_{\lambda+m+1}(\lambda_2+1))^{\frac{1}{p}} (k_{\lambda+m+1}(\lambda_1+m))^{\frac{1}{q}} \cdot$$

$$(\int_0^\infty x^{p(1-m-\hat{\lambda}_1)-1} F_m^p(x) dx)^{\frac{1}{p}} (\sum_{n=n_0}^\infty \frac{u'(n)}{(u(n))^{q\hat{\lambda}_2+1}} A_n^q)^{\frac{1}{q}}. \tag{9.2.2}$$

特别当 $\lambda_1 + \lambda_2 = \lambda$ 时,有如下不等式:

$$\int_0^\infty \sum_{n=n_0}^\infty \frac{a_n f(x)}{(x+u(n))^\lambda} dx$$

$$< \frac{\Gamma(\lambda + m + 1)}{\Gamma(\lambda)} B(\lambda_1 + m, \lambda_2 + 1) \left(\int_0^\infty x^{p(1-m-\lambda_1)-1} F_m^p(x) dx \right)^{\frac{1}{p}} \cdot$$

$$\left(\sum_{n=n_0}^\infty \frac{u'(n)}{(u(n))^{q\lambda_2+1}} A_n^q \right)^{\frac{1}{q}}. \tag{9.2.3}$$

定理 9.1　若 $\lambda_1 + \lambda_2 = \lambda$，则式(9.2.2)的常数因子

$$\frac{\Gamma(\lambda + m + 1)}{\Gamma(\lambda)} (k_{\lambda+m+1}(\lambda_2 + 1))^{\frac{1}{p}} (k_{\lambda+m+1}(\lambda_1 + m))^{\frac{1}{q}}$$

$$(= \frac{\Gamma(\lambda + m + 1)}{\Gamma(\lambda)} B(\lambda_1 + m, \lambda_2 + 1))$$

必为最佳值.

证明　若 $\lambda_1 + \lambda_2 = \lambda$，则式(9.2.2)变为式(9.2.3). 任给 $0 < \varepsilon < \min\{p\lambda_1, q\lambda_2\}$，置

$$\widetilde{f}(x) := \begin{cases} 0, 0 < x < 1, \\ x^{\lambda_1 - \frac{\varepsilon}{p} - 1}, x \geqslant 1 \end{cases},$$

$$\widetilde{a}_n := \begin{cases} 0, n = n_0, \\ (u(n))^{\lambda_2 - \frac{\varepsilon}{q} - 1} u'(n), n \in \mathbf{N}_{n_0+1} \end{cases}.$$

我们设 $\widetilde{F}_0(x) = \widetilde{f}(x)$，及对于 $m \in \mathbf{N}$，有

$$\widetilde{F}_m(x) := \int_0^x \int_0^{t_{m-1}} \cdots \int_0^{t_1} \widetilde{f}(t_0) dt_0 \cdots dt_{m-2} dt_{m-1}$$

$$\leqslant \begin{cases} 0, 0 < x < 1 \\ \dfrac{1}{\displaystyle\prod_{i=0}^{m-1} (\lambda_1 + i - \frac{\varepsilon}{p})} x^{\lambda_1 + m - 1 - \frac{\varepsilon}{p}}, x \geqslant 1 \end{cases}'$$

这里，当 $m = 0, a > 0$ 时，定义 $\displaystyle\prod_{i=0}^{m-1} (a+i) := 1$，则上式对 $m \in \mathbf{N}_0$ 亦成立. 易见，$\widetilde{F}_i(x) = o(e^{tx}) (t > 0, i = 1, \cdots, m; x \to \infty)$. 显然，$(u(t))^{\lambda_2 - \frac{\varepsilon}{q} - 1} u'(t)$ 在 (n_0, ∞) 仍递减，有

$$\widetilde{A}_n = \sum_{k=n_0}^n \widetilde{a}_k = \sum_{k=n_0+1}^n (u(k))^{\lambda_2 - \frac{\varepsilon}{q} - 1} u'(k)$$

$$< \int_{n_0}^n (u(t))^{\lambda_2 - \frac{\varepsilon}{q} - 1} u'(t) dt = \frac{1}{\lambda_2 - \frac{\varepsilon}{q}} (u(t))^{\lambda_2 - \frac{\varepsilon}{q}} \Big|_{n_0}^n$$

$$\leqslant \frac{1}{\lambda_2 - \frac{\varepsilon}{q}} (u(n))^{\lambda_2 - \frac{\varepsilon}{q}}.$$

若有正常数 $M \leqslant \dfrac{\Gamma(\lambda+m+1)}{\Gamma(\lambda)} B(\lambda_1+m, \lambda_2+1)$，使取代式 (9.2.3) 的常

数因子 $\dfrac{\Gamma(\lambda+m+1)}{\Gamma(\lambda)} B(\lambda_1+m, \lambda_2+1)$ 后仍成立，则特别还有

$$\widetilde{I} := \int_0^\infty \sum_{n=n_0}^\infty \frac{\widetilde{a_n}\widetilde{f}(x)}{(x+u(n))^\lambda} \mathrm{d}x$$

$$< M \left(\int_0^\infty x^{p(1-m-\lambda_1)-1} \widetilde{F}_m^p(x) \mathrm{d}x\right)^{\frac{1}{p}} \left(\sum_{n=n_0}^\infty \frac{u'(n)}{(u(n))^{q\lambda_2+1}} \widetilde{A}_n^q\right)^{\frac{1}{q}}. \quad (9.2.4)$$

因 $u'(t) > 0$，$u''(t) \leqslant 0$，函数 $(u(t))^{-\varepsilon-1} u'(t) (t \in (n_0, \infty))$ 仍具有递减性.
由式 (9.2.4) 及级数的递减性质，可得

$$\widetilde{I} < \frac{M}{(\lambda_2 - \frac{\varepsilon}{q}) \prod\limits_{i=0}^{m-1}(\lambda_1+i-\frac{\varepsilon}{p})} \left(\int_1^\infty x^{p(1-m-\lambda_1)-1} x^{p(\lambda_1+m-1)-\varepsilon} \mathrm{d}x\right)^{\frac{1}{p}} \cdot$$

$$\left(\sum_{n=n_0+1}^\infty \frac{u'(n)}{(u(n))^{q\lambda_2+1}} (u(n))^{q\lambda_2-\varepsilon}\right)^{\frac{1}{q}}$$

$$= \frac{M}{(\lambda_2 - \frac{\varepsilon}{q}) \prod\limits_{i=0}^{m-1}(\lambda_1+i-\frac{\varepsilon}{p})} \left(\int_1^\infty x^{-\varepsilon-1} \mathrm{d}x\right)^{\frac{1}{p}} \left(\sum_{n=n_0+1}^\infty (u(n))^{-\varepsilon-1} u'(n)\right)^{\frac{1}{q}}$$

$$\leqslant \frac{M}{(\lambda_2 - \frac{\varepsilon}{q}) \prod\limits_{i=0}^{m-1}(\lambda_1+i-\frac{\varepsilon}{p})} \left(\int_1^\infty x^{-\varepsilon-1} \mathrm{d}x\right)^{\frac{1}{p}} \left(\int_{n_0}^\infty (u(t))^{-\varepsilon-1} u'(t) \mathrm{d}t\right)^{\frac{1}{q}}$$

$$= \frac{M}{\varepsilon(\lambda_2 - \frac{\varepsilon}{q}) \prod\limits_{i=0}^{m-1}(\lambda_1+i-\frac{\varepsilon}{p})} (u(n_0))^{\frac{-\varepsilon}{q}}.$$

由式 (2.1.5)，置 $s = \lambda$，$s_1 = \widetilde{\lambda}_1 := \lambda_1 - \dfrac{\varepsilon}{p} \in (0, \lambda)$，我们有

$$\sum_{n=n_0+1}^\infty \left((u(n))^{\lambda_2+\frac{\varepsilon}{p}} \int_1^\infty \frac{x^{(\lambda_1-\frac{\varepsilon}{p})-1}}{(x+u(n))^\lambda} \mathrm{d}x\right) (u(n))^{-\varepsilon-1} u'(n)$$

$$= \sum_{n=n_0+1}^\infty \left((u(n))^{\lambda_2+\frac{\varepsilon}{p}} \int_0^\infty \frac{x^{(\lambda_1-\frac{\varepsilon}{p})-1}}{(x+u(n))^\lambda} \mathrm{d}x\right) (u(n))^{-\varepsilon-1} u'(n) -$$

$$\sum_{n=n_0+1}^\infty \left((u(n))^{\lambda_2+\frac{\varepsilon}{p}} \int_0^1 \frac{x^{(\lambda_1-\frac{\varepsilon}{p})-1}}{(x+u(n))^\lambda} \mathrm{d}x\right) (u(n))^{-\varepsilon-1} u'(n)$$

$$\geqslant \sum_{n=n_0+1}^\infty \omega_\lambda(\widetilde{\lambda}_1, n) \frac{u'(n)}{(u(n))^{\varepsilon+1}} - \sum_{n=n_0+1}^\infty \left((u(n))^{\lambda_2-\frac{\varepsilon}{q}-1} \int_0^1 \frac{x^{(\lambda_1-\frac{\varepsilon}{p})-1}}{(u(n))^\lambda} \mathrm{d}x\right) u'(n)$$

$$= k_\lambda(\widetilde{\lambda}_1) \sum_{n=n_0+1}^\infty (u(n))^{-\varepsilon-1} u'(n) - \frac{1}{\lambda_1 - \frac{\varepsilon}{p}} \sum_{n=n_0+1}^\infty (u(n))^{-\lambda_1-\frac{\varepsilon}{q}-1} u'(n)$$

$$> k_\lambda(\widetilde{\lambda_1}) \int_{n_0+1}^\infty (u(y))^{-\varepsilon-1} u'(y) \mathrm{d}y - O(1)$$

$$= \frac{1}{\varepsilon}(\mathrm{B}(\lambda_1 - \frac{\varepsilon}{p}, \lambda_2 + \frac{\varepsilon}{p})(u(n_0+1))^{-\varepsilon} - \varepsilon O(1).$$

基于上面的结果,有

$$\mathrm{B}(\lambda_1 - \frac{\varepsilon}{p}, \lambda_2 + \frac{\varepsilon}{p})(u(n_0+1))^{-\varepsilon} - \varepsilon O(1)$$

$$< \varepsilon \widetilde{I} < \frac{M}{(\lambda_2 - \frac{\varepsilon}{q}) \prod_{i=0}^{m-1}(\lambda_1 + i - \frac{\varepsilon}{p})}(u(n_0))^{\frac{-\varepsilon}{q}}.$$

令 $\varepsilon \to 0^+$,由 Beta 函数的连续性,有

$$\frac{\Gamma(\lambda+m+1)}{\Gamma(\lambda)}\mathrm{B}(\lambda_1+m, \lambda_2+1) = \lambda_2 \mathrm{B}(\lambda_1, \lambda_2) \prod_{i=0}^{m-1}(\lambda_1+i) \leqslant M.$$

故 $M = \dfrac{\Gamma(\lambda+m+1)}{\Gamma(\lambda)}\mathrm{B}(\lambda_1+m, \lambda_2+1)$ 为式(9.2.3)(即式(9.2.2)当 $\lambda_1+\lambda_2 =$

λ 时)的最佳值. 证毕.

定理 9.2　若式(9.2.2)的常数因子

$$\frac{\Gamma(\lambda+m+1)}{\Gamma(\lambda)}(k_{\lambda+m+1}(\lambda_2+1))^{\frac{1}{p}}(k_{\lambda+m+1}(\lambda_1+m))^{\frac{1}{q}}$$

为最佳值,则当 $\lambda - \lambda_1 - \lambda_2 \leqslant 0$ 时,必有 $\lambda_1 + \lambda_2 = \lambda$.

证明　因 $\hat{\lambda}_1 = \dfrac{\lambda-\lambda_2}{p} + \dfrac{\lambda_1}{q}$, $\hat{\lambda}_2 = \dfrac{\lambda-\lambda_1}{q} + \dfrac{\lambda_2}{p}$,有 $\hat{\lambda}_1 + \hat{\lambda}_2 = \lambda$,且有 $0 < \hat{\lambda}_1$,

$\hat{\lambda}_2 < \lambda$,及

$$\frac{\Gamma(\lambda+m+1)}{\Gamma(\lambda)}\mathrm{B}(\hat{\lambda}_1+m, \hat{\lambda}_2+1) \in \mathbf{R}^+.$$

因 $\lambda - \lambda_1 - \lambda_2 \leqslant 0, q > 1$,对于 $\rho = 1$(或 $\rho = \frac{1}{2}$),函数

$$(u(t))^{\hat{\lambda}_2} u'(t) = (u(t))^{\hat{\lambda}_2-\lambda_2}((u(t))^{\lambda_2} u'(t))$$

$$= (u(t))^{(\lambda-\lambda_1-\lambda_2)/q}((u(t))^{\lambda_2} u'(t)), t \in (n_0 - \rho, \infty)$$

仍具有递减性. 因 $u''(t) \leqslant 0$,及 $(u(t))^{\lambda_2} u'(t)$ 凸,显然上式仍具有凸性($\rho = \frac{1}{2}$).

故定义 2.1 情形(1)(或情形(2)) 对 $s_2 = \hat{\lambda}_2 + 1$ 仍满足. 因此,由式(9.2.3),可代

之以 $\hat{\lambda}_i = \lambda_i$ $(i = 1, 2)$,成立不等式:

$$\int_0^\infty \sum_{n=n_0}^\infty \frac{a_n f(x)}{(x+u(n))^\lambda}\mathrm{d}x$$

$$< \frac{\Gamma(\lambda+m+1)}{\Gamma(\lambda)} B(\hat{\lambda}_1+m, \hat{\lambda}_2+1) \left(\int_0^\infty x^{p(1-m-\hat{\lambda}_1)-1} F_m^p(x) \mathrm{d}x \right)^{\frac{1}{p}} \cdot$$

$$\left(\sum_{n=n_0}^\infty \frac{u'(n)}{(u(n))^{q\hat{\lambda}_2+1}} A_n^q \right)^{\frac{1}{q}}. \tag{9.2.5}$$

由 Hölder 不等式(参阅文[5]),我们还有

$$B(\hat{\lambda}_1+m, \hat{\lambda}_2+1) = k_{\lambda+m+1}(\hat{\lambda}_2+1) = k_{\lambda+m+1}\left(\frac{\lambda_2}{p} + \frac{\lambda-\lambda_1}{q} + 1 \right)$$

$$= \int_0^\infty \frac{1}{(1+u)^{\lambda+m+1}} u^{\frac{\lambda_2}{p} + \frac{\lambda-\lambda_1}{q}} \mathrm{d}u$$

$$= \int_0^\infty \frac{1}{(1+u)^{\lambda+m+1}} (u^{\frac{\lambda_2}{p}})(u^{\frac{\lambda-\lambda_1}{q}}) \mathrm{d}u$$

$$\leqslant \left(\int_0^\infty \frac{1}{(1+u)^{\lambda+m+1}} u^{\lambda_2} \mathrm{d}u \right)^{\frac{1}{p}} \left(\int_0^\infty \frac{1}{(1+u)^{\lambda+m+1}} u^{\lambda-\lambda_1} \mathrm{d}u \right)^{\frac{1}{q}}$$

$$= \left(\int_0^\infty \frac{1}{(1+u)^{\lambda+m+1}} u^{\lambda_2} \mathrm{d}u \right)^{\frac{1}{p}} \left(\int_0^\infty \frac{1}{(1+v)^{\lambda+m+1}} v^{(\lambda_1+m)-1} \mathrm{d}v \right)^{\frac{1}{q}}$$

$$= (k_{\lambda+m+1}(\lambda_2+1))^{\frac{1}{p}} (k_{\lambda+m+1}(\lambda_1+m))^{\frac{1}{q}}. \tag{9.2.6}$$

由于常数因子 $\frac{\Gamma(\lambda+m+1)}{\Gamma(\lambda)} (k_{\lambda+m+1}(\lambda_2+1))^{\frac{1}{p}} (k_{\lambda+m+1}(\lambda_1+m))^{\frac{1}{q}}$ 为式

(9.2.2)的最佳值,故比较式(9.2.2)与式(9.2.5)的常数因子,我们有不等式:

$$\frac{\Gamma(\lambda+m+1)}{\Gamma(\lambda)} (k_{\lambda+m+1}(\lambda_2+1))^{\frac{1}{p}} (k_{\lambda+m+1}(\lambda_1+m))^{\frac{1}{q}}$$

$$\leqslant \frac{\Gamma(\lambda+m+1)}{\Gamma(\lambda)} B(\hat{\lambda}_1+m, \hat{\lambda}_2+1)(\in \mathbf{R}^+).$$

即有不等式

$$B(\hat{\lambda}_1+m, \hat{\lambda}_2+1) \geqslant (k_{\lambda+m+1}(\lambda_2+1))^{\frac{1}{p}} (k_{\lambda+m+1}(\lambda_1+m))^{\frac{1}{q}},$$

因而式(9.2.6)取等号.式(9.2.6)取等号的充分必要条件是有不全为 0 的常数 A 和 B,使(参阅文[5]) $Au^{\lambda_2} = Bu^{\lambda-\lambda_1}$ a.e. 于 $\mathbf{R}^+$.不妨设 $A \neq 0$,则有 $u^{\lambda_2+\lambda_1-\lambda} = \frac{B}{A}$ a.e. 于 $\mathbf{R}^+$,及 $\lambda_2+\lambda_1-\lambda=0$.因而 $\lambda_1+\lambda_2=\lambda$.证毕.

例 9.1 在式(9.2.3)中,代入例 7.1(2)的中间变量,当 $\lambda_2 \leqslant \frac{1}{\alpha}-1(\alpha \in (0,1))$,有具有最佳常数因子 $\alpha^{\frac{1}{q}} \lambda_2 \prod_{i=0}^{m-1}(\lambda_1+i)B(\lambda_1,\lambda_2)$ 的 2 个半离散 Hardy-Hilbert 不等式:

$$\int_0^\infty \sum_{n=1}^\infty \frac{a_n f(x)}{(x+(n-\xi)^\alpha)^\lambda} \mathrm{d}x < \alpha^{\frac{1}{q}} \lambda_2 \prod_{i=0}^{m-1}(\lambda_1+i)B(\lambda_1,\lambda_2) \cdot$$

$$\left(\int_0^\infty \frac{x^{p(1-m-\lambda_1)-1}}{x^{p-1}} F_m^p(x)\mathrm{d}x\right)^{\frac{1}{p}} \left(\sum_{n=1}^\infty (n-\xi)^{-q\alpha\lambda_2-1} A_n^q\right)^{\frac{1}{q}}, \qquad (9.2.7)$$

$$\int_0^\infty \sum_{n=2}^\infty \frac{a_n f(x)}{(x+\ln^\alpha(n-\xi))^\lambda}\mathrm{d}x < \alpha^{\frac{1}{q}}\lambda_2 \prod_{i=0}^{m-1}(\lambda_1+i)\mathrm{B}(\lambda_1,\lambda_2) \cdot$$

$$\left(\int_0^\infty \frac{x^{p(1-m-\lambda_1)-1}}{x^{p-1}} F_m^p(x)\mathrm{d}x\right)^{\frac{1}{p}} \left(\sum_{n=2}^\infty \frac{\ln^{-q\alpha\lambda_2-1}(n-\xi)}{n-\xi} A_n^q\right)^{\frac{1}{q}}. \qquad (9.2.8)$$

当 $\xi=0$ 时,上面的式子变为代入例 7.1(1) 中两类中间变量的情形.

9.3　第一类逆式的情形

本节设 $p<0, 0<q<1$,定义 2.1 情形(1)(或情形(2)) 对 $s_2=\lambda_2$ 满足.
在式(2.1.7) 中,令

$$s=\lambda+m, s_1=\lambda_1+m, s_2=\lambda_2, f(x)=F_m(x), v(x)=x, x\in(0,\infty),$$

由条件(9.1.1),我们有第一类逆向不等式:

$$\int_0^\infty \sum_{n=n_0}^\infty \frac{a_n F_m(x)}{(x+u(n))^{\lambda+m}}\mathrm{d}x$$

$$> (k_{\lambda+m}(\lambda_2))^{\frac{1}{p}} (k_{\lambda+m}(\lambda_1+m))^{\frac{1}{q}} \left(\int_0^\infty x^{p(1-m-\hat\lambda_1)-1} F_m^p(x)\mathrm{d}x\right)^{\frac{1}{p}} \cdot$$

$$\left(\sum_{n=n_0}^\infty \frac{(u(n))^{q(1-\hat\lambda_2)-1}}{(u'(n))^{q-1}} a_n^q\right)^{\frac{1}{q}}. \qquad (9.3.1)$$

再由式(9.1.5),可得涉及多重可变上限函数及部分和的第一类半离散逆向的
Hardy-Hilbert 不等式:

$$I_1 = \int_0^\infty \sum_{n=n_0}^\infty \frac{u'(n)A_n f(x)}{(x+u(n))^{\lambda+1}}\mathrm{d}x > \frac{\Gamma(\lambda+m)}{\Gamma(\lambda+1)} (k_{\lambda+m}(\lambda_2))^{\frac{1}{p}} (k_{\lambda+m}(\lambda_1+m))^{\frac{1}{q}} \cdot$$

$$\left(\int_0^\infty x^{p(1-m-\hat\lambda_1)-1} F_m^p(x)\mathrm{d}x\right)^{\frac{1}{p}} \left(\sum_{n=n_0}^\infty \frac{(u(n))^{q(1-\hat\lambda_2)-1}}{(u'(n))^{q-1}} a_n^q\right)^{\frac{1}{q}}. \qquad (9.3.2)$$

特别当 $\lambda_1+\lambda_2=\lambda$ 时,有逆向不等式:

$$\int_0^\infty \sum_{n=n_0}^\infty \frac{u'(n)A_n f(x)}{(x+u(n))^{\lambda+1}}\mathrm{d}x$$

$$> \frac{\Gamma(\lambda+m)}{\Gamma(\lambda+1)}\mathrm{B}(\lambda_1+m,\lambda_2) \left(\int_0^\infty x^{p(1-m-\lambda_1)-1} F_m^p(x)\mathrm{d}x\right)^{\frac{1}{p}} \cdot$$

$$\left(\sum_{n=n_0}^\infty \frac{(u(n))^{q(1-\lambda_2)-1}}{(u'(n))^{q-1}} a_n^q\right)^{\frac{1}{q}}. \qquad (9.3.3)$$

定理 9.3　若 $\lambda_1+\lambda_2=\lambda$,则式(9.3.2) 的常数因子

$$\frac{\Gamma(\lambda+m)}{\Gamma(\lambda+1)}(k_{\lambda+m}(\lambda_2))^{\frac{1}{p}}(k_{\lambda+m}(\lambda_1+m))^{\frac{1}{q}}(=\frac{\Gamma(\lambda+m)}{\Gamma(\lambda+1)}B(\lambda_1+m,\lambda_2))$$

必为最佳值.

证明 若 $\lambda_1+\lambda_2=\lambda$,则式(9.3.2)变为式(9.3.3).任给 $0<\varepsilon<|p|\lambda_2$,置

$$\tilde{f}(x):=\begin{cases}0,0<x<1\\x^{\lambda_1-\frac{\varepsilon}{p}-1},x\geqslant1\end{cases},$$

$$\tilde{a}_n:=\begin{cases}0,n=n_0,\\(u(n))^{\lambda_2-\frac{\varepsilon}{q}-1}u'(n),n\in\mathbf{N}_{n_0+1}\end{cases}.$$

我们设 $\tilde{F}_0(x)=\tilde{f}(x)$,及对于 $m\in\mathbf{N}_+$,有

$$\tilde{F}_m(x):=\int_0^x\int_0^{t_{m-1}}\cdots\int_0^{t_1}\tilde{f}(t_0)\,\mathrm{d}t_0\cdots\mathrm{d}t_{m-2}\mathrm{d}t_{m-1}$$

$$=\begin{cases}0,0<x<1\\\dfrac{1}{\prod\limits_{i=0}^{m-1}(\lambda_1+i-\frac{\varepsilon}{p})}(x^{\lambda_1+m-1-\frac{\varepsilon}{p}}-p_{m-1}(x)),x\geqslant1,\end{cases}$$

这里,$p_{m-1}(x)$ 为正的 $m-1$ 次多项式,满足 $p_{m-1}(1)=1$.若当 $m=0,a>0$ 时,定义 $\prod\limits_{i=0}^{m-1}(a+i):=1,p_{m-1}(x):=0$,则上式对 $m\in\mathbf{N}$ 亦成立.易见,$\tilde{F}_i(x)=o(\mathrm{e}^{tx})(t>0,i=1,\cdots,m;x\to\infty)$.显然,$(u(t))^{\lambda_2-\frac{\varepsilon}{q}-1}u'(t)$ 在$[n_0,\infty)$ 仍递减,有

$$\tilde{A}_n=\sum_{k=n_0}^n\tilde{a}_k=\sum_{k=n_0+1}^n(u(k))^{\lambda_2-\frac{\varepsilon}{q}-1}u'(k)$$

$$<\int_{n_0}^n(u(t))^{\lambda_2-\frac{\varepsilon}{q}-1}u'(t)\mathrm{d}t=\frac{1}{\lambda_2-\frac{\varepsilon}{q}}(u(t))^{\lambda_2-\frac{\varepsilon}{q}}\bigg|_{n_0}^n$$

$$\leqslant\frac{1}{\lambda_2-\frac{\varepsilon}{q}}(u(n))^{\lambda_2-\frac{\varepsilon}{q}}.$$

若有常数 $M\geqslant\dfrac{\Gamma(\lambda+m)}{\Gamma(\lambda+1)}B(\lambda_1+m,\lambda_2)$,使其取代式(9.3.3)的常数 $\dfrac{\Gamma(\lambda+m)}{\Gamma(\lambda+1)}B(\lambda_1+m,\lambda_2)$后原式仍成立,则特别还有

$$\tilde{I}:=\int_0^\infty\sum_{n=n_0}^\infty\frac{u'(n)\tilde{A}_n\tilde{f}(x)}{(x+u(n))^{\lambda+1}}\mathrm{d}x$$

$$>M(\int_0^\infty x^{p(1-m-\lambda_1)-1}\tilde{F}_m^p(x)\mathrm{d}x)^{\frac{1}{p}}(\sum_{n=n_0}^\infty\frac{(u(n))^{q(1-\lambda_2)-1}}{(u'(n))^{q-1}}\tilde{a}_n^q)^{\frac{1}{q}}.$$

$$(9.3.4)$$

因由 L'Hospital 法则,有

$$\lim_{x\to\infty}\frac{(1-x^{-\lambda_1+\frac{\varepsilon}{p}}O(1))^p-1}{x^{-\lambda_1+\frac{\varepsilon}{p}}O(1)}(\frac{0}{0}\ \text{型})$$

$$=\lim_{x\to\infty}\frac{-p\,(1-x^{-\lambda_1+\frac{\varepsilon}{p}}O(1))^{p-1}(-x^{-\lambda_1+\frac{\varepsilon}{p}}O(1))'}{(-x^{-\lambda_1+\frac{\varepsilon}{p}}O(1))'}=-p,$$

故有表达式

$$(1-x^{-\lambda_1+\frac{\varepsilon}{p}}O(1))^p=1+O_1\,(x^{-\lambda_1+\frac{\varepsilon}{p}}),x\in(1,\infty).$$

显然,函数 $(u(t))^{-\varepsilon-1}u'(t)(t\in(n_0,\infty))$ 仍具有递减性. 由式(9.3.4)及级数的递减性质,可得

$$\widetilde{I}>\frac{M}{\prod\limits_{i=0}^{m-1}(\lambda_1+i-\frac{\varepsilon}{p})}(\int_1^\infty x^{p(1-m-\lambda_1)-1}x^{p(\lambda_1+m-1)-\varepsilon}(1-x^{-\lambda_1+\frac{\varepsilon}{p}}O(1))^p\mathrm{d}x)^{\frac{1}{p}}\cdot$$

$$(\sum_{n=n_0}^\infty\frac{(u(n))^{q(1-\lambda_2)-1}}{(u'(n))^{q-1}}(u(n))^{q\lambda_2-\varepsilon-q}(u'(n))^q)^{\frac{1}{q}}$$

$$=\frac{M}{\prod\limits_{i=0}^{m-1}(\lambda_1+i-\frac{\varepsilon}{p})}(\int_1^\infty x^{-\varepsilon-1}(1+O_1(x^{-\lambda_1+\frac{\varepsilon}{p}}))\mathrm{d}x)^{\frac{1}{p}}\cdot$$

$$(\sum_{n=n_0}^\infty(u(n))^{-\varepsilon-1}u'(n))^{\frac{1}{q}}$$

$$\geqslant\frac{M}{\prod\limits_{i=0}^{m-1}(\lambda_1+i-\frac{\varepsilon}{p})}(\int_1^\infty x^{-\varepsilon-1}\mathrm{d}x+\int_1^\infty O_1(x^{-\lambda_1-\frac{\varepsilon}{q}-1})\mathrm{d}x)^{\frac{1}{p}}\cdot$$

$$(\int_{n_0}^\infty(u(t))^{-\varepsilon-1}\mathrm{d}u(t))^{\frac{1}{q}}$$

$$=\frac{M}{\varepsilon\prod\limits_{i=0}^{m-1}(\lambda_1+i-\frac{\varepsilon}{p})}(1+\varepsilon O_1(1))^{\frac{1}{p}}\,(u(n_0))^{\frac{-\varepsilon}{q}}.$$

由式(2.1.5),置 $s=\lambda+1,s_1=\widetilde{\lambda}_1:=\lambda_1-\frac{\varepsilon}{p}\in(0,\lambda+1)(v(x)=x,x\in(0,\infty))$,我们有

$$\sum_{n=n_0}^\infty((u(n))^{(\lambda_2+\frac{\varepsilon}{p})+1}\int_1^\infty\frac{x^{(\lambda_1-\frac{\varepsilon}{p})-1}}{(x+u(n))^{\lambda+1}}\mathrm{d}x)(u(n))^{-\varepsilon-1}u'(n)$$

$$<\sum_{n=n_0}^\infty((u(n))^{(\lambda_2+\frac{\varepsilon}{p})+1}\int_0^\infty\frac{x^{(\lambda_1-\frac{\varepsilon}{p})-1}}{(x+u(n))^{\lambda+1}}\mathrm{d}x)(u(n))^{-\varepsilon-1}u'(n)$$

$$=\sum_{n=n_0}^\infty\omega_{\lambda+1}(\widetilde{\lambda}_1,n)\,(u(n))^{-\varepsilon-1}u'(n)$$

185

$$= k_{\lambda+1}(\tilde{\lambda}_1)\left((u(n_0))^{-\varepsilon-1}u'(n_0) + \sum_{n=n_0+1}^{\infty}(u(n))^{-\varepsilon-1}u'(n)\right)$$

$$\leqslant k_{\lambda+1}(\tilde{\lambda}_1)\left((u(n_0))^{-\varepsilon-1}u'(n_0) + \int_{n_0}^{\infty}(u(y))^{-\varepsilon-1}u'(y)\mathrm{d}y\right)$$

$$= \frac{1}{\varepsilon}\mathrm{B}\left(\lambda_1 - \frac{\varepsilon}{p}, \lambda_2 + 1 + \frac{\varepsilon}{p}\right)\left(\varepsilon(u(n_0))^{-\varepsilon-1}u'(n_0) + (u(n_0))^{-\varepsilon}\right)$$

基于上面的结果,有

$$\frac{1}{\lambda_2 - \dfrac{\varepsilon}{q}}\mathrm{B}\left(\lambda_1 - \frac{\varepsilon}{p}, \lambda_2 + 1 + \frac{\varepsilon}{p}\right)\left(\varepsilon(u(n_0))^{-\varepsilon-1}u'(n_0) + (u(n_0))^{-\varepsilon}\right)$$

$$> \varepsilon \tilde{I} > \frac{M}{\displaystyle\prod_{i=0}^{m-1}\left(\lambda_1 + i - \dfrac{\varepsilon}{p}\right)}(1 + \varepsilon O_1(1))^{\frac{1}{p}}(u(n_0))^{\frac{-\varepsilon}{q}}.$$

令 $\varepsilon \to 0^+$,由 Beta 函数的连续性,有

$$\frac{\Gamma(\lambda+m)}{\Gamma(\lambda+1)}\mathrm{B}(\lambda_1+m, \lambda_2) = \frac{1}{\lambda_2}\mathrm{B}(\lambda_1, \lambda_2+1)\prod_{i=0}^{m-1}(\lambda_1+i) \geqslant M.$$

故 $M = \dfrac{\Gamma(\lambda+m)}{\Gamma(\lambda+1)}\mathrm{B}(\lambda_1+m, \lambda_2)$ 为式(9.3.3)(即式(9.3.2)当 $\lambda_1 + \lambda_2 = \lambda$ 时)的最佳值. 证毕.

定理 9.4　若式(9.3.2)的常数因子

$$\frac{\Gamma(\lambda+m)}{\Gamma(\lambda+1)}(k_{\lambda+m}(\lambda_2))^{\frac{1}{p}}(k_{\lambda+m}(\lambda_1+m))^{\frac{1}{q}}$$

为最佳值,则当 $\lambda - \lambda_1 - \lambda_2 \in (-q\lambda_2, 0]$ 时,必有 $\lambda_1 + \lambda_2 = \lambda$.

证明　因 $\hat{\lambda}_1 = \dfrac{\lambda - \lambda_2}{p} + \dfrac{\lambda_1}{q}, \hat{\lambda}_2 = \dfrac{\lambda - \lambda_1 - \lambda_2}{q} + \lambda_2$,有 $\hat{\lambda}_1 + \hat{\lambda}_2 = \lambda$. 当

$$\lambda - \lambda_1 - \lambda_2 \in (-q\lambda_2, 0] (\subset (-q\lambda_2, q(\lambda - \lambda_2))),$$

有 $0 < \hat{\lambda}_2 < \lambda, 0 < \hat{\lambda}_1 = \lambda - \hat{\lambda}_2 < \lambda$,及 $\mathrm{B}(\hat{\lambda}_1 + m, \hat{\lambda}_2) \in \mathbf{R}^+$. 因 $\lambda - \lambda_1 - \lambda_2 \leqslant 0, 0 < q < 1$,对于 $\rho = 1$(或 $\rho = \dfrac{1}{2}$),函数

$$(u(t))^{\hat{\lambda}_2 - 1}u'(t) = (u(t))^{\hat{\lambda}_2 - \lambda_2}((u(t))^{\lambda_2 - 1}u'(t))$$

$$= (u(t))^{(\lambda - \lambda_1 - \lambda_2)/q}((u(t))^{\lambda_2 - 1}u'(t)), t \in (n_0 - \rho, \infty)$$

仍具有递减性. 因 $u''(t) \leqslant 0$,及 $(u(t))^{\lambda_2 - 1}u'(t)$ 凸,显然上式仍具有凸性($\rho = \dfrac{1}{2}$). 故定义 2.1 情形(1)(或情形(2)) 对 $s_2 = \hat{\lambda}_2$ 仍满足. 因此,由式(9.3.3),可代之以 $\hat{\lambda}_i = \lambda_i (i = 1, 2)$,成立不等式:

$$I = \int_0^\infty \sum_{n=n_0}^\infty \frac{u'(n)A_n f(x)}{(x+u(n))^{\lambda+1}} dx > \frac{\Gamma(\lambda+m)}{\Gamma(\lambda+1)} B(\hat{\lambda}_1+m, \hat{\lambda}_2) \cdot$$

$$\left(\int_0^\infty x^{p(1-m-\hat{\lambda}_1)-1} F_m^p(x) dx\right)^{\frac{1}{p}} \left(\sum_{n=n_0}^\infty \frac{(u(n))^{q(1-\hat{\lambda}_2)-1}}{(u'(n))^{q-1}} a_n^q\right)^{\frac{1}{q}}. \quad (9.3.5)$$

由逆向的 Hölder 不等式(参阅文[5]),我们还有

$$B(\hat{\lambda}_1+m, \hat{\lambda}_2) = k_{\lambda+m}(\hat{\lambda}_2) = k_{\lambda+m}\left(\frac{\lambda_2}{p} + \frac{\lambda-\lambda_1}{q}\right)$$

$$= \int_0^\infty \frac{1}{(1+u)^{\lambda+m}} u^{\frac{\lambda_2}{p} + \frac{\lambda-\lambda_1}{q}-1} du$$

$$= \int_0^\infty \frac{1}{(1+u)^{\lambda+m}} \left(u^{\frac{\lambda_2-1}{p}}\right)\left(u^{\frac{\lambda-\lambda_1-1}{q}}\right) du$$

$$\geqslant \left(\int_0^\infty \frac{1}{(1+u)^{\lambda+m}} u^{\lambda_2-1} du\right)^{\frac{1}{p}} \left(\int_0^\infty \frac{1}{(1+u)^{\lambda+m}} u^{\lambda-\lambda_1-1} du\right)^{\frac{1}{q}}$$

$$= \left(\int_0^\infty \frac{1}{(1+u)^{\lambda+m}} u^{\lambda_2-1} du\right)^{\frac{1}{p}} \left(\int_0^\infty \frac{1}{(1+v)^{\lambda+m}} v^{(\lambda_1+m)-1} dv\right)^{\frac{1}{q}}$$

$$= (k_{\lambda+m}(\lambda_2))^{\frac{1}{p}} (k_{\lambda+m}(\lambda_1+m))^{\frac{1}{q}}. \quad (9.3.6)$$

由于常数因子 $\dfrac{\Gamma(\lambda+m)}{\Gamma(\lambda+1)} (k_{\lambda+m}(\lambda_2))^{\frac{1}{p}} (k_{\lambda+m}(\lambda_1+m))^{\frac{1}{q}}$ 为式(9.3.2)的最佳值,故比较式(9.3.2)与式(9.3.5)的常数因子,我们有不等式:

$$\frac{\Gamma(\lambda+m)}{\Gamma(\lambda+1)} (k_{\lambda+m}(\lambda_2))^{\frac{1}{p}} (k_{\lambda+m}(\lambda_1+m))^{\frac{1}{q}} \geqslant \frac{\Gamma(\lambda+m)}{\Gamma(\lambda+1)} B(\hat{\lambda}_1+m, \hat{\lambda}_2)(\in \mathbf{R}^+).$$

即有不等式

$$B(\hat{\lambda}_1+m, \hat{\lambda}_2) \leqslant (k_{\lambda+m}(\lambda_2))^{\frac{1}{p}} (k_{\lambda+m}(\lambda_1+m))^{\frac{1}{q}},$$

因而式(9.3.6)取等号. 式(9.3.6)取等号的等价条件是存在不全为 0 的常数 A 和 B,使(参阅文[5])$Au^{\lambda_2-1} = Bu^{\lambda-\lambda_1-1}$ a. e. 于 $\mathbf{R}^+$. 不妨设 $A \neq 0$,则有 $u^{\lambda_2+\lambda_1-\lambda} = \dfrac{B}{A}$ a. e. 于 $\mathbf{R}^+$,及 $\lambda_2 + \lambda_1 - \lambda = 0$. 因而 $\lambda_1 + \lambda_2 = \lambda$. 证毕.

例 9.2 在式(9.3.3)中,代入例 2.1(2)的中间变量,当 $\lambda_2 \leqslant \dfrac{1}{\alpha}(\alpha \in (0,1])$,有具有最佳常数因子 $\dfrac{B(\lambda_1,\lambda_2)}{\lambda \alpha^{1+(1/p)}} \prod\limits_{i=0}^{m-1}(\lambda_1+i)$ 的 2 个半离散逆向 Hardy-Hilbert 不等式:

$$\int_0^\infty \sum_{n=1}^\infty \frac{(n-\xi)^{\alpha-1} A_n f(x)}{(x+(n-\xi)^\alpha)^{\lambda+1}} dx$$

$$> \frac{B(\lambda_1,\lambda_2)}{\lambda \alpha^{1+(1/p)}} \prod_{i=0}^{m-1}(\lambda_1+i) \left(\int_0^\infty \frac{x^{p(1-m-\lambda_1)-1}}{x^{p-1}} F_m^p(x) dx\right)^{\frac{1}{p}} \left(\sum_{n=1}^\infty (n-\xi)^{q(1-\alpha\lambda_2)-1} a_n^q\right)^{\frac{1}{q}},$$

$$(9.3.7)$$

187

$$\int_0^\infty \sum_{n=2}^\infty \frac{\ln^{\alpha-1}(n-\xi)A_n f(x)}{(x+\ln^\alpha(n-\xi))^{\lambda+1}(n-\xi)}\mathrm{d}x$$

$$> \frac{\mathrm{B}(\lambda_1,\lambda_2)}{\lambda\,\alpha^{1+(1/p)}}\prod_{i=0}^{m-1}(\lambda_1+i)\left(\int_0^\infty \frac{x^{p(1-m-\lambda_1)-1}}{x^{p-1}}F_m^p(x)\mathrm{d}x\right)^{\frac{1}{p}}\left(\sum_{n=2}^\infty \frac{\ln^{q(1-\alpha\lambda_2)-1}(n-\xi)}{(n-\xi)^{1-q}}a_n^q\right)^{\frac{1}{q}}.$$

$$(9.3.8)$$

当 $\xi=0$ 时,上面式子变为代入例 2.1(1) 中两类中间变量的情形.

9.4　第二类逆式的情形

本节设 $0<p<1,q<0$,定义 2.1 情形(1)(或情形(2)) 对 $s_2=\lambda_2$ 满足.
在式(2.1.8) 中,令

$$s=\lambda+m,s_1=\lambda_1+m,s_2=\lambda_2,f(x)=F_m(x),v(x)=x,x\in(0,\infty),$$

由条件(9.1.1),我们有逆向不等式:

$$\int_0^\infty \sum_{n=n_0}^\infty \frac{a_n F_m(x)}{(x+u(n))^{\lambda+m}}\mathrm{d}x$$

$$> (k_{\lambda+m}(\lambda_2))^{\frac{1}{p}}(k_{\lambda+m}(\lambda_1+m))^{\frac{1}{q}}\left(\int_0^\infty (1-O_{\lambda+m}(\frac{1}{x^{\lambda_2}}))x^{p(1-m-\hat\lambda_1)-1}F_m^p(x)\mathrm{d}x\right)^{\frac{1}{p}}\cdot$$

$$\left(\sum_{n=n_0}^\infty \frac{(u(n))^{q(1-\hat\lambda_2)-1}}{(u'(n))^{q-1}}a_n^q\right)^{\frac{1}{q}}.$$

$$(9.4.1)$$

由式(9.1.5),可得涉及多重可变上限函数与部分和的第二类半离散逆向的
Hardy-Hilbert 不等式:

$$I=\int_0^\infty \sum_{n=n_0}^\infty \frac{u'(n)A_n f(x)}{(x+u(n))^{\lambda+1}}\mathrm{d}x$$

$$> \frac{\Gamma(\lambda+m)}{\Gamma(\lambda+1)}(k_{\lambda+m}(\lambda_2))^{\frac{1}{p}}(k_{\lambda+m}(\lambda_1+m))^{\frac{1}{q}}\cdot$$

$$\left(\int_0^\infty (1-O_{\lambda+m}(\frac{1}{x^{\lambda_2}}))x^{p(1-m-\hat\lambda_1)-1}F_m^p(x)\mathrm{d}x\right)^{\frac{1}{p}}\cdot$$

$$\left(\sum_{n=n_0}^\infty \frac{(u(n))^{q(1-\hat\lambda_2)-1}}{(u'(n))^{q-1}}a_n^q\right)^{\frac{1}{q}}.$$

$$(9.4.2)$$

特别,当 $\lambda_1+\lambda_2=\lambda$ 时,有逆向不等式:

$$\int_0^\infty \sum_{n=n_0}^\infty \frac{u'(n)A_n f(x)}{(x+u(n))^{\lambda+1}}\mathrm{d}x$$

$$> \frac{\Gamma(\lambda+m)}{\Gamma(\lambda+1)}\mathrm{B}(\lambda_1+m,\lambda_2)\left(\int_0^\infty (1-O_{\lambda+m}(\frac{1}{x^{\lambda_2}}))x^{p(1-m-\lambda_1)-1}F_m^p(x)\mathrm{d}x\right)^{\frac{1}{p}}\cdot$$

$$\left(\sum_{n=n_0}^{\infty} \frac{(u(n))^{q(1-\lambda_2)-1}}{(u'(n))^{q-1}} a_n^q\right)^{\frac{1}{q}}. \tag{9.4.3}$$

定理9.5　若有 $\delta_0 > 0$，使 $(u(t))^{\lambda_2+\delta_0-1} u'(t) (t \in [n_0, \infty))$ 仍递减，且 $\lambda_1 + \lambda_2 = \lambda$，则式(9.4.2)的常数因子

$$\frac{\Gamma(\lambda+m)}{\Gamma(\lambda+1)} (k_{\lambda+m}(\lambda_2))^{\frac{1}{p}} (k_{\lambda+m}(\lambda_1+m))^{\frac{1}{q}} \left(=\frac{\Gamma(\lambda+m)}{\Gamma(\lambda+1)} B(\lambda_1+m, \lambda_2)\right)$$

必为最佳值.

证明　若 $\lambda_1 + \lambda_2 = \lambda$，则式(9.4.2)变为式(9.4.3). 任给 $0 < \varepsilon < \min\{p\lambda_1, |q|\lambda_2, |q|\delta_0\}$，置

$$\widetilde{f}(x) := \begin{cases} 0, 0 < x < 1 \\ x^{\lambda_1 - \frac{\varepsilon}{p} - 1}, x \geqslant 1 \end{cases},$$

$$\widetilde{a}_n := \begin{cases} 0, n = n_0 \\ (u(n))^{\lambda_2 - \frac{\varepsilon}{q} - 1} u'(n), n \in \mathbf{N}_{n_0+1} \end{cases}.$$

我们设 $\widetilde{F}_0(x) = \widetilde{f}(x)$，及对于 $m \in \mathbf{N}_+$，有

$$\widetilde{F}_m(x) := \int_0^x \int_0^{t_{m-1}} \cdots \int_0^{t_1} \widetilde{f}(t_0) \, \mathrm{d}t_0 \cdots \mathrm{d}t_{m-2} \, \mathrm{d}t_{m-1}$$

$$= \begin{cases} 0, 0 < x < 1 \\ \dfrac{1}{\prod\limits_{i=0}^{m-1}\left(\lambda_1 + i - \dfrac{\varepsilon}{p}\right)} \left(x^{\lambda_1+m-1-\frac{\varepsilon}{p}} - p_{m-1}(x)\right), x \geqslant 1, \end{cases}$$

这里，$p_{m-1}(x)$ 为正的 $m-1$ 次多项式，满足 $p_{m-1}(1) = 1$. 若当 $m = 0, a > 0$ 时，定义 $\prod\limits_{i=0}^{m-1}(a+i) := 1, p_{m-1}(x) := 0$，则上式对 $m \in \mathbf{N}$ 亦成立. 易见，$\widetilde{F}_i(x) = o(\mathrm{e}^{tx}) (t > 0, i = 1, \cdots, m; x \to \infty)$. 显然，因 $-\dfrac{\varepsilon}{q} < \delta_0$，$(u(t))^{\lambda_2 - \frac{\varepsilon}{q} - 1} u'(t)$ 在 $[n_0, \infty)$ 仍递减，有

$$\widetilde{A}_n = \sum_{k=n_0}^{n} \widetilde{a}_k = \sum_{k=n_0+1}^{n} (u(k))^{\lambda_2 - \frac{\varepsilon}{q} - 1} u'(k)$$

$$< \int_{n_0}^{n} (u(t))^{\lambda_2 - \frac{\varepsilon}{q} - 1} u'(t) \, \mathrm{d}t = \frac{1}{\lambda_2 - \dfrac{\varepsilon}{q}} (u(t))^{\lambda_2 - \frac{\varepsilon}{q}} \Big|_{n_0}^{n}$$

$$\leqslant \frac{1}{\lambda_2 - \dfrac{\varepsilon}{q}} (u(n))^{\lambda_2 - \frac{\varepsilon}{q}}.$$

若有常数 $M \geqslant \dfrac{\Gamma(\lambda+m)}{\Gamma(\lambda+1)} B(\lambda_1 + m, \lambda_2)$，使其取代式(9.4.3)的常数

$\dfrac{\Gamma(\lambda+m)}{\Gamma(\lambda+1)}B(\lambda_1+m,\lambda_2)$ 后原式仍成立,则特别还有

$$\widetilde{I}:=\int_0^\infty\sum_{n=n_0}^\infty\frac{u'(n)\widetilde{A}_n\widetilde{f}(x)}{(x+u(n))^{\lambda+1}}\mathrm{d}x$$

$$>M\left(\int_0^\infty(1-O_{\lambda+m}(\frac{1}{x^{\lambda_2}}))x^{p(1-m-\lambda_1)-1}\widetilde{F}_m^p(x)\mathrm{d}x\right)^{\frac{1}{p}}\left(\sum_{n=n_0}^\infty\frac{(u(n))^{q(1-\lambda_2)-1}}{(u'(n))^{q-1}}\widetilde{a}_n^q\right)^{\frac{1}{q}}.$$

$$(9.4.4)$$

因由 L'Hospital 法则,有

$$\lim_{x\to\infty}\frac{(1-O_{\lambda+m}(x^{-\lambda_2}))(1-x^{-\lambda_1+\frac{\varepsilon}{p}}O(1))^p-1}{x^{-\lambda_1+\frac{\varepsilon}{p}}O(1)}(\frac{0}{0}\text{ 型})$$

$$=\lim_{x\to\infty}\frac{-p(1-x^{-\lambda_1+\frac{\varepsilon}{p}}O(1))^{p-1}(-x^{-\lambda_1+\frac{\varepsilon}{p}}O(1))'}{(-x^{-\lambda_1+\frac{\varepsilon}{p}}O(1))'}=-p,$$

故有表达式

$$(1-O_{\lambda+m}(\frac{1}{x^{\lambda_2}}))(1-x^{-\lambda_1+\frac{\varepsilon}{p}}O(1))^p=1-O_1(x^{-\lambda_1+\frac{\varepsilon}{p}}),x\in(1,\infty).$$

因$(u(t))^{-\varepsilon-1}u'(t)(t\in[n_0,\infty))$ 具有递减性,由级数的递减性质,可得

$$\left(\int_1^\infty(1-O_{\lambda+m}(\frac{1}{x^{\lambda_2}}))x^{p(1-m-\lambda_1)-1}x^{p(\lambda_1+m-1)-\varepsilon}(1-x^{-\lambda_1+\frac{\varepsilon}{p}}O(1))^p\mathrm{d}x\right)^{\frac{1}{p}}\cdot$$

$$\left(\sum_{n=n_0+1}^\infty\frac{(u(n))^{q(1-\lambda_2)-1}}{(u'(n))^{q-1}}(u(n))^{q\lambda_2-\varepsilon-q}(u'(n))^q\right)^{\frac{1}{q}}$$

$$=\left(\int_1^\infty x^{-\varepsilon-1}(1-O_1(x^{-\lambda_1+\frac{\varepsilon}{p}}))\mathrm{d}x\right)^{\frac{1}{p}}\left(\sum_{n=n_0+1}^\infty(u(n))^{-\varepsilon-1}u'(n)\right)^{\frac{1}{q}}$$

$$>\left(\int_1^\infty x^{-\varepsilon-1}\mathrm{d}x-\int_1^\infty O_1(x^{-\lambda_1-\frac{\varepsilon}{q}-1})\mathrm{d}x\right)^{\frac{1}{p}}\left(\int_{n_0}^\infty(u(t))^{-\varepsilon-1}u'(t)\mathrm{d}t\right)^{\frac{1}{q}}$$

$$=\frac{1}{\varepsilon}(1-\varepsilon O_1(1))^{\frac{1}{p}}(u(n_0))^{\frac{-\varepsilon}{q}}.$$

由式(2.1.5),置$s=\lambda+1,s_1=\widetilde{\lambda}_1:=\lambda_1-\dfrac{\varepsilon}{p}\in(0,\lambda+1),v(x)=x,x\in$

$(0,\infty)$,我们有

$$\sum_{n=n_0}^\infty\left((u(n))^{(\lambda_2+\frac{\varepsilon}{p})+1}\int_1^\infty\frac{x^{(\lambda_1-\frac{\varepsilon}{p})-1}}{(x+u(n))^{\lambda+1}}\mathrm{d}x\right)(u(n))^{-\varepsilon-1}u'(n)$$

$$<\sum_{n=n_0}^\infty\left((u(n))^{(\lambda_2+\frac{\varepsilon}{p})+1}\int_0^\infty\frac{x^{(\lambda_1-\frac{\varepsilon}{p})-1}}{(x+u(n))^{\lambda+1}}\mathrm{d}x\right)(u(n))^{-\varepsilon-1}u'(n)$$

$$=\sum_{n=n_0}^\infty\omega_{\lambda+1}(\widetilde{\lambda}_1,n)(u(n))^{-\varepsilon-1}u'(n)$$

$$= k_{\lambda+1}(\tilde{\lambda}_1)\left((u(n_0))^{-\varepsilon-1}u'(n_0) + \sum_{n=n_0+1}^{\infty}(u(n))^{-\varepsilon-1}u'(n)\right)$$

$$\leqslant k_{\lambda+1}(\tilde{\lambda}_1)\left((u(n_0))^{-\varepsilon-1}u'(n_0) + \int_{n_0}^{\infty}(u(y))^{-\varepsilon-1}u'(y)\mathrm{d}y\right)$$

$$= \frac{1}{\varepsilon}\mathrm{B}(\lambda_1 - \frac{\varepsilon}{p}, \lambda_2 + 1 + \frac{\varepsilon}{q})(\varepsilon(u(n_0))^{-\varepsilon-1}u'(n_0) + (u(n_0))^{-\varepsilon})$$

基于上面的结果及式(9.4.4),有

$$\frac{1}{\lambda_2 - \dfrac{\varepsilon}{q}}\mathrm{B}(\lambda_1 - \frac{\varepsilon}{p}, \lambda_2 + 1 + \frac{\varepsilon}{q})(\varepsilon\,(u(n_0))^{-\varepsilon-1}u'(n_0) + (u(n_0))^{-\varepsilon})$$

$$> \varepsilon\tilde{I} > \frac{M}{\displaystyle\prod_{i=0}^{m-1}(\lambda_1 + i - \frac{\varepsilon}{p})}(1 - \varepsilon O_1(1))^{\frac{1}{p}}\,(u(n_0))^{\frac{-\varepsilon}{q}}.$$

令 $\varepsilon \to 0^+$,由 Beta 函数的连续性,有

$$\frac{\Gamma(\lambda + m)}{\Gamma(\lambda + 1)}\mathrm{B}(\lambda_1 + m, \lambda_2) = \frac{1}{\lambda_2}\mathrm{B}(\lambda_1, \lambda_2 + 1)\prod_{i=0}^{m-1}(\lambda_1 + i) \geqslant M.$$

故 $M = \dfrac{\Gamma(\lambda + m)}{\Gamma(\lambda + 1)}\mathrm{B}(\lambda_1 + m, \lambda_2)$ 为式(9.4.3)(即式(9.4.2)当 $\lambda_1 + \lambda_2 = \lambda$ 时)的最佳值. 证毕.

定理 9.6　若式(9.4.2)的常数因子

$$\frac{\Gamma(\lambda + m)}{\Gamma(\lambda + 1)}(k_{\lambda+m}(\lambda_2))^{\frac{1}{p}}(k_{\lambda+m}(\lambda_1 + m))^{\frac{1}{q}}$$

为最佳值,则当 $\lambda - \lambda_1 - \lambda_2 \in [0, -q\lambda_2)$ 时,必有 $\lambda_1 + \lambda_2 = \lambda$.

证明　因 $\hat{\lambda}_1 = \dfrac{\lambda - \lambda_2}{p} + \dfrac{\lambda_1}{q}, \hat{\lambda}_2 = \dfrac{\lambda - \lambda_1 - \lambda_2}{q} + \lambda_2$,有 $\hat{\lambda}_1 + \hat{\lambda}_2 = \lambda$. 当

$$\lambda - \lambda_1 - \lambda_2 \in [0, -q\lambda_2)(\subset (q(\lambda - \lambda_2), -q\lambda_2)),$$

有 $0 < \hat{\lambda}_2 < \lambda, 0 < \hat{\lambda}_1 = \lambda - \hat{\lambda}_2 < \lambda$,及 $\dfrac{\Gamma(\lambda + m)}{\Gamma(\lambda + 1)}\mathrm{B}(\hat{\lambda}_1 + m, \hat{\lambda}_2) \in \mathbf{R}^+$. 因 $\lambda - \lambda_1 - \lambda_2 \geqslant 0, q < 0$,对于 $\rho = 1$(或 $\rho = \dfrac{1}{2}$),函数

$$(u(t))^{\hat{\lambda}_2-1}u'(t) = (u(t))^{\hat{\lambda}_2-\lambda_2}((u(t))^{\lambda_2-1}u'(t))$$

$$= (u(t))^{(\lambda-\lambda_1-\lambda_2)/q}((u(t))^{\lambda_2-1}u'(t)), t \in (n_0 - \rho, \infty)$$

仍具有递减性. 因 $u''(t) \leqslant 0$,及 $(u(t))^{\lambda_2-1}u'(t)$ 凸,显然上式仍具有凸性($\rho = \dfrac{1}{2}$). 故定义 2.1 情形(1)(或情形(2))对 $s_2 = \hat{\lambda}_2$ 仍满足. 因此,由式(9.4.3),可代之以 $\hat{\lambda}_i = \lambda_i (i = 1, 2)$,成立不等式:

191

$$I = \int_0^\infty \sum_{n=n_0}^\infty \frac{u'(n)A_n}{(x+u(n))^{\lambda+1}} f(x)\,\mathrm{d}x$$

$$> \frac{\Gamma(\lambda+m)}{\Gamma(\lambda+1)} B(\hat{\lambda}_1+m,\hat{\lambda}_2) \left(\int_0^\infty (1-O_{\lambda+m}(\frac{1}{x^{\hat{\lambda}_2}})) x^{p(1-m-\hat{\lambda}_1)-1} F_m^p(x)\,\mathrm{d}x \right)^{\frac{1}{p}} \cdot$$

$$\left(\sum_{n=n_0}^\infty \frac{(u(n))^{q(1-\hat{\lambda}_2)-1}}{(u'(n))^{q-1}} a_n^q \right)^{\frac{1}{q}}. \tag{9.4.5}$$

由逆向的 Hölder 不等式（参阅文[5]），我们还有

$$B(\hat{\lambda}_1+m,\hat{\lambda}_2) = k_{\lambda+m}(\hat{\lambda}_2) = k_{\lambda+m}\left(\frac{\lambda_2}{p}+\frac{\lambda-\lambda_1}{q}\right)$$

$$= \int_0^\infty \frac{1}{(1+u)^{\lambda+m}} u^{\frac{\lambda_2}{p}+\frac{\lambda-\lambda_1}{q}-1}\,\mathrm{d}u$$

$$= \int_0^\infty \frac{1}{(1+u)^{\lambda+m}} (u^{\frac{\lambda_2-1}{p}})(u^{\frac{\lambda-\lambda_1-1}{q}})\,\mathrm{d}u$$

$$\geqslant \left(\int_0^\infty \frac{1}{(1+u)^{\lambda+m}} u^{\lambda_2-1}\,\mathrm{d}u \right)^{\frac{1}{p}} \left(\int_0^\infty \frac{1}{(1+u)^{\lambda+m}} u^{\lambda-\lambda_1-1}\,\mathrm{d}u \right)^{\frac{1}{q}}$$

$$= \left(\int_0^\infty \frac{1}{(1+u)^{\lambda+m}} u^{\lambda_2-1}\,\mathrm{d}u \right)^{\frac{1}{p}} \left(\int_0^\infty \frac{1}{(1+v)^{\lambda+m}} v^{(\lambda_1+m)-1}\,\mathrm{d}v \right)^{\frac{1}{q}}$$

$$= (k_{\lambda+m}(\lambda_2))^{\frac{1}{p}} (k_{\lambda+m}(\lambda_1+m))^{\frac{1}{q}}. \tag{9.4.6}$$

由于常数因子 $\dfrac{\Gamma(\lambda+m)}{\Gamma(\lambda+1)} (k_{\lambda+m}(\lambda_2))^{\frac{1}{p}} (k_{\lambda+m}(\lambda_1+m))^{\frac{1}{q}}$ 为式(9.4.2)的最佳值，故比较式(9.4.2)与式(9.4.5)的常数因子，我们有不等式：

$$\frac{\Gamma(\lambda+m)}{\Gamma(\lambda+1)} (k_{\lambda+m}(\lambda_2))^{\frac{1}{p}} (k_{\lambda+m}(\lambda_1+m))^{\frac{1}{q}} \geqslant \frac{\Gamma(\lambda+m)}{\Gamma(\lambda+1)} B(\hat{\lambda}_1+m,\hat{\lambda}_2)(\in \mathbf{R}^+).$$

即有不等式

$$B(\hat{\lambda}_1+m,\hat{\lambda}_2) \leqslant (k_{\lambda+m}(\lambda_2))^{\frac{1}{p}} (k_{\lambda+m}(\lambda_1+m))^{\frac{1}{q}},$$

故式(9.4.6)取等号。式(9.4.6)取等号的充分必要条件是存在不全为0的常数 A 和 B，使（参阅文[5]）$Au^{\lambda_2-1} = Bu^{\lambda-\lambda_1-1}$ a.e. 于 $\mathbf{R}^+$. 不妨设 $A \neq 0$，则有 $u^{\lambda_2+\lambda_1-\lambda} = \dfrac{B}{A}$ a.e. 于 $\mathbf{R}^+$，及 $\lambda_2+\lambda_1-\lambda=0$. 因而 $\lambda_1+\lambda_2=\lambda$. 证毕.

例 9.3 在式(9.4.3)中，代入例 2.1(2)的中间变量，则当

$$\lambda_2 < \frac{1}{\alpha}(\alpha \in (0,1]), \delta_0 = \frac{1}{\alpha}-\lambda_2 > 0,$$

有具有最佳常数因子 $\dfrac{B(\lambda_1,\lambda_2)}{\lambda \alpha^{1+(1/p)}} \prod_{i=0}^{m-1}(\lambda_1+i)$ 的 2 个半离散逆向 Hardy-Hilbert 不等式：

$$\int_0^\infty \sum_{n=1}^\infty \frac{(n-\xi)^{\alpha-1}A_n f(x)}{(x+(n-\xi)^\alpha)^{\lambda+1}}\mathrm{d}x$$

$$> \frac{\mathrm{B}(\lambda_1,\lambda_2)}{\lambda\,\alpha^{1+(1/p)}}\prod_{i=0}^{m-1}(\lambda_1+i)\,(\int_0^\infty (1-O_{\lambda+m}(\frac{1}{x^{\lambda_2}}))\frac{x^{p(1-m-\lambda_1)-1}}{x^{p-1}}F_m^p(x)\mathrm{d}x)^{\frac{1}{p}}\cdot$$

$$(\sum_{n=1}^\infty (n-\xi)^{q(1-\alpha\lambda_2)-1}a_n^q)^{\frac{1}{q}}, \tag{9.4.7}$$

$$\int_0^\infty \sum_{n=2}^\infty \frac{\ln^{\alpha-1}(n-\xi)A_n f(x)}{(x+\ln^\alpha(n-\xi))^{\lambda+1}(n-\xi)}\mathrm{d}x$$

$$> \frac{\mathrm{B}(\lambda_1,\lambda_2)}{\lambda\,\alpha^{1+(1/p)}}\prod_{i=0}^{m-1}(\lambda_1+i)\,(\int_0^\infty (1-O_{\lambda+m}(\frac{1}{x^{\lambda_2}}))\frac{x^{p(1-m-\lambda_1)-1}}{x^{p-1}}F_m^p(x)\mathrm{d}x)^{\frac{1}{p}}\cdot$$

$$(\sum_{n=2}^\infty \frac{\ln^{q(1-\alpha\lambda_2)-1}(n-\xi)}{(n-\xi)^{1-q}}a_n^q)^{\frac{1}{q}}. \tag{9.4.8}$$

当 $\xi=0$ 时,上面式子变为代入例 2.1(1) 中两类中间变量的情形.

涉及高阶导函数与部分和的半离散 Hardy-Hilbert 不等式

本章改进了第 8 章的结果($v(x)=x$),在保留一个离散中间变量的情况下,应用第 2 章权函数及参量化的思想成果及 Abel 求部分和公式,求出一个新的涉及高阶导函数与部分和的半离散 Hardy-Hilbert 不等式,导出了新不等式中多参数联系最佳常数因子的等价条件,还建立了特殊中间变量不等式,并考虑了两类逆式的情形.

10.1 若 干 引 理

设函数 $f(x)=f^{(0)}(x)$ 在 $\mathbf{R}^+$ 上 m 阶可导,$m \in \mathbf{N}$,$f^{(m)}(x)$ 除有限点外在 $\mathbf{R}^+$ 非负连续,当 $m \in \mathbf{N}_+$,$f^{(i-1)}(0^+) = 0$,$f^{(i-1)}(x) = o(\mathrm{e}^{tx})(t > 0; x \to \infty)(i = 1, \cdots, m)$ 时,$u''(t) \leqslant 0(t \in [n_0, \infty))$,$a_k \geqslant 0$,$A_n = \sum_{k=n_0}^{n} a_k (k, n \in \mathbf{N}_{n_0})$,$A_n \mathrm{e}^{-tu(n)} = o(1)(t > 0; n \to \infty)$. 还设 $x \in \mathbf{R}^+$,$n \in \mathbf{N}_{n_0}$,$f^{(m)}(x)$,A_n,$a_n \geqslant 0$,满足条件:

$$
\begin{cases}
0 < \displaystyle\int_0^\infty x^{p(1-\hat{\lambda}_1)-1} \left(f^{(m)}(x)\right)^p \mathrm{d}x < \infty \\[2mm]
0 < \displaystyle\sum_{n=n_0}^\infty \frac{u'(n)}{(u(n))^{q\hat{\lambda}_2+1}} A_n^q < \infty \\[2mm]
0 < \displaystyle\sum_{n=n_0}^\infty \frac{(u(n))^{q(1-\hat{\lambda}_2)-1}}{(u'(n))^{q-1}} a_n^q < \infty
\end{cases}
\qquad . \quad (10.1.1)
$$

引理 10.1(参考引理 6.1)   对于 $t > 0$,我们有等式:

$$
\int_0^\infty \mathrm{e}^{-tx} f(x) \mathrm{d}x = t^{-m} \int_0^\infty \mathrm{e}^{-tx} f^{(m)}(x) \mathrm{d}x. \quad (10.1.2)
$$

引理 10.2　（参考引理 7.2）对于 $t > 0$，有不等式：

$$\sum_{n=n_0}^{\infty} e^{-tu(n)} a_n \leqslant t \sum_{n=n_0}^{\infty} e^{-tu(n)} u'(n) A_n. \tag{10.1.3}$$

引理 10.3　我们有不等式：

$$I := \int_0^{\infty} \sum_{n=n_0}^{\infty} \frac{a_n f(x)}{(x+u(n))^{\lambda+m}} \mathrm{d}x \leqslant \frac{\Gamma(\lambda+1)}{\Gamma(\lambda+m)} \int_0^{\infty} \sum_{n=n_0}^{\infty} \frac{u'(n) A_n f^{(m)}(x)}{(x+u(n))^{\lambda+1}} \mathrm{d}x. \tag{10.1.4}$$

证明　因有 Gamma 函数的表达式

$$\frac{1}{(x+u(n))^{\lambda+m}} = \frac{1}{\Gamma(\lambda+m)} \int_b^{\infty} t^{\lambda+m-1} e^{-(x+u(n))t} \mathrm{d}t,$$

由 L 逐项积分定理（参阅文[103]），式(10.1.2) 及式(10.1.3)，有不等式：

$$I = \frac{1}{\Gamma(\lambda+m)} \int_0^{\infty} \sum_{n=n_0}^{\infty} a_n f(x) \int_0^{\infty} t^{\lambda+m-1} e^{-(x+u(n))t} \mathrm{d}t \mathrm{d}x$$

$$= \frac{1}{\Gamma(\lambda+m)} \int_0^{\infty} t^{\lambda+m-1} \left(\int_0^{\infty} e^{-xt} f(x) \mathrm{d}x\right) \left(\sum_{n=n_0}^{\infty} e^{-u(n)t} a_n\right) \mathrm{d}t$$

$$\leqslant \frac{1}{\Gamma(\lambda+m)} \int_0^{\infty} t^{\lambda+m-1} \left(t^{-m} \int_0^{\infty} e^{-xt} f^{(m)}(x) \mathrm{d}x\right) \left(t \sum_{n=n_0}^{\infty} e^{-u(n)t} u'(n) A_n\right) \mathrm{d}t$$

$$= \frac{1}{\Gamma(\lambda+m)} \int_0^{\infty} \sum_{n=n_0}^{\infty} u'(n) A_n f^{(m)}(x) \int_0^{\infty} t^{\lambda} e^{-(x+u(n))t} \mathrm{d}t \mathrm{d}x$$

$$= \frac{\Gamma(\lambda+1)}{\Gamma(\lambda+m)} \int_0^{\infty} \sum_{n=n_0}^{\infty} \frac{u'(n) A_n f^{(m)}(x)}{(x+u(n))^{\lambda+1}} \mathrm{d}x.$$

故式(10.1.4) 成立. 证毕.

引理 10.4　我们有不等式：

$$I_1 := \int_0^{\infty} \sum_{n=n_0}^{\infty} \frac{u'(n) A_n f(x)}{(x+u(n))^{\lambda+m+1}} \mathrm{d}x \geqslant \frac{\Gamma(\lambda)}{\Gamma(\lambda+m+1)} \int_0^{\infty} \sum_{n=n_0}^{\infty} \frac{a_n f^{(m)}(x)}{(x+u(n))^{\lambda}} \mathrm{d}x. \tag{10.1.5}$$

证明　因有 Gamma 函数的表达式

$$\frac{1}{(x+u(n))^{\lambda+m+1}} = \frac{1}{\Gamma(\lambda+m+1)} \int_b^{\infty} t^{\lambda+m} e^{-(x+u(n))t} \mathrm{d}t,$$

由 L 逐项积分定理，式(10.1.2) 及式(10.1.3)，有不等式：

$$I_1 = \frac{1}{\Gamma(\lambda+m+1)} \int_0^{\infty} \sum_{n=n_0}^{\infty} u'(n) A_n f(x) \int_0^{\infty} t^{\lambda+m} e^{-(x+u(n))t} \mathrm{d}t \mathrm{d}x$$

$$= \frac{1}{\Gamma(\lambda+m+1)} \int_0^{\infty} t^{\lambda+m} \left(\int_0^{\infty} e^{-xt} f(x) \mathrm{d}x\right) \left(\sum_{n=n_0}^{\infty} e^{-u(n)t} u'(n) A_n\right) \mathrm{d}t$$

$$\geqslant \frac{1}{\Gamma(\lambda+m+1)} \int_0^\infty t^{\lambda+m} (t^{-m} \int_0^\infty e^{-xt} f^{(m)}(x) dx)(t^{-1} \sum_{n=n_0}^\infty e^{-u(n)t} a_n) dt$$

$$= \frac{1}{\Gamma(\lambda+m+1)} \int_0^\infty \sum_{n=n_0}^\infty a_n f^{(m)}(x) \int_0^\infty t^{\lambda-1} e^{-(x+u(n))t} dt dx$$

$$= \frac{\Gamma(\lambda)}{\Gamma(\lambda+m+1)} \int_0^\infty \sum_{n=n_0}^\infty \frac{a_n f^{(m)}(x)}{(x+u(n))^\lambda} dx.$$

故式(10.1.5)成立. 证毕.

10.2　正向不等式的若干结果

在本节,设 $p>1, q>1$,定义 2.1 情形(1)(或情形(2)) 对 $s_2=\lambda_2+1$ 满足. 令

$$s=\lambda+1, s_1=\lambda_1, s_2=\lambda_2+1, f(x)=f^{(m)}(x),$$

$$a_n=u'(n)A_n, v(x)=x, x \in (0,\infty),$$

由式(2.1.6)及条件(10.1.1),我们有不等式:

$$\int_0^\infty \sum_{n=n_0}^\infty \frac{u'(n)A_n f^{(m)}(x)}{(x+u(n))^{\lambda+1}} dx$$

$$< (k_{\lambda+1}(\lambda_2+1))^{\frac{1}{p}} (k_{\lambda+1}(\lambda_1))^{\frac{1}{q}} (\int_0^\infty x^{p(1-\hat\lambda_1)-1} (f^{(m)}(x))^p dx)^{\frac{1}{p}} \cdot$$

$$(\sum_{n=n_0}^\infty \frac{u'(n)}{(u(n))^{q\hat\lambda_2+1}} A_n^q)^{\frac{1}{q}}. \tag{10.2.1}$$

再由式(10.1.3),可得涉及高阶导函数与部分和的半离散 Hardy-Hilbert 不等式:

$$I = \int_0^\infty \sum_{n=n_0}^\infty \frac{a_n f(x)}{(x+u(n))^{\lambda+m}} dx$$

$$< \frac{\Gamma(\lambda+1)}{\Gamma(\lambda+m)} (k_{\lambda+1}(\lambda_2+1))^{\frac{1}{p}} (k_{\lambda+1}(\lambda_1))^{\frac{1}{q}} \cdot$$

$$(\int_0^\infty x^{p(1-\hat\lambda_1)-1} (f^{(m)}(x))^p dx)^{\frac{1}{p}} (\sum_{n=n_0}^\infty \frac{u'(n)}{(u(n))^{q\hat\lambda_2+1}} A_n^q)^{\frac{1}{q}}. \tag{10.2.2}$$

特别当 $\lambda_1+\lambda_2=\lambda$ 时,有不等式:

$$\int_0^\infty \sum_{n=n_0}^\infty \frac{a_n f(x)}{(x+u(n))^{\lambda+m}} dx$$

$$< \frac{\Gamma(\lambda+1)}{\Gamma(\lambda+m)} B(\lambda_1, \lambda_2+1) (\int_0^\infty x^{p(1-\lambda_1)-1} (f^{(m)}(x))^p dx)^{\frac{1}{p}} (\sum_{n=n_0}^\infty \frac{u'(n)}{(u(n))^{q\lambda_2+1}} A_n^q)^{\frac{1}{q}}.$$

$$\tag{10.2.3}$$

定理 10.1　若 $\lambda_1+\lambda_2=\lambda$,则式(10.2.2) 的常数因子

$$\frac{\Gamma(\lambda+1)}{\Gamma(\lambda+m)}\left(k_{\lambda+1}(\lambda_2+1)\right)^{\frac{1}{p}}\left(k_{\lambda+1}(\lambda_1)\right)^{\frac{1}{q}}\left(=\frac{\Gamma(\lambda+1)}{\Gamma(\lambda+m)}B(\lambda_1,\lambda_2+1)\right)$$

必为最佳值.

证明　若 $\lambda_1+\lambda_2=\lambda$,则式(10.2.2)变为式(10.2.3).任给 $0<\varepsilon<$ $\min\{p\lambda_1,q\lambda_2\}$,置

$$\widetilde{f}^{(m)}(x):=\begin{cases}0,0<x<1\\x^{\lambda_1-\frac{\varepsilon}{p}-1},x\geqslant1\end{cases},$$

$$\widetilde{a}_n:=\begin{cases}0,n=n_0\\(u(n))^{\lambda_2-\frac{\varepsilon}{q}-1}u'(n),n\in\mathbf{N}_{n_0+1}\end{cases},$$

$$\widetilde{f}(x):=\int_0^x\int_0^{t_{m-1}}\cdots\int_0^{t_1}\widetilde{f}^{(m)}(t_0)\mathrm{d}t_0\cdots\mathrm{d}t_{m-2}\mathrm{d}t_{m-1}$$

$$=\begin{cases}0,0<x<1\\\left(\prod_{i=0}^{m-1}(\lambda_1+i-\frac{\varepsilon}{p})\right)^{-1}\left(x^{\lambda_1+m-\frac{\varepsilon}{p}-1}-p_{m-1}(x)\right),x\geqslant1\end{cases},$$

这里,当 $m=0,a>0$,规定 $\prod\limits_{i=0}^{m-1}(a+i)=1,p_{m-1}(x)=0$;当 $m\in\mathbf{N}_+,p_{m-1}(x)$ 为 $m-1$ 次正多项式,满足条件 $p_{m-1}(1)=1$,及

$$\widetilde{f}^{(i-1)}(0^+)=0,\widetilde{f}^{(i-1)}(x)=o(\mathrm{e}^{tx}),t>0,x\to\infty,i=1,\cdots,m.$$

显然,$(u(t))^{\lambda_2-\frac{\varepsilon}{q}-1}u'(t)$ 在 $[n_0,\infty)$ 递减,有

$$\widetilde{A}_n=\sum_{k=n_0}^n\widetilde{a}_k=\sum_{k=n_0+1}^n(u(k))^{\lambda_2-\frac{\varepsilon}{q}-1}u'(k)$$

$$<\int_{n_0}^n(u(t))^{\lambda_2-\frac{\varepsilon}{q}-1}u'(t)\mathrm{d}t=\frac{1}{\lambda_2-\frac{\varepsilon}{q}}(u(t))^{\lambda_2-\frac{\varepsilon}{q}}\Big|_{n_0}^n\leqslant\frac{1}{\lambda_2-\frac{\varepsilon}{q}}(u(n))^{\lambda_2-\frac{\varepsilon}{q}}.$$

若有正常数 $M\leqslant\dfrac{\Gamma(\lambda+1)}{\Gamma(\lambda+m)}B(\lambda_1,\lambda_2+1)$,使其取代式(10.2.3)的常数因子 $\dfrac{\Gamma(\lambda+1)}{\Gamma(\lambda+m)}B(\lambda_1,\lambda_2+2)$ 后原式仍成立,则特别还有

$$\widetilde{I}:=\int_0^\infty\sum_{n=n_0}^\infty\frac{\widetilde{a}_n\widetilde{f}(x)}{(x+u(n))^{\lambda+m}}\mathrm{d}x$$

$$<M\left(\int_0^\infty x^{p(1-\lambda_1)-1}(\widetilde{f}^{(m)}(x))^p\mathrm{d}x\right)^{\frac{1}{p}}\left(\sum_{n=n_0}^\infty\frac{u'(n)}{(u(n))^{q\lambda_2+1}}\widetilde{A}_n^q\right)^{\frac{1}{q}}.$$

$$(10.2.4)$$

因 $u'(t)>0,u''(t)\leqslant0$,函数 $(u(t))^{-\varepsilon-1}u'(t)(t\in(n_0,\infty))$ 仍具有递减性.

197

由式(10.2.4) 及级数的递减性质, 可得

$$\tilde{I} < \frac{M}{\lambda_2 - \frac{\varepsilon}{q}} \left(\int_1^\infty x^{p(1-\lambda_1)-1} x^{p(\lambda_1-1)-\varepsilon} \mathrm{d}x \right)^{\frac{1}{p}} \left(\sum_{n=n_0}^\infty \frac{u'(n)}{(u(n))^{q\lambda_2+1}} (u(n))^{q\lambda_2-\varepsilon} \right)^{\frac{1}{q}}$$

$$= \frac{M}{\lambda_2 - \frac{\varepsilon}{q}} \left(\int_1^\infty x^{-\varepsilon-1} \mathrm{d}x \right)^{\frac{1}{p}} \left((u(n_0))^{-\varepsilon-1} u'(n_0) + \sum_{n=n_0+1}^\infty (u(n))^{-\varepsilon-1} u'(n) \right)^{\frac{1}{q}}$$

$$\leqslant \frac{M}{\lambda_2 - \frac{\varepsilon}{q}} \left(\int_1^\infty x^{-\varepsilon-1} \mathrm{d}x \right)^{\frac{1}{p}} \left((u(n_0))^{-\varepsilon-1} u'(n_0) + \int_{n_0}^\infty (u(t))^{-\varepsilon-1} u'(t) \mathrm{d}t \right)^{\frac{1}{q}}$$

$$= \frac{M}{\varepsilon(\lambda_2 - \frac{\varepsilon}{q})} \left(\varepsilon(u(n_0))^{-\varepsilon-1} u'(n_0) + (u(n_0))^{-\varepsilon} \right)^{\frac{1}{q}}.$$

由式(2.1.5), 置 $s = \lambda + m, s_1 = \tilde{\lambda}_1 := \lambda_1 + m - \frac{\varepsilon}{p} \in (0, \lambda + m), v(x) = x,$
$x \in (0, \infty).$ 有

$$\sum_{n=n_0+1}^\infty \left((u(n))^{(\lambda_2+\frac{\varepsilon}{p})} \int_1^\infty \frac{x^{\lambda_1+m-\frac{\varepsilon}{p}-1} - p_{m-1}(x)}{(x+u(n))^{\lambda+m}} \mathrm{d}x \right) (u(n))^{-\varepsilon-1} u'(n)$$

$$= \sum_{n=n_0+1}^\infty \left((u(n))^{(\lambda_2+\frac{\varepsilon}{p})} \int_0^\infty \frac{x^{(\lambda_1+m-\frac{\varepsilon}{p})-1}}{(x+u(n))^{\lambda+m}} \mathrm{d}x \right) (u(n))^{-\varepsilon-1} u'(n) - I_0$$

$$= k_{\lambda+m}(\tilde{\lambda}_1) \sum_{n=n_0+1}^\infty (u(n))^{-\varepsilon-1} u'(n) - I_0$$

$$> k_{\lambda+m}(\tilde{\lambda}_1) \int_{n_0+1}^\infty (u(y))^{-\varepsilon-1} u'(y) \mathrm{d}y - I_0$$

$$= \frac{1}{\varepsilon} \mathrm{B}(\lambda_1 + m - \frac{\varepsilon}{p}, \lambda_2 + \frac{\varepsilon}{p}) (u(n_0+1))^{-\varepsilon} - I_0,$$

这里, 可估算得

$$0 < I_0 := \sum_{n=n_0+1}^\infty \left((u(n))^{(\lambda_2+\frac{\varepsilon}{p})} \int_0^1 \frac{x^{\lambda_1+m-\frac{\varepsilon}{p}-1}}{(x+u(n))^{\lambda+m}} \mathrm{d}x \right) (u(n))^{-\varepsilon-1} u'(n) +$$

$$\sum_{n=n_0+1}^\infty \left((u(n))^{(\lambda_2+\frac{\varepsilon}{p})} \int_1^\infty \frac{p_{m-1}(x)}{(x+u(n))^{\lambda+m}} \mathrm{d}x \right) (u(n))^{-\varepsilon-1} u'(n)$$

$$\leqslant \sum_{n=n_0+1}^\infty \left((u(n))^{(\lambda_2+\frac{\varepsilon}{p})} \int_0^1 \frac{x^{\lambda_1+m-\frac{\varepsilon}{p}-1}}{(u(n))^{\lambda+m}} \mathrm{d}x \right) (u(n))^{-\varepsilon-1} u'(n) +$$

$$\sum_{n=n_0+1}^\infty \frac{(u(n))^{\lambda_2-\frac{\varepsilon}{q}-1}}{(u(n))^{\lambda_2+\frac{\lambda_1}{2}}} u'(n) \int_1^\infty \frac{p_{m-1}(x)}{x^{\frac{\lambda_1}{2}+m}} \mathrm{d}x$$

$$= \frac{1}{\lambda_1+m-\frac{\varepsilon}{p}} \sum_{n=n_0+1}^\infty (u(n))^{-\lambda_1-m-\frac{\varepsilon}{q}-1} u'(n) + O(1) \sum_{n=n_0+1}^\infty (u(n))^{-\frac{\lambda_1}{2}-\frac{\varepsilon}{q}-1} u'(n)$$

$\leqslant M_0 < \infty.$

基于上面的结果,有

$$(\prod_{i=0}^{m-1} (\lambda_1 + i - \frac{\varepsilon}{p}))^{-1} (B(\lambda_1 + m - \frac{\varepsilon}{p}, \lambda_2 + \frac{\varepsilon}{p}) (u(n_0 + 1))^{-\varepsilon} - \varepsilon I_0)$$

$$< \varepsilon \widetilde{I} < \frac{M}{\lambda_2 - \frac{\varepsilon}{q}} (\varepsilon (u(n_0))^{-\varepsilon-1} u'(n_0) + (u(n_0))^{-\varepsilon})^{\frac{1}{q}}.$$

令 $\varepsilon \to 0^+$,由 Beta 函数的连续性,有

$$\frac{\Gamma(\lambda+1)}{\Gamma(\lambda+m)} B(\lambda_1, \lambda_2 + 1) = \lambda_2 (\prod_{i=0}^{m-1} (\lambda_1 + i))^{-1} B(\lambda_1 + m, \lambda_2) \leqslant M,$$

故 $M = \frac{\Gamma(\lambda+1)}{\Gamma(\lambda+m)} B(\lambda_1, \lambda_2 + 1)$ 为式(10.2.3)(即式(10.2.2) 当 $\lambda_1 + \lambda_2 = \lambda$ 时)的最佳值. 证毕.

定理 10.2　若式 (10.2.2) 的常数因子 $\frac{\Gamma(\lambda+1)}{\Gamma(\lambda+m)}$ $(k_{\lambda+1}(\lambda_2 + 1))^{\frac{1}{p}} \cdot$

$(k_{\lambda+1}(\lambda_1))^{\frac{1}{q}}$ 为最佳值,则当 $\lambda - \lambda_1 - \lambda_2 \leqslant 0$,有 $\lambda_1 + \lambda_2 = \lambda$.

证明　因 $\hat{\lambda}_1 = \frac{\lambda - \lambda_2}{p} + \frac{\lambda_1}{q}, \hat{\lambda}_2 = \frac{\lambda - \lambda_1}{q} + \frac{\lambda_2}{p}, 0 < \lambda_1, \lambda_2 < \lambda$,有 $\hat{\lambda}_1 + \hat{\lambda}_2 =$

$\lambda, 0 < \hat{\lambda}_1, \hat{\lambda}_2 < \lambda$,及 $B(\hat{\lambda}_1, \hat{\lambda}_2 + 1) \in \mathbf{R}^+$. 因 $\lambda - \lambda_1 - \lambda_2 \leqslant 0, q > 1$,对于 $\rho = 1$(或

$\rho = \frac{1}{2}$),函数

$$(u(t))^{\hat{\lambda}_2} u'(t) = (u(t))^{\hat{\lambda}_2 - \lambda_2} ((u(t))^{\lambda_2} u'(t))$$

$$= (u(t))^{(\lambda - \lambda_1 - \lambda_2)/q} ((u(t))^{\lambda_2} u'(t)), t \in (n_0 - \rho, \infty)$$

仍具有递减性,因 $u''(t) \leqslant 0, (u(t))^{\lambda_2} u'(t)$ 凸,故上式仍凸 $(\rho = \frac{1}{2})$. 因此,定义

2.1 情形(1)(或情形(2)) 对 $s_2 = \hat{\lambda}_2 + 1$ 仍满足. 由式(10.2.3),代之以 $\hat{\lambda}_i = \lambda_i$

$(i = 1, 2)$,有不等式:

$$\int_0^\infty \sum_{n=n_0}^\infty \frac{a_n f(x)}{(x + u(n))^{\lambda+m}} \mathrm{d}x < \frac{\Gamma(\lambda+1)}{\Gamma(\lambda+m)} B(\hat{\lambda}_1, \hat{\lambda}_2 + 1) \cdot$$

$$(\int_0^\infty x^{p(1-\hat{\lambda}_1)-1} (f^{(m)}(x))^p \mathrm{d}x)^{\frac{1}{p}} \cdot$$

$$(\sum_{n=n_0}^\infty \frac{u'(n)}{(u(n))^{q\hat{\lambda}_2+1}} A_n^q)^{\frac{1}{q}}. \tag{10.2.5}$$

由 Hölder 不等式(参考文[5]),我们还有

$$B(\hat{\lambda}_1, \hat{\lambda}_2 + 1) = k_{\lambda+1}(\hat{\lambda}_1) = k_{\lambda+1}(\frac{\lambda - \lambda_2}{p} + \frac{\lambda_1}{q})$$

$$= \int_0^\infty \frac{1}{(1+u)^{\lambda+1}} u^{\frac{\lambda - \lambda_2}{p} + \frac{\lambda_1}{q} - 1} du$$

$$= \int_0^\infty \frac{1}{(1+u)^{\lambda+1}} (u^{\frac{\lambda - \lambda_2 - 1}{p}})(u^{\frac{\lambda_1 - 1}{q}}) du$$

$$\leqslant (\int_0^\infty \frac{1}{(1+u)^{\lambda+1}} u^{\lambda - \lambda_2 - 1} du)^{\frac{1}{p}} (\int_0^\infty \frac{1}{(1+u)^{\lambda+1}} u^{\lambda_1 - 1} du)^{\frac{1}{q}}$$

$$= (\int_0^\infty \frac{1}{(1+v)^{\lambda+1}} v^{\lambda_2} dv)^{\frac{1}{p}} (\int_0^\infty \frac{1}{(1+u)^\lambda} u^{\lambda_1 - 1} du)^{\frac{1}{q}}$$

$$= (k_{\lambda+1}(\lambda_2 + 1))^{\frac{1}{p}} (k_{\lambda+1}(\lambda_1))^{\frac{1}{q}}. \tag{10.2.6}$$

由于常数因子 $\frac{\Gamma(\lambda+1)}{\Gamma(\lambda+m)} (k_{\lambda+1}(\lambda_2 + 1))^{\frac{1}{p}} (k_{\lambda+1}(\lambda_1))^{\frac{1}{q}}$ 为式(10.2.2)的最佳值,故比较式(10.2.2)与式(10.2.5)的常数因子,我们有不等式:

$$\frac{\Gamma(\lambda+1)}{\Gamma(\lambda+m)} (k_{\lambda+1}(\lambda_2 + 1))^{\frac{1}{p}} (k_{\lambda+1}(\lambda_1))^{\frac{1}{q}} \leqslant \frac{\Gamma(\lambda+1)}{\Gamma(\lambda+m)} B(\hat{\lambda}_1, \hat{\lambda}_2 + 1) (\in \mathbf{R}^+).$$

即有不等式

$$B(\hat{\lambda}_1, \hat{\lambda}_2 + 1) \geqslant (k_{\lambda+1}(\lambda_2 + 1))^{\frac{1}{p}} (k_{\lambda+1}(\lambda_1))^{\frac{1}{q}},$$

因而式(10.2.6)取等号.式(10.2.6)取等号的充分必要条件是存在不全为0的常数 A 和 B,使(参阅文[5]) $Au^{\lambda - \lambda_2 - 1} = Bu^{\lambda_1 - 1}$ a. e. 于 $\mathbf{R}^+$.不妨设 $A \neq 0$,则有 $u^{\lambda - \lambda_2 - \lambda_1} = \frac{B}{A}$ a. e. 于 $\mathbf{R}^+$,及 $\lambda - \lambda_1 - \lambda_2 = 0$.因而 $\lambda_1 + \lambda_2 = \lambda$.证毕.

例 10.1 在式(10.2.3)中,代入例 7.1(2)的两个中间变量,当 $\lambda_2 \leqslant \frac{1}{\alpha} - 1 (\alpha \in (0,1))$,有具有最佳常数因子 $\alpha^{\frac{1}{q}} \lambda_2 B(\lambda_1, \lambda_2) (\prod_{i=0}^{m-1} (\lambda + i))^{-1}$ 的 2 个不等式:

$$\int_0^\infty \sum_{n=1}^\infty \frac{a_n f(x)}{(x + (n-\xi)^\alpha)^{\lambda+m}} dx$$

$$< \alpha^{\frac{1}{q}} \lambda_2 B(\lambda_1, \lambda_2) (\prod_{i=0}^{m-1} (\lambda + i))^{-1} (\int_0^\infty x^{p(1-\lambda_1)-1} (f^{(m)}(x))^p dx)^{\frac{1}{p}} \cdot$$

$$(\sum_{n=1}^\infty (n-\xi)^{-q\alpha\lambda_2-1} A_n^q)^{\frac{1}{q}}, \tag{10.2.7}$$

$$\int_0^\infty \sum_{n=2}^\infty \frac{a_n f(x)}{(x + \ln^\alpha(n-\xi))^{\lambda+m}} dx$$

$$< \alpha^{\frac{1}{q}} \lambda_2 B(\lambda_1, \lambda_2) (\prod_{i=0}^{m-1} (\lambda + i))^{-1} (\int_0^\infty x^{p(1-\lambda_1)-1} (f^{(m)}(x))^p dx)^{\frac{1}{p}} \cdot$$

$$(\sum_{n=2}^{\infty} \frac{\ln^{-q\alpha\lambda_2-1}(n-\xi)}{n-\xi} A_n^q)^{\frac{1}{q}}. \tag{10.2.8}$$

当 $\xi = 0$ 时，上面式子对应代入例 7.1(1) 的中间变量的情形.

10.3　第一类逆式的情形

本节设 $p < 0, 0 < q < 1$，定义 2.1 情形(1)(或情形(2))对 $s_2 = \lambda_2$ 满足. 令

$$s = \lambda, s_1 = \lambda_1, s_2 = \lambda_2, f(x) = f^{(m)}(x), v(x) = x, x \in (0, \infty),$$

由式(2.1.7)及条件(10.1.1)，我们有逆向不等式：

$$\int_0^{\infty} \sum_{n=n_0}^{\infty} \frac{a_n f^{(m)}(x)}{(x+u(n))^{\lambda}} \mathrm{d}x$$

$$> (k_{\lambda}(\lambda_2))^{\frac{1}{p}} (k_{\lambda}(\lambda_1))^{\frac{1}{q}} (\int_0^{\infty} x^{p(1-\hat{\lambda}_1)-1} (f^{(m)}(x))^p \mathrm{d}x)^{\frac{1}{p}} \cdot$$

$$(\sum_{n=n_0}^{\infty} \frac{(u(n))^{q(1-\hat{\lambda}_2)-1}}{(u'(n))^{q-1}} a_n^q)^{\frac{1}{q}}. \tag{10.3.1}$$

再由式(10.1.5)，可得涉及高阶导函数及部分和的第一类半离散逆向的 Hardy-Hilbert 不等式：

$$I_1 = \int_0^{\infty} \sum_{n=n_0}^{\infty} \frac{u'(n) A_n f(x)}{(x+u(n))^{\lambda+m+1}} \mathrm{d}x$$

$$> \frac{\Gamma(\lambda)}{\Gamma(\lambda+m+1)} (k_{\lambda}(\lambda_2))^{\frac{1}{p}} (k_{\lambda}(\lambda_1))^{\frac{1}{q}} (\int_0^{\infty} x^{p(1-\hat{\lambda}_1)-1} (f^{(m)}(x))^p \mathrm{d}x)^{\frac{1}{p}} \cdot$$

$$(\sum_{n=n_0}^{\infty} \frac{(u(n))^{q(1-\hat{\lambda}_2)-1}}{(u'(n))^{q-1}} a_n^q)^{\frac{1}{q}}. \tag{10.3.2}$$

特别当 $\lambda_1 + \lambda_2 = \lambda$ 时，有不等式：

$$\int_0^{\infty} \sum_{n=n_0}^{\infty} \frac{u'(n) A_n f(x)}{(x+u(n))^{\lambda+m+1}} \mathrm{d}x$$

$$> \frac{\Gamma(\lambda)}{\Gamma(\lambda+m+1)} B(\lambda_1, \lambda_2) (\int_0^{\infty} x^{p(1-\lambda_1)-1} (f^{(m)}(x))^p \mathrm{d}x)^{\frac{1}{p}} \cdot$$

$$(\sum_{n=n_0}^{\infty} \frac{(u(n))^{q(1-\lambda_2)-1}}{(u'(n))^{q-1}} a_n^q)^{\frac{1}{q}}. \tag{10.3.3}$$

定理 10.3　若 $\lambda_1 + \lambda_2 = \lambda$，则式(10.3.2)的常数因子

$$\frac{\Gamma(\lambda)}{\Gamma(\lambda+m+1)} (k_{\lambda}(\lambda_2))^{\frac{1}{p}} (k_{\lambda}(\lambda_1))^{\frac{1}{q}} (= \frac{\Gamma(\lambda)}{\Gamma(\lambda+m+1)} B(\lambda_1, \lambda_2))$$

必为最佳值.

证明　若 $\lambda_1 + \lambda_2 = \lambda$，则式(10.3.2)变为式(10.3.3). 任给 $0 < \varepsilon <$

$\lambda_2 \min\{\mid p \mid, q\}$,置

$$\widetilde{f}^{(m)}(x) := \begin{cases} 0, 0 < x < 1 \\ x^{\lambda_1 - \frac{\varepsilon}{p} - 1}, x \geqslant 1 \end{cases},$$

$$\widetilde{a}_n := \begin{cases} 0, n = n_0 \\ (u(n))^{\lambda_2 - \frac{\varepsilon}{q} - 1} u'(n), n \in \mathbf{N}_{n_0+1} \end{cases},$$

$$\widetilde{f}(x) := \int_0^x \int_0^{t_{m-1}} \cdots \int_0^{t_1} \widetilde{f}^{(m)}(t_0) \, \mathrm{d}t_0 \cdots \mathrm{d}t_{m-2} \, \mathrm{d}t_{m-1}$$

$$\leqslant \begin{cases} 0, 0 < x < 1 \\ (\prod_{i=0}^{m-1} (\lambda_1 + i - \frac{\varepsilon}{p}))^{-1} x^{\lambda_1 + m - \frac{\varepsilon}{p} - 1}, x \geqslant 1 \end{cases},$$

这里,当 $m = 0, a > 0$ 时,规定 $\prod_{i=0}^{m-1}(a+i) = 1$;当 $m \in \mathbf{N}_+, \widetilde{f}^{(i-1)}(0^+) = 0, \widetilde{f}^{(i-1)}(x) = o(\mathrm{e}^{tx})(t > 0; x \to \infty)(i = 1, \cdots, m)$. 显然,因 $0 < q < 1, (u(t))^{\lambda_2 - \frac{\varepsilon}{q} - 1} u'(t)$ 在 (n_0, ∞) 仍递减,有

$$\widetilde{A}_n = \sum_{k=n_0}^n \widetilde{a}_k = \sum_{k=n_0+1}^n (u(k))^{\lambda_2 - \frac{\varepsilon}{q} - 1} u'(k)$$

$$< \int_{n_0}^n (u(t))^{\lambda_2 - \frac{\varepsilon}{q} - 1} u'(t) \mathrm{d}t = \frac{1}{\lambda_2 - \frac{\varepsilon}{q}} (u(t))^{\lambda_2 - \frac{\varepsilon}{q}} \Big|_{n_0}^n$$

$$\leqslant \frac{1}{\lambda_2 - \frac{\varepsilon}{q}} (u(n))^{\lambda_2 - \frac{\varepsilon}{q}}.$$

若有常数 $M \geqslant \frac{\Gamma(\lambda)}{\Gamma(\lambda + m + 1)} B(\lambda_1, \lambda_2)$,使取代式(10.3.3)的常数因子 $\frac{\Gamma(\lambda)}{\Gamma(\lambda + m + 1)} B(\lambda_1, \lambda_2)$ 后仍成立,则特别还有

$$\widetilde{I} := \int_0^\infty \sum_{n=n_0}^\infty \frac{u'(n) \widetilde{A}_n \widetilde{f}(x)}{(x + u(n))^{\lambda + m + 1}} \mathrm{d}x$$

$$> M (\int_0^\infty x^{p(1-\lambda_1)-1} (\widetilde{f}^{(m)}(x))^p \mathrm{d}x)^{\frac{1}{p}} (\sum_{n=n_0}^\infty \frac{(u(n))^{q(1-\lambda_2)-1}}{(u'(n))^{q-1}} \widetilde{a}_n^q)^{\frac{1}{q}}. \quad (10.3.4)$$

因 $u'(t) > 0, u''(t) \leqslant 0$,函数 $(u(t))^{-\varepsilon-1} u'(t)(t \in (n_0, \infty))$ 仍具有递减性. 由式(10.3.4)及级数的递减性质,可得

$$\widetilde{I} > M (\int_1^\infty x^{p(1-m-\lambda_1)-1} x^{p(\lambda_1+m-1)-\varepsilon} \mathrm{d}x)^{\frac{1}{p}} \cdot$$

$$(\sum_{n=n_0+1}^{\infty} \frac{(u(n))^{q(1-\lambda_2)-1}}{(u'(n))^{q-1}}(u(n))^{q\lambda_2-\varepsilon-q}(u'(n))^q)^{\frac{1}{q}}$$

$$=M(\int_1^{\infty} x^{-\varepsilon-1}\mathrm{d}x)^{\frac{1}{p}}(\sum_{n=n_0+1}^{\infty}(u(n))^{-\varepsilon-1}u'(n))^{\frac{1}{q}}$$

$$\geqslant M(\int_1^{\infty} x^{-\varepsilon-1}\mathrm{d}x)^{\frac{1}{p}}(\int_{n_0+1}^{\infty}(u(t))^{-\varepsilon-1}u'(t)\mathrm{d}t)^{\frac{1}{q}}$$

$$=\frac{M}{\varepsilon}(u(n_0+1))^{\frac{-\varepsilon}{q}}.$$

由式(2.1.5),置

$$s=\lambda+m+1, s_1=\tilde{\lambda}_1:=\lambda_1+m-\frac{\varepsilon}{p}\in(0,\lambda+m+1),$$

$$v(x)=x, x\in(0,\infty),$$

我们有

$$\sum_{n=n_0}^{\infty}((u(n))^{(\lambda_2+\frac{\varepsilon}{p}+1)}\int_1^{\infty}\frac{x^{(\lambda_1+m-\frac{\varepsilon}{p})-1}}{(x+u(n))^{\lambda+m+1}}\mathrm{d}x)(u(n))^{-\varepsilon-1}u'(n)$$

$$\leqslant\sum_{n=n_0}^{\infty}((u(n))^{(\lambda_2+\frac{\varepsilon}{p}+1)}\int_0^{\infty}\frac{x^{(\lambda_1+m-\frac{\varepsilon}{p})-1}}{(x+u(n))^{\lambda+m+1}}\mathrm{d}x)(u(n))^{-\varepsilon-1}u'(n)$$

$$=\sum_{n=n_0}^{\infty}\omega_{\lambda+m+1}(\tilde{\lambda}_1,n)(u(n))^{-\varepsilon-1}u'(n)$$

$$=k_{\lambda+m+1}(\tilde{\lambda}_1)((u(n_0))^{-\varepsilon-1}u'(n_0)+\sum_{n=n_0+1}^{\infty}(u(n))^{-\varepsilon-1}u'(n))$$

$$<k_{\lambda+m+1}(\tilde{\lambda}_1)((u(n_0))^{-\varepsilon-1}u'(n_0)+\int_{n_0}^{\infty}(u(y))^{-\varepsilon-1}u'(y)\mathrm{d}y)$$

$$=\frac{1}{\varepsilon}B(\lambda_1+m-\frac{\varepsilon}{p},\lambda_2+1+\frac{\varepsilon}{p})(\varepsilon(u(n_0))^{-\varepsilon-1}u'(n_0)+(u(n_0))^{-\varepsilon}).$$

基于上面的结果及式(10.3.4),有

$$\frac{1}{\lambda_2-\frac{\varepsilon}{q}}(\prod_{i=0}^{m-1}(\lambda_1+i-\frac{\varepsilon}{p}))^{-1}B(\lambda_1+m-\frac{\varepsilon}{p},\lambda_2+1+\frac{\varepsilon}{p})\cdot$$

$$(\varepsilon(u(n_0))^{-\varepsilon-1}u'(n_0)+(u(n_0))^{-\varepsilon})>\varepsilon\tilde{I}$$

$$>M(u(n_0+1))^{\frac{-\varepsilon}{q}}.$$

令 $\varepsilon\to0^+$,由 Beta 函数的连续性,有

$$\frac{\Gamma(\lambda)}{\Gamma(\lambda+m+1)}B(\lambda_1,\lambda_2)=\frac{1}{\lambda_2}(\prod_{i=0}^{m-1}(\lambda_1+i))^{-1}B(\lambda_1+m,\lambda_2+1)\geqslant M.$$

故 $M=\frac{\Gamma(\lambda)}{\Gamma(\lambda+m+1)}B(\lambda_1,\lambda_2)$ 为式(10.3.3)(即式(10.3.2)当 $\lambda_1+\lambda_2=\lambda$ 时)

的最佳值. 证毕.

定理 10.4 若式(10.3.2)的常数因子

$$\frac{\Gamma(\lambda)}{\Gamma(\lambda+m+1)}(k_\lambda(\lambda_2))^{\frac{1}{p}}(k_\lambda(\lambda_1))^{\frac{1}{q}}$$

为最佳值,则当 $\lambda-\lambda_1-\lambda_2 \in (-q\lambda_2,0]$ 时,有 $\lambda_1+\lambda_2=\lambda$.

证明 因 $\hat{\lambda}_1=\dfrac{\lambda-\lambda_2}{p}+\dfrac{\lambda_1}{q}$, $\hat{\lambda}_2=\dfrac{\lambda-\lambda_1-\lambda_2}{q}+\lambda_2$,有 $\hat{\lambda}_1+\hat{\lambda}_2=\lambda$. 当

$$\lambda-\lambda_1-\lambda_2 \in (-q\lambda_2,0](\subset(-q\lambda_2,q(\lambda-\lambda_2)))$$

时,有 $0<\hat{\lambda}_2<\lambda$, $0<\hat{\lambda}_1=\lambda-\hat{\lambda}_2<\lambda$,及 $B(\hat{\lambda}_1,\hat{\lambda}_2)\in \mathbf{R}^+$. 因 $\lambda-\lambda_1-\lambda_2 \leqslant 0$,

$0<q<1$,对于 $\rho=1$(或 $\rho=\dfrac{1}{2}$),函数

$$(u(t))^{\hat{\lambda}_2-1}u'(t)=(u(t))^{\hat{\lambda}_2-\lambda_2}((u(t))^{\lambda_2-1}u'(t))$$

$$=(u(t))^{(\lambda-\lambda_1-\lambda_2)/q}((u(t))^{\lambda_2-1}u'(t)), t \in (n_0-\rho,\infty),$$

仍具有递减性,因 $u''(t)\leqslant 0$, $(u(t))^{\lambda_2-1}u'(t)$ 凸,显然上式仍具有凸性($\rho=\dfrac{1}{2}$).

故定义 2.1 情形(1)(或情形(2))对 $s_2=\hat{\lambda}_2$ 仍满足. 由式(10.3.3),代之以 $\hat{\lambda}_i=\lambda_i (i=1,2)$,有不等式:

$$\int_0^\infty \sum_{n=n_0}^\infty \frac{u'(n)A_n}{(x+u(n))^{\lambda+m+1}}f(x)\mathrm{d}x$$

$$>\frac{\Gamma(\lambda)}{\Gamma(\lambda+m+1)}B(\hat{\lambda}_1,\hat{\lambda}_2)(\int_0^\infty x^{p(1-\hat{\lambda}_1)-1}(f^{(m)}(x))^p\mathrm{d}x)^{\frac{1}{p}} \cdot$$

$$(\sum_{n=n_0}^\infty \frac{(u(n))^{q(1-\hat{\lambda}_2)-1}}{(u'(n))^{q-1}}a_n^q)^{\frac{1}{q}}. \tag{10.3.5}$$

由逆向的 Hölder 不等式(参考文[5]),我们还有

$$B(\hat{\lambda}_1,\hat{\lambda}_2)=k_\lambda(\hat{\lambda}_1)=k_\lambda(\frac{\lambda-\lambda_2}{p}+\frac{\lambda_1}{q})$$

$$=\int_0^\infty \frac{1}{(1+u)^\lambda}u^{\frac{\lambda-\lambda_2}{p}+\frac{\lambda_1}{q}-1}\mathrm{d}u=\int_0^\infty \frac{1}{(1+u)^\lambda}(u^{\frac{\lambda-\lambda_2-1}{p}})(u^{\frac{\lambda_1-1}{q}})\mathrm{d}u$$

$$\geqslant(\int_0^\infty \frac{1}{(1+u)^\lambda}u^{\lambda-\lambda_2-1}\mathrm{d}u)^{\frac{1}{p}}(\int_0^\infty \frac{1}{(1+u)^\lambda}u^{\lambda_1-1}\mathrm{d}u)^{\frac{1}{q}}$$

$$=(\int_0^\infty \frac{1}{(1+v)^\lambda}v^{\lambda_2-1}\mathrm{d}v)^{\frac{1}{p}}(\int_0^\infty \frac{1}{(1+u)^\lambda}u^{\lambda_1-1}\mathrm{d}u)^{\frac{1}{q}}$$

$$=(k_\lambda(\lambda_2))^{\frac{1}{p}}(k_\lambda(\lambda_1))^{\frac{1}{q}}. \tag{10.3.6}$$

由于常数因子 $\dfrac{\Gamma(\lambda)}{\Gamma(\lambda+m+1)}(k_\lambda(\lambda_2))^{\frac{1}{p}}(k_\lambda(\lambda_1))^{\frac{1}{q}}$ 为式(10.3.2)的最佳

值,故比较式(10.3.2)与式(10.3.5)的常数因子,我们有不等式:

$$\frac{\Gamma(\lambda)}{\Gamma(\lambda+m+1)}(k_\lambda(\lambda_2))^{\frac{1}{p}}(k_\lambda(\lambda_1))^{\frac{1}{q}} \geqslant \frac{\Gamma(\lambda)}{\Gamma(\lambda+m+1)}B(\hat{\lambda}_1,\hat{\lambda}_2)(\in \mathbf{R}^+).$$

即有不等式 $B(\hat{\lambda}_1,\hat{\lambda}_2) \leqslant (k_\lambda(\lambda_2))^{\frac{1}{p}}(k_\lambda(\lambda_1))^{\frac{1}{q}}$,因而式(10.3.6)取等号. 式(10.3.6)取等号的充分必要条件是存在不全为 0 的常数 A 和 B,使(参阅文[5]) $Au^{\lambda-\lambda_2-1}=Bu^{\lambda_1-1}$ a. e. 于 $\mathbf{R}^+$. 不妨设 $A \neq 0$,则有 $u^{\lambda-\lambda_2-\lambda_1}=\frac{B}{A}$ a. e. 于 $\mathbf{R}^+$,及 $\lambda-\lambda_1-\lambda_2=0$. 因而 $\lambda_1+\lambda_2=\lambda$. 证毕.

例 10.2　在式(10.3.3)中,代入例 2.1(2)的两个中间变量,当 $\lambda_2 \leqslant \frac{1}{\alpha}$ $(\alpha \in (0,1])$,有具有最佳常数因子 $\frac{B(\lambda_1,\lambda_2)}{\alpha^{1+(1/p)}}(\prod\limits_{i=0}^{m}(\lambda+i))^{-1}$ 的 2 个逆式:

$$\int_0^\infty \sum_{n=1}^\infty \frac{(n-\xi)^{\alpha-1}A_nf(x)}{(x+(n-\xi)^\alpha)^{\lambda+m+1}}\mathrm{d}x$$

$$> \frac{B(\lambda_1,\lambda_2)}{\alpha^{1+(1/p)}}(\prod_{i=0}^m(\lambda+i))^{-1}(\int_0^\infty x^{p(1-\lambda_1)-1}(f^{(m)}(x))^p\mathrm{d}x)^{\frac{1}{p}} \cdot$$

$$(\sum_{n=1}^\infty (n-\xi)^{q(1-\alpha\lambda_2)-1}a_n^q)^{\frac{1}{q}}, \tag{10.3.7}$$

$$\int_0^\infty \sum_{n=2}^\infty \frac{\ln^{\alpha-1}(n-\xi)A_nf(x)}{(x+\ln^\alpha(n-\xi))^{\lambda+m+1}(n-\xi)}\mathrm{d}x$$

$$> \frac{B(\lambda_1,\lambda_2)}{\alpha^{1+(1/p)}}(\prod_{i=0}^m(\lambda+i))^{-1}(\int_0^\infty x^{p(1-\lambda_1)-1}(f^{(m)}(x))^p\mathrm{d}x)^{\frac{1}{p}} \cdot$$

$$(\sum_{n=2}^\infty \frac{\ln^{q(1-\alpha\lambda_2)-1}(n-\xi)}{(n-\xi)^{1-q}}a_n^q)^{\frac{1}{q}}. \tag{10.3.8}$$

当 $\xi=0$ 时,上面式子对应于例 2.1(1)的中间变量的情形.

10.4　第二类逆式的情形

本节设 $0<p<1,q<0$,定义 2.1 情形(1)(或情形(2))对 $s_2=\lambda_2$ 满足. 令

$$s=\lambda,s_1=\lambda_1,s_2=\lambda_2,f(x)=f^{(m)}(x),v(x)=x,x \in (0,\infty),$$

由式(2.1.8)及条件(10.1.1),我们有第二类逆向不等式:

$$\int_0^\infty \sum_{n=n_0}^\infty \frac{a_nf^{(m)}(x)}{(x+u(n))^\lambda}\mathrm{d}x$$

$$> (k_\lambda(\lambda_2))^{\frac{1}{p}}(k_\lambda(\lambda_1))^{\frac{1}{q}}(\int_0^\infty (1-O_\lambda(\frac{1}{x^{\lambda_2}}))x^{p(1-\hat{\lambda}_1)-1}(f^{(m)}(x))^p\mathrm{d}x)^{\frac{1}{p}} \cdot$$

$$(\sum_{n=n_0}^{\infty} \frac{(u(n))^{q(1-\hat{\lambda}_2)-1}}{(u'(n))^{q-1}} a_n^q)^{\frac{1}{q}}. \tag{10.4.1}$$

再由式(10.1.5),可得涉及一个高阶导函数与一个部分和的第二类半离散逆向 Hardy-Hilbert 不等式:

$$\begin{aligned}
I_1 &= \int_0^{\infty} \sum_{n=n_0}^{\infty} \frac{u'(n)A_n f(x)}{(x+u(n))^{\lambda+m+1}} dx \\
&> \frac{\Gamma(\lambda)}{\Gamma(\lambda+m+1)} (k_\lambda(\lambda_2))^{\frac{1}{p}} (k_\lambda(\lambda_1))^{\frac{1}{q}} \cdot \\
&\quad (\int_0^{\infty} (1-O_\lambda(\frac{1}{x^{\lambda_2}})) x^{p(1-\hat{\lambda}_1)-1} (f^{(m)}(x))^p dx)^{\frac{1}{p}} \cdot \\
&\quad (\sum_{n=n_0}^{\infty} \frac{(u(n))^{q(1-\hat{\lambda}_2)-1}}{(u'(n))^{q-1}} a_n^q)^{\frac{1}{q}}.
\end{aligned} \tag{10.4.2}$$

特别,当 $\lambda_1 + \lambda_2 = \lambda$ 时,有不等式:

$$\begin{aligned}
&\int_0^{\infty} \sum_{n=n_0}^{\infty} \frac{u'(n)A_n f(x)}{(x+u(n))^{\lambda+m+1}} dx \\
&> \frac{\Gamma(\lambda)}{\Gamma(\lambda+m+1)} B(\lambda_1,\lambda_2) (\int_0^{\infty} (1-O_\lambda(\frac{1}{x^{\lambda_2}})) x^{p(1-\lambda_1)-1} (f^{(m)}(x))^p dx)^{\frac{1}{p}} \cdot \\
&\quad (\sum_{n=n_0}^{\infty} \frac{(u(n))^{q(1-\lambda_2)-1}}{(u'(n))^{q-1}} a_n^q)^{\frac{1}{q}}.
\end{aligned} \tag{10.4.3}$$

定理 10.5 若有 $\delta_0 > 0$,使 $(u(t))^{\lambda_2+\delta_0-1} u'(t)$ $(t \in (n_0,\infty))$ 仍递减,则当 $\lambda_1 + \lambda_2 = \lambda$ 时,式(10.4.2)的常数因子

$$\frac{\Gamma(\lambda)}{\Gamma(\lambda+m+1)} (k_\lambda(\lambda_2))^{\frac{1}{p}} (k_\lambda(\lambda_1))^{\frac{1}{q}} (= \frac{\Gamma(\lambda)}{\Gamma(\lambda+m+1)} B(\lambda_1,\lambda_2))$$

必为最佳值.

证明 若 $\lambda_1 + \lambda_2 = \lambda$,则式(10.4.2)变为式(10.4.3).任给 $0 < \varepsilon < \min\{p\lambda_1, |q|\lambda_1, |q|\delta_0\}$,置

$$\tilde{f}^{(m)}(x) := \begin{cases} 0, 0 < x < 1 \\ x^{\lambda_1-\frac{\varepsilon}{p}-1}, x \geqslant 1 \end{cases},$$

$$\tilde{a}_n := \begin{cases} 0, n = n_0 \\ (u(n))^{\lambda_2-\frac{\varepsilon}{q}-1} u'(n), n \in \mathbf{N}_{n_0+1} \end{cases},$$

$$\begin{aligned}
\tilde{f}(x) &:= \int_0^x \int_0^{t_{m-1}} \cdots \int_0^{t_1} \tilde{f}^{(m)}(t_0) dt_0 \cdots dt_{m-2} dt_{m-1} \\
&\leqslant \begin{cases} 0, 0 < x < 1 \\ (\prod_{i=0}^{m-1} (\lambda_1 + i - \frac{\varepsilon}{p}))^{-1} x^{\lambda_1+m-\frac{\varepsilon}{p}-1}, x \geqslant 1 \end{cases},
\end{aligned}$$

这里，当 $m \in \mathbf{N}_+$ 时，有 $\widetilde{f}^{(i-1)}(0^+) = 0$，$\widetilde{f}^{(i-1)}(x) = o(\mathrm{e}^{tx})(t > 0; x \to \infty)(i = 1, \cdots, m)$.

显然，由所设，$(u(t))^{\lambda_2 - \frac{\varepsilon}{q} - 1} u'(t)$ 在 (n_0, ∞) 仍递减，有

$$\widetilde{A}_n = \sum_{k=n_0}^{n} \widetilde{a}_k = \sum_{k=n_0+1}^{n} (u(k))^{\lambda_2 - \frac{\varepsilon}{q} - 1} u'(k)$$

$$< \int_{n_0}^{n} (u(t))^{\lambda_2 - \frac{\varepsilon}{q} - 1} u'(t) \mathrm{d}t = \frac{1}{\lambda_2 - \frac{\varepsilon}{q}} (u(t))^{\lambda_2 - \frac{\varepsilon}{q}} \Big|_{n_0}^{n} \leqslant \frac{1}{\lambda_2 - \frac{\varepsilon}{q}} (u(n))^{\lambda_2 - \frac{\varepsilon}{q}}.$$

若有常数 $M \geqslant \frac{\Gamma(\lambda)}{\Gamma(\lambda+m+1)} B(\lambda_1, \lambda_2)$，使其取代式 (10.4.3) 的常数因子

$\frac{\Gamma(\lambda)}{\Gamma(\lambda+m+1)} B(\lambda_1, \lambda_2)$ 后原式仍成立，则特别还有

$$\widetilde{I} := \int_0^\infty \sum_{n=n_0}^\infty \frac{u'(n) \widetilde{A}_n \widetilde{f}(x)}{(x+u(n))^{\lambda+m+1}} \mathrm{d}x$$

$$> M \Big(\int_0^\infty (1 - O_\lambda(\frac{1}{x^{\lambda_2}})) x^{p(1-\lambda_1)-1} (\widetilde{f}^{(m)}(x))^p \mathrm{d}x \Big)^{\frac{1}{p}} \Big(\sum_{n=n_0}^\infty \frac{(u(n))^{q(1-\lambda_2)-1}}{(u'(n))^{q-1}} \widetilde{a}_n^q \Big)^{\frac{1}{q}}.$$

$$(10.4.4)$$

因 $u'(t) > 0$，$u''(t) \leqslant 0$，函数 $(u(t))^{-\varepsilon-1} u'(t) (t \in (n_0, \infty))$ 仍具有递减性. 由式 (10.4.4) 及级数的递减性质，可得

$$\widetilde{I} > M \Big(\int_1^\infty (1 - O(\frac{1}{x^{\lambda_2}})) x^{p(1-m-\lambda_1)-1} x^{p(\lambda_1+m-1)-\varepsilon} \mathrm{d}x \Big)^{\frac{1}{p}} \cdot$$

$$\Big(\sum_{n=n_0+1}^\infty \frac{(u(n))^{q(1-\lambda_2)-1}}{(u'(n))^{q-1}} (u(n))^{q\lambda_2-\varepsilon-q} (u'(n))^q \Big)^{\frac{1}{q}}$$

$$= M \Big(\int_1^\infty x^{-\varepsilon-1} \mathrm{d}x - \int_1^\infty x^{-\varepsilon-1} O(\frac{1}{x^{\lambda_2}}) \mathrm{d}x \Big)^{\frac{1}{p}} \Big(\sum_{n=n_0+1}^\infty (u(n))^{-\varepsilon-1} u'(n) \Big)^{\frac{1}{q}}$$

$$\geqslant M \Big(\int_1^\infty x^{-\varepsilon-1} \mathrm{d}x - O(1) \Big)^{\frac{1}{p}} \Big(\int_{n_0}^\infty (u(t))^{-\varepsilon-1} u'(t) \mathrm{d}t \Big)^{\frac{1}{q}}$$

$$= \frac{M}{\varepsilon} (1 - \varepsilon O(1))^{\frac{1}{p}} (u(n_0))^{\frac{-\varepsilon}{q}}.$$

由式 (2.1.5)，置 $s = \lambda + m + 1$，$s_1 = \widetilde{\lambda}_1 := \lambda_1 + m - \frac{\varepsilon}{p} \in (0, \lambda+m+1)$，

$v(x) = x$，$x \in (0, \infty)$，我们有

$$\sum_{n=n_0}^\infty ((u(n))^{(\lambda_2+\frac{\varepsilon}{p}+1)} \int_1^\infty \frac{x^{\lambda_1+m-\frac{\varepsilon}{p}-1}}{(x+u(n))^{\lambda+m+1}} \mathrm{d}x) (u(n))^{-\varepsilon-1} u'(n)$$

$$\leqslant \sum_{n=n_0}^\infty ((u(n))^{(\lambda_2+\frac{\varepsilon}{p}+1)} \int_0^\infty \frac{x^{(\lambda_1+m-\frac{\varepsilon}{p})-1}}{(x+u(n))^{\lambda+m+1}} \mathrm{d}x) (u(n))^{-\varepsilon-1} u'(n)$$

$$= \sum_{n=n_0}^{\infty} \omega_{\lambda+m+1}(\tilde{\lambda}_1, n)(u(n))^{-\varepsilon-1} u'(n)$$

$$= k_{\lambda+m+1}(\tilde{\lambda}_1)((u(n_0))^{-\varepsilon-1} u'(n_0) + \sum_{n=n_0+1}^{\infty} (u(n))^{-\varepsilon-1} u'(n))$$

$$< k_{\lambda+m+1}(\tilde{\lambda}_1)((u(n_0))^{-\varepsilon-1} u'(n_0) + \int_{n_0}^{\infty} (u(y))^{-\varepsilon-1} u'(y) \mathrm{d}y)$$

$$= \frac{1}{\varepsilon} \mathrm{B}(\lambda_1 + m - \frac{\varepsilon}{p}, \lambda_2 + 1 + \frac{\varepsilon}{p})(\varepsilon(u(n_0))^{-\varepsilon-1} u'(n_0) + (u(n_0))^{-\varepsilon}).$$

基于上面的结果及式(10.4.4),有

$$\frac{1}{\lambda_2 - \frac{\varepsilon}{q}}(\prod_{i=0}^{m-1}(\lambda_1 + i - \frac{\varepsilon}{p}))^{-1} \mathrm{B}(\lambda_1 + m - \frac{\varepsilon}{p}, \lambda_2 + 1 + \frac{\varepsilon}{p}) \cdot$$

$$(\varepsilon(u(n_0))^{-\varepsilon-1} u'(n_0) + (u(n_0))^{-\varepsilon}) > \varepsilon \tilde{I}$$

$$> M(1 - \varepsilon O(1))^{\frac{1}{p}}(u(n_0))^{\frac{-\varepsilon}{q}}$$

令 $\varepsilon \to 0^+$,由 Beta 函数的连续性,有

$$\frac{\Gamma(\lambda)}{\Gamma(\lambda+m+1)} \mathrm{B}(\lambda_1, \lambda_2) = \frac{1}{\lambda_2}(\prod_{i=0}^{m-1}(\lambda_1 + i))^{-1} \mathrm{B}(\lambda_1 + m, \lambda_2 + 1) \geqslant M.$$

故 $M = \dfrac{\Gamma(\lambda)}{\Gamma(\lambda+m+1)} \mathrm{B}(\lambda_1, \lambda_2)$ 为式(10.4.3)(即式(10.4.2)当 $\lambda_1 + \lambda_2 = \lambda$ 时)
的最佳值. 证毕.

注 在例 2.1 中,若要满足定理 10.5 的假设,只须令 $\lambda_2 < \dfrac{1}{\alpha}, \delta_0 = \dfrac{1}{\alpha} -$
$\lambda_2 > 0$ 即可. 此时,$(u(t)^{\lambda_2 + \delta_0 - 1} u'(t)(t \in (n_0, \infty))$ 必然递减.

定理 10.6 若式(10.4.2)的常数因子 $\dfrac{\Gamma(\lambda)}{\Gamma(\lambda+m+1)}(k_\lambda(\lambda_2))^{\frac{1}{p}}(k_\lambda(\lambda_1))^{\frac{1}{q}}$
为最佳值,则当 $\lambda - \lambda_1 - \lambda_2 \in [0, -q\lambda_2)$ 时,有 $\lambda_1 + \lambda_2 = \lambda$.

证明 因 $\hat{\lambda}_1 = \dfrac{\lambda - \lambda_2}{p} + \dfrac{\lambda_1}{q}, \hat{\lambda}_2 = \dfrac{\lambda - \lambda_1 - \lambda_2}{q} + \lambda_2$,有 $\hat{\lambda}_1 + \hat{\lambda}_2 = \lambda$. 当

$$\lambda - \lambda_1 - \lambda_2 \in [0, -q\lambda_2)(\subset (q(\lambda - \lambda_2), -q\lambda_2))$$

时,有 $0 < \hat{\lambda}_2 < \lambda, 0 < \hat{\lambda}_1 = \lambda - \hat{\lambda}_2 < \lambda$, 及 $\mathrm{B}(\hat{\lambda}_1, \hat{\lambda}_2) \in \mathbf{R}^+$. 因 $\lambda - \lambda_1 - \lambda_2 \geqslant 0$,
$q < 0$,对于 $\rho = 1$(或 $\rho = \dfrac{1}{2}$),函数

$$(u(t))^{\hat{\lambda}_2 - 1} u'(t) = (u(t))^{\hat{\lambda}_2 - \lambda_2}((u(t))^{\lambda_2 - 1} u'(t))$$

$$= (u(t))^{(\lambda - \lambda_1 - \lambda_2)/q}((u(t))^{\lambda_2 - 1} u'(t)), t \in (n_0 - \rho, \infty),$$

仍具有递减性,因 $u''(t) \leqslant 0$, 及 $(u(t))^{\lambda_2 - 1} u'(t)$ 凸,显然上式仍具有凸性($\rho =$

$\frac{1}{2}$). 故定义 2.1 情形(1)(或情形(2)) 对 $s_2 = \hat{\lambda}_2$ 仍满足. 由式(10.4.3),代之以

$\hat{\lambda}_i = \lambda_i\ (i=1,2)$,有不等式:

$$\int_0^\infty \sum_{n=n_0}^\infty \frac{u'(n)A_n f(x)}{(x+u(n))^{\lambda+m+1}} \mathrm{d}x$$

$$> \frac{\Gamma(\lambda)}{\Gamma(\lambda+m+1)} \mathrm{B}(\hat{\lambda}_1,\hat{\lambda}_2)\left(\int_0^\infty (1-O_\lambda(\frac{1}{x^{\hat{\lambda}_2}}))x^{p(1-\hat{\lambda}_1)-1}\, (f^{(m)}(x))^p \mathrm{d}x\right)^{\frac{1}{p}} \cdot$$

$$\left(\sum_{n=n_0}^\infty \frac{(u(n))^{q(1-\hat{\lambda}_2)-1}}{(u'(n))^{q-1}} a_n^q\right)^{\frac{1}{q}}. \tag{10.4.5}$$

由逆向的 Hölder 不等式(参考文[5]),我们还有

$$\mathrm{B}(\hat{\lambda}_1,\hat{\lambda}_2) = k_\lambda(\hat{\lambda}_1) = k_\lambda(\frac{\lambda-\lambda_2}{p}+\frac{\lambda_1}{q})$$

$$= \int_0^\infty \frac{1}{(1+u)^\lambda} u^{\frac{\lambda-\lambda_2}{p}+\frac{\lambda_1}{q}-1} \mathrm{d}u$$

$$= \int_0^\infty \frac{1}{(1+u)^\lambda} (u^{\frac{\lambda-\lambda_2-1}{p}})(u^{\frac{\lambda_1-1}{q}}) \mathrm{d}u$$

$$\geqslant \left(\int_0^\infty \frac{1}{(1+u)^\lambda} u^{\lambda-\lambda_2-1} \mathrm{d}u\right)^{\frac{1}{p}} \left(\int_0^\infty \frac{1}{(1+u)^\lambda} u^{\lambda_1-1} \mathrm{d}u\right)^{\frac{1}{q}}$$

$$= \left(\int_0^\infty \frac{1}{(1+v)^\lambda} v^{\lambda_2-1} \mathrm{d}v\right)^{\frac{1}{p}} \left(\int_0^\infty \frac{1}{(1+u)^\lambda} u^{\lambda_1-1} \mathrm{d}u\right)^{\frac{1}{q}}$$

$$= (k_\lambda(\lambda_2))^{\frac{1}{p}} (k_\lambda(\lambda_1))^{\frac{1}{q}}. \tag{10.4.6}$$

由于常数因子 $\frac{\Gamma(\lambda)}{\Gamma(\lambda+m+1)} (k_\lambda(\lambda_2))^{\frac{1}{p}} (k_\lambda(\lambda_1))^{\frac{1}{q}}$ 为式(10.4.2) 的最佳

值,故比较式(10.4.2) 与式(10.4.5) 的常数因子,我们有不等式:

$$\frac{\Gamma(\lambda)}{\Gamma(\lambda+m+1)} (k_\lambda(\lambda_2))^{\frac{1}{p}} (k_\lambda(\lambda_1))^{\frac{1}{q}} \geqslant \frac{\Gamma(\lambda)}{\Gamma(\lambda+m+1)} \mathrm{B}(\hat{\lambda}_1,\hat{\lambda}_2)(\in \mathbf{R}^+),$$

即有不等式 $\mathrm{B}(\hat{\lambda}_1,\hat{\lambda}_2) \leqslant (k_\lambda(\lambda_2))^{\frac{1}{p}} (k_\lambda(\lambda_1))^{\frac{1}{q}}$,因而式(10.4.6) 取等号. 式

(10.4.6) 取等号的充分必要条件是存在不全为 0 的常数 A 和 B,使(参阅文

[5])$Au^{\lambda-\lambda_2-1} = Bu^{\lambda_1-1}$ a.e. 于 $\mathbf{R}^+$. 不妨设 $A \neq 0$,则有 $u^{\lambda-\lambda_2-\lambda_1} = \frac{B}{A}$a.e. 于 $\mathbf{R}^+$,及

$\lambda-\lambda_1-\lambda_2 = 0$. 因而 $\lambda_1+\lambda_2 = \lambda$. 证毕.

例 10.3　在式(10.4.3) 中,代入例 2.1(2) 的两个中间变量,由定理 10.5

的注,当 $\lambda_2 < \frac{1}{\alpha}(\alpha \in (0,1])$,$\delta_0 = \frac{1}{\alpha}-\lambda_2 > 0$,有具有最佳常数因子

$\frac{\mathrm{B}(\lambda_1,\lambda_2)}{\alpha^{1+(1/p)}}(\prod_{i=0}^m (\lambda+i))^{-1}$ 的 2 个逆向不等式:

$$\int_0^\infty \sum_{n=1}^\infty \frac{(n-\xi)^{\alpha-1}A_nf(x)}{(x+(n-\xi)^\alpha)^{\lambda+m+1}}\mathrm{d}x$$

$$> \frac{\mathrm{B}(\lambda_1,\lambda_2)}{\alpha^{1+(1/p)}}(\prod_{i=0}^m(\lambda+i))^{-1}\left(\int_0^\infty(1-O_\lambda(\frac{1}{x^{\lambda_2}}))x^{p(1-\lambda_1)-1}(f^{(m)}(x))^p\mathrm{d}x\right)^{\frac{1}{p}}\cdot$$

$$(\sum_{n=1}^\infty(n-\xi)^{q(1-\alpha\lambda_2)-1}a_n^q)^{\frac{1}{q}}, \tag{10.4.7}$$

$$\int_0^\infty \sum_{n=2}^\infty \frac{\ln^{\alpha-1}(n-\xi)A_nf(x)}{(x+\ln^\alpha(n-\xi))^{\lambda+m+1}(n-\xi)}\mathrm{d}x$$

$$> \frac{\mathrm{B}(\lambda_1,\lambda_2)}{\alpha^{1+(1/p)}}(\prod_{i=0}^m(\lambda+i))^{-1}\left(\int_0^\infty(1-O_\lambda(\frac{1}{x^{\lambda_2}}))x^{p(1-\lambda_1)-1}(f^{(m)}(x))^p\mathrm{d}x\right)^{\frac{1}{p}}\cdot$$

$$(\sum_{n=2}^\infty\frac{\ln^{q(1-\alpha\lambda_2)-1}(n-\xi)}{(n-\xi)^{1-q}}a_n^q)^{\frac{1}{q}}. \tag{10.4.8}$$

当 $\xi=0$ 时,上面式子对应于取例 2.1(1) 的中间变量的情形.

参 考 文 献

［1］ WEYL H. Singulare integral gleichungen mit besonderer berucksichti-gung des fourierschen integral theorems［M］. Gottingen：Inaugeral-Dis-sertation,1908.

［2］ SCHUR J. Bernerkungen sur Theorie der beschränkten Bilinearformen mit unendlich vielen Veränderlichen［J］. Journal für die reine und ange-wandte Mathematik,1911,1911(140):1-28.

［3］ HARDY G H, LITTLEWOOD J E, PÓLYA G. Inequalities［M］. Cam-bridge：Cambridge University Press,1934.

［4］ MITRINOVI Ć B D S, PECARI Ć J E, FINK A M. Inequalities invol-ving functions and their integrals and derivatives［M］. Dordrecht：Springer Netherlands,1991.

［5］ 匡继昌.常用不等式［M］.5 版.济南：山东科学技术出版社,2021.

［6］ 胡克.解析不等式的若干问题［M］.2 版.武汉：武汉大学出版社,2007.

［7］ HARDY G H. Note on a theorem of Hilbert concerning series of positive term［J］. Proceedings of the London Mathematical Society,1925,23:45-46.

［8］ 胡克.几个重要的不等式［J］.江西师院学报（自然科学版）,1979,3 (1) :1-4.

［9］ PACHPATTE B G. On some new inequalities similar to Hilbert's ine-quality［J］. Journal of Mathematical Analysis and Applications,1998,226 (1):166-179.

［10］ YANG B C. On Hilbert's integral inequality［J］. Journal of Mathemati-cal Analysis and Applications,1998,220(2):778-785.

［11］ GAO M Z. On the Hilbert inequality［J］. Zeitschrift für Analysis und ihre Anwendungen,1999,18(4) :1117-1122.

［12］ ZHANG K W. A bilinear inequality［J］. Journal of Mathematical Analy-sis and Applications,2002,271:288-296.

［13］ HSU L C, WANG Y J. A refinement of Hilbert's double series theo-rem［J］. Journal of Mathematical Research and Exposition, 1991, 11

(1)：143-144.

[14] 高明哲. 关于 Hilbert 重级数定理的一个注记[J]. 湖南数学年刊,1992,12(1-2)：142-147.

[15] 杨必成,高明哲. 关于 Hardy-Hilbert 不等式中的一个最佳常数[J]. 数学进展,1997,26(2)：159-164.

[16] GAO M Z, YANG B C. On the extended Hilbert's inequality[J]. Proceedings of the American Mathematical Society,1998,126(3)：751-759.

[17] YANG B C. A note on Hilbert's integral inequalities[J]. Chinese Quarterly Journal of Mathematics, 1998,13(4)：83-86.

[18] YANG B C. On new extensions of Hilbert's inequality[J]. Acta Mathematica Hungarica, 2004,104(4)：291-299.

[19] YANG B C, RASSIAS T M. On the way of weight coefficient and research for Hilbert-type inequalities[J]. Mathematical Inequalities & Applications,2003,6(4)：625-658.

[20] 杨必成. 权系数的方法与 Hilbert 型积分不等式的研究[J]. 广东教育学院学报(自然科学版),2005,25(3)：1-6.

[21] YANG B C. On an extension of Hilbert's integral inequality with some parameters[J]. The Australian Journal of Mathematical Analysis and Applications,2004,1(1)：1-8.

[22] YANG B C. On best extensions of Hardy-Hilbert's inequality with two parameters[J]. Journal of Inequalities in Pure and Applied Mathematics,2005,6(3)：1-15.

[23] XIN D M. Best generalization of Hardy-Hilbert's inequality with multi-parameters[J]. Journal of Inequalities in Pure and Applied Mathematics,2006,7(4)：1-8.

[24] 钟五一,杨必成. Hilbert 积分不等式含多参数的最佳推广[J]. 暨南大学学报(自然科学与医学版),2007,28(1)：20-23.

[25] YANG B C. On the norm of an integral operator and applications[J]. Journal of Mathematical Analysis and Applications, 2006，321(1)：182-192.

[26] YANG B C. On the norm of a Hilbert's type linear operator and applications[J]. Journal of Mathematical Analysis and Applications, 2007，325(1)：529-541.

［27］杨必成.参量化的 Hilbert 型不等式研究综述［J］.数学进展,2009,38(3)：257-268.

［28］杨必成. 一个 Hilbert 型积分不等式［J］.浙江大学学报（理学版）,2007,34(2)：121-124.

［29］杨必成.算子范数与 Hilbert 型不等式［M］.北京：科学出版社,2009.

［30］YANG B C. Hilbert-type integral inequalities［M］. Sharjah：Bentham Science Publishers ,2009.

［31］YANG B C. Discrete Hilbert-type integral inequalities［M］. Sharjah：Bentham Science Publishers,2011.

［32］YANG B C. Hilbert-type integral operators：Norms and inequalities［M］//PARDALOS P, GEORGIEV P, SRIVASTAVA H. Nonlinear Analysis. New York：Springer, 2012：771- 859 .

［33］YANG B C. Two kinds of multiple half-discrete Hilbert-type inequalities［M］. Berlin：Lambert Academic Publishing, 2012.

［34］杨必成. 论 Hilbert 型积分不等式及其算子表示［J］.广东第二师范学院学报,2013, 33(5) 1-20.

［35］HONG Y, WEN Y M. A necessary and sufficient condition of that Hilbert type series inequality with homogeneous kernel has the best constant factor［J］. Annals Mathematica, 2016, 37A(3) ： 329-336.

［36］洪勇.具有齐次核的 Hilbert 型积分不等式的构造特征及应用［J］.吉林大学学报（理学版）,2017,55(2)：189-194.

［37］HONG Y, HUANG Q L, YANG B C , et al. The necessary and sufficient conditions for the existence of a kind of Hilbert-type multiple integral inequality with the non-homogeneous kernel and its applications ［J］. Journal of Inequalities and Applications, 2017,2017(1)：316.

［38］XIN D M, YANG B C, WANG A Z. Equivalent property of a Hilbert-type integral inequality related to the beta function in the whole plane ［J］. Journal of Function Spaces, 2018,2018：2691816.

［39］HONG Y, HE B, YANG B C. Necessary and sufficient conditions for the validity of Hilbert type integral inequalities with a class of quasi-homogeneous kernels and its application in operator theory［J］. Journal of Mathematical Inequalities, 2018(3) ：777-788.

［40］HUANG Z X, YANG B C. Equivalent property of a half-discrete Hilbert's inequality with parameters[J]. Journal of Inequalities and Applications, 2018, 2018(1): 333.

[41] YANG B C. Two kinds of multiple half-discrete Hilbert-type inequalities[M]. Saarbrücken: Lambert Academic Publishing, 2012.

[42] YANG B C. Topics on half-discrete Hilbert-type inequalities [M], Saarbrücken: Lambert Academic Publishing, 2013.

[43] YANG B C, DEBNATH L. Half-discrete Hilbert-type inequalities[M]. Singapore: World Scientific, 2014.

[44] 杨必成, 黄启亮. Hilbert 型不等式选讲[M]. 哈尔滨: 哈尔滨工业大学出版社, 2018.

[45] YANG B C, RASSIAS M T. On Hilbert-Type and Hardy-Type Integral Inequalities and Applications[M]. New York: Springer, 2019.

[46] YANG B C, LIAO J Q. Parameterized multidimensional Hilbert-type inequalities[M]. Glendale: Scientific Research Publishing, 2020.

[47] YANG B C, LIAO J Q. Hilbert-type inequalities operators, compositions and extensions [M]. Glendale: Scientific Research Publishing, 2020.

[48] 杨必成, 黄启亮. Hilbert 型不等式[M]. 哈尔滨: 哈尔滨工业大学出版社, 2021.

[49] YANG B C, LUO R C. Hilbert-type and Hardy-type integral inequalities in the whole plane[M]. Glendale: Scientific Research Publishing, 2022.

[50] 洪勇, 和炳. Hilbert 型不等式的理论应用一下册[M]. 北京: 科学出版社, 2023.

[51] YANG B C, WU S H, WANG A Z. On a reverse half-discrete Hardy-Hilbert's inequality with parameters[J]. Mathematics, 2019, 7, 1054.

[52] WANG A Z, YANG B C, CHEN Q. Equivalent properties of a reverse half-discrete Hilbert's inequality[J]. Journal of Inequalities and Applications, 2019, 2019(1): 279.

[53] YANG B C, WU S H, LIAO J Q. On a new extended Hardy-Hilbert's inequality with parameters[J]. Mathematics, 2020, 8(1): 73.

[54] RASSIAS M T, YANG B C. On half-discrete Hilbert's inequality[J]. Applied Mathematics and Computation, 2013, 220: 75-93.

[55] YANG B C, KRNIĆ M. A half-discrete Hilbert-type inequality with a general homogeneous kernel of degree 0[J]. Journal of Mathematical Inequalities, 2012(3) :401-417.

[56] RASSIAS M T, YANG B C. A multidimensional half-discrete Hilbert-type inequality and the Riemann zeta function[J]. Applied Mathematics and Computation, 2013, 225:263-277.

[57] RASSIAS M T, YANG B C. On a multidimensional half-discrete Hilbert-type inequality related to the hyperbolic cotangent function[J]. Applied Mathematics and Computation, 2013, 242:800-813.

[58] YOU M H. More accurate and strengthened forms of half-discrete Hilbert inequality[J]. Journal of Mathematical Analysis and Applications, 2022, 512(2) :126-141.

[59] YOU M H, SUN X, FAN X S. On a more accurate half-discrete Hilbert-type inequality involving hyperbolic functions[J]. Open Mathematics, 2022, 20(1): 544-559.

[60] YOU M H, DONG F, HE Z U. A Hilbert-type inequality in the whole plane with the constant factor related to some special constants[J]. Journal of Mathematical Inequalities, 2022, 16(1): 35-50.

[61] YOU M H. A unified extension of some classical Hilbert-type inequalities and applications[J]. Rocky Mountain Journal of Mathematics, 2021, 51(5):1865-1877.

[62] YOU M H. On a class of Hilbert-type inequalities in the whole plane involving some classical kernel functions[J]. Proceedings of the Edinburgh Mathematical Society. 2022, 65(3): 833-846.

[63] YOU M H. A half-discrete Hilbert-type inequality in the whole plane with the constant factor related to a cotangent function[J]. Journal of Inequalities and Applications,2023,2023(1):43.

[64] RASSIAS M T, YANG B C. Equivalent conditions of a Hardy-type integral inequality related to the extended Riemann zeta function[J]. Adv. Oper. Theory, 2017 (2): 237-256.

[65] RASSIAS M T, YANG B C. Equivalent properties of a Hilbert-type integral inequality with the best constant factor related to the Hurwitz zeta function[J]. Annals of Functional Analysis, 2018,9(2): 282-295.

［66］RASSIAS M T，YANG B C，RAIGORODSKII A. Two kinds of the re-
verse Hardy-type integral inequalities with the equivalent forms related
to the extended Riemann zeta function［J］. Applicable Analysis and Dis-
crete Mathematics，2018,12(2):273-296.

［67］RASSIAS M T，YANG B C. On an equivalent property of a reverse
Hilbert-type integral inequality related to the extended Hurwitz-zeta
function［J］. Journal of Mathematics Inequalities，2019，13(2) :315-
334.

［68］RASSIAS M T，YANG B C. A more accurate half-discrete Hardy-Hil-
bert-type inequality with the best possible constant factor related to the
extended Riemann-zeta function［J］. International Journal of Nonlinear
Analysis and Applications，2016(7) :1-27.

［69］RASSIAS M T，YANG B C. A half-discrete Hardy-Hilbert-type ine-
quality with a best possible constant factor related to the Hurwitz zeta
function［M］//GOVILNK，MOHAPATRA R，MOHAMMED A Q，et
al. Progress In Approximation Theorey and Applicable Complex Analysis:
In Memory of Q. I. Rahman . New York: Springer，2017.

［70］WANG A Z，YANG B C. Equivalent statements of a Hilbert-type inte-
gral inequality with the extended Hurwitz zeta function in the whole
plane［J］. Journal of Mathematical Inequalities，2020，14(4) :1039-
1054.

［71］KRNIĆ M，PEČARIĆ J. Extension of Hilbert's inequality［J］. Jour-
nal of Mathematical Analysis and Applicationss，2006，324(1): 150-
160.

［72］YANG B C. On a generalization of Hilbert's double series theorem［J］.
Mathematical Inequalities&Applications，2002,5(2): 197-202.

［73］YANG B C，WU S H，LIAO J Q. On a new extended Hardy-Hilbert's
inequality with parameters［J］. Mathematics，2020,8(1),73.

［74］YANG B C，WU S H，CHEN Q. On an extended Hardy-Littlewood-
Polya's inequality［J］. AIMS Mathematics，2020，5(2): 1550-1561.

［75］YANG B C，WU S H，WANG A Z. A new Hilbert-type inequality with
positive homogeneous kernel and its equivalent forms［J］. Symmetry，
2020,12(3):342.

[76] HUANG Z X, SHI Y P, YANG B C. On a reverse extended Hardy-Hilbert's inequality[J]. Journal of Inequalities and Applications,2020, 2020(1):68.

[77] YANG B C, WU S H, CHEN Q. A new extension of Hardy-Hilbert's inequality containing kernel of double power functions[J]. Mathematics, 2020,8(6):894.

[78] YANG B C, ZHONG Y R. On a reverse Hardy-Littlewood-Polay's inequality[J]. Journal of Applied Analysis and Computation, 2020, 10(5): 2220-2232.

[79] CHEN Q, YANG B C. On a parametric more accurate Hilbert-type inequality[J]. Journal of Mathematical Inequalities, 2020(4):1135-1149.

[80] YANG B C, WU S H, HUANG X S. A Hardy-Hilbert-type inequality involving parameters composed of a pair of weight coefficients with their sums[J]. Mathematics, 2021,9(22):2950.

[81] GU Z H, YANG B C. An extended Hardy-Hilbert's inequality with parameters and applications[J]. Journal of Mathematical Inequalities, 2021(4):1375-1389.

[82] WANG A Z,YANG B C. A reverse more accurate Hardy-Hilbert's inequality[J]. Journal of Applied Analysis&Computation, 2022, 12(2): 720-735.

[83] HUANG X S, YANG B C, LUO R C. A new reverse Hardy-Hilbert inequality with the power function as intermediate variables[J]. Journal of Inequalities and Applications,2022,2022(1):49.

[84] WANG A Z, YONG H, YANG B C. On a new half-discrete Hilbert-type inequality with the multiple upper limit function and the partial sums[J]. Journal of Applied Analysis and Computation, 2022, 12(2): 814-830.

[85] ADIYASUREN V, BATBOLD T, AZAR L E. A new discrete Hilbert-type inequality involving partial sums[J]. Journal of Inequalities and Applications, 2019,2019(1):127.

[86] HE B, ZHONG Y R, YANG B C. On a more accurate Hilbert-type inequality involving the partial sums[J]. Journal of Mathematical Inequalities, 2021(4):1647-1662.

［87］LIAO J Q, WU S H, YANG B C. A multiparameter Hardy-Hilbert-type inequality containing partial sums as the terms of series[J]. Journal of Mathematics, 2021, 2021: 5264623.

［88］HUANG X Y, WU S H, YANG B C. A Hardy-Hilbert-type inequality involving modified weight coefficients and partial sums [J]. AIMS Mathematics, 2022,7(4):6294-6310.

［89］YANG B C, WU S H, HUANG X S. A reverse Hardy-Hilbert's inequality involving one partial sum as the terms of double series[J]. Journal of Function Spaces, 2022, 2022:2175463.

［90］LIAO J Q, YANG B C. A new reverse extended Hardy-Hilbert's inequality with two partial sums and parameters[J]. Axioms, 2023, 12 (7): 678.

［91］YANG B C, WU S H. A weighted generalization of Hardy-Hilbert-type inequality involving two partial sums [J]. Mathematics, 2023, 11, 3212.

［92］WANG A Z, YANG B C. An extended Hilbert-type inequality with two internal variables involving one partial sums [J]. Axioms, 2023,12, 871.

［93］CHEN Q, YANG B C. On two kinds of the reverse half-discrete Mulholland-type inequalities involving higher-order derivative function[J]. Journal of Inequalities and Applications, 2021,2021(1):138.

［94］HUANG X Y, WU S H, YANG B C. A more accurate half-discrete Hilbert-type inequality involving one upper limit function and one partial sums[J]. Symmetry, 2021,13(8):1548.

［95］HUANG X Y, YANG B C. On a more accurate half-discrete Mulholland-type inequality involving one multiple upper limit function[J]. Journal of Function Spaces, 2021,2021:6970158.

［96］ZHONG J H,YANG B C, CHEN Q. A more accurate half-discrete Hilbert-type inequality involving one higher-order derivative function[J]. Journal of Applied Analysis and Computation, 2022, 12(1):378-391.

［97］PENG L, RAHIM A R, YANG B C. A new reverse half-discrete Mulholland-type inequality with a nonhomogeneous kernel[J]. Journal of Inequalities and Applications,2023, 2023(1):114.

[98] LIAO J Q, YANG B C. A new reverse half-discrete Hilbert-type inequality with one partial sum involving one derivative function of higher order[J]. Open Mathematics,2023,21(1):20230139.

[99] LUO R C, YANG B C, HE L P. A Hardy-Hilbert-type integral inequality involving two multiple upper-limit functions[J]. Journal of Inequalities and Applications,2023, 2023(1):19.

[100] HUANG X S, YANG B C, HUANG C M. On a reverse Hardy-Hilbert-type integral inequality involving derivative functions of higher order[J]. Journal of Inequalities and Applications,2023,2023(1):60.

[101] YANG B C, RASSIAS M TH. A new Hardy-Hilbert-type integral inequality involving one multiple upper limit function and one derivative function of higher order[J]. Axioms, 2023,12, 499.

[102] HONG Y, ZHONG Y R ,YANG B C. On a more accurate half-discrete multidimensional Hilbert-type inequality involving one derivative function of m-order[J]. Journal of Inequalities and Applications,2023, 2023(1):74.

[103] LIAO J Q, YANG B C. A new reverse extended Hardy-Hilbert's inequality with two partial sums and parameters[J]. Axioms, 2023,12 (7), 678.

[104] RASSIAS M T,YANG B C, RAIGORODSKII A. An equivalent form related to a Hilbert-type integral inequality[J]. Axioms, 2023,12(7): 677.

[105] YANG B C, WU S H . A weighted generalization of Hardy-Hilbert-type inequality involving two partial sums[J]. Mathematics, 2023, 11 (14):3212.

[106] WANG A Z, YANG B C. An extended Hilbert-type inequality with two internal variables involving one partial sums[J]. Axioms, 2023,12 (9): 871.

[107] LI Y Y, ZHONG Y R, YANG B C. Equivalent statements of two multidimensional Hilbert-type integral inequalities with parameters [J]. Axioms, 2023,12(10): 956.

[108] LIAO J Q, YANG B C. A new reverse half-discrete Hilbert-type inequality with one partial sum involving one derivative function of higher

order[J]. Open Mathematics，2023，2023(21):20230139.

[109] HONG Y，ZHONG Y R，YANG B C. Parameterized more accurate Hardy-Hilbert-type Inequalities and applications[J]. Journal of Mathematical Inequalities，2023(4):1241-1258.

[110] XIN D M，YANG B C，HE L P. A new Hilbert-type inequality in the whole plane[J]. Journal of Mathematical Inequalities，2023，17(4):1521-1538.

[111] LIU T，RAHIM R A，YANG B C. A new Hilbert-type integral inequality with the general nonhomogeneous kernel and applications[J]. Journal of Mathematical Inequalities，2023(4):1581-1596.

[112] HUANG X Y，LUO R C，YANG B C，et al. A new reverse Mulholland's inequality with one partial sum in the kernel[J]. Journal of Inequalities and Applications，2024，2024(1):9.

[113] WANG A Z，YANG B C. On a more accurate reverse Hardy-Hilbert's inequality with two partial sums[J]. Journal of Mathematical Inequalities，2024，18(1):235-251.

[114] WANG A Z，YANG B C. A new half-discrete Hilbert-type inequality involving one multiple upper limit function and one partial sums[J] Annals of Mathematics，2024，45A(1):25-38.

[115] 吴善和,黄先勇,杨必成.一个涉及多重可变上限函数的半离散 Hardy-Mulholland 型不等式[M].华南师范大学学报(自然科学版),2022,54(1):100-106.

[116] 王爱珍,杨必成.一个新的涉及高阶导函数的半离散 Hilbert 型不等式[M].吉林大学学报(理学版),2022,60(6):240-246.

[117] 王爱珍,杨必成.一个新的涉及高阶导函数与部分和的半离散 Hilbert 型不等式[M].吉林大学学报(理学版),2023,61(6):1296-1304.

[118] PENG L，YANG B C. A kind of half-discrete Hardy-Hilbert-type inequalities involving several applications[M]. Glendale：Scientific Research Publishing，2023.

[119] 王竹溪,郭敦仁.特殊函数论[M].北京:科学出版社,1979.

[120] 匡继昌.实分析引论[M].长沙:湖南教育出版社,1996.

书　名	出版时间	定　价	编号
距离几何分析导引	2015—02	68.00	446
大学几何学	2017—01	78.00	688
关于曲面的一般研究	2016—11	48.00	690
近世纯粹几何学初论	2017—01	58.00	711
拓扑学与几何学基础讲义	2017—04	58.00	756
物理学中的几何方法	2017—06	88.00	767
几何学简史	2017—08	28.00	833
微分几何学历史概要	2020—07	58.00	1194
解析几何学史	2022—03	58.00	1490
曲面的数学	2024—01	98.00	1699
复变函数引论	2013—10	68.00	269
伸缩变换与抛物旋转	2015—01	38.00	449
无穷分析引论(上)	2013—04	88.00	247
无穷分析引论(下)	2013—04	98.00	245
数学分析	2014—04	28.00	338
数学分析中的一个新方法及其应用	2013—01	38.00	231
数学分析例选:通过范例学技巧	2013—01	88.00	243
高等代数例选:通过范例学技巧	2015—06	88.00	475
基础数论例选:通过范例学技巧	2018—09	58.00	978
三角级数论(上册)(陈建功)	2013—01	38.00	232
三角级数论(下册)(陈建功)	2013—01	48.00	233
三角级数论(哈代)	2013—06	48.00	254
三角级数	2015—07	28.00	263
超越数	2011—03	18.00	109
三角和方法	2011—03	18.00	112
随机过程(Ⅰ)	2014—01	78.00	224
随机过程(Ⅱ)	2014—01	68.00	235
算术探索	2011—12	158.00	148
组合数学	2012—04	28.00	178
组合数学浅谈	2012—03	28.00	159
分析组合学	2021—09	88.00	1389
丢番图方程引论	2012—03	48.00	172
拉普拉斯变换及其应用	2015—02	38.00	447
高等代数.上	2016—01	38.00	548
高等代数.下	2016—01	38.00	549
高等代数教程	2016—01	58.00	579
高等代数引论	2020—07	48.00	1174
数学解析教程.上卷.1	2016—01	58.00	546
数学解析教程.上卷.2	2016—01	38.00	553
数学解析教程.下卷.1	2017—04	48.00	781
数学解析教程.下卷.2	2017—06	48.00	782
数学分析.第1册	2021—03	48.00	1281
数学分析.第2册	2021—03	48.00	1282
数学分析.第3册	2021—03	28.00	1283
数学分析精选习题全解.上册	2021—03	38.00	1284
数学分析精选习题全解.下册	2021—03	38.00	1285
数学分析专题研究	2021—11	68.00	1574
实分析中的问题与解答	2024—06	98.00	1737
函数构造论.上	2016—01	38.00	554
函数构造论.中	2017—06	48.00	555
函数构造论.下	2016—09	48.00	680
函数逼近论(上)	2019—02	98.00	1014
概周期函数	2016—01	48.00	572
变叙的项的极限分布律	2016—01	18.00	573
整函数	2012—08	18.00	161
近代拓扑学研究	2013—04	38.00	239
多项式和无理数	2008—01	68.00	22
密码学与数论基础	2021—01	28.00	1254

刘培杰数学工作室
已出版（即将出版）图书目录——高等数学

书　名	出版时间	定价	编号
模糊数据统计学	2008—03	48.00	31
模糊分析学与特殊泛函空间	2013—01	68.00	241
常微分方程	2016—01	58.00	586
平稳随机函数导论	2016—03	48.00	587
量子力学原理.上	2016—01	38.00	588
图与矩阵	2014—08	40.00	644
钢丝绳原理：第二版	2017—01	78.00	745
代数拓扑和微分拓扑简史	2017—06	68.00	791
半序空间泛函分析.上	2018—06	48.00	924
半序空间泛函分析.下	2018—06	68.00	925
概率分布的部分识别	2018—07	68.00	929
Cartan 型单模李超代数的上同调及极大子代数	2018—07	38.00	932
纯数学与应用数学若干问题研究	2019—03	98.00	1017
数理金融学与数理经济学若干问题研究	2020—07	98.00	1180
清华大学"工农兵学员"微积分课本	2020—09	48.00	1228
力学若干基本问题的发展概论	2023—04	58.00	1262
Banach 空间中前后分离算法及其收敛率	2023—06	98.00	1670
基于广义加法的数学体系	2024—03	168.00	1710
向量微积分、线性代数和微分形式：统一方法：第 5 版	2024—03	78.00	1707
向量微积分、线性代数和微分形式：统一方法：第 5 版：习题解答	2024—03	48.00	1708
分布式多智能体系统主动安全控制方法	2023—08	98.00	1687
受控理论与解析不等式	2012—05	78.00	165
不等式的分拆降维降幂方法与可读证明（第 2 版）	2020—07	78.00	1184
石焕南文集：受控理论与不等式研究	2020—09	198.00	1198
实变函数论	2012—06	78.00	181
复变函数论	2015—08	38.00	504
非光滑优化及其变分分析(第 2 版)	2024—05	68.00	230
疏散的马尔科夫链	2014—01	58.00	266
马尔科夫过程论基础	2015—01	28.00	433
初等微分拓扑学	2012—07	18.00	182
方程式论	2011—03	38.00	105
Galois 理论	2011—03	18.00	107
古典数学难题与伽罗瓦理论	2012—11	58.00	223
伽罗华与群论	2014—01	28.00	290
代数方程的根式解及伽罗瓦理论	2011—03	28.00	108
代数方程的根式解及伽罗瓦理论(第二版)	2015—01	28.00	423
线性偏微分方程讲义	2011—03	18.00	110
几类微分方程数值方法的研究	2015—05	38.00	485
分数阶微分方程理论与应用	2020—05	95.00	1182
N 体问题的周期解	2011—03	28.00	111
代数方程式论	2011—05	18.00	121
线性代数与几何：英文	2016—06	58.00	578
动力系统的不变量与函数方程	2011—07	48.00	137
基于短语评价的翻译知识获取	2012—02	48.00	168
应用随机过程	2012—04	48.00	187
概率论导引	2012—04	18.00	179
矩阵论(上)	2013—06	58.00	250
矩阵论(下)	2013—06	48.00	251
对称锥互补问题的内点法：理论分析与算法实现	2014—08	68.00	368
抽象代数：方法导引	2013—06	38.00	257
集论	2016—01	48.00	576
多项式理论研究综述	2016—01	38.00	577
函数论	2014—11	78.00	395
反问题的计算方法及应用	2011—11	28.00	147
数阵及其应用	2012—02	28.00	164
绝对值方程—折边与组合图形的解析研究	2012—07	48.00	186
代数函数论(上)	2015—07	38.00	494
代数函数论(下)	2015—07	38.00	495

刘培杰数学工作室
已出版(即将出版)图书目录——高等数学

书　　名	出版时间	定　价	编号
偏微分方程论:法文	2015—10	48.00	533
粒子图像测速仪实用指南:第二版	2017—08	78.00	790
数域的上同调	2017—08	98.00	799
图的正交因子分解(英文)	2018—01	38.00	881
图的度因子和分支因子:英文	2019—09	88.00	1108
点云模型的优化配准方法研究	2018—07	58.00	927
锥形波入射粗糙表面反散射问题理论与算法	2018—03	68.00	936
广义逆的理论与计算	2018—07	58.00	973
不定方程及其应用	2018—12	58.00	998
几类椭圆型偏微分方程高效数值算法研究	2018—08	48.00	1025
现代密码算法概论	2019—05	98.00	1061
模形式的p—进性质	2019—06	78.00	1088
混沌动力学:分形、平铺、代换	2019—09	48.00	1109
微分方程,动力系统与混沌引论:第3版	2020—05	65.00	1144
分数阶微分方程理论与应用	2020—05	95.00	1187
应用非线性动力系统与混沌导论:第2版	2021—05	58.00	1368
非线性振动,动力系统与向量场的分支	2021—06	55.00	1369
遍历理论引论	2021—11	46.00	1441
动力系统与混沌	2022—05	48.00	1485
Galois 上同调	2020—04	138.00	1131
毕达哥拉斯定理:英文	2020—03	38.00	1133
模糊可拓多属性决策理论与方法	2021—06	98.00	1357
统计方法和科学推断	2021—10	48.00	1428
有关几类种群生态学模型的研究	2022—04	98.00	1486
加性数论:典型基	2022—05	48.00	1491
加性数论:反问题与和集的几何	2023—08	58.00	1672
乘性数论:第三版	2022—07	38.00	1528
解析数论	2024—10	58.00	1771
交替方向乘子法及其应用	2022—08	98.00	1553
结构元理论及模糊决策应用	2022—09	98.00	1573
随机微分方程和应用:第二版	2022—12	48.00	1580
吴振奎高等数学解题真经(概率统计卷)	2012—01	38.00	149
吴振奎高等数学解题真经(微积分卷)	2012—01	68.00	150
吴振奎高等数学解题真经(线性代数卷)	2012—01	58.00	151
高等数学解题全攻略(上卷)	2013—06	58.00	252
高等数学解题全攻略(下卷)	2013—06	58.00	253
高等数学复习纲要	2014—01	18.00	384
数学分析历年考研真题解析.第一卷	2021—04	38.00	1288
数学分析历年考研真题解析.第二卷	2021—04	38.00	1289
数学分析历年考研真题解析.第三卷	2021—04	38.00	1290
数学分析历年考研真题解析.第四卷	2022—09	68.00	1560
数学分析历年考研真题解析.第五卷	2024—10	58.00	1773
数学分析历年考研真题解析.第六卷	2024—10	68.00	1774
硕士研究生入学考试数学试题及解答.第1卷	2024—01	58.00	1703
硕士研究生入学考试数学试题及解答.第2卷	2024—04	68.00	1704
硕士研究生入学考试数学试题及解答.第3卷	即将出版		1705
超越吉米多维奇.数列的极限	2009—11	48.00	58
超越普里瓦洛夫.留数卷	2015—01	48.00	437
超越普里瓦洛夫.无穷乘积与它对解析函数的应用卷	2015—05	28.00	477
超越普里瓦洛夫.积分卷	2015—06	18.00	481
超越普里瓦洛夫.基础知识卷	2015—06	28.00	482
超越普里瓦洛夫.数项级数卷	2015—07	38.00	489
超越普里瓦洛夫.微分、解析函数、导数卷	2018—01	48.00	852
统计学专业英语(第三版)	2015—04	68.00	465
代换分析:英文	2015—07	38.00	499

书 名	出版时间	定 价	编号
历届美国大学生数学竞赛试题集.第一卷(1938—1949)	2015—01	28.00	397
历届美国大学生数学竞赛试题集.第二卷(1950—1959)	2015—01	28.00	398
历届美国大学生数学竞赛试题集.第三卷(1960—1969)	2015—01	28.00	399
历届美国大学生数学竞赛试题集.第四卷(1970—1979)	2015—01	18.00	400
历届美国大学生数学竞赛试题集.第五卷(1980—1989)	2015—01	28.00	401
历届美国大学生数学竞赛试题集.第六卷(1990—1999)	2015—01	28.00	402
历届美国大学生数学竞赛试题集.第七卷(2000—2009)	2015—08	18.00	403
历届美国大学生数学竞赛试题集.第八卷(2010—2012)	2015—01	18.00	404
超越普特南试题:大学数学竞赛中的方法与技巧	2017—04	98.00	758
历届国际大学生数学竞赛试题集(1994—2020)	2021—01	58.00	1252
历届美国大学生数学竞赛试题集(全 3 册)	2023—10	168.00	1693
全国大学生数学夏令营数学竞赛试题及解答	2007—03	28.00	15
全国大学生数学竞赛辅导教程	2012—07	28.00	189
全国大学生数学竞赛复习全书(第 2 版)	2017—05	58.00	787
历届美国大学生数学竞赛试题集	2009—03	88.00	43
前苏联大学生数学奥林匹克竞赛题解(上编)	2012—04	28.00	169
前苏联大学生数学奥林匹克竞赛题解(下编)	2012—04	38.00	170
大学生数学竞赛讲义	2014—09	28.00	371
大学生数学竞赛教程——高等数学(基础篇、提高篇)	2018—09	128.00	968
普林斯顿大学数学竞赛	2016—06	38.00	669
高等数学竞赛:1962—1991 年米克洛什·施外策竞赛	2024—09	128.00	1743
考研高等数学高分之路	2020—10	45.00	1203
考研高等数学基础必刷	2021—01	45.00	1251
考研概率论与数理统计	2022—06	58.00	1522
越过 211,刷到 985:考研数学二	2019—10	68.00	1115
初等数论难题集(第一卷)	2009—05	68.00	44
初等数论难题集(第二卷)(上、下)	2011—02	128.00	82,83
数论概貌	2011—03	18.00	93
代数数论(第二版)	2013—08	58.00	94
代数多项式	2014—06	38.00	289
初等数论的知识与问题	2011—02	28.00	95
超越数论基础	2011—03	28.00	96
数论初等教程	2011—03	28.00	97
数论基础	2011—03	18.00	98
数论基础与维诺格拉多夫	2014—03	18.00	292
解析数论基础	2012—08	28.00	216
解析数论基础(第二版)	2014—01	48.00	287
解析数论问题集(第二版)(原版引进)	2014—05	88.00	343
解析数论问题集(第二版)(中译本)	2016—04	88.00	607
解析数论基础(潘承洞,潘承彪著)	2016—07	98.00	673
解析数论导引	2016—07	58.00	674
数论入门	2011—03	38.00	99
代数数论入门	2015—03	38.00	448
数论开篇	2012—07	28.00	194
解析数论引论	2011—03	48.00	100
Barban Davenport Halberstam 均值和	2009—01	40.00	33
基础数论	2011—03	28.00	101
初等数论 100 例	2011—05	18.00	122
初等数论经典例题	2012—07	18.00	204
最新世界各国数学奥林匹克中的初等数论试题(上、下)	2012—01	138.00	144,145
初等数论(Ⅰ)	2012—01	18.00	156
初等数论(Ⅱ)	2012—01	18.00	157
初等数论(Ⅲ)	2012—01	28.00	158

刘培杰数学工作室

已出版(即将出版)图书目录——高等数学

书　名	出版时间	定　价	编号
Gauss,Euler,Lagrange 和 Legendre 的遗产:把整数表示成平方和	2022－06	78.00	1540
平面几何与数论中未解决的新老问题	2013－01	68.00	229
代数数论简史	2014－11	28.00	408
代数数论	2015－09	88.00	532
代数、数论及分析习题集	2016－11	98.00	695
数论导引提要及习题解答	2016－01	48.00	559
素数定理的初等证明. 第2版	2016－09	48.00	686
数论中的模函数与狄利克雷级数(第二版)	2017－11	78.00	837
数论:数学导引	2018－01	68.00	849
域论	2018－04	68.00	884
代数数论(冯克勤　编著)	2018－04	68.00	885
范氏大代数	2019－02	98.00	1016
高等算术:数论导引:第八版	2023－04	78.00	1689
新编 640 个世界著名数学智力趣题	2014－01	88.00	242
500 个最新世界著名数学智力趣题	2008－06	48.00	3
400 个最新世界著名数学最值问题	2008－09	48.00	36
500 个世界著名数学征解问题	2009－06	48.00	52
400 个中国最佳初等数学征解老问题	2010－01	48.00	60
500 个俄罗斯数学经典老题	2011－01	28.00	81
1000 个国外中学物理好题	2012－04	48.00	174
300 个日本高考数学题	2012－05	38.00	142
700 个早期日本高考数学试题	2017－02	88.00	752
500 个前苏联早期高考数学试题及解答	2012－05	28.00	185
546 个早期俄罗斯大学生数学竞赛题	2014－03	38.00	285
548 个来自美苏的数学好问题	2014－11	28.00	396
20 所苏联著名大学早期入学试题	2015－02	18.00	452
161 道德国工科大学生必做的微分方程习题	2015－05	28.00	469
500 个德国工科大学生必做的高数习题	2015－06	28.00	478
360 个数学竞赛问题	2016－08	58.00	677
德国讲义日本考题.微积分卷	2015－04	48.00	456
德国讲义日本考题.微分方程卷	2015－04	38.00	457
二十世纪中叶中、英、美、日、法、俄高考数学试题精选	2017－06	38.00	783
博弈论精粹	2008－03	58.00	30
博弈论精粹. 第二版(精装)	2015－01	88.00	461
数学 我爱你	2008－01	28.00	20
精神的圣徒　别样的人生——60 位中国数学家成长的历程	2008－09	48.00	39
数学史概论	2009－06	78.00	50
数学史概论(精装)	2013－03	158.00	272
数学史选讲	2016－01	48.00	544
斐波那契数列	2010－02	28.00	65
数学拼盘和斐波那契魔方	2010－07	38.00	72
斐波那契数列欣赏	2011－01	28.00	160
数学的创造	2011－02	48.00	85
数学美与创造力	2016－01	48.00	595
数海拾贝	2016－01	48.00	590
数学中的美	2011－02	38.00	84
数论中的美学	2014－12	38.00	351
数学王者　科学巨人——高斯	2015－01	28.00	428
振兴祖国数学的圆梦之旅:中国初等数学研究史话	2015－06	98.00	490
二十世纪中国数学史料研究	2015－10	48.00	536
数字谜、数阵图与棋盘覆盖	2016－01	58.00	298
时间的形状	2016－01	38.00	556
数学发现的艺术:数学探索中的合情推理	2016－07	58.00	671
活跃在数学中的参数	2016－07	48.00	675

刘培杰数学工作室
已出版(即将出版)图书目录——高等数学

书　名	出 版 时 间	定　价	编号
格点和面积	2012—07	18.00	191
射影几何趣谈	2012—04	28.00	175
斯潘纳尔引理——从一道加拿大数学奥林匹克试题谈起	2014—01	28.00	228
李普希兹条件——从几道近年高考数学试题谈起	2012—10	18.00	221
拉格朗日中值定理——从一道北京高考试题的解法谈起	2015—10	18.00	197
闵科夫斯基定理——从一道清华大学自主招生试题谈起	2014—01	28.00	198
哈尔测度——从一道冬令营试题的背景谈起	2012—08	28.00	202
切比雪夫逼近问题——从一道中国台北数学奥林匹克试题谈起	2013—04	38.00	238
伯恩斯坦多项式与贝齐尔曲面——从一道全国高中数学联赛试题谈起	2013—03	38.00	236
卡塔兰猜想——从一道普特南竞赛试题谈起	2013—06	18.00	256
麦卡锡函数和阿克曼函数——从一道前南斯拉夫数学奥林匹克试题谈起	2012—08	18.00	201
贝蒂定理与拉姆贝克莫斯尔定理——从一个拣石子游戏谈起	2012—08	18.00	217
皮亚诺曲线和豪斯道夫分球定理——从无限集谈起	2012—08	18.00	211
平面凸图形与凸多面体	2012—10	28.00	218
斯坦因豪斯问题——从一道二十五省市自治区中学数学竞赛试题谈起	2012—07	18.00	196
纽结理论中的亚历山大多项式与琼斯多项式——从一道北京市高一数学竞赛试题谈起	2012—07	28.00	195
原则与策略——从波利亚"解题表"谈起	2013—04	38.00	244
转化与化归——从三大尺规作图不能问题谈起	2012—08	28.00	214
代数几何中的贝祖定理(第一版)——从一道 IMO 试题的解法谈起	2013—08	18.00	193
成功连贯理论与约当块理论——从一道比利时数学竞赛试题谈起	2012—04	18.00	180
素数判定与大数分解	2014—08	18.00	199
置换多项式及其应用	2012—10	18.00	220
椭圆函数与模函数——从一道美国加州大学洛杉矶分校(UCLA)博士资格考题谈起	2012—10	28.00	219
差分方程的拉格朗日方法——从一道 2011 年全国高考理科试题的解法谈起	2012—08	28.00	200
力学在几何中的一些应用	2013—01	38.00	240
高斯散度定理、斯托克斯定理和平面格林定理——从一道国际大学生数学竞赛试题谈起	即将出版		
康托洛维奇不等式——从一道全国高中联赛试题谈起	2013—03	28.00	337
拉克斯定理和阿廷定理——从一道 IMO 试题的解法谈起	2014—01	58.00	246
毕卡大定理——从一道美国大学数学竞赛试题谈起	2014—07	18.00	350
拉格朗日乘子定理——从一道 2005 年全国高中联赛试题的高等数学解法谈起	2015—05	28.00	480
雅可比定理——从一道日本数学奥林匹克试题谈起	2013—04	48.00	249
李天岩—约克定理——从一道波兰数学竞赛试题谈起	2014—06	28.00	349
受控理论与初等不等式：从一道 IMO 试题的解法谈起	2023—03	48.00	1601
布劳维不动点定理——从一道前苏联数学奥林匹克试题谈起	2014—01	38.00	273
莫德尔—韦伊定理——从一道日本数学奥林匹克试题谈起	2024—10	48.00	1602
斯蒂尔杰斯积分——从一道国际大学生数学竞赛试题的解法谈起	2024—10	68.00	1605

书　　名	出版时间	定　价	编号
切博塔廖夫猜想——从一道1978年全国高中数学竞赛试题谈起	2024－10	38.00	1606
卡西尼卵形线——从一道高中数学期中考试试题谈起	2024－10	48.00	1607
格罗斯问题——亚纯函数的唯一性问题	2024－10	48.00	1608
布格尔问题——从一道第6届全国中学生物理竞赛预赛试题谈起	2024－09	68.00	1609
多项式逼近问题——从一道美国大学生数学竞赛试题谈起	2024－10	48.00	1748
中国剩余定理——总数法构建中国历史年表	2015－01	28.00	430
斯特林公式——从一道2023年高考数学（天津卷）试题的背景谈起	2025－01	28.00	1754
分圆多项式——从一道美国国家队选拔考试试题的解法谈起	2025－01	48.00	1786
费马数与广义费马数——从一道USAMO试题的解法谈起	2025－01	48.00	1794
沙可夫斯基定理——从一道韩国数学奥林匹克竞赛试题的解法谈起	2025－01	68.00	1753
信息论中的香农熵——从一道近年高考压轴题谈起	即将出版		
约当不等式——从一道希望杯竞赛试题谈起	即将出版		
拉比诺维奇定理	即将出版		
刘维尔定理——从一道《美国数学月刊》征解问题的解法谈起	即将出版		
卡塔兰恒等式与级数求和——从一道IMO试题的解法谈起	即将出版		
勒让德猜想与素数分布——从一道爱尔兰竞赛试题谈起	即将出版		
天平称重与信息论——从一道基辅市数学奥林匹克试题谈起	即将出版		
哈密尔顿－凯莱定理：从一道高中数学联赛试题的解法谈起	2014－09	18.00	376
艾思特曼定理——从一道CMO试题的解法谈起	即将出版		
一个爱尔特希问题——从一道西德数学奥林匹克试题谈起	即将出版		
有限群中的爱丁格尔问题——从一道北京市初中二年级数学竞赛试题谈起	即将出版		
糖水中的不等式——从初等数学到高等数学	2019－07	48.00	1093
帕斯卡三角形	2014－03	18.00	294
蒲丰投针问题——从2009年清华大学的一道自主招生试题谈起	2014－01	38.00	295
斯图姆定理——从一道"华约"自主招生试题的解法谈起	2014－01	18.00	296
许瓦兹引理——从一道加利福尼亚大学伯克利分校数学系博士生试题谈起	2014－08	18.00	297
拉姆塞定理——从王诗宬院士的一个问题谈起	2016－04	48.00	299
坐标法	2013－12	28.00	332
数论三角形	2014－04	38.00	341
毕克定理	2014－07	18.00	352
数林掠影	2014－09	48.00	389
我们周围的概率	2014－10	38.00	390
凸函数最值定理：从一道华约自主招生题的解法谈起	2014－10	28.00	391
易学与数学奥林匹克	2014－10	38.00	392
生物数学趣谈	2015－01	18.00	409
反演	2015－01	28.00	420
因式分解与圆锥曲线	2015－01	18.00	426
轨迹	2015－01	28.00	427
面积原理：从常庚哲命的一道CMO试题的积分解法谈起	2015－01	48.00	431
形形色色的不动点定理：从一道28届IMO试题谈起	2015－01	38.00	439
柯西函数方程：从一道上海交大自主招生的试题谈起	2015－02	28.00	440

刘培杰数学工作室

已出版(即将出版)图书目录——高等数学

书　　名	出版时间	定　价	编号
三角恒等式	2015—02	28.00	442
无理性判定:从一道2014年"北约"自主招生试题谈起	2015—01	38.00	443
数学归纳法	2015—03	18.00	451
极端原理与解题	2015—04	28.00	464
法雷级数	2014—08	18.00	367
摆线族	2015—01	38.00	438
函数方程及其解法	2015—05	38.00	470
含参数的方程和不等式	2012—09	28.00	213
希尔伯特第十问题	2016—01	38.00	543
无穷小量的求和	2016—01	28.00	545
切比雪夫多项式:从一道清华大学金秋营试题谈起	2016—01	38.00	583
泽肯多夫定理	2016—03	38.00	599
代数等式证题法	2016—01	28.00	600
三角等式证题法	2016—01	28.00	601
吴大任教授藏书中的一个因式分解公式:从一道美国数学邀请赛试题的解法谈起	2016—06	28.00	656
易卦——类万物的数学模型	2017—08	68.00	838
"不可思议"的数与数系可持续发展	2018—01	38.00	878
最短线	2018—01	38.00	879
从毕达哥拉斯到怀尔斯	2007—10	48.00	9
从迪利克雷到维斯卡尔迪	2008—01	48.00	21
从哥德巴赫到陈景润	2008—05	98.00	35
从庞加莱到佩雷尔曼	2011—08	138.00	136
从费马到怀尔斯——费马大定理的历史	2013—10	198.00	I
从庞加莱到佩雷尔曼——庞加莱猜想的历史	2013—10	298.00	II
从切比雪夫到爱尔特希(上)——素数定理的初等证明	2013—07	48.00	III
从切比雪夫到爱尔特希(下)——素数定理100年	2012—12	98.00	III
从高斯到盖尔方特——二次域的高斯猜想	2013—10	198.00	IV
从库默尔到朗兰兹——朗兰兹猜想的历史	2014—01	98.00	V
从比勃巴赫到德布朗斯——比勃巴赫猜想的历史	2014—02	298.00	VI
从麦比乌斯到陈省身——麦比乌斯变换与麦比乌斯带	2014—02	298.00	VII
从布尔到豪斯道夫——布尔方程与格论漫谈	2013—10	198.00	VIII
从开普勒到阿诺德——三体问题的历史	2014—05	298.00	IX
从华林到华罗庚——华林问题的历史	2013—10	298.00	X
数学物理大百科全书.第1卷	2016—01	418.00	508
数学物理大百科全书.第2卷	2016—01	408.00	509
数学物理大百科全书.第3卷	2016—01	396.00	510
数学物理大百科全书.第4卷	2016—01	408.00	511
数学物理大百科全书.第5卷	2016—01	368.00	512
朱德祥代数与几何讲义.第1卷	2017—01	38.00	697
朱德祥代数与几何讲义.第2卷	2017—01	28.00	698
朱德祥代数与几何讲义.第3卷	2017—01	28.00	699

刘培杰数学工作室
已出版(即将出版)图书目录——高等数学

书　名	出版时间	定　价	编号
闵嗣鹤文集	2011—03	98.00	102
吴从炘数学活动三十年(1951～1980)	2010—07	99.00	32
吴从炘数学活动又三十年(1981～2010)	2015—07	98.00	491
斯米尔诺夫高等数学.第一卷	2018—03	88.00	770
斯米尔诺夫高等数学.第二卷.第一分册	2018—03	68.00	771
斯米尔诺夫高等数学.第二卷.第二分册	2018—03	68.00	772
斯米尔诺夫高等数学.第二卷.第三分册	2018—03	48.00	773
斯米尔诺夫高等数学.第三卷.第一分册	2018—03	58.00	774
斯米尔诺夫高等数学.第三卷.第二分册	2018—03	58.00	775
斯米尔诺夫高等数学.第三卷.第三分册	2018—03	68.00	776
斯米尔诺夫高等数学.第四卷.第一分册	2018—03	48.00	777
斯米尔诺夫高等数学.第四卷.第二分册	2018—03	88.00	778
斯米尔诺夫高等数学.第五卷.第一分册	2018—03	58.00	779
斯米尔诺夫高等数学.第五卷.第二分册	2018—03	68.00	780
zeta 函数,q-zeta 函数,相伴级数与积分(英文)	2015—08	88.00	513
微分形式:理论与练习(英文)	2015—08	58.00	514
离散与微分包含的逼近和优化(英文)	2015—08	58.00	515
艾伦·图灵:他的工作与影响(英文)	2016—01	98.00	560
测度理论概率导论,第 2 版(英文)	2016—01	88.00	561
带有潜在故障恢复系统的半马尔柯夫模型控制(英文)	2016—01	98.00	562
数学分析原理(英文)	2016—01	88.00	563
随机偏微分方程的有效动力学(英文)	2016—01	88.00	564
图的谱半径(英文)	2016—01	58.00	565
量子机器学习中数据挖掘的量子计算方法(英文)	2016—01	98.00	566
量子物理的非常规方法(英文)	2016—01	118.00	567
运输过程的统一非局部理论:广义波尔兹曼物理动力学,第 2 版(英文)	2016—01	198.00	568
量子力学与经典力学之间的联系在原子、分子及电动力学系统建模中的应用(英文)	2016—01	58.00	569
算术域(英文)	2018—01	158.00	821
高等数学竞赛:1962—1991 年的米洛克斯·史怀哲竞赛(英文)	2018—01	128.00	822
用数学奥林匹克精神解决数论问题(英文)	2018—01	108.00	823
代数几何(德文)	2018—04	68.00	824
丢番图逼近论(英文)	2018—01	78.00	825
代数几何学基础教程(英文)	2018—01	98.00	826
解析数论入门课程(英文)	2018—01	78.00	827
数论中的丢番图问题(英文)	2018—01	78.00	829
数论(梦幻之旅):第五届中日数论研讨会演讲集(英文)	2018—01	68.00	830
数论新应用(英文)	2018—01	68.00	831
数论(英文)	2018—01	78.00	832
测度与积分(英文)	2019—04	68.00	1059
卡塔兰数入门(英文)	2019—05	68.00	1060
多变量数学入门(英文)	2021—05	68.00	1317
偏微分方程入门(英文)	2021—05	88.00	1318
若尔当典范性:理论与实践(英文)	2021—07	68.00	1366
R 统计学概论(英文)	2023—03	88.00	1614
基于不确定静态和动态问题解的仿射算术(英文)	2023—03	38.00	1618

刘培杰数学工作室
已出版（即将出版）图书目录——高等数学

书　名	出版时间	定　价	编号
湍流十讲(英文)	2018—04	108.00	886
无穷维李代数:第3版(英文)	2018—04	98.00	887
等值、不变量和对称性(英文)	2018—04	78.00	888
解析数论(英文)	2018—09	78.00	889
《数学原理》的演化:伯特兰·罗素撰写第二版时的手稿与笔记(英文)	2018—04	108.00	890
哈密尔顿数学论文集(第4卷):几何学、分析学、天文学、概率和有限差分等(英文)	2019—05	108.00	891
数学王子——高斯	2018—01	48.00	858
坎坷奇星——阿贝尔	2018—01	48.00	859
闪烁奇星——伽罗瓦	2018—01	58.00	860
无穷统帅——康托尔	2018—01	48.00	861
科学公主——柯瓦列夫斯卡娅	2018—01	48.00	862
抽象代数之母——埃米·诺特	2018—01	48.00	863
电脑先驱——图灵	2018—01	58.00	864
昔日神童——维纳	2018—01	48.00	865
数坛怪侠——爱尔特希	2018—01	68.00	866
当代世界中的数学.数学思想与数学基础	2019—01	38.00	892
当代世界中的数学.数学问题	2019—01	38.00	893
当代世界中的数学.应用数学与数学应用	2019—01	38.00	894
当代世界中的数学.数学王国的新疆域(一)	2019—01	38.00	895
当代世界中的数学.数学王国的新疆域(二)	2019—01	38.00	896
当代世界中的数学.数林撷英(一)	2019—01	38.00	897
当代世界中的数学.数林撷英(二)	2019—01	48.00	898
当代世界中的数学.数学之路	2019—01	38.00	899
偏微分方程全局吸引子的特性(英文)	2018—09	108.00	979
整函数与下调和函数(英文)	2018—09	118.00	980
幂等分析(英文)	2018—09	118.00	981
李群,离散子群与不变量理论(英文)	2018—09	108.00	982
动力系统与统计力学(英文)	2018—09	118.00	983
表示论与动力系统(英文)	2018—09	118.00	984
分析学练习.第1部分(英文)	2021—01	88.00	1247
分析学练习.第2部分.非线性分析(英文)	2021—01	88.00	1248
初级统计学:循序渐进的方法:第10版(英文)	2019—05	68.00	1067
工程师与科学家微分方程用书:第4版(英文)	2019—07	58.00	1068
大学代数与三角学(英文)	2019—06	78.00	1069
培养数学能力的途径(英文)	2019—07	38.00	1070
工程师与科学家统计学:第4版(英文)	2019—06	58.00	1071
贸易与经济中的应用统计学:第6版(英文)	2019—06	58.00	1072
傅立叶级数和边值问题:第8版(英文)	2019—05	48.00	1073
通往天文学的途径:第5版(英文)	2019—05	58.00	1074

刘培杰数学工作室
已出版(即将出版)图书目录——高等数学

书　　名	出版时间	定　价	编号
拉马努金笔记.第1卷(英文)	2019-06	165.00	1078
拉马努金笔记.第2卷(英文)	2019-06	165.00	1079
拉马努金笔记.第3卷(英文)	2019-06	165.00	1080
拉马努金笔记.第4卷(英文)	2019-06	165.00	1081
拉马努金笔记.第5卷(英文)	2019-06	165.00	1082
拉马努金遗失笔记.第1卷(英文)	2019-06	109.00	1083
拉马努金遗失笔记.第2卷(英文)	2019-06	109.00	1084
拉马努金遗失笔记.第3卷(英文)	2019-06	109.00	1085
拉马努金遗失笔记.第4卷(英文)	2019-06	109.00	1086
数论:1976年纽约洛克菲勒大学数论会议记录(英文)	2020-06	68.00	1145
数论:卡本代尔1979:1979年在南伊利诺伊卡本代尔大学举行的数论会议记录(英文)	2020-06	78.00	1146
数论:诺德韦克豪特1983:1983年在诺德韦克豪特举行的Journees Arithmetiques数论大会会议记录(英文)	2020-06	68.00	1147
数论:1985-1988年在纽约城市大学研究生院和大学中心举办的研讨会(英文)	2020-06	68.00	1148
数论:1987年在乌尔姆举行的Journees Arithmetiques数论大会会议记录(英文)	2020-06	68.00	1149
马德拉斯1987:1987年在马德拉斯安娜大学举行的国际拉马努金百年纪念大会会议记录(英文)	2020-06	68.00	1150
解析数论:1988年在东京举行的日法研讨会会议记录(英文)	2020-06	68.00	1151
解析数论:2002年在意大利切特拉罗举行的C.I.M.E.暑期班演讲集(英文)	2020-06	68.00	1152
量子世界中的蝴蝶:最迷人的量子分形故事(英文)	2020-06	118.00	1157
走进量子力学(英文)	2020-06	118.00	1158
计算物理学概论(英文)	2020-06	48.00	1159
物质,空间和时间的理论:量子理论(英文)	即将出版		1160
物质,空间和时间的理论:经典理论(英文)	即将出版		1161
量子场理论:解释世界的神秘背景(英文)	2020-07	38.00	1162
计算物理学概论(英文)	即将出版		1163
行星状星云(英文)	即将出版		1164
基本宇宙学:从亚里士多德的宇宙到大爆炸(英文)	2020-08	58.00	1165
数学磁流体力学(英文)	2020-07	58.00	1166
计算科学:第1卷,计算的科学(日文)	2020-07	88.00	1167
计算科学:第2卷,计算与宇宙(日文)	2020-07	88.00	1168
计算科学:第3卷,计算与物质(日文)	2020-07	88.00	1169
计算科学:第4卷,计算与生命(日文)	2020-07	88.00	1170
计算科学:第5卷,计算与地球环境(日文)	2020-07	88.00	1171
计算科学:第6卷,计算与社会(日文)	2020-07	88.00	1172
计算科学.别卷,超级计算机(日文)	2020-07	88.00	1173
多复变函数论(日文)	2022-06	78.00	1518
复变函数入门(日文)	2022-06	78.00	1523

刘培杰数学工作室
已出版(即将出版)图书目录——高等数学

书　名	出版时间	定　价	编号
代数与数论:综合方法(英文)	2020—10	78.00	1185
复分析:现代函数理论第一课(英文)	2020—07	58.00	1186
斐波那契数列和卡特兰数:导论(英文)	2020—10	68.00	1187
组合推理:计数艺术介绍(英文)	2020—07	88.00	1188
二次互反律的傅里叶分析证明(英文)	2020—07	48.00	1189
旋瓦兹分布的希尔伯特变换与应用(英文)	2020—07	58.00	1190
泛函分析:巴拿赫空间理论入门(英文)	2020—07	48.00	1191
典型群,错排与素数(英文)	2020—11	58.00	1204
李代数的表示:通过gln进行介绍(英文)	2020—10	38.00	1205
实分析演讲集(英文)	2020—10	38.00	1206
现代分析及其应用的课程(英文)	2020—10	58.00	1207
运动中的抛射物数学(英文)	2020—10	38.00	1208
2—扭结与它们的群(英文)	2020—10	38.00	1209
概率,策略和选择:博弈与选举中的数学(英文)	2020—11	58.00	1210
分析学引论(英文)	2020—11	58.00	1211
量子群:通往流代数的路径(英文)	2020—11	38.00	1212
集合论入门(英文)	2020—10	48.00	1213
酉反射群(英文)	2020—11	58.00	1214
探索数学:吸引人的证明方式(英文)	2020—11	58.00	1215
微分拓扑短期课程(英文)	2020—10	48.00	1216
抽象凸分析(英文)	2020—11	68.00	1222
费马大定理笔记(英文)	2021—03	48.00	1223
高斯与雅可比和(英文)	2021—03	78.00	1224
π与算术几何平均:关于解析数论和计算复杂性的研究(英文)	2021—01	58.00	1225
复分析入门(英文)	2021—03	48.00	1226
爱德华·卢卡斯与素性测定(英文)	2021—03	78.00	1227
通往凸分析及其应用的简单路径(英文)	2021—01	68.00	1229
微分几何的各个方面.第一卷(英文)	2021—01	58.00	1230
微分几何的各个方面.第二卷(英文)	2020—12	58.00	1231
微分几何的各个方面.第三卷(英文)	2020—12	58.00	1232
沃克流形几何学(英文)	2020—11	58.00	1233
彷射和韦尔几何应用(英文)	2020—12	58.00	1234
双曲几何学的旋转向量空间方法(英文)	2021—02	58.00	1235
积分:分析学的关键(英文)	2020—12	48.00	1236
为有天分的新生准备的分析学基础教材(英文)	2020—11	48.00	1237

书　名	出版时间	定　价	编号
数学不等式.第一卷.对称多项式不等式(英文)	2021—03	108.00	1273
数学不等式.第二卷.对称有理不等式与对称无理不等式(英文)	2021—03	108.00	1274
数学不等式.第三卷.循环不等式与非循环不等式(英文)	2021—03	108.00	1275
数学不等式.第四卷.Jensen 不等式的扩展与加细(英文)	2021—03	108.00	1276
数学不等式.第五卷.创建不等式与解不等式的其他方法(英文)	2021—04	108.00	1277
冯·诺依曼代数中的谱位移函数:半有限冯·诺依曼代数中的谱位移函数与谱流(英文)	2021—06	98.00	1308
链接结构:关于嵌入完全图的直线中链接单形的组合结构(英文)	2021—05	58.00	1309
代数几何方法.第 1 卷(英文)	2021—06	68.00	1310
代数几何方法.第 2 卷(英文)	2021—06	68.00	1311
代数几何方法.第 3 卷(英文)	2021—06	58.00	1312
代数、生物信息和机器人技术的算法问题.第四卷,独立恒等式系统(俄文)	2020—08	118.00	1119
代数、生物信息和机器人技术的算法问题.第五卷,相对覆盖性和独立可拆分恒等式系统(俄文)	2020—08	118.00	1200
代数、生物信息和机器人技术的算法问题.第六卷,恒等式和准恒等式的相等 问题、可推导性和可实现性(俄文)	2020—08	128.00	1201
分数阶微积分的应用:非局部动态过程,分数阶导热系数(俄文)	2021—01	68.00	1241
泛函分析问题与练习:第 2 版(俄文)	2021—01	98.00	1242
集合论、数学逻辑和算法论问题:第 5 版(俄文)	2021—01	98.00	1243
微分几何和拓扑短期课程(俄文)	2021—01	98.00	1244
素数规律(俄文)	2021—01	88.00	1245
无穷边值问题解的递减:无界域中的拟线性椭圆和抛物方程(俄文)	2021—01	48.00	1246
微分几何讲义(俄文)	2020—12	98.00	1253
二次型和矩阵(俄文)	2021—01	98.00	1255
积分和级数.第 2 卷,特殊函数(俄文)	2021—01	168.00	1258
积分和级数.第 3 卷,特殊函数补充:第 2 版(俄文)	2021—01	178.00	1264
几何图上的微分方程(俄文)	2021—01	138.00	1259
数论教程:第 2 版(俄文)	2021—01	98.00	1260
非阿基米德分析及其应用(俄文)	2021—03	98.00	1261

书　名	出版时间	定　价	编号
古典群和量子群的压缩(俄文)	2021-03	98.00	1263
数学分析习题集.第3卷,多元函数:第3版(俄文)	2021-03	98.00	1266
数学习题:乌拉尔国立大学数学力学系大学生奥林匹克(俄文)	2021-03	98.00	1267
柯西定理和微分方程的特解(俄文)	2021-03	98.00	1268
组合极值问题及其应用:第3版(俄文)	2021-03	98.00	1269
数学词典(俄文)	2021-01	98.00	1271
确定性混沌分析模型(俄文)	2021-06	168.00	1307
精选初等数学习题和定理.立体几何.第3版(俄文)	2021-03	68.00	1316
微分几何习题:第3版(俄文)	2021-05	98.00	1336
精选初等数学习题和定理.平面几何.第4版(俄文)	2021-05	68.00	1335
曲面理论在欧氏空间 E_n 中的直接表示	2022-01	68.00	1444
维纳—霍普夫离散算子和托普利兹算子:某些可数赋范空间中的诺特性和可逆性(俄文)	2022-03	108.00	1496
Maple中的数论:数论中的计算机计算(俄文)	2022-03	88.00	1497
贝尔曼和克努特问题及其概括:加法运算的复杂性(俄文)	2022-03	138.00	1498
复分析:共形映射(俄文)	2022-07	48.00	1542
微积分代数样条和多项式及其在数值方法中的应用(俄文)	2022-08	128.00	1543
蒙特卡罗方法中的随机过程和场模型:算法和应用(俄文)	2022-08	88.00	1544
线性椭圆型方程组:论二阶椭圆型方程的迪利克雷问题(俄文)	2022-08	98.00	1561
动态系统解的增长特性:估值、稳定性、应用(俄文)	2022-08	118.00	1565
群的自由积分解:建立和应用(俄文)	2022-08	78.00	1570
混合方程和偏差自变数方程问题:解的存在和唯一性(俄文)	2023-01	78.00	1582
拟度量空间分析:存在和逼近定理(俄文)	2023-01	108.00	1583
二维和三维流形上函数的拓扑性质:函数的拓扑分类(俄文)	2023-03	68.00	1584
齐次马尔科夫过程建模的矩阵方法:此类方法能够用于不同目的的复杂系统研究、设计和完善(俄文)	2023-03	68.00	1594
周期函数的近似方法和特性:特殊课程(俄文)	2023-04	158.00	1622
扩散方程解的矩函数:变分法(俄文)	2023-03	58.00	1623
多赋范空间和广义函数:理论及应用(俄文)	2023-03	98.00	1632
分析中的多值映射:部分应用(俄文)	2023-06	98.00	1634
数学物理问题(俄文)	2023-03	78.00	1636
函数的幂级数与三角级数分解(俄文)	2024-01	58.00	1695
星体理论的数学基础:原子三元组(俄文)	2024-01	98.00	1696
素数规律:专著(俄文)	2024-01	118.00	1697
狭义相对论与广义相对论:时空与引力导论(英文)	2021-07	88.00	1319
束流物理学和粒子加速器的实践介绍:第2版(英文)	2021-07	88.00	1320
凝聚态物理中的拓扑和微分几何简介(英文)	2021-05	88.00	1321
混沌映射:动力学、分形学和快速涨落(英文)	2021-05	128.00	1322
广义相对论:黑洞、引力波和宇宙学介绍(英文)	2021-06	68.00	1323
现代分析电磁均质化(英文)	2021-06	68.00	1324
为科学家提供的基本流体动力学(英文)	2021-06	88.00	1325
视觉天文学:理解夜空的指南(英文)	2021-06	68.00	1326

刘培杰数学工作室
已出版(即将出版)图书目录——高等数学

书　　名	出版时间	定　价	编号
物理学中的计算方法(英文)	2021—06	68.00	1327
单星的结构与演化:导论(英文)	2021—06	108.00	1328
超越居里:1903年至1963年物理界四位女性及其著名发现(英文)	2021—06	68.00	1329
范德瓦尔斯流体热力学的进展(英文)	2021—06	68.00	1330
先进的托卡马克稳定性理论(英文)	2021—06	88.00	1331
经典场论导论:基本相互作用的过程(英文)	2021—07	88.00	1332
光致电离量子动力学方法原理(英文)	2021—07	108.00	1333
经典域论和应力:能量张量(英文)	2021—05	88.00	1334
非线性太赫兹光谱的概念与应用(英文)	2021—06	68.00	1337
电磁学中的无穷空间并矢格林函数(英文)	2021—06	88.00	1338
物理科学基础数学.第1卷,齐次边值问题、傅里叶方法和特殊函数(英文)	2021—07	108.00	1339
离散量子力学(英文)	2021—07	68.00	1340
核磁共振的物理学和数学(英文)	2021—07	108.00	1341
分子水平的静电学(英文)	2021—08	68.00	1342
非线性波:理论、计算机模拟、实验(英文)	2021—06	108.00	1343
石墨烯光学:经典问题的电解解决方案(英文)	2021—06	68.00	1344
超材料多元宇宙(英文)	2021—07	68.00	1345
银河系外的天体物理学(英文)	2021—07	68.00	1346
原子物理学(英文)	2021—07	68.00	1347
将光打结:将拓扑学应用于光学(英文)	2021—07	68.00	1348
电磁学:问题与解法(英文)	2021—07	88.00	1364
海浪的原理:介绍量子力学的技巧与应用(英文)	2021—07	108.00	1365
多孔介质中的流体:输运与相变(英文)	2021—07	68.00	1372
洛伦兹群的物理学(英文)	2021—08	68.00	1373
物理导论的数学方法和解决方法手册(英文)	2021—08	68.00	1374
非线性波数学物理学入门(英文)	2021—08	88.00	1376
波:基本原理和动力学(英文)	2021—07	68.00	1377
光电子量子计量学.第1卷,基础(英文)	2021—07	88.00	1383
光电子量子计量学.第2卷,应用与进展(英文)	2021—07	68.00	1384
复杂流的格子玻尔兹曼建模的工程应用(英文)	2021—08	68.00	1393
电偶极矩挑战(英文)	2021—08	108.00	1394
电动力学:问题与解法(英文)	2021—09	68.00	1395
自由电子激光的经典理论(英文)	2021—08	68.00	1397
曼哈顿计划——核武器物理学简介(英文)	2021—09	68.00	1401

书　名	出版时间	定　价	编号
粒子物理学(英文)	2021—09	68.00	1402
引力场中的量子信息(英文)	2021—09	128.00	1403
器件物理学的基本经典力学(英文)	2021—09	68.00	1404
等离子体物理及其空间应用导论.第1卷,基本原理和初步过程(英文)	2021—09	68.00	1405
伽利略理论力学:连续力学基础(英文)	2021—10	48.00	1416
磁约束聚变等离子体物理:理想 MHD 理论(英文)	2023—03	68.00	1613
相对论量子场论.第1卷,典范形式体系(英文)	2023—03	38.00	1615
相对论量子场论.第2卷,路径积分形式(英文)	2023—06	38.00	1616
相对论量子场论.第3卷,量子场论的应用(英文)	2023—06	38.00	1617
涌现的物理学(英文)	2023—05	58.00	1619
量子化旋涡:一本拓扑激发手册(英文)	2023—04	68.00	1620
非线性动力学:实践的介绍性调查(英文)	2023—05	68.00	1621
静电加速器:一个多功能工具(英文)	2023—06	58.00	1625
相对论多体理论与统计力学(英文)	2023—06	58.00	1626
经典力学.第1卷,工具与向量(英文)	2023—04	38.00	1627
经典力学.第2卷,运动学和匀加速运动(英文)	2023—04	58.00	1628
经典力学.第3卷,牛顿定律和匀速圆周运动(英文)	2023—04	58.00	1629
经典力学.第4卷,万有引力定律(英文)	2023—04	38.00	1630
经典力学.第5卷,守恒定律与旋转运动(英文)	2023—04	38.00	1631
对称问题:纳维尔—斯托克斯问题(英文)	2023—04	38.00	1638
摄影的物理和艺术.第1卷,几何与光的本质(英文)	2023—04	78.00	1639
摄影的物理和艺术.第2卷,能量与色彩(英文)	2023—04	78.00	1640
摄影的物理和艺术.第3卷,探测器与数码的意义(英文)	2023—04	78.00	1641
拓扑与超弦理论焦点问题(英文)	2021—07	58.00	1349
应用数学:理论、方法与实践(英文)	2021—07	78.00	1350
非线性特征值问题:牛顿型方法与非线性瑞利函数(英文)	2021—07	58.00	1351
广义膨胀和齐性:利用齐性构造齐次系统的李雅普诺夫函数和控制律(英文)	2021—06	48.00	1352
解析数论焦点问题(英文)	2021—07	58.00	1353
随机微分方程:动态系统方法(英文)	2021—07	58.00	1354
经典力学与微分几何(英文)	2021—07	58.00	1355
负定相交形式流形上的瞬子模空间几何(英文)	2021—07	68.00	1356
广义卡塔兰轨道分析:广义卡塔兰轨道计算数字的方法(英文)	2021—07	48.00	1367
洛伦兹方法的变分:二维与三维洛伦兹方法(英文)	2021—08	38.00	1378
几何、分析和数论精编(英文)	2021—08	68.00	1380
从一个新角度看数论:通过遗传方法引入现实的概念(英文)	2021—07	58.00	1387
动力系统:短期课程(英文)	2021—08	68.00	1382

刘培杰数学工作室
已出版(即将出版)图书目录——高等数学

书　名	出版时间	定　价	编号
几何路径:理论与实践(英文)	2021-08	48.00	1385
广义斐波那契数列及其性质(英文)	2021-08	38.00	1386
论天体力学中某些问题的不可积性(英文)	2021-07	88.00	1396
对称函数和麦克唐纳多项式:余代数结构与Kawanaka恒等式	2021-09	38.00	1400
杰弗里·英格拉姆·泰勒科学论文集:第1卷.固体力学(英文)	2021-05	78.00	1360
杰弗里·英格拉姆·泰勒科学论文集:第2卷.气象学、海洋学和湍流(英文)	2021-05	68.00	1361
杰弗里·英格拉姆·泰勒科学论文集:第3卷.空气动力学以及落弹数和爆炸的力学(英文)	2021-05	68.00	1362
杰弗里·英格拉姆·泰勒科学论文集:第4卷.有关流体力学(英文)	2021-05	58.00	1363
非局域泛函演化方程:积分与分数阶(英文)	2021-08	48.00	1390
理论工作者的高等微分几何:纤维丛、射流流形和拉格朗日理论(英文)	2021-08	68.00	1391
半线性退化椭圆微分方程:局部定理与整体定理(英文)	2021-07	48.00	1392
非交换几何、规范理论和重整化:一般简介与非交换量子场论的重整化(英文)	2021-09	78.00	1406
数论论文集:拉普拉斯变换和带有数论系数的幂级数(俄文)	2021-09	48.00	1407
挠理论专题:相对极大值,单射与扩充模(英文)	2021-09	88.00	1410
强正则图与欧几里得尔当代数:非通常关系中的启示(英文)	2021-10	48.00	1411
拉格朗日几何和哈密顿几何:力学的应用(英文)	2021-10	48.00	1412
时滞微分方程与差分方程的振动理论:二阶与三阶(英文)	2021-10	98.00	1417
卷积结构与几何函数理论:用以研究特定几何函数理论方向的分数阶微积分算子与卷积结构(英文)	2021-10	48.00	1418
经典数学物理的历史发展(英文)	2021-10	78.00	1419
扩展线性丢番图问题(英文)	2021-10	38.00	1420
一类混沌动力系统的分歧分析与控制:分歧分析与控制(英文)	2021-11	38.00	1421
伽利略空间和伪伽利略空间中一些特殊曲线的几何性质(英文)	2022-01	48.00	1422
一阶偏微分方程:哈密尔顿—雅可比理论(英文)	2021-11	48.00	1424
各向异性黎曼多面体的反问题:分段光滑的各向异性黎曼多面体反边界谱问题:唯一性(英文)	2021-11	38.00	1425

刘培杰数学工作室
已出版(即将出版)图书目录——高等数学

书 名	出版时间	定 价	编号
项目反应理论手册.第一卷,模型(英文)	2021—11	138.00	1431
项目反应理论手册.第二卷,统计工具(英文)	2021—11	118.00	1432
项目反应理论手册.第三卷,应用(英文)	2021—11	138.00	1433
二次无理数:经典数论入门(英文)	2022—05	138.00	1434
数,形与对称性:数论,几何和群论导论(英文)	2022—05	128.00	1435
有限域手册(英文)	2021—11	178.00	1436
计算数论(英文)	2021—11	148.00	1437
拟群与其表示简介(英文)	2021—11	88.00	1438
数论与密码学导论:第二版(英文)	2022—01	148.00	1423
几何分析中的柯西变换与黎兹变换:解析调和容量和李普希兹调和容量、变化和振荡以及一致可求长性(英文)	2021—12	38.00	1465
近似不动点定理及其应用(英文)	2022—05	28.00	1466
局部域的相关内容解析:对局部域的扩展及其伽罗瓦群的研究(英文)	2022—01	38.00	1467
反问题的二进制恢复方法(英文)	2022—03	28.00	1468
对几何函数中某些类的各个方面的研究:复变量理论(英文)	2022—01	38.00	1469
覆盖、对应和非交换几何(英文)	2022—01	28.00	1470
最优控制理论中的随机线性调节器问题:随机最优线性调节器问题(英文)	2022—01	38.00	1473
正交分解法:涡流流体动力学应用的正交分解法(英文)	2022—01	38.00	1475
芬斯勒几何的某些问题(英文)	2022—03	38.00	1476
受限三体问题(英文)	2022—05	38.00	1477
利用马利亚万微积分进行 Greeks 的计算:连续过程、跳跃过程中的马利亚万微积分和金融领域中的 Greeks(英文)	2022—05	48.00	1478
经典分析和泛函分析的应用:分析学的应用(英文)	2022—05	38.00	1479
特殊芬斯勒空间的探究(英文)	2022—03	48.00	1480
某些图形的施泰纳距离的细谷多项式:细谷多项式与图的维纳指数(英文)	2022—05	38.00	1481
图论问题的遗传算法:在新鲜与模糊的环境中(英文)	2022—05	48.00	1482
多项式映射的渐近簇(英文)	2022—05	38.00	1483
一维系统中的混沌:符号动力学,映射序列,一致收敛和沙可夫斯基定理(英文)	2022—05	38.00	1509
多维边界层流动与传热分析:粘性流体流动的数学建模与分析(英文)	2022—05	38.00	1510

刘培杰数学工作室
已出版(即将出版)图书目录——高等数学

书　　名	出版时间	定　价	编号
演绎理论物理学的原理:一种基于量子力学波函数的逐次置信估计的一般理论的提议(英文)	2022—05	38.00	1511
R^2 和 R^3 中的仿射弹性曲线:概念和方法(英文)	2022—08	38.00	1512
算术数列中除数函数的分布:基本内容、调查、方法、第二矩、新结果(英文)	2022—05	28.00	1513
抛物型狄拉克算子和薛定谔方程:不定常薛定谔方程的抛物型狄拉克算子及其应用(英文)	2022—07	28.00	1514
黎曼–希尔伯特问题与量子场论:可积重正化、戴森–施温格方程(英文)	2022—08	38.00	1515
代数结构和几何结构的形变理论(英文)	2022—08	48.00	1516
概率结构和模糊结构上的不动点:概率结构和直觉模糊度量空间的不动点定理(英文)	2022—08	38.00	1517
反若尔当对:简单反若尔当对的自同构(英文)	2022—07	28.00	1533
对某些黎曼－芬斯勒空间变换的研究:芬斯勒几何中的某些变换(英文)	2022—07	38.00	1534
内诣零流形映射的尼尔森数的阿诺索夫关系(英文)	2023—01	38.00	1535
与广义积分变换有关的分数次演算:对分数次演算的研究(英文)	2023—01	48.00	1536
强子的芬斯勒几何和吕拉几何(宇宙学方面):强子结构的芬斯勒几何和吕拉几何(拓扑缺陷)(英文)	2022—08	38.00	1537
一种基于混沌的非线性最优化问题:作业调度问题(英文)	即将出版		1538
广义概率论发展前景:关于趣味数学与置信函数实际应用的一些原创观点(英文)	即将出版		1539

书　　名	出版时间	定　价	编号
纽结与物理学:第二版(英文)	2022—09	118.00	1547
正交多项式和q—级数的前沿(英文)	2022—09	98.00	1548
算子理论问题集(英文)	2022—03	108.00	1549
抽象代数:群、环与域的应用导论:第二版(英文)	2023—01	98.00	1550
菲尔兹奖得主演讲集:第三版(英文)	2023—01	138.00	1551
多元实函数教程(英文)	2022—09	118.00	1552
球面空间形式群的几何学:第二版(英文)	2022—09	98.00	1566

书　　名	出版时间	定　价	编号
对称群的表示论(英文)	2023—01	98.00	1585
纽结理论:第二版(英文)	2023—01	88.00	1586
拟群理论的基础与应用(英文)	2023—01	88.00	1587
组合学:第二版(英文)	2023—01	98.00	1588
加性组合学:研究问题手册(英文)	2023—01	68.00	1589
扭曲、平铺与镶嵌:几何折纸中的数学方法(英文)	2023—01	98.00	1590
离散与计算几何手册:第三版(英文)	2023—01	248.00	1591
离散与组合数学手册:第二版(英文)	2023—01	248.00	1592

刘培杰数学工作室
已出版(即将出版)图书目录——高等数学

书 名	出版时间	定 价	编号
分析学教程.第1卷,一元实变量函数的微积分分析学介绍(英文)	2023—01	118.00	1595
分析学教程.第2卷,多元函数的微分和积分,向量微积分(英文)	2023—01	118.00	1596
分析学教程.第3卷,测度与积分理论,复变量的复值函数(英文)	2023—01	118.00	1597
分析学教程.第4卷,傅里叶分析,常微分方程,变分法(英文)	2023—01	118.00	1598
共形映射及其应用手册(英文)	2024—01	158.00	1674
广义三角函数与双曲函数(英文)	2024—01	78.00	1675
振动与波:概论:第二版(英文)	2024—01	88.00	1676
几何约束系统原理手册(英文)	2024—01	120.00	1677
微分方程与包含的拓扑方法(英文)	2024—01	98.00	1678
数学分析中的前沿话题(英文)	2024—01	198.00	1679
流体力学建模:不稳定性与湍流(英文)	2024—03	88.00	1680
动力系统:理论与应用(英文)	2024—03	108.00	1711
空间统计学理论:概述(英文)	2024—03	68.00	1712
梅林变换手册(英文)	2024—03	128.00	1713
非线性系统及其绝妙的数学结构.第1卷(英文)	2024—03	88.00	1714
非线性系统及其绝妙的数学结构.第2卷(英文)	2024—03	108.00	1715
Chip-firing中的数学(英文)	2024—04	88.00	1716
阿贝尔群的可确定性:问题、研究、概述(俄文)	2024—05	716.00(全7册)	1727
素数规律:专著(俄文)	2024—05	716.00(全7册)	1728
函数的幂级数与三角级数分解(俄文)	2024—05	716.00(全7册)	1729
星体理论的数学基础:原子三元组(俄文)	2024—05	716.00(全7册)	1730
技术问题中的数学物理微分方程(俄文)	2024—05	716.00(全7册)	1731
概率论边界问题:随机过程边界穿越问题(俄文)	2024—05	716.00(全7册)	1732
代数和幂等配置的正交分解:不可交换组合(俄文)	2024—05	716.00(全7册)	1733
数学物理精选专题讲座:李理论的进一步应用(英文)	2024—10	252.00(全4册)	1775
工程师和科学家应用数学概论:第二版(英文)	2024—10	252.00(全4册)	1775
高等微积分快速入门(英文)	2024—10	252.00(全4册)	1775
微分几何的各个方面.第四卷(英文)	2024—10	252.00(全4册)	1775
具有连续变量的量子信息形式主义概论(英文)	2024—10	378.00(全6册)	1776
拓扑绝缘体(英文)	2024—10	378.00(全6册)	1776
论全息度量原则:从大学物理到黑洞热学(英文)	2024—10	378.00(全6册)	1776
量化测量:无所不在的数字(英文)	2024—10	378.00(全6册)	1776
21世纪的彗星:体验下一颗伟大彗星的个人指南(英文)	2024—10	378.00(全6册)	1776
激光及其在玻色—爱因斯坦凝聚态观测中的应用(英文)	2024—10	378.00(全6册)	1776

刘培杰数学工作室
已出版（即将出版）图书目录——高等数学

书　名	出版时间	定　价	编号
随机矩阵理论的最新进展（英文）	2025—02	78.00	1797
计算代数几何的应用（英文）	2025—02	78.00	1798
纽结与物理学的交界（英文）	即将出版		1799
公钥密码学（英文）	即将出版		1800
量子计算：一个对 21 世纪和千禧年的宏大的数学挑战（英文）	即将出版		1801
信息流的数学基础（英文）	即将出版		1802
偏微分方程的最新研究进展：威尼斯 1996（英文）	即将出版		1803
拉东变换、反问题及断层成像（英文）	即将出版		1804
应用与计算拓扑学进展（英文）	2025—02	98.00	1805
复动力系统：芒德布罗集与朱利亚集背后的数学（英文）	即将出版		1806
双曲问题：理论、数值数据及应用（全 2 册）（英文）	即将出版		1807

联系地址:哈尔滨市南岗区复华四道街 10 号　哈尔滨工业大学出版社刘培杰数学工作室
邮　　编:150006
联系电话:0451—86281378　　　13904613167
E-mail:lpj1378@163.com